# HUYGENS ET LA FRANCE

L'HISTOIRE DES SCIENCES
TEXTES ET ÉTUDES

TABLE RONDE
DU
CENTRE NATIONAL DE LA RECHERCHE SCIENTIFIQUE

# HUYGENS ET LA FRANCE

PARIS

27-29 mars 1979

AVANT PROPOS DE

**RENÉ TATON**

COLLECTION D'HISTOIRE DES SCIENCES – C.N.R.S.
CENTRE D'HISTOIRE DES SCIENCES ET DES DOCTRINES

*Ouvrage publié avec le concours du Centre National de la Recherche Scientifique*

PARIS
LIBRAIRIE PHILOSOPHIQUE J. VRIN
6, PLACE DE LA SORBONNE, V^e

1982

Ouvrage réalisé avec le concours du Centre National de la Recherche Scientifique et du Centre Régional de Publication de Paris.



ISBN 2-7116-2018-2

# AVANT-PROPOS

En vue de préparer la commémoration du 350e anniversaire de la naissance de Christiaan Huygens (1629-1695), les milieux scientifiques néerlandais avaient dès 1977 annoncé l'organisation d'une grande exposition et d'un colloque international, destinés à dresser, sous des formes parallèles, un bilan de l'état actuel des études concernant la vie, l'activité, l'œuvre et l'influence de leur prestigieux compatriote [1]. Mais on sait que les contacts que Huygens avait établis avec les milieux français dès son adolescence, ses voyages successifs dans notre pays et surtout son séjour à Paris de 1666 à 1681 comme membre privilégié de la nouvelle Académie royale des sciences, ont à la fois marqué de façon profonde sa carrière et son œuvre et influencé durablement certaines orientations de la science française. Aussi nous a-t-il paru opportun d'apporter une contribution complémentaire à cette commémoration en étudiant sous leurs aspects les plus divers les rapports scientifiques du savant néerlandais avec les milieux français. Tel fut l'objet de cette Table Ronde « Huygens et la France » qui s'est réunie à Paris, dans la salle de conférences des Galeries Nationales du 27 au 29 mars 1979. L'organisation de cette réunion n'a été rendue possible que grâce à l'aide qui nous a été accordée par le Centre National de la Recherche Scientifique, par l'entremise du Pr Jean Pouilloux, directeur scientifique pour les sciences humaines, et à celle de la Délégation générale aux Célébrations nationales, présidée par M. Maurice Roche.

Dès que cette condition préliminaire eut été satisfaite, nous avons sollicité les avis, les suggestions et la participation effective des principaux spécialistes français et étrangers, historiens des sciences, des idées ou de la philosophie, portant à des titres divers un intérêt particulier à cet aspect important de l'histoire intellectuelle de la seconde moitié du XVIIe siècle.

L'étendue et la qualité des concours qui nous furent immédiatement acquis a permis au comité de spécialistes, constitué à cet effet sous la présidence de M.M. Roche, de mettre au point le programme de cette manifestation, dont le Centre Alexandre Koyré (C.N.R.S. et E.H.E.S.S.) fut chargé d'assurer l'organisation, ainsi que l'édition des Actes.

Bien que présenté en dehors du cadre strict de cette Table Ronde [2], l'exposé de synthèse de H.J.M. Bos sur la vie et l'œuvre de Christiaan Huygens nous a paru constituer une excellente introduction aux 22 interventions, de sujets nécessairement plus limités, qui furent présentées au cours de cette réunion.

Une première série de communications porte sur les rapports de la famille Huygens avec la France, les premiers voyages qu'y fit Christiaan, les contacts et les amitiés qu'il y noua.

Une deuxième série d'exposés concerne l'invitation officielle faite au jeune savant néerlandais, son installation à Paris de 1666 à 1681, son activité dans le cadre de l'Académie royale des sciences et ses rapports avec certains académiciens, tels que Picard et Roberval, ou le visiteur prestigieux que fut Leibniz, dont le séjour à Paris de 1672 à 1676 marqua profondément l'œuvre.

Mais la majorité des participants se sont intéressés d'une façon plus directe à l'œuvre scientifique et technique de Huygens – spécialement à celle qu'il réalisa au sein de l'Académie ou en liaison avec des savants français –, aussi bien dans l'élaboration du calcul infinitésimal ou du calcul des probabilités qu'en mécanique théorique ou en horlogerie, en théorie de la lumière ou en optique appliquée, en théorie de la matière ou dans les essais de moteurs thermiques, et en cosmologie.

Enfin, après une évocation des rapports entre la pensée de Huygens et celle de Malebranche, l'importance et les limites de l'influence exercée par l'œuvre du savant néerlandais sur le développement de la science au XVIIIe et au XIXe siècles, particulièrement dans les domaines de la dynamique et de l'optique théorique, ont été situées et analysées par Melle S. Bachelard dans l'exposé de clôture de ce Colloque.

En liaison étroite avec l'organisation de cette Table Ronde, l'Institut Néerlandais de Paris avait préparé une série de conférences[3] dont la dernière, celle de H.J.M. Bos, fut suivie de l'interprétation de quelques mélodies extraites du recueil *Pathodia sacra et profana* de Constantijn Huygens, père de Christiaan. L'Institut Néerlandais avait également présenté au public français dans ses locaux de la rue de Lille, du 2 au 27 mars 1979, une remarquable exposition « Christiaan Huygens. Le Temps en question », organisée par le Musée Boerhaave de Leyde. Grâce à de précieux documents originaux : manuscrits, ouvrages, instruments scientifiques, gravures et portraits, ainsi qu'à des maquettes et des panneaux explicatifs, cette exposition, qui fut ensuite présentée aux Pays-Bas, retraçait les éléments essentiels de la vie et de l'œuvre de Christiaan Huygens. Son catalogue comporte une notice d'ensemble de P. Costabel, des dossiers sur les diverses questions évoquées et la description des objets et documents exposés.

Invités à ces différentes manifestations, les participants du Colloque ont pu également assister dans l'après-midi du 29 mars à une visite commentée des collections du Musée du Château de Chantilly et à l'évocation d'une observation faite par Huygens dans le parc de ce château – observation dont on trouve une présentation rapide en annexe à la communication de P. Costabel.

Nous remercions tout particulièrement le Centre National de la Recherche Scientifique, la Délégation générale aux Célébrations nationales, l'Institut Néerlandais de Paris et son directeur M. J. Van Praag, la direction et le personnel technique des Galeries Nationales, l'Institut de France et les responsables du Musée du château de Chantilly pour l'aide précieuse qu'ils nous ont apportée. Nous remercions également les auteurs de communications, les présidents de séances et les nombreux autres participants actifs de cette réunion qui a permis de très vivants et utiles échanges de vues entre spécialistes de disciplines et de nationalités différentes. Grâce à leur dévouement et à l'efficacité de leur action, Melle M. Ilic et Mme M. de Valence du Centre Alexandre Koyré ont permis d'assurer dans les meilleures conditions la préparation et le déroulement de cette réunion, ainsi que l'édition de ses actes. Enfin, nous remercions le Centre d'histoire des sciences et des doctrines du C.N.R.S., et Mme Demarle en particulier, pour avoir assuré la préparation du texte définitif de ce volume, et les Éditions Joseph Vrin pour l'avoir accueilli dans leur collection « Histoire des Sciences ».

Par les coïncidences de la chronologie, ce 350e anniversaire de la naissance de Christiaan Huygens intervient peu après les célébrations des tricentenaires de la création de l'Académie royale des sciences, de l'Observatoire de Paris et du Royal Observatory de Greenwich, de la mise en évidence de la vitesse finie de la lumière par Rœmer et de la fin du séjour parisien de Leibniz, faits qui concernèrent tous plus ou moins directement l'activité du savant néerlandais.

Les Actes de cette Table Ronde s'insèrent de ce fait dans une série de publications (actes de colloques, volumes anniversaires, catalogues d'expositions) concernant des aspects divers de l'histoire intellectuelle, scientifique et technique dans le dernier tiers du XVIIe siècle[4]. Nous espérons que ce nouveau recueil apportera quelques lumières inédites et suscitera quelques réflexions originales sur une période particulièrement importante et encore insuffisamment explorée de l'évolution de la science européenne. Nous espérons en particulier qu'elle permettra de préciser sur divers points le rôle joué par l'Académie royale des sciences dans le développement de la science, d'éclairer certains aspects de la personnalité profonde de Huygens et de mieux cerner l'unité d'une œuvre aussi riche que diverse, dernier éclat de la science si brillante du XVIIe siècle, intervenu malheureusement à un moment où en filigrane commençaient à se dessiner les renouvellements fondamentaux issus de Newton et de Leibniz.

René TATON

NOTES

1. Ce « Huygens Symposium » a été organisé à Amsterdam du 22 au 25 août 1979 ; ses Actes ont été récemment publiés. Quant à l'exposition « Huygens », elle fut présentée au Musée Boerhaave de Leyde au cours de l'été 1979.

2. Ce texte est en effet celui d'une conférence présentée à l'Institut Néerlandais de Paris, la veille de l'ouverture de cette Table Ronde.

3. Le 1er mars 1979, le Pr Philippe de Vries (Université d'Amsterdam) a traité de « Christiaan Huygens entre Descartes et les philosophes du siècle des Lumières », le 14 mars A.J. Kox et P.H. Polak ont étudié « La place de Christiaan Huygens dans la physique contemporaine » et le 26 mars H.J.M. Bos a présenté l'exposé déjà cité, dont le texte est publié ci-après.

4. Rappelons les principales publications réalisées à l'occasion de ces manifestations : *Académie des Sciences. Troisième Centenaire, 1666-1966*, 2 t., Paris, Gauthier-Villars, 1967 (volumes commémoratifs). – Musée du Conservatoire national des Arts et Métiers, *Histoire et prestige de l'Académie des Sciences, 1666-1966*, Paris, 1967 (Catalogue d'Exposition). – Observatoire de Paris, *Trois siècles d'astronomie, 1667-1967*, Paris, 1967 (Catalogue d'Exposition). – *The Origins, Achievement and Influence of the Royal Observatory, Greenwich, 1675-1975*, in *Vistas in Astronomy*, vol. 20, part 1/2, Oxford, 1976 (Actes du Colloque de Greenwich, 1975). – *Leibniz à Paris (1672-1676)...*, 2 t., *Studia Leibnitiana, Supplementa*, vol. XVII et XVIII, Wiesbaden, 1978 (Actes du Colloque de Chantilly, 1976). – *Roemer et la vitesse de la lumière*, Paris, Vrin, 1978 (Actes du Colloque de Paris, 1976).

## ABRÉVIATIONS

*Arch. Int. Hist. Sci.* : *Archives Internationales d'Histoire des Sciences.*

B.N. : Bibliothèque Nationale, Paris.

B. Obs. : Bibliothèque de l'Observatoire, Paris.

*Brugmans* : H.L. BRUGMANS, *Le séjour de Christiaan Huygens à Paris et ses relations avec les milieux scientifiques français, suivi de son journal de voyage à Paris et à Londres,* Paris, 1935.

*Corr. Mersenne* : *Correspondance du P. Marin Mersenne,* 14 t. parus, Paris, 1945-1980.

*Corr. Oldenburg* : *The Correspondence of Henry Oldenburg,* edited and translated by A.R. HALL and M. BOAS HALL, 11 vol. parus, Madison and London, 1965-1977.

*Descartes* (A.T.) : *Oeuvres de Descartes*, publ. par Ch. ADAM et P. TANNERY, Paris, 1894-1913, - reprint Paris 1956-57, 12 vol, nouv. ed. Paris 1964-1974, 11 vol.

D.S.B. : *Dictionary of Scientific Biography,* Ch. C. GILLISPIE, éd., 16 vol. parus, New-York, 1970-1980.

*Fontenelle* : [FONTENELLE], *Histoire de l'Académie royale des Sciences,* t. I, *Depuis son établissement en 1666, jusqu'à 1686,* Paris, 1733.

*Hahn* : R. HAHN, *The Anatomy of a Scientific Institution. The Paris Academy of Sciences, 1666-1803,* Univ. of California Press, 1971.

*O.C. Malebranche* : *Oeuvres complètes de Malebranche,* publ. sous la dir. de A. ROBINET, 20 t., Paris, 1962-1967.

*Oeuvres* : *Oeuvres complètes de Christiaan Huygens,* publ. par la Société hollandaise des sciences, 22 t. en 23 vol., La Haye, 1888-1950.

*Rev. Hist. Sci.* : *Revue d'Histoire des Sciences.*

*Taton* : R. TATON, *Les origines de l'Académie royale des Sciences,* Paris, 1966.

Huygens et la France
(Paris, Vrin, 1981, p. 1-16)

# L'OEUVRE ET LA PERSONNALITÉ DE CHRISTIAAN HUYGENS

par H.J.M. BOS
(Université d'Utrecht)

Christiaan Huygens vécut à l'âge d'or de l'histoire culturelle des Pays-Bas, au XVII$^{e}$ siècle, qui fut aussi la période de la révolution scientifique, celle de la naissance d'une forme des sciences de la nature que nous reconnaissons aujourd'hui comme nôtre. Dans l'image que nous avons de cette révolution, certains personnages émergent nettement : Bacon, Galilée, Descartes, Newton. Au cours de cette période sont apparus des tendances et des développements (rationalisme, empirisme, philosophie mécaniste) que nous pouvons définir de façon précise, en distinguant les rôles des principaux personnages cités plus haut. Cependant, Huygens n'est pas parmi ces derniers ; aussi est-il impossible de le caractériser à l'aide de quelques formules simples.

Ceci nous pose un problème, puisque l'historien doit faire revivre les personnages du passé et que l'occasion de la célébration du 350$^{e}$ anniversaire de Huygens nous oblige à donner une image claire de sa personnalité, de son œuvre et de son influence. J'ai donc pensé que je pourrais aborder cet exposé en essayant de voir pourquoi il est si difficile de dresser le profil de Huygens. Mais lorsque l'on examine cette question de plus près, on est conduit à cette autre question : pourquoi l'influence de Huygens a-t-elle été relativement faible ? En effet, pendant les années cinquante, soixante et soixante-dix du XVII$^{e}$ siècle, il fut sans doute le mathématicien et le physicien le plus important d'Europe. Et pourtant, après cette période, son œuvre a assez vite sombré dans l'oubli et son influence, qui n'est pas négligeable, est difficile à évaluer.

La disproportion entre la grandeur du génie de Huygens et la faiblesse de son influence n'est pas sans relation avec sa personnalité et avec la nature de son œuvre. Voilà pourquoi, après un bref aperçu des événements extérieurs de sa vie et de sa carrière, j'essaierai d'esquisser la personnalité de ce savant. Je m'intéresserai ensuite à son œuvre avant de revenir finalement à ma question posée au départ.

Christiaan Huygens naquit à La Haye en 1629, le 14 avril qui était le samedi avant Pâques (il est curieux de constater que cette année 1979 le 14 avril est aussi le samedi avant Pâques). Son père, Constantin Huygens, était diplomate, secrétaire du stadhouder Frederik Hendrik, prince d'Orange. Dans la jeune république des Pays-Bas Unis, les Huygens étaient devenus une famille de notables grâce aux services qu'ils avaient rendus à la maison d'Orange. Christiaan grandit et fut instruit avec son frère Constantin par son père et par des professeurs privés. A l'âge de 16 ans, Christiaan alla à Leyde pour y faire son droit et étudier les mathématiques. Deux années plus tard, il alla dans un collège nouvellement fondé à Breda, où il passa deux autres années.

Mais la mort, en 1650 du stadhouder Guillaume II et la suppression provisoire, jusqu'en 1672, de la fonction de stadhouder, ayant réduit l'influence de la famille Huygens, le jeune Christiaan doit renoncer au poste diplomatique qu'il pouvait aisément obtenir. Jeune, aisé et sans fonction, il poursuit donc ses études, s'occupant surtout de mathématiques, de mécanique et d'optique ; ses premières publications portent essentiellement sur des sujets de mathématiques.

Après un premier voyage à Paris en 1655, sa carrière prend un tournant. Huygens réalise en effet une invention et une découverte qui lui assureront un renom mérité comme savant : en 1656, il invente l'horloge à pendule tandis qu'en 1655-1656 il découvre l'anneau de Saturne. L'horloge à pendule est vite connue car Huygens publie en 1658 un petit livre et obtient des lettres de patentes à son sujet. Ayant publié en 1659 la découverte de l'anneau de Saturne, il devient très vite célèbre. Au cours d'un second et d'un troisième voyage à Paris, en 1660-1661 et en 1663-1664, il renoue des contacts déjà établis et en noue de nouveaux. Il visite Londres et devient membre de la *Royal Society*, nouvellement fondée. Pendant ces années son renom s'accroît, il est reconnu comme le plus grand mathématicien et physicien d'Europe. Aussi est-il tout naturel qu'on l'invite, comme *primus inter pares*, à organiser l'Académie royale des Sciences, fondée en 1666.

C'est alors que commence la période au cours de laquelle Huygens appartient plutôt à la France qu'à la Hollande. Il dispose d'appartements spacieux à la Bibliothèque royale ; le roi lui accorde des appointements de 6000 livres par an. Il ébauche pour l'Académie un programme de travail inspiré par Bacon et prend part à de nombreuses expériences. Son œuvre change de caractère. Sans perdre son intérêt d'autrefois pour les mathématiques, la mécanique théorique et la technique, il commence à s'occuper de questions plus fondamentales concernant l'explication de la nature. Il projette une théorie sur la cause de la gravité et une autre sur la lumière comme phénomène d'ondulation. Son séjour à Paris qui dure jusqu'en 1681 est entrecoupé par deux séjours en Hollande, pour des raisons de santé.

En 1672, la France entre en guerre contre la Hollande et un prince d'Orange, Guillaume III, ayant de nouveau été nommé stadhouder, le père de Christiaan et son frère obtiennent des fonctions importantes et jouent un grand rôle dans la défense diplomatique et militaire contre l'attaque des Français. Cependant, Christiaan reste à Paris au service du roi de France auquel il dédie même son grand ouvrage concernant l'horloge à pendule, l'*Horologium Oscillatorium,* qui paraît en 1673. Une position d'autant plus curieuse que Huygens était très attaché à la cause hollandaise.

En fait, la période de Huygens académicien ne finit pas en 1681. En effet si Huygens retourna bien alors à la Haye pour des raisons de santé, il comptait revenir quelques mois plus tard. Mais sa maladie dura plus longtemps, et en 1683 survint la mort de Colbert qui avait été un protecteur efficace de l'Académie et un ami de

Huygens. En partie pour cette raison et aussi à cause du changement du climat politique en France (la révocation de l'Édit de Nantes était proche), Huygens ne crut pas pouvoir revenir et les autorités françaises ne l'y encouragèrent d'ailleurs pas. Il reste donc en Hollande, de nouveau sans fonction.

C'est alors qu'il trouve le temps de publier ses théories sur la gravité et la lumière. Le *Traité de la lumière* paraît en 1690. Au cours de cette période, il s'occupe à nouveau de questions de mathématiques, mais d'autres choses l'intéressent également, en particulier les horloges et leur usage. En 1694, Huygens tombe à nouveau malade et meurt le 8 juin 1695.

Mais quel était ce personnage, nommé Christiaan Huygens, qui se cache derrière les événements de sa vie et de sa carrière ? Christiaan avait grandit dans une maison imposante située sur le « Plein » à la Haye où le famille Huygens s'était installée lorsqu'il avait 8 ans. Ce déménagement avait d'ailleurs été une affaire bien triste, car il avait coïncidé avec le décès de la mère de Christiaan, des suites de la naissance de sa fille Susanna. Une tante s'occupa alors de cette famille de cinq enfants, dont Christiaan était le deuxième.

La maison était adaptée à la position importante qu'occupait la famille Huygens et Christiaan s'y forma en vue d'appartenir à la jeunesse dorée hollandaise. Sa correspondance nous apprend beaucoup sur ce monde où les affaires amoureuses, les fêtes, les demandes en mariage tenaient grande place. Mais, en fait, Christiaan ne prenait que rarement part à ces activités. En 1650, âgé de 21 ans, il décrit une fête de mariage à Amsterdam : « le plus grand plaisir que j'ai eu estoit de voir la folie de la jeunesse d'Amsterdam qui me semble excessive et insupportable[1]. »

Il était lui-même un garçon grave ; un portrait de Hanneman, représentant toute la famille de Christiaan, nous le montre, âgé alors de 11 ans, dans la partie supérieure gauche du tableau. Ce beau garçon, d'une santé un peu fragile, de taille moyenne, était un enfant très doué, qui, tout jeune, avait appris le calcul ; qui était musicien ; qui parlait couramment le latin depuis l'âge de neuf ans et apprenait d'autres langues. Un fils dont pouvait être fier un père tel que Constantin Huygens, qui lui même s'était beaucoup intéressé aux arts et aux sciences, était en correspondance avec Mersenne, avait reçu Descartes dans sa maison et pratiquait la musique et la poésie.

« Mon Archimède », c'est ainsi que Constantin désigne son fils. La comparaison montre l'orgueil du père, mais elle est très touchante. Dès son plus jeune âge, Christiaan révéla cette rare combinaison d'un esprit fin, doué pour les mathématiques, et d'une adresse remarquable pour les constructions pratiques, tout comme Archimède. Huygens était si habile qu'à 13 ans il construisit un tour, et qu'en 1655 il commença à fabriquer des lentilles avec l'aide de son frère. Dans les années qui précédèrent son premier voyage en France, il publia ses premiers travaux sur des sujets classiques de mathématiques. A la même époque, il rédigea de longs traités qu'il mit presque au point pour l'impression. Mais il en parlait à peine, et finit par ne pas les publier. Son étude la plus célèbre de cette époque, étude qui resta longtemps inconnue, est un traité sur le choc. En 1650, il écrivit aussi un remarquable ouvrage sur les corps flottants, sur la couverture duquel il nota plus tard qu'il doutait de son utilité et que le tout pouvait être brûlé – ce qui heureusement ne fut pas fait. Au cours de ces années, Huygens aborda la mise au point d'un traité concernant la dioptrique qu'il continua à élaborer pendant toute sa vie, estimant fréquemment que son travail était presque prêt à être publié, mais sans l'être tout à fait. C'est là une attitude un peu surprenante, mais bien caractéristique de Huygens, et sur laquelle je reviendrai.

Toutefois, ses premières publications dans le domaine des mathématiques le firent connaître et il reçut des lettres de louanges auxquelles il répondit avec une grande modestie mais en appréciant visiblement les compliments qu'on lui prodiguait.

Dans le milieu culturel et scientifique de Paris, Huygens se trouvait à son aise. Ce style de vie lui plaisait et il s'y conformait comme un Français de naissance. En 1657, il écrit, comme un frère aîné et galant qui a beaucoup voyagé, une lettre à une amie de sa sœur Suzanna, qui avait vu un portrait de celle-ci, dessiné par lui-même. Comme elle le trouvait très réussi, Huygens lui avait promis d'en faire pour elle une copie, mais il était très en retard dans ce projet.

Voici cette lettre :

> « Mademoiselle,
> Ce ne m'est pas chose indifferente, que d'estre bien ou mal avecq la plus belle et plus aimable personne du monde. Et d'ailleurs je suis homme de parole quoyque vous vous soyez peutestre desia imaginè le contraire. C'est pourquoij, estant prest a m'en aller a Zulichem avec tous ceux de nostre famille j'aij voulu m'acquiter auparavant d'une vieille debte en vous envoyant ce pourfil de ma sœur. »

Notons à ce sujet que Zulichem, ou Zuylichem, était le domaine de la famille Huygens, un château sur la rivière « la Waal » dont-il existe un dessin. Les Huygens n'y allaient que rarement et Christiaan a écrit ailleurs qu'il s'y ennuyait beaucoup. La lettre sur le portrait de Susanna continue ainsi :

> « Quoy qu'il y paroissent a cest heure deux yeux, ne vous imaginez pas pour cela que ce soit quelque autre que ce mesme pourfil que vous vistes icy, et que je vous promis d'envoyer : mais aussi croyez moij que ce changement luy est arrivè de ce que peu a peu et insensiblement il est venu a se tourner, tellement qu'avecq le temps vous devez attendre qu'il vous regardera tout droit et peut estre commencera a remuer les levres ; car vous voyez bien que la couleur luy est dejà devenue beaucoup plus vive qu'elle n'a estè. Et toutefois quand cecy n'arriveroit pas j'espere que vous aurez assez de bontè pour le garder comme il est. Je ne demande pour toute recompense, que seulement que vous revoquiez toutes les injures que vous m'avez dit en mon absence, et que, si peut estre j'ay ce bonheur de vous veoir l'un de ces jours à Bolducq, je ne me verray pas exposè a vos reproches.
> Il n'y a rien au monde que j'apprehende d'avantage, comme il n'y a rien que je cherisse tant que l'honneur de vos bonnes graces et d'estre
> Mademoiselle
> vostre treshumble et tresobeissant serviteur Christiaan Huygens de Zulichem.
> Ma sœur vous baise les mains[2]. »

De cette lettre élégante et gaie, dont nous ignorons le nom de la destinataire, nous ne connaissons qu'un projet qui nous révèle le fait assez étonnant que Huygens, sans doute mécontent de son style, modifia le passage évoquant un visage vivant et mobile pour aboutir à un résultat sensiblement moins réussi. Je trouve ce fait caractéristique : le style de Huygens est élégant, mais il conserve toujours un brin de formalisme et une allure un peu trop réfléchie, une tendance à repasser et à polir qui n'est pas toujours favorable à la qualité de ses écrits.

Huygens ne s'est jamais marié, mais le charme féminin ne le laissait pas indifférent et il aimait la société des femmes. En 1661, il avait été profondément impressionné par la beauté de Marianne Petit, fille d'un de ses correspondants parisiens ; il l'a visitée souvent et en a fait un portrait. Plus tard, pendant son séjour parisien, il aimait se retrouver en compagnie des charmantes filles du marchand hollandais Caron, et surtout de Suzette Caron. Celle-ci épousa par la suite un Français et, après la révocation de l'Édit de Nantes, s'établit en Hollande où elle rendait souvent visite à Huygens, trop souvent même selon ses parents.

Malheureusement, les portraits de femmes que Huygens avait faits sont perdus. Le seul portrait de sa main que nous connaissons, celui de son père, est un peu rigide. Les quelques paysages qu'il a laissés montrent qu'il était un habile dessinateur, tout comme il était un excellent musicien qui s'intéressait également à la théorie de la musique.

Le sens artistique, l'élégance, les contacts faciles dans les milieux internationaux, ce sont des qualités naturelles pour un descendant de la famille Huygens. Mais cette famille était surtout liée à la politique et à la diplomatie et Christiaan a rompu cette tradition. Il a toujours suivi les événements politiques avec attention, mais avec une certaine distance. Lorsque, en 1650, le stadhouder était sur le point de recourir à la force militaire pour imposer sa volonté à Amsterdam, Christiaan écrivait à son frère : « Pour moy spero meliora et j'attends la fin de toute l'œuvre avecq patience, et sans m'en affliger nullement[3]. » Cette position rappelle l'attitude semblable qu'a eue Huygens dans des conditions beaucoup plus dramatiques, lorsque dans les années 1672-1673, malgré l'attaque française, il était resté à Paris au service du roi de France.

Huygens était un homme calme, aimable et surtout avisé, du moins est-ce ainsi que nous le montrent ses portraits, qui, bien que solennels, révèlent autour de la bouche une petite pointe d'ironie et dans les yeux un rien d'étonnement. Était-il vraiment si pondéré, si calme ? Il pouvait se fâcher, être tenace (par exemple lorsqu'il s'agissait de brevets), être amer et se sentir insulté, comme il le fut par l'attitude de la France l'empêchant de retourner à Paris après 1681. En 1686, évoquant, dans une lettre à son frère, un livre dédié par E.V. von Tschirnhaus au roi Louis XIV, livre intitulé : *Medicina mentis et corporis* – (Médecine pour l'âme et pour le corps) – il écrivait : « Louis a bien besoin de l'une et de l'autre[4]. »

Puis, il y avait ses maladies. En 1670-1671, Christiaan était vraiment très gravement malade ; en 1675 et en 1681, il souffrit de la même maladie dont nous ne connaissons pas exactement la nature. Il est certain que cette maladie était accompagnée de dépressions profondes, et, pendant les derniers mois qui précédèrent sa mort, des sentiments de désespoir l'avaient envahi. Après une nuit blanche très difficile, en 1694, Huygens avait noté dans ses papiers un poème qui contient la plainte suivante :

> « ... la langueur de l'âme, – à celle du corps unie,
> Infecte la raison d'amère mélancolie
> Et trompe qui alors à ses conseils se fie[5]. »

Irions-nous trop loin en supposant que, pendant ces périodes de maladie, pouvaient émerger certains sentiments qui, normalement, restaient dissimulés par la raison et la pondération ? Cela me paraît probable et je pense que pour Huygens le travail était une source de force, un point fixe qui lui permettait de combattre ces assauts de mélancolie. Abordons maintenant son œuvre.

A l'examen de l'œuvre de Huygens, on est impressionné par la multitude des sujets qui y sont traités et il est impossible de la caractériser soit en tentant de délimiter ceux-ci, soit en y recherchant l'esquisse d'une méthode spécifique. Néanmoins l'unité de ce travail multiforme réside en ce qu'il est l'œuvre d'un seul personnage bien reconnaissable ; avec une manière de penser également caractéristique bien que difficile à saisir. Dans cet exposé je voudrais mettre en lumière quelques points saillants de cette œuvre concernant deux thèmes qui y ont toujours occupé une place centrale : l'horloge à pendule et l'explication de la nature selon la philosophie mécaniste. Pendant l'hiver 1656-1657, Huygens a inventé l'horloge à pendule. L'idée cachée derrière cette invention est une combinaison géniale de plusieurs notions déjà connues. On savait depuis Galilée qu'un pendule, un poids suspendu à un fil, fait des oscillations isochrones, c'est-à-dire qu'en principe chaque oscillation, petite ou grande, se fait pendant le même temps. Et Galilée avait même indiqué la possibilité d'utiliser un pendule pour mesurer le temps. Mais, il était clair que ce qui manquait aux horloges de l'époque, c'était précisément un élément garantissant l'isochronie. Huygens avait vu la solution : un pendule, suspendu librement, attaché au mécanisme de l'horloge par une fourchette et un bras, de telle manière que le balancement règle le déclanchement du rouage et que, en même temps, la force motrice de l'horloge (poids ou ressort) entretienne le mouvement du pendule. Depuis lors, le thème de l'horloge à pendule a eu dans l'œuvre entière de Huygens des ramifications que nous allons suivre.

Il y a d'abord des ramifications vers la pratique de la construction des horloges, et de leur usage en mer pour la détermination de la longitude – c'est-à-dire la détermination de la position en mer.

Certaines imperfections techniques expliquent que l'horloge à pendule n'ait pas complètement répondu aux grands espoirs que Huygens et d'autres avaient eus. Toutefois, Huygens, pendant toute sa vie, porta un grand intérêt à la construction des horloges. D'une façon analogue l'imperfection théorique de l'horloge à pendule a conduit Huygens à continuer à s'intéresser à la théorie mécanique du pendule, ce qui nous amène aux ramifications de ce thème de l'horloge à pendule dans ses études mathématiques et mécaniques.

Cette imperfection est causée par le fait que le mouvement d'un pendule, suspendu librement et dont le poids décrit une ligne circulaire, n'est pas exactement isochrone. L'approximation est très bonne quand l'amplitude est petite, mais elle ne l'est plus quand l'amplitude est grande. A mesure que l'amplitude augmente, l'oscillation du pendule exige un temps plus long. Huygens s'en est déjà rendu compte lors de la construction de ses premières horloges et il a essayé de résoudre ce problème. La méthode de raisonnement sur laquelle repose la solution de Huygens peut être formulée ainsi :

Quand le pendule décrit une trajectoire circulaire, les oscillations de grande amplitude durent trop longtemps. Donc, il serait nécessaire d'accélérer le mouvement aux extrémités de sa course. Cela peut se faire en rendant la course du poids oscillant plus raide, puisque dans ce cas le pendule tombe plus vite vers le milieu de la trajectoire (fig. 1).

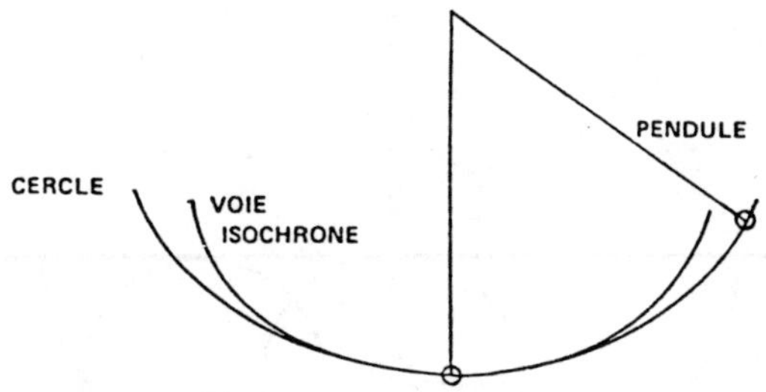


Fig. 1.

La course du poids oscillant doit donc être plus raide ; le poids doit être soulevé, pour ainsi dire, au dessus du cercle qu'il décrit normalement. Huygens a vu que c'était possible. Pour cela la corde du pendule en montant près de l'endroit où elle est fixée doit toucher des « joues » (fig. 2). Dans les premières horloges de Huygens, on trouve ces « joues ». Cette solution est l'exemple d'une alliance entre une conception théorique et une trouvaille technique, qui, justement, caractérise Huygens.

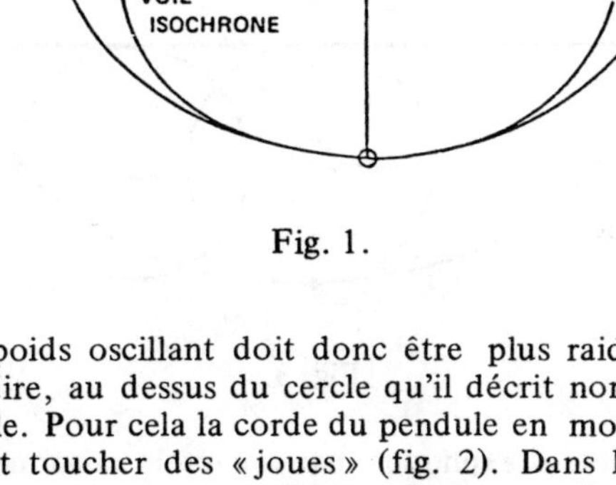


Fig. 2.

Cependant, jusque là, la solution n'avait qu'une valeur qualitative. La course devait être légèrement courbée vers le haut, mais de combien précisément ? ou plus exactement : quelle course du poids oscillant garantit une oscillation vraiment isochrone ? En 1659, Huygens trouva la réponse à cette question : la course doit avoir une forme cycloïdale. Une cycloïde est une courbe qu'on peut se représenter ainsi : si l'on fait rouler un cercle dont le diamètre est la moitié de la longueur du pendule sous une ligne horizontale, un point de la circonférence décrit alors une cycloïde (fig. 3).

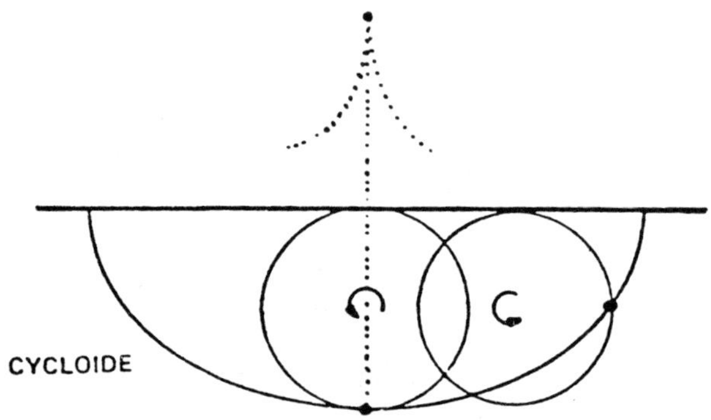


Fig. 3.

Il m'est impossible d'expliquer maintenant le raisonnement mathématique qui a conduit Huygens vers ce résultat. Notons seulement qu'il s'agit de mathématiques très avancées pour l'époque et que cette découverte de l'isochronisme ou, comme on dit aussi, du tautochronisme du mouvement cycloïdal a été considérée par Huygens comme l'une de ses découvertes les plus importantes et les plus profondes.

Maintenant qu'il connaissait la forme de la courbe isochrone, il se trouvait confronté au problème de la détermination de la forme des joues permettant de faire mouvoir l'extrémité du pendule selon une ligne cycloïdale. Il s'agissait d'un problème mathématique concernant les courbes, ou plus précisément le « déroulement » ou le « développement » des courbes. En effet, lors de l'enroulement ou du développement de la corde sur les joues, son extrémité décrit une autre courbe dont la nature dépend de la forme de la section droite des joues et inversement. Huygens eut la surprise de constater que la forme des joues qu'il cherchait se trouvait être précisément celle d'une cycloïde, fait d'autant plus surprenant que, le plus souvent, le développement d'une courbe n'engendre pas une courbe de même forme. En tout cas, Huygens fut tellement fasciné par ce problème qu'il élabora une théorie générale du « développement » des lignes courbes. Il s'agit de la situation représentée ici (voir fig. 4, page suivante) où la courbe le long de laquelle la corde s'enroule s'appelle « développée », la courbe formée lors du déroulement du fil se nomme « développante ». Huygens a étudié la relation entre ces deux courbes et a élaboré plus en détail une méthode pour déterminer la développée lorsque la développante est connue. Sa théorie, publiée en 1673, est une étude théorique très importante qui se situait à la limite des possibilités des méthodes mathématiques contemporaines.

Je voudrais mentionner un autre aspect du thème de l'horloge à pendule qui mène vers les mathématiques et vers la mécanique : il s'agit du rapport entre la période et la longueur du pendule. La période d'un pendule, c'est-à-dire le laps de temps nécessaire pour un seul mouvement d'aller et retour du pendule, dépend de la longueur de celui-ci. Cela implique qu'on peut donner à l'horloge la vitesse voulue en modifiant cette longueur et, à cette fin, Huygens a réussi à déduire la relation entre la longueur d'un pendule réel et sa période.

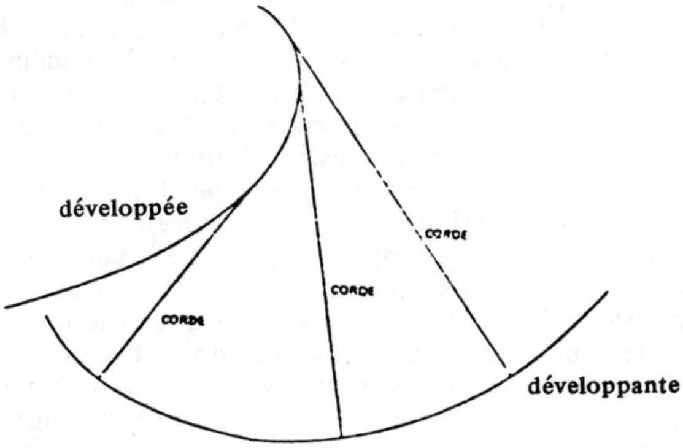


Fig. 4.

La déduction pourtant n'est valable que pour un poids en forme de point matériel suspendu à un fil lui-même sans poids. Il s'agit donc d'une situation purement théorique qui ne permet pas de déduire « a priori » quelle est la longueur à attribuer à un pendule réel (fig. 5).

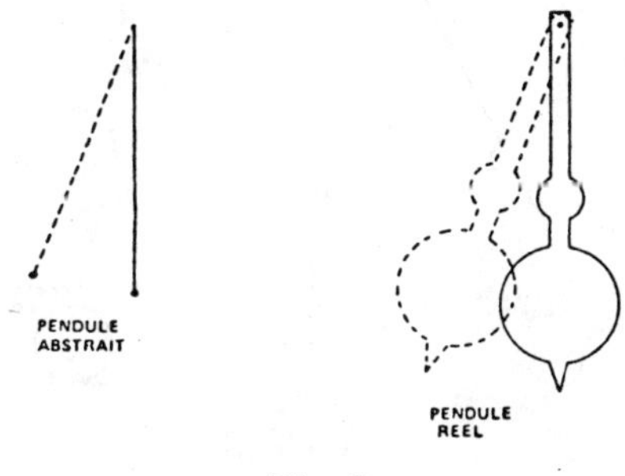


Fig. 5.

Huygens a étudié attentivement ce problème. La question est au fond la suivante : considérant au départ un pendule « véritable », il faudrait trouver le pendule abstrait qui oscille avec la même période. Autrement dit, chercher sur le pendule le point où l'on pourrait se figurer concentrée toute la masse de ce pendule sans que son mouvement oscillant se modifie. Ce point est appelé centre d'oscillation du pendule réel et sa distance au point de suspension est alors la longueur du pendule simple équivalent. Dans sa théorie concernant le centre d'oscillation, Huygens imagine d'abord un pendule composé de deux poids et d'une barre sans poids. Le mouvement du pendule commence à partir de la situation représentée à gauche, le centre de gravité est alors à une certaine hauteur. Huygens suppose que lorsque le pendule au cours de son mouvement atteint sa position la plus basse, les liens entre les deux poids sont coupés et que ces deux poids sont entraînés vers le haut, séparément, jusqu'à la hauteur qu'ils peuvent atteindre grâce à la vitesse qu'ils avaient acquise au point le plus bas (fig. 6). Selon Huygens, dans la situation finale, le centre de gravité du système sera à la même hauteur qu'au commencement de son mouvement. Il utilise cette thèse comme un axiome où nous reconnaissons une loi concernant la conservation de l'énergie. Le reste de la déduction n'est pas très difficile, mais présente toutefois un caractère assez technique et la généralisation que Huygens en fait aux pendules de formes quelconques est, une fois de plus, mathématiquement très avancée. Je ne les esquisserai donc pas, me bornant pour le moment à rappeler le point de départ, l'axiome concernant le centre de gravité, et l'idée de Huygens (on pourrait dire son expérience de pensée) d'interrompre le lien entre les deux poids quand le mouvement est à mi-chemin. Ce point de départ caractérise la manière dont Huygens traite un problème de mécanique. Dans cette esquisse, nous avons donc vu que le thème de l'horloge à pendule mène Huygens dans de nombreuses directions, lui suggérant des problèmes qu'il aborde avec une combinaison caractéristique d'idées simples mais géniales et d'une grande habileté en mathématiques, ce qui lui permet d'élaborer ces idées jusqu'à leur dernière conséquence.

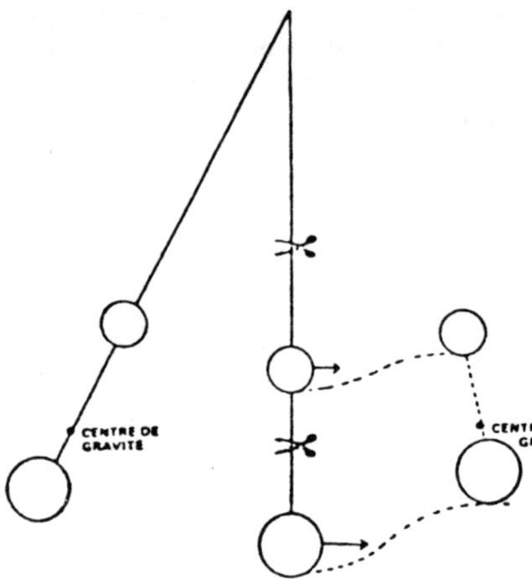


Fig. 6.

Cette même manière caractéristique d'aborder un sujet se retrouve dans les études qu'à inspiré à Huygens le thème de l'explication de la nature selon la manière de penser des mécanistes. En voici deux exemples.

Il est difficile de dire dans quelle mesure Huygens était cartésien. Mais il est certain qu'il a conservé de la confrontation avec la philosophie cartésienne pendant sa jeunesse la conviction que les phénomènes de la nature doivent être expliqués à partir des principes du mécanisme. Cela veut dire que de telles explications doivent être trouvées dans des séries de mouvements et de collisions de particules de dimensions plus ou moins grandes. Pour expliquer ainsi des phénomènes comme la lumière, le magnétisme et la gravité, on supposait l'existence, en plus des particules de matière dont les corps observables sont formés, d'autres particules beaucoup plus petites constituant ce que l'on appelait « la matière subtile » ou « l'éther ».

Deux exemples peuvent nous montrer comment Huygens a travaillé avec – nous dirions – ce modèle de la réalité et comment ce procédé lui a inspiré des découvertes qui sont encore très importantes dans la science actuelle, bien que l'explication purement mécaniste ne nous satisfasse plus.

Le premier exemple est la découverte de l'anneau de Saturne. Les astronomes de l'époque, qui depuis peu disposaient de lunettes astronomiques, avaient découvert sur Saturne une sorte d'excroissances étranges, « d'appendices », dont personne ne savait la nature. Huygens avait conclu qu'il s'agissait d'un anneau autour de Saturne. Il avait effectivement raison, et d'ailleurs plusieurs résultats obtenus par Huygens dans ce domaine étaient dûs à la qualité supérieure des lentilles de sa lunette qu'il avait fabriquée lui-même, avec l'aide de son frère. Mais dans la description de sa découverte, Huygens fait une large place à un argument théorique qui l'avait convaincu que l'hypothèse de l'anneau était plausible. En voici le principe. Peu de temps après que Huygens eut braqué sa nouvelle lunette vers Saturne, il découvrit un satellite de cette planète, constatant qu'il tournait autour d'elle en 16 jours et qu'il se mouvait dans le plan où se trouvaient aussi ses curieux appendices. Si nous observons, comme Huygens, les mouvements dans notre système solaire avec des yeux formés – pourrait-on dire – par Descartes, cela signifie que le tourbillon de matière subtile qui tourne autour de Saturne et qui emporte ses satellites, en décrit le pourtour en 16 jours. L'observation d'autres planètes et d'autres satellites nous apprend ensuite que, dans les tourbillons situés autour des corps célestes connus, le temps de révolution est moindre près du centre que sur la face extérieure (fig. 7).

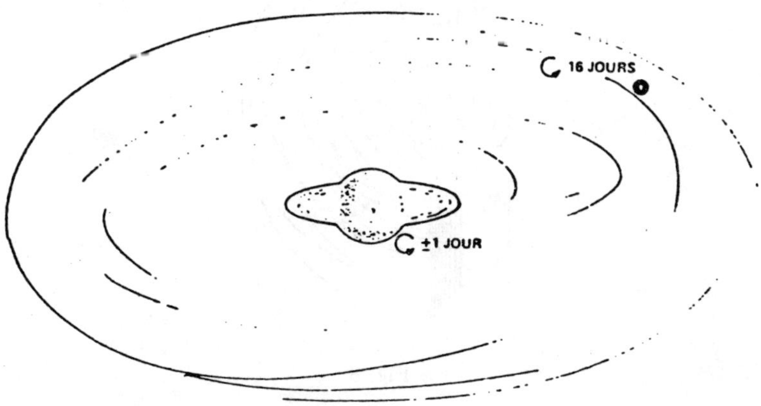


Fig. 7.

Quant à Saturne, cela signifie que le temps de révolution de la matière subtile à sa proximité doit être d'un ou deux jours environ, et que les appendices étonnants de la planète en font le tour aussi en un ou deux jours, entraînés par ce tourbillon. Cependant, et voici le point le plus important dans l'argument de Huygens : en observant ces appendices, on ne constate aucune variation ayant une période d'un ou de quelques jours (des variations de périodes plus longues apparaissent cependant). Donc, conclut Huygens, ces appendices doivent être groupés en symétrie cylindrique autour de Saturne, car dans ce cas seulement ils peuvent tourner en rond en paraissant pourtant invariables pour celui qui les observe. Or, un objet de symétrie cylindrique ressemblant à ceux qui sont observés ne peut être autre chose qu'un anneau. Voilà donc l'argument qui, en plus de ses propres observations, a donné à Huygens tant de confiance en l'hypothèse de l'anneau. C'est un argument typiquement huygenien : simple, mais inattendu et audacieux, et conduisant à des conséquences impressionnantes.

Le deuxième exemple est le rôle qu'ont joué les explications mécanistes dans les études de Huygens concernant les processus physiques en rapport avec la théorie de la lumière et plus spécialement avec son explication de la double réfraction dans le cristal d'Islande. Rasmus Bartholin avait constaté que la lumière, en passant à travers un tel cristal, se conduit d'une manière bien étonnante : un rayon qui entre est séparé en deux rayons fractionnés. L'un de ceux-ci se conduit comme s'il traversait un milieu transparent normal, l'autre suit un cours anormal. En 1676, Huygens avait développé une théorie de la lumière comme phénomène d'ondulations. Pour lui, la lumière était l'effet d'ondes-secousses en forme de sphères qui se propagent dans un éther très fin qui pénètre les corps transparents. Il s'agit de formes sphériques parce que Huygens se figure que la vitesse de propagation des secousses est la même dans tous les sens (fig. 8).

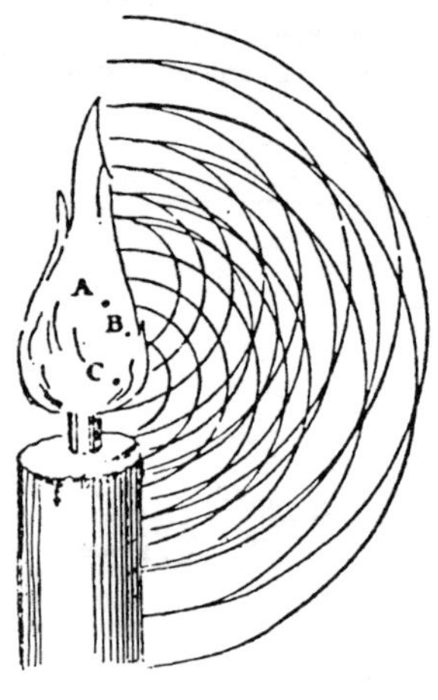


Fig. 8.

C'est alors qu'il put expliquer le comportement de la lumière lorsqu'elle est réfractée ou reflétée dans le verre, l'eau, etc. L'explication de la double réfraction dans le cristal d'Islande, donnée par Huygens un an plus tard, constituait pour lui une confirmation de sa théorie. Mais, et c'est chose surprenante, cette explication entraînait une modification de l'hypothèse des fronts d'ondulations sphériques. Huygens en effet suppose qu'à l'intérieur du cristal deux systèmes d'ondulations-secousses coexistent. L'un d'eux a des ondulations sphériques, il forme le rayon réfracté normal. Pour les autres ondulations, la vitesse de propagation est plus grande dans une direction, déterminée par la structure du cristal, que dans les autres. De ce fait, il se forme des surfaces d'ondulations en forme d'ellipsoïdes. A l'aide des mêmes arguments que pour les surfaces sphériques lorsqu'il s'agit de surfaces en forme d'ellipsoïdes, Huygens peut expliquer le cours du rayon anormal (fig. 9).

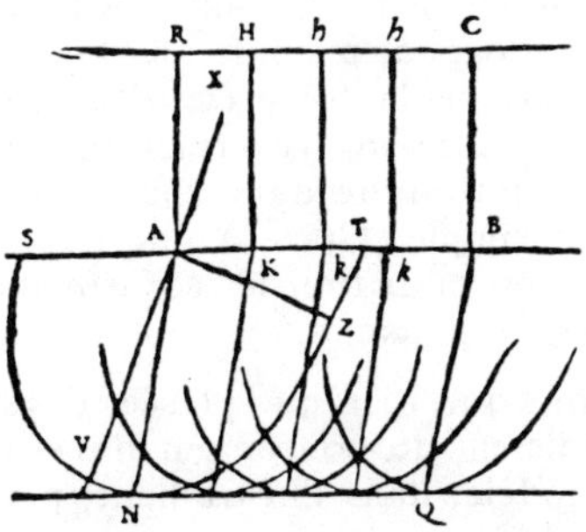


Fig. 9 : Ondes ellipsoïdales – Figure du *Traité de la lumière* (*Œuvres*, t. XIX, p. 501).

Nous rencontrons ici les mêmes traits caractéristiques : Huygens se forme un modèle mathématique de principe simple, puis il y introduit une idée de génie (la symétrie cylindrique ou les fronts d'ondulations ellipsoïdales). Ensuite, il continue en appliquant des méthodes mathématiques très poussées, pour trouver des explications qui pour lui sont convaincantes. Bien que celles-ci le soient beaucoup moins pour nous, elles sont si riches que certains de leurs éléments conservent toujours une valeur dans la science moderne.

Après ces quelques exemples choisis dans l'œuvre de Huygens, je voudrais aborder rapidement le problème de l'influence de son œuvre. Une question se pose aussitôt : comment expliquer que cette influence ait été moins importante qu'on ne pourrait le penser. La disproportion qui existe entre la grande qualité de l'œuvre de Huygens et sa faible influence exige une explication. Il est légitime d'espérer qu'en cherchant celle-ci, on pourra mieux comprendre la nature spéciale de l'œuvre de Huygens et le rôle qu'il a joué dans la révolution scientifique. Il est évident qu'il est impossible de donner une explication simple. Trois facteurs ont joué un rôle certain : le style employé par Huygens dans son œuvre mathématique et mécanique, sa réticence étonnante à publier ses études, le caractère spécial de son génie. Au sujet du style, je dirai seulement qu'en mathématiques, le nouveau calcul différentiel et intégral de Newton et Leibniz remplaça le style plutôt classique caractéristique de Huygens et la mécanique de Newton, basée sur la notion de force, l'éclipsa en quelque sorte dans le domaine de la mécanique. Une autre raison de la faiblesse de son influence réside dans la réserve qu'observait Huygens quand il s'agissait de publier. La théorie du choc, l'étude sur les corps flottants, la dioptrique, l'étude sur la force centrifuge et bon nombre de ses recherches mathématiques ne furent pas publiées, ou ne sortirent de son cabinet d'études que sous la forme de résultats et de conclusions. Dans certains cas, les raisons explicites pour différer la publication sont connues. Par exemple F. Van Schooten a exercé une certaine pression sur Huygens afin qu'il ne publie pas son traité du choc, car cela eut signifié une attaque au renom de la philosophie cartésienne. Mais on peut se demander si la réserve de Huygens n'a pas une cause plus profonde, et, à l'inverse, si cette réserve n'est pas un aspect d'une caractéristique plus profonde de son œuvre scientifique.

Pour répondre à cette question, nous allons dresser la liste des principales inventions et découvertes de Huygens. Ce sont : les lois du choc, l'idée de la relativité du mouvement, l'horloge à pendule, le tautochronisme de la cycloïde, l'anneau de Saturne, les lois de la force centrifuge, la détermination du centre d'oscillation, la théorie de la lumière, la réfraction dans le cristal d'Islande. Dans tous ces cas, Huygens a su introduire dans une situation compliquée un modèle mathématique relativement simple. Grâce à une pensée de génie, il introduit un élément théorique nouveau et, pour tirer les conséquences de ce progrès, il recourt à des méthodes mathématiques poussées.

Ce sont des inventions qui, bien que placées dans un contexte abstrait, font penser au travail du technicien, du concepteur d'instruments mécaniques. Il voit des possibilités dans le modèle, dans l'instrument, par exemple une petite barre fixée d'une certaine façon, le remplacement d'une combinaison de roues dentées par une autre, et un pas est ainsi réalisé vers la solution du problème. La comparaison avec un concepteur d'instruments – et à mon avis cette comparaison est essentielle – mène à la question suivante : quel est l'instrument, le tout, que Huygens est en train de construire ? La réponse : ce tout n'y est pas encore. Ce que Huygens a trouvé, ce sont des cas isolés, des idées géniales mais plus ou moins incohérentes.

Une contradiction apparaît ici. Car au temps de Huygens, au moment de la révolution scientifique, l'accent ne portait pas sur l'idée géniale mais isolée, mais sur le tout, sur le programme, sur l'espérance que, grâce à un travail assidu, il devait être possible de développer un système de philosophie naturelle qui devrait tout expliquer. Et, naturellement Huygens a subi l'influence de cette manière de penser. Au cours de sa jeunesse, il fut très impressionné par Descartes. Plus tard, c'est le programme de Bacon qui l'inspira. Les systèmes, les programmes de recherches, les espoirs, les visions – ce ne sont pas là précisément les domaines où Huygens est génial. Au contraire, il y est modéré et réaliste, et pourrait-on même dire un peu banal. Ses principales idées sur la philosophie de la nature manquent d'inspiration et sont conservatrices : la philosophie doit élaborer des explications mécanistes ; la certitude n'existe pas : il y a seulement des degrés de probabilité ; la raison, avec l'expérience, doit servir de point de départ ; les abstractions abusives et les spéculations n'ont pas de sens ; il s'agit de résoudre des problèmes – et il y a pas mal de problèmes à résoudre avant que nous soyons prêts. Toutes ces opinions sont très raisonnables, très sensées, mais elles n'ont qu'une faible force d'inspiration.

Pour celui qui cherche et qui a été touché par une vision, chaque petit pas, tout isolé qu'il soit, peut être une confirmation de cette vision. Pour cette raison, il mérite d'être publié. Mais pour un chercheur qui, comme Huygens, reste impassible devant les visions, les programmes et les attentes, et qui voit à côté de chaque succès isolé le nombre infini de problèmes qui doivent être résolus ; pour lui, le travail ne finit jamais, la cohérence n'est pas atteinte. C'est pourquoi le besoin, la raison de publier est beaucoup moins pressante. Je crois qu'on trouve ici une explication de la réserve qu'a montrée Huygens pour publier ses résultats. Il empruntait les critères des grands philosophes initiateurs de la révolution scientifique, mais non leurs visions. Ses critères se trouvaient alors dans le domaine du tout, de l'explication complète des phénomènes de la nature. Mais son génie se trouvait ailleurs, dans ces essais de pensée sagaces, brillants même, mais isolés. Et c'est là une combinaison qui freine.

Cette réserve de Huygens explique qu'il ait été un personnage beaucoup moins influent que les grands savants de la révolution scientifique : Bacon, Galilée, Descartes, Newton. Il n'eut pas d'élèves, pas d'adeptes, un « huygensianisme » n'a jamais existé, l'idée d'un tel terme en « isme » est si éloignée qu'il faut réfléchir pour imaginer le mot.

Cela aussi se rattache au caractère spécial de son génie : on peut admirer les découvertes de Huygens, on peut les emprunter et les utiliser, mais on ne peut pas apprendre à faire soi-même des découvertes semblables.

J'aboutis donc à une conclusion plus ou moins négative, ce qui n'est pas étonnant, car mon point de départ était une question négative : pourquoi l'influence de Huygens avait-elle été faible ? J'espère, en essayant de répondre à cette question, avoir donné un nombre suffisant d'aspects pour éclairer son œuvre et sa personnalité. Mais je ne voudrais pas terminer sur ce point. 350 années se sont écoulées depuis la naissance de Huygens et au fond il s'agit de savoir ce que nous offre la confrontation avec la personnalité de Huygens et avec son œuvre. Je crois que l'esprit qui émane de son génie n'est pas amoindri par le fait que son influence directe ait été plus limitée qu'on ne pouvait le supposer à première vue.

Pour moi, Huygens est un homme qui peut nous inspirer, par sa sagacité, par l'illustration imposante que donne son œuvre de la force explicative des mathématiques dans les sciences de la nature, par l'attrait de sa personne, réservée et un peu froide mais absolument droite. Je crois qu'il est possible que Huygens nous inspire encore en 1979 : la clarté de son style et le caractère élémentaire de sa philosophie permettent de pénétrer assez vite dans le monde de ses pensées et de savourer son génie. J'espère que tout cela incitera de nombreux chercheurs à entrer en contact avec ce personnage et avec son œuvre.

## NOTES

1. *Oeuvres,* t. I, p. 123-124.
2. *Oeuvres,* t. II, p. 53-54.
3. *Oeuvres,* t. I, p. 130.
4. *Oeuvres,* t. IX, p. 113.
5. *Oeuvres,* t. X, p. 719 ; je cite la traduction française par les éditeurs des *Oeuvres;* le poème est en latin, peut-être Huygens l'a-t-il composé lui-même.

Huygens et la France
(Paris, Vrin, 1981, p. 17-24)

# LES HUYGENS ENTRE LA FRANCE ET L'ANGLETERRE

par A.G.H. BACHRACH
(Université de Leyde)

Si, n'étant ni physicien, ni historien, j'ai eu la témérité d'accepter de participer à ce colloque, c'est que, – en simple littérateur angliciste, – j'ai entrepris depuis longtemps d'étudier les coryphées néerlandais du XVII^e^ siècle en tant que produits de circonstance et de parenté, les coryphées aussi bien que leur pays, c'est-à-dire cette République « invraisemblable » de provinces révoltées qu'était parvenu à créer d'un néant bourbeux un certain Prince d'Orange dont la maxime fut :

> « Point n'est besoin d'espérer pour entreprendre, ni de réussir pour persévérer[1] ... »

Or, le génie qui nous a réunis peut être considéré comme un exemple classique de ce phénomène. Bien sûr, nous le savons, Christiaan Huygens n'appartint qu'à une minorité hors série : celle des bourgeois-virtuoses. C'était une minorité, cependant, dont furent membres, – chacun de son propre droit, – non seulement les parents de cet enfant prodige, mais également ses trois frères survivants. Car, soulignons-le tout de suite, les Huygens, une fois établis à la Haye, au centre même de la République des Provinces-Unies, étaient extrêmement liés les uns aux autres, – et dans leur carrière, et dans leurs intérêts, et dans leur train de vie privée. Mais cela, comme on dit en Angleterre, c'est une autre histoire ; traçons d'abord la genèse du moule commun.

L'émergence des Huygens des ténèbres historiques se fait au moment où, en 1578, Christiaan l'Ancien, grand-père du physicien (lequel tiendra de lui son prénom), natif du Brabant et licencié en droit de l'Université de Douai, devient un des quatre secrétaires de Guillaume d'Orange, surnommé le Taciturne. Après l'assassinat de ce « pater Patriae », en 1584, il entre au service de son successeur et, en outre, est appelé au Secrétariat du Conseil d'État. Je rappelle que la guerre de libération de l'oppression espagnole des Pays-Bas était menée à l'aide de troupes de tous les coins d'Europe et que c'était le Conseil d'État qui surveillait les affaires étrangères et militaires. Il en résulte que l'existence quotidienne des Huygens porte bientôt une signature internationale. Les Huygens, c'est-à-dire Christiaan l'Ancien, sa belle et riche épouse anversoise, Susanna, leur demi-douzaine de filles, et leurs deux fils, dont le cadet, Constantin, sera le père de notre héros. Toute cette famille nombreuse est habituée, d'année en année, à fréquenter des ambassadeurs et des officiers généraux. Ceux-ci, à leur tour, leur rendent visite, font de la musique, et s'amusent à discuter art et littérature avec eux. Notons finalement que, plus encore que dans les autres milieux de la haute bourgeoisie néerlandaise, la langue dans laquelle on communiquait était le français. *Sapienti sat*[2].

Or, quand on essaye de retracer l'évolution de la pensée huygensienne, il faut se rendre compte que l'esprit de la génération de Christiaan fut formé entièrement par l'éducation organisée par son père, dans sa maison, tout comme celle de ce père avait été organisée par le grand-père. En effet, pour Christiaan l'Ancien, l'éducation de ses fils avait été une œuvre d'art à créer, œuvre d'art dont la base fut la civilisation ancienne mais dont la superstructure est déjà marquée par le sens du pratique. Ainsi, avant de les envoyer à l'Université de Leyde pour y « faire leur droit », il avait fixé chaque détail de leurs leçons, qui devaient comprendre, outre le français (et l'italien), non seulement les langues et les littératures classiques, l'arithmétique, les mathématiques, la géographie et la musique, mais aussi le dessin et la peinture, la danse, l'équitation, la natation et l'escrime. Ces leçons furent données par un choix de précepteurs jeunes qui se servaient de livres strictement sélectionnés, y compris la grammaire latine dont ce père-modèle fit lui-même un précis : après tout, l'enseignement du médium des érudits lui semblait trop important pour qu'il le laissât aux seuls experts ! Avec tout cela, le grand but, – répétons-le, – était de préparer ses fils à servir la patrie et la communauté. Mais en attendant, ils furent pour ainsi dire conditionnés pour se développer imperceptiblement vers « la virtuosité », c'est-à-dire vers l'attitude culturelle de ce genre d'intellectuels aisés, que le grand Shaftesbury caractérisera plus tard comme

> « real fine gentlemen, lovers of art and ingenuity[3]... »

La phrase vaut d'être savourée. Car à cette époque-là *art*, sans doute, représentait bien plus que les seuls « beaux-arts », tandis que par *ingenuity* on entendait une faculté créatrice qui s'applique aux sciences théoriques et pratiques. Pour nous, le charme particulier de cette caractérisation des virtuoses est qu'elle marque la fin d'une évolution sociologique qui coïncide (ou peu s'en faut) avec la fin du temps, voire avec l'existence de ceux dont nous parlons. Autrement dit, cette caractérisation fut conçue après le décès des derniers Huygens. Mais la motivation des virtuoses fut conçue pendant la jeunesse des premiers Huygens ; elle deviendra plus révélatrice encore sous la plume de Sir Francis Bacon, 1er Baron Verulam. Dans son livre *The Advancement of Learning*, de 1605, il déclare que de telles personnes agissent

> « parfois par curiosité et par appétit intellectuel, comme si, dans le savoir, on cherchait un banc pour y reposer son esprit investigateur et turbulent... ;
> parfois pour occuper leur intelligence dans la variété et dans la joie en faisant du savoir une terrasse pour qu'un esprit errant et fugitif puisse s'y promener devant une belle perspective... ;
> parfois poussées par un désir d'ornement, avides de réputation, en se servant du savoir comme d'une tour pour que leur esprit orgueilleux se manifeste[4]. »

La triade de la curiosité d'esprit, de la joie que procure la promenade spirituelle, et du désir de réputation personnelle... n'a pas manqué de se manifester glorieusement pendant tout le XVIIe siècle, au pays de Shaftesbury et de Bacon (où les dimensions sont importantes) aussi bien qu'aux Pays-Bas (où elles sont fort réduites). Et c'est dans ce contexte qu'on doit placer surtout Constantin père qui couvrira de sa vie, longue de 92 ans, presque le siècle entier. Car c'est bien lui le fameux diplomate-poète de nos livres de classe. Mais il est aussi et avant tout le virtuose acharné, le vrai « gentleman », grand amateur d'art et d'« ingenuité », à qui on peut prêter sans scrupule l'adjectif de « fin ». Il faut ajouter à cela que sa femme, encore une Susanna, et sa belle-sœur Constantia (notez les prénoms qui reviennent régulièrement dans cette famille) se montrent douées d'une intelligence tellement vive qu'un auteur d'essais sur *La Dioptrique* et *Les Météores* priera de lui faire connaître l'opinion de ces dames puisqu'il la préférerait à celle de tout un éventail de savants[5]. En faut-il plus pour recréer le climat ?...

Le fait que nos caractérisations du type humain des Huygens proviennent de deux Anglais éclairés peut être considéré comme symbolique. Si le grand-père ne fut jamais plus qu'un fonctionnaire (quoique désigné, une fois, par le Prince pour remplir une mission anglaise secrète), Constantin fut fait Chevalier par le roi Jacques, lors de sa quatrième visite à Londres, où il s'était distingué comme secrétaire d'ambassade. Il faisait ses visites d'abord en tant que membre de la suite de Sir Dudley Carleton, l'ambassadeur britannique qui, comme ses prédécesseurs et ses successeurs, était un ami de la maison, ensuite comme interprète, comme homme de confiance et « intermédiaire social » de plusieurs missions néerlandaises. C'est ainsi qu'il avait connu les deux auteurs cités et qu'il avait pu être accueilli par quelques familles aristocratiques, liées, d'une part, aux Provinces-Unies par leurs activités diplomatiques et militaires, et formant, d'autre part, un cercle remarquable de penseurs anglais. Ces familles, les Cecil et les Killigrew, étaient non seulement connues toutes deux de la haute société de La Haye mais lui étaient aussi apparentées[6].

Pour Constantin, les conséquences de son amitié avec Sir Robert, et surtout avec la délicieuse Lady Mary Killigrew, furent considérables et atteignirent leur apogée en 1629, année de la naissance de Christiaan. C'est cette même année que Constantin commence son important fragment autobiographique en latin[7] ; et c'est encore en 1629 qu'il conçoit le plan pour son grand épithalame philosophique, *Daghwerck*, – « Le travail d'une journée »[8]. Il s'agit d'un poème de 2063 vers, écrits pour sa femme, son « étoile » aussi révérée qu'aimée, et composé afin de lui offir le dessin d'un jour de sa vie, ou plutôt : sa vie, comprimée en un seul jour. C'était un geste tout à fait spécial, coïncidant – remarquons-le – avec le dessin et la construction très vitruvienne de leur nouvelle maison qui, à son tour, fut un autre emblème de ses idées philosophiques. Constantin travaillera au *Daghwerck* pendant près d'une dizaine d'années et cet ouvrage l'obsédera. Dans l'ensemble de la poésie néerlandaise, cette « psychographie physico-religieuse », – ainsi qu'on a trouvé bon de l'étiqueter, – restera une œuvre unique. Malheureusement, elle restera également tout aussi inachevée que son autobiographie, par la mort soudaine de celle à qui ce grand don de soi-même était destiné.

Ce qui importe pour nous, c'est que ce poème, où l'auteur avait voulu présenter tous les principes sur lesquels il se proposait de fonder la vie intellectuelle, morale et religieuse de leur foyer, fut essentiellement une confession de foi baconienne. Si l'ensemble de ce que nous en possédons nous semble manquer d'unité, c'est que Constantin, tout en suivant à distance certains éléments de l'*Advancement of Learning*, du *Novum Organum* et du *New Atlantis* dans les phases successives de son « travail », s'arrête bien avant de l'avoir achevé. Selon le programme exposé dans l'épilogue (en forme de note)[9], il devait encore traiter de plusieurs sciences spécifiques, des arts et des lettres. Il n'en fut pas ainsi. Mais cette perte nous offre aussi un avantage : dans l'emphase non voulue sur la nécessité d'une contemplation microscopique, télescopique et cosmologique, tellement anglaise par sa présentation quasi nonchalante et à peine esquissée, nous reconnaissons de nouveau une signification symbolique. En effet, entre 1629 et 1639, c'est-à-dire dans la première jeunesse de Christiaan, la pensée de son père était imbue, ou plutôt ré-imprégnée, de l'esprit anglais d'une façon absolument remarquable. Ceci, à mon avis, n'était pas seulement le résultat de la lecture des livres et du succès des instruments scientifiques apportés ou commandés, les uns et les autres, d'Angleterre, ni d'une nouvelle correspondance avec d'anciens amis anglais, mais avant tout de la réception inattendue de poésies anglaises manuscrites qu'on lui envoya. Ce sont ces poésies qui auront si fortement marqué le souvenir de ses années londoniennes qu'il se mit à en traduire dans sa langue maternelle. Et c'est cette émotion qui le poussera à en faire circuler les traductions – d'ailleurs brillantes – dans la petite pléiade néerlandaise de Muiden, dont il était un membre très fidèle, et qui lui répondra d'une manière archi-hollandaise[10]...

Ce n'est pas le moment de parler en détail des vers reçus par Constantin, probablement entre 1629 et 1630 (et figurant, près de soixante ans après, dans le catalogue de vente de sa bibliothèque comme « English Poems ... manuscript, in folio »)[11]. Aussi mordantes, paradoxales et fantastiques qu'émouvantes et, si vous voulez, modernes, ce sont là de remarquables poésies d'amour, (jadis) écrites par un homme qui, au moment où Constantin l'avait connu chez les Killigrew, était un quinquagénaire, veuf et doyen de la Cathédrale St.-Paul, le Dr John Donne. Dans son fragment autobiographique, Constantin offre un témoignage de son admiration pour ce prêtre-poète, admiration non moins profonde que celle qu'il ressent pour Bacon[12]. Le « Verulamien » y est appelé « une sorte de saint » ; il y est traité de prophète, de Moïse. Est-ce que Constantin se serait rappelé que Donne était l'auteur des premiers vers anglais qui s'inspiraient de la découverte de nouvelles étoiles par Tycho Brahé et Kepler ? Moins d'un an après la publication du *Sidereus Nuncius* de Galilée, en 1610, Donne écrit une satire en prose à la manière d'un dialogue des morts, intitulée *Ignatius his Conclave ;* dans cette œuvre, nous trouvons déjà ces astronomes se plaignant en enfer des portes fermées à ceux-là pour qui le ciel venait de s'ouvrir. Un an après, le même Donne se rend compte que ce n'est pas seulement le monde qui est en train de changer, mais l'homme avec lui. Ses vers les mieux connus, – excepté toujours son fameux « For god's sake hold your tongue and let me love... », – se trouvent dans le premier de ses poèmes intitulés *Anniversaries ;* les voici dans la traduction française de Pierre Legouis :

> La nouvelle philosophie met toute chose en doute,
> Elle éteint complètement l'élément du feu[13]...

Or, dix ans avant que le père de Christiaan eût rencontré Donne pour la première fois, nous voyons à quel point celui-ci avait ressenti en poète l'ébranlement des vieilles cosmographies. La « nouvelle philosophie » mettait-elle vraiment « toute chose en doute » ! La disparition de la sphère du feu, à la suite de la découverte des satellites de Jupiter, n'avait probablement guère touché le jeune

Hollandais. Mais d'autant plus le doute foncier avec lequel – selon son « gourou » vénéré – il fallait traiter la philosophie aristotélicienne. Seulement ce doute n'engendra pas le pessimisme.

Ce n'étaient que des mots et que des phrases qui ont dû le séduire. Dans cette même capitale britannique, où il avait écouté Donne et Bacon, le père de notre physicien avait eu la bonne fortune de trouver la confrontation immédiate avec les réalités des spéculations nouvelles. Car c'est ainsi qu'il faut voir les visites régulières de Constantin au laboratoire, à Eltham Court, d'un compatriote nommé Cornelius Drebbel. Là, « pendant toute une année heureuse », comme il l'écrira dans ses mémoires en vers latins, beaucoup plus tard, « j'avais Drebbel pour moi, comme lui me possédait entièrement, me favorisant au-dessus de tous ses amis »[14]. Eh bien, parmi ses amis, précisément, Drebbel comptait les Killigrew, et surtout Sir Robert, qui était chimiste, Donne, qui était un grand « intimus » de la famille, et Bacon, qui d'ailleurs était l'oncle de Lady Mary.

Cornelius Drebbel, né en Hollande en 1572, l'année de la découverte de la première étoile dite « nouvelle », était le vrai type de l'inventeur-paysan comme on en trouvait un peu partout chez les princes d'Europe. Il avait été peintre-graveur et fabricant d'instruments à Haarlem, où il avait épousé la sœur de l'artiste-alchimiste Goltzius, et il s'était installé à Londres en 1605, l'année de l'*Advancement of Learning*. A l'exception d'un bref séjour à Prague, en 1610, il travaillait au service des rois Jacques et Charles I, taillant des lentilles pour microscopes et lunettes astronomiques faisant des expériences avec des pompes à eau, mettant au point un nouveau procédé pour teindre les étoffes, faisant tourner des roues mues par des explosions de poudre, construisant le premier sous-marin dans la Tamise, enchantant les Anglais avec des images projetées par une lanterne magique, et tenant en haleine le monde entier avec un « perpetuum mobile » fondé sur le principe du thermoscope[15].

D'abord, Drebbel avait été attaché à la cour du jeune prince Henry, le premier collectionneur royal d'Angleterre, – et aussi le premier protecteur de Bacon. Mais Drebbel n'était pas le seul « magicien » de cette espèce : le ménage princier comptait également un autre inventeur étranger, cette fois-ci d'origine française et nommé Salomon de Caus. Après la mort tragique du prince, en 1616, de Caus fut transmis au train de la princesse Elisabeth, qui venait d'épouser l'Électeur Palatin de Heidelberg. L'expiration, en 1620, de l'occupation du trône de Bohème par ce jeune couple, pendant un seul hiver, mit fin à cet emploi ; de Caus ne les suivit pas dans leur exil à la Haye chez leur cousin, le Stadhouder, mais s'engagea au service de son souverain originel, le roi de France.

Or, pendant son association avec Drebbel, Bacon aura connu, lui aussi, de Caus et il aura admiré les engins à eau et à vent qui étaient une spécialité des deux, – guère surprenante d'ailleurs chez un Hollandais et un Français du Nord. Tous deux, en outre, avaient publié des brochures qui tentaient, assez hardiment, de placer leurs inventions mécaniques dans un contexte magico-philosophique. De Drebbel nous avons le *Tractatus de Natura Elementorum,* révision de l'*editio princeps* de 1604, et dédié au roi Jacques en 1621 ; de son partenaire, citons seulement son étonnant *Les causes des forces mouvantes,* de 1621, avec, à la deuxième page, des éloges dont :

> « Vitruve et Archimede et le subtil Héron,
> Sont ici surpassez du sage Salomon[16]. »

Drebbel avait pour devise « Exerce tes dons dûment » ; pour de Caus, l'exercice suprême de ses talents était le dessin de grands jardins baroques offrant une richesse surprenante de paysages et de constructions hydro-mécaniques et symboliques. Serait-ce aller trop loin que de suggérer que, malgré le sens du théâtre (qui a sans doute présidé à leurs faits et gestes), un effort de compréhension ultérieure ne peut être nié dans l'âme de ces deux cultivateurs quelque peu singuliers dans les vignes du Seigneur ?

Dix ans avant la venue de Constantin Huygens à Londres, des visiteurs s'étaient émerveillés à la vue de tous ces miracles et, longtemps après son retour en Hollande, on tâchera d'en percer les mystères (comme le fait encore Peiresc dans sa correspondance avec John Selden et dans le mémoire de ses conversations avec les gendres du prétendu « sorcier »). Mais pour l'auteur de l'*Advancement of Learning,* un laboratoire comme celui de Drebbel doit avoir été plus qu'une curiosité ; chaque visite qu'il y rendait doit avoir été comme la confrontation avec une métaphore tangible de la Création. Constantin nous a laissé une courte notice sur le *perpetuum mobile ;* en marge de cette notice, il a griffonné « Gloria in Excelsis Deo ». Mais Bacon fut renvoyé à son pupitre, – le pupitre, où, il y avait longtemps, il écrivit :

> « Science is a dream of Learning »
> (La science est un rêve du savoir)[17].

Ce rêve, il nous l'a legué. Dans la fable du *New Atlantis,* – fable qui, comme celle de Thomas More, fut conçue au cours d'un voyage imaginaire vers une île utopique –, Bacon nous explique son grand instrument métaphorique. Son « Temple de Salomon » était cette institution centrale de l'État, où des chercheurs s'appliquent dans leurs laboratoires à découvrir les lois de la Nature à l'aide de toutes sortes d'outils et d'appareils mécaniques, et à la suite d'innombrables expériences[18]. Ainsi, vers l'époque où le père de notre physicien fréquentait Drebbel, Francis Bacon avait réussi à choquer le monde entier en donnant un fondement de légitimité et d'alliance à quiconque ne pouvait s'accommoder de la dictature des Anciens et réclamait d'urgence des recherches dites modernes. Car, – répétons-le, – ces recherches et ces expériences, d'après Bacon, ne devaient plus se faire à la dérobée et dans un isolement souvent suspect, mais au sein d'une grande communauté, vouée au décodage de l'hiéroglyphe de Dieu, c'est-à-dire au déchiffrage du *Codex Vivus,* la Nature, qui n'est que la paraphrase du *Codex Scriptus,* les Saintes Écritures.

Il a fallu deux générations, nous le savons, avant que cet idéal pût être réalisé par la fondation de la *Royal Society for Improving Natural Knowledge.* En 1663, Christiaan et Constantin entreront tous deux dans cette auguste assemblée, Christiaan comme vedette et comme un des premiers étrangers invités à se joindre aux « Divers worthy persons, inquisitive into the New Philosophy » (c'est ainsi que le Privilège décrit les membres), Constantin comme visiteur, – un visiteur qui présentera un exposé sur une chandelle perfectionnée et économique[19]. Saurait-on imaginer chose plus touchante et plus révélatrice ? Tandis que le fils a préparé un *Traité de la lumière,* qui restera parmi les plus belles œuvres scientifiques de tous les temps, le père s'était voué à l'amélioration d'un instrument d'éclairage destiné à faciliter les lectures « illuminantes » d'autrui, – instrument qui fut oublié presque au lendemain de sa présentation.

Serait-il juste de dire que la vraie illlumination, exposée par Constantin à sa femme dans son *Daghwerck* et transmise à ses enfants par la voie de leur éducation, fut celle reçue dans le temps, avec Bacon et Donne, au laboratoire encore semi-magique de Drebbel et de Caus ? Pour moi, je suis convaincu que, rétrospectivement, Constantin aura reconnu en cette petite maison du bord de la Tamise une des « work-houses » du Temple de Salomon, sinon le prototype même du « House of Learning ». L'architecture de la maison natale de Christiaan (et n'oublions pas celle de la maison de campagne, « Hofwijck », bâtie en 1640[20], où plus tard Christiaan passera tout le temps qu'il pourra), le poème inachevé sur « le travail d'une journée », le fragment autobiographique sur ses expériences anglaises, ainsi que ses mémoires rimés, en sont autant de témoignages, – témoignages déguisés, mais indéniables.

En conclusion, si je peux sembler avoir mis l'accent sur les premiers vingt-cinq ans de la vie du père de notre physicien, et avoir trop souligné ses affinités anglaises, c'est que j'ai l'impression que celles-ci sont presque oubliées, – ou, pire, passées sous silence, – tandis que ses amitiés françaises remplissent quatre des six volumes de sa correspondance complète et offrent à notre curiosité tout un éventail de personnalités françaises. En effet, Constantin pouvait se vanter d'une double affinité étrangère, concrétisée par deux noms : Bacon et Descartes. L'un fut le héros de sa jeunesse, l'autre la gloire de sa maturité. Bacon est l'instigateur de son premier épanouissement spirituel, Descartes lui a donné la possibilité d'acquérir une immortalité modeste : Constantin a assuré l'impression, en Hollande, du *Discours de la Méthode*[21]...

La vie de tous les Huygens se passait entre la France et l'Angleterre, quoiqu'elle fût centrée à la Haye. Le frère aîné de Christiaan, Constantin le Jeune, sera secrétaire du Roy-Stadhouder du Royaume-Uni, Guillaume III ; le frère cadet, Louis, n'ira en Angleterre, comme aide-de-camp d'une mission diplomatique néerlandaise, que muni d'une *Instruction* paternelle, en français. Et Christiaan lui-même montrera de façon vraiment étonnante combien les expériences de son père à Londres, et tout ce qu'il y avait expérimenté et fait sien, feraient mûrir et fructifier son génie. De toute façon, tous les Huygens, francophones qu'ils étaient, ont connu la séduction d'Outre-Manche, – séduction qui se manifesta de la façon la plus frappante dans le portrait de famille de 1641, peint à la manière de Van Dijck[22]. Car là, entouré de ses cinq enfants, Constantin est représenté en « vrai chevalier » royaliste anglais. Faut-il y voir un rapport avec ce vers désabusé qu'il écrivit en 1618 :

« Ut modo ne civis sim miser, exul era »
(Pour n'être pas citoyen sans éclat, je pars en exil)[23].

Pour moi, il s'agit là du vers-clef d'un poème d'adieu qu'il a composé avant de s'embarquer pour son tout premier voyage en Albion. Mais si, sept ans après, il avait fait imprimer au bas de son portrait-frontispice de la première collection de ses poésies :

« Quem saepe Britannia vidit »
(Que la Grande Bretagne a souvent vu)[24],

la pleine signification de la faculté visuelle de l'homme, renforcée par les lunettes artificielles, perfectionnées en Angleterre, fut décrite par lui, virtuose myope, en ce distique français :

« Qui dira si le Tentateur
N'avait l'usage de ce verre,
Dès lors qu'il montra au Seigneur
Tous les Royames de la Terre[25] ? »

## NOTES

1. Il se peut que cette maxime vienne du grand conseiller et ami du Taciturne, Marnix, Seigneur de Ste Aldegonde (voir les articles de Heldring dans le *Nieuwe Rotterdamse Courant* de 1979).

2. Voir A.G.H. Bachrach, *Sir Constantine Huygens and Britain*, Leyde-Oxford, 1962, chap. II.

3. Shaftesbury, *Characteristics of Men, Manners, Opinions, Times*, éd. 1714, t. III, p. 156.

4. F. Bacon, *The Advancement of Learning*, 1605, dans *Works*, éd. Spedding, t. III, 1857, p. 294.

5. *Correspondence of Descartes and Constantijn Huygens*, éd. Roth, 1926, p. 38 et 43.

6. Huygens, *Sermones de Vita Propria*, t. II, v. 145-215, dans *De Gedichten*, éd. Worp (1898), t. VIII, p. 207-209. Voir R.L. Colie, *Some Thankfulnesse to Constantine*, La Haye, 1956, p. 26-29.

7. « Fragment eener autobiographie van Constantijn Huygens », éd. Worp, *Bijdragen en Mededeelingen van het Historisch Genootschap*, XVIII.

8. *Gedichten*, t. III, p. 48-108. C'est feue Mme Colie qui, la première, a analysé le *Daghwerck* dans son contexte cosmologique (*op. cit.* in note, p. 111-127).

9. *Id.*, p. 108.

10. Notons seulement le contraste révélateur entre les éloges de P.C. Hooft et l'ironie de Vondel (voir R.L. Colie, *op. cit.*, ch. « Huygens hath Donne »).

11. *Catalogus der Werken van Constantijn Huygens verkocht op de groote Zaal van het Hof te's-Gravenhage 1688, opnieuw uitgegeven naar het eenig overgebleven exemplaar*, La Haye, 1903, n°115.

12. « Fragment eener autobiographie » : p. 112-116.

13. *J. Donne, Poèmes choisis*, éd. Pierre Legouis, Paris, 1955, p. 41.

14. *Sermones* (« Amici Londinenses »), dans *Gedichten*, t. VIII, p. 203-204 et 209.

15. F. M. Jeager, *Cornelis Drebbel en zijne Tijdgenooten*, Groningue, 1922, p. 9-98.

16. *Id.*, p. 21.

17. F. Bacon, *De Augmentis Scientiarum*, 1623, 3.1.

18. F. Bacon, *Sylva Sylvarum* et *New Atlantis*, 1627, éd. The World's Classics, 1951, p. 276-277 et 288-297.

19. T. Sprat, *History of the Royal Society*, 1667, et *Transactions of the Royal Society*.

20. Sa « retraite campagnarde » sera le sujet d'un long poème, *Hofwijck*, (*Gedichten*, t. IV, p. 266-340).

21. Voir P. Dibon, « Constantijn Huygens et *Le Discours de la Méthode* », *Glanes* 11, 1950, p. 17-26.

22. Ce portrait par Hanneman se trouve actuellement au Musée Mauritshuis, La Haye.

23. « Ad patriam », daté du 25 May 1618 (*Gedichten*, t. I, p. 116).

24. Vers de Daniel Heinsius au bas de la gravure par W. Delft d'après un portrait, perdu, par Lievens (*Otia*, La Haye, 1625).

25. « Des mesmes Lunettes » (sur la page qui contient l'épigramme « In Telescopium »), (*Gedichten*, t. II, p. 236).

Huygens et la France
(Paris, Vrin, 1981, p. 25-32)

# CHRISTIAAN HUYGENS ET MERSENNE L'INSPIRATEUR

par Armand BEAULIEU
(Centre Alexandre Koyré, Paris)

On sait combien Mersenne aimait proposer des problèmes, communiquer des nouvelles, chercher des nouveaux ouvrages, les signaler à ses correspondants, ces correspondants qui d'ordinaire étaient des savants, des ecclésiastiques, des lettrés... On connait moins l'attitude du Minime en présence de la jeunesse. Et pourtant nous pouvons, avec profit, examiner son comportement vis à vis des fils de trois de ses amis. Blaise Pascal, fils d'Étienne, Claude de Mondevis, fils de Rivet, Christiaan Huygens, fils de Constantin.

C'est le cas de ce Christiaan que j'évoquerai, en essayant de préciser les techniques pédagogiques employées par Mersenne et m'arrêtant un peu plus longuement sur les problèmes qui intéresseront maître et élève : au début le maître c'est Mersenne et Christiaan l'élève, mais très vite les rôles sont changés.

Je verrais volontiers une série d'étapes dans les rapports intellectuels entre Mersenne et Christiaan.

*L'amitié souriante.* Nous sommes en septembre 1646 : de Leyde, Christiaan écrit à son frère aîné, alors à La Haye, une lettre[1] où il le taquine sur ses médiocres connaissances en algèbre et son peu de familiarité avec Archimède : les calculs sur le conoïde parabolique sont pourtant faciles... Et sur ce sujet comme sur celui de la chute des graves, il propose des solutions personnelles inspirées de Galilée. Mais Constantin, père de Christiaan, lit la lettre. Elle lui semble intéressante et il la communique à Mersenne[2], avec qui il était en relations épistolaires depuis presque une dizaines d'années :

> « J'ai deux jeunes galands, mon aîné et celui qui le suit, qui ont grande enuie de veoir vostre quadrature de l'hyperbole et vos centres de percussion. Et pour vous dire qu'ils sont capables d'en juger, je fais copier une lettre que le cadet escrit a son dict Aisné[3] ... »

La demande de Constantin arrive à Mersenne et semble l'amuser, mais il n'a pas lu la lettre de Christiaan, soit qu'elle ne lui soit pas encore parvenue, soit qu'il n'ait pas eu le temps de l'étudier. Il se contente d'envoyer « des petites gentillesses », c'est-à-dire un problème numérique : la différence des carrés de 2 nombres dont l'un est la somme et l'autre la différence de 2 carrés est nécessairement un carré. Nous en sommes encore au stade du divertissement.

*Mise en garde contre les écueils.* Dans l'intervalle, Mersenne a lu la fameuse lettre et le 13 octobre 1646, il écrit à Christiaan[4]. Sur la chute des graves je n'ai pas votre démonstration, envoyez-la moi, mais attention : les calculs de Galilée ne sont pas tout à fait justes, il faut les corriger. Et Mersenne sait ce dont il parle, car lui-même a varié dans la méthode de l'expérimentation et dans son interprétation. Pour les missiles en mouvement, Galilée a tout autant besoin d'être controlé.

Nous en sommes à la première règle pédagogique donnée par Mersenne. Chez lui, c'est une idée chère ; il met en garde le jeune homme contre l'empire des Maîtres : l'argument d'autorité ne peut être invoqué que si on le comprend et qu'on le vérifie. Il termine par la promesse d'envoyer les proportions des solides de la cycloïde : ce n'est encore qu'un rappel de ses propres travaux.

Le 28 octobre 1646, Christiaan écrit à Mersenne sa première lettre[5]. Évidemment, les remerciements d'usage dont le XVII$^{e}$ siècle possède le secret. Mais aussitôt, avec la fougue de la jeunesse, des objections contre les réserves de Mersenne à l'encontre de Galilée pour comparer les vitesses des différents projectiles suivant qu'ils sont envoyés de plus ou moins haut. Il y a déjà quelque chose d'incisif dans l'expression de Christiaan, réactions d'un élève qui croit savoir ce dont il parle :

> « Je ne puis consentir à cela... Je m'en rapporte à la philosophie de Mr Des Cartes : seul l'empeschement de l'air les empesche d'auoir une vitesse egale ».

Quant à la proportion des nombres 1.3.4.7., proposée par Galilée, il suffit de la comprendre et de l'expliquer en étudiant au point de vue arithmétique ou géométrique l'absurdité d'une progression 1.2.4.8. ». La lettre se termine par une remarque sur la parabole que font les projectiles et sur une promesse d'étudier le problème de la chaînette..

*Introduction dans l'aristocratie scientifique.* Avec la lettre du 8 décembre 1646[6], le ton de Mersenne commence à changer. Il comprend que les 17 ans d'un pareil élève peuvent saisir des problèmes déjà compliqués et il le met au courant d'une invention à laquelle il tient beaucoup, celle du funépendule, le fil auquel on suspend des corps aux formes les plus diverses. Voilà plus de 10 ans qu'il en avait parlé[7]. Mais en cette année 1646 où, inlassablement, il pose aux savants le problème du centre d'agitation, proclamant auprès de chacun les résultats obtenus, essayant de profiter des découvertes pour permettre à ses correspondants d'aller plus loin, le funépendule trouvait sa place, on peut l'allonger ou le raccourcir et les solutions, expérimentalement, peuvent surgir et s'imposer.

Dans cette lettre du 8 décembre 1646, Mersenne explique à son correspondant la technique simplifiée qui conduit à une recherche plus profonde, du moins pour le triangle. Il ne s'agit pas encore de figures très compliquées, mais le Minime estime qu'un jeune homme peut la comprendre. Pour l'approfondir, il faut étudier les règles de Descartes « le plus excellent esprit du monde », dit-il. Un geste de politesse envers Van Schooten : il pourra aider à trouver les solutions[8]. Et la lettre se termine par un problème arithmétique qui, pour lors, occupe les mathématiciens du groupe Mersenne : donner 1 trillion de nombres qui se suivent immédiatement et dont nul ne soit premier. Le ton commence donc à bien changer. Mersenne invite déjà Christiaan à entrer dans le cercle des chercheurs auxquels lui-même s'adresse sans relâche pour les encourager à se pencher sur le funépendule, le centre d'oscillation, les problèmes débattus dans l'« académie » de Paris... Si Van Schooten et Descartes sont nommés, ce n'est pas pour se réfugier sous des autorités intransigeantes et sans appel, mais pour chercher une possibilité de dialogue. Christiaan écrira plus tard à Carcavy[9] :

> « Le Pere Mersenne m'honoroit de sa correspondance pour m'inciter a l'étude des mathematiques, a laquelle il me voyait porté naturellement et m'enuoyoit souuent des escrits de vous autres illustres et principalement de Monsieur de Fermat que i'ay commencé a entendre a mesure que i'ay profité dans ces sciences. »

Une quinzaine de jours plus tard, vers le 26 novembre 1646[10], Christiaan répond. Il se livre déjà un peu : il avoue qu'il aime chercher des problèmes, qu'il en trouve les solutions, mais ne les met par écrit qu'en tout dernier lieu. C'est le cas de beaucoup de problèmes concernant les centres de gravité, les tangentes, les courbes... Il montre qu'il a lu les *Cogitata* de Mersenne. Pour les centres de percussion et le problème d'arithmétique, c'est un peu trop difficile. Mais dans un appendice à la lettre, Christiaan envoie enfin le résultat de ses reflexions sur la chaînette. Malheureusement cet exposé, tel que nous le connaissons, est incomplet et la rédaction envoyée à Mersenne est perdue. Les éditeurs des Oeuvres ont essayé de la reconstituer d'après des documents postérieurs[11]. Leur habileté et leur mérite ont été grands ; pourtant ce n'est pas absolument le texte qui est parvenu à Mersenne.

Mais ce qui nous intéresse ici, c'est le travail exécuté par Huygens. Travail d'écolier, nous laisse-t-il supposer dans une lettre. Sans doute aura-t-il besoin de réfléchir encore à la question dont il ne donnera la réponse définitive que bien plus tard, quand il sera en pleine possession de son génie et de sa technique du calcul infinitésimal[12]. Mais dès cette fin d'année 1646, ne se servant que de méthodes de géométrie, il abandonne résolument ce qu'en avait dit Galilée : la figure d'équilibre d'une chaîne pesante suspendue par ses deux extrémités n'est pas une parabole. Deux ans plus tard, il précisera qu'il a été mis sur le chemin de la solution par la lecture de Stevin et des notes de Girard qui en accompagnaient la traduction. Ces premiers calculs sur la chaînette sont-ils les mêmes que ceux qu'il envoya à Descartes[13] par l'entremise de Van Schooten en juin 1646 ? Il ne s'agit certainement pas du même texte, tout au plus – et encore ce n'est pas sûr – d'une étude analogue comme semble le prouver un écrit de 1691[14].

Avant même d'avoir reçu ce traité et se référant au premier exposé de Christiaan, Mersenne écrit à Constantin[15] : « Je ne crois pas, s'il continue, qu'il ne dépasse quelque jour Archimède. »

*Égalité dans la recherche.* Le 8 janvier 1647, Mersenne n'a pas encore reçu le travail sur la chaînette. Il expédie pourtant une lettre à Christiaan[16] et s'adresse à lui comme il le fait si souvent dans sa correspondance avec des adultes avisés et aux connaissances avancées : il parle bibliographie, donne des conseils de perfectionnement et pose des problèmes.

Pour la bibliographie, c'est l'envoi d'un nouveau livre sur le centre de percussion, la critique aussi de Grégoire de Saint-Vincent et de ses malencontreux essais sur la quadrature du cercle.

Pour le perfectionnement, ce sont des conseils sur l'étude de la chute des graves d'après Galilée. Mais une précision : montrez votre traité à Descartes. S'il y a des fautes, il vous le dira. Il semble que Mersenne, pardonnez-moi ce mot, soit un peu effaré de l'assurance de son jeune correspondant. S'il l'adresse à Descartes, il ne s'agit pas seulement ici d'un geste de déférence envers un ami et un savant éprouvé, qui est aussi l'ami du père de Christiaan. Il ne s'agit pas non plus d'une impression d'impuissance chez le Minime devant les problèmes qui pourraient se poser, lui qui avait lu avec attention les ouvrages de Descartes dès avant leur parution et qui transmettait ses remarques critiques ou qui faisait ses délices de la lecture de Fermat, Torricelli et Cavalieri. Il s'agit plutôt d'un désir très net d'aider au maximum une intelligence éveillée et un enthousiasme débordant. Il aurait certainement continué, si la mort ne l'avait surpris, à aider Christiaan de toute sa bonté et de toute son ardente imagination.

En fait, Christiaan ne semble pas avoir beaucoup suivi ce conseil de Mersenne. S'il a beaucoup lu et étudié Descartes, il l'a beaucoup combattu aussi. Nous n'avons aucune trace de correspondance entre Christiaan et Descartes.

En ce début de 1647, les problèmes posés à Christiaan par Mersenne sont remarquables par leur variété : la recherche du centre de percussion dans un secteur de cercle[17], la raison pour laquelle une corde de luth doit être 4 fois plus tendue pour monter à l'octave ; des figures à tracer au compas. Quelques réponses qui sont aussi des directives : la discussion sur les solides engendrés par une révolution autour de l'axe de la cycloïde[18], la façon de trouver une suite de 1 trillion de nombres dont aucun ne soit premier (Mersenne donne ici une règle pour les 10 premiers nombres), des corrections bibliographiques aux *Cogitata*. Puis une lettre à Constantin et un nouveau problème destiné à Christiaan sur la proportion de la circonférence d'une ellipse avec celle du cercle et de la surface du sphéroïde avec celle d'une sphère : « on y travaille ici », dit Mersenne. Pourquoi Christiaan ne s'y essaierait-il pas ? Qu'il en fasse des exercices. Mais toujours la prudence : il faut les montrer à Descartes.

*Admiration.* Constantin Huygens s'était retiré lui-même de la course[19] : « Dorenauant, ie ne vous seruiray plus que d'adresse au commerce litteraire d'entre vous et mon petit mathematicien. » Et le 24 janvier 1647[20], Mersenne reçoit la lettre du jeune homme, celle où il traite de la chaînette. Chez Mersenne, c'est une profonde admiration :

> « Ne peinez pas trop votre esprit, car vous avez tant d'années de reste que quand vous ne feriez qu'une demonstration par année aussi belle que celle de cette chorde, vous auriez assez pour tenir le haut parmi toute la noblesse. »

Pourtant, de la part du Minime, une remarque pour signaler une erreur dans le raisonnement : il aurait mieux valu commencer par le 2e corollaire avant de passer aux théorèmes. Un peu plus loin, Mersenne va revenir au problème du cylindre scalène, mais auparavant il traite l'élève comme un égal. Il lui demande son avis sur un exposé concernant les équations cubiques, écrit par Van Schooten, le maître même de Christiaan[21].

Malheureusement, nous n'avons guère d'autres documents pour 1647 : de part et d'autre les lettres ont été perdues. Mais le 17 mars 1648, nouvelles informations bibliographiques de la part de Mersenne (la lettre est adressée à Constantin à propos d'un projet de voyage)[22] :

> « Si votre Archimède vient avec vous, nous lui ferons veoir l'un des plus beaux traités de geometrie qu'il ait jamais vu et qui vient d'estre achevé par le jeune Pascal[23]. C'est la solution du lieu de Pappus *ad tres aut quatuor lineas* qu'on pretend ici n'auoir pas esté resolu par Descartes en toute son etendue. Il fallu des lignes rouges, vertes et noires pour distinguer la grande multitude des considerations. »

Il y a aussi un livre sur le vide et les expériences qu'on lui consacre avec, par exemple, la vessie qui persiste à se gonfler même quand elle est dans le vide. Il y a aussi la machine arithmétique, du moins celle de 1645.

*Progression dans l'estime.* Ceux qui ont pratiqué la correspondance de Mersenne et ses traités savent la part primordiale qu'il réserve à l'expérimentation et aux calculs précis. L'occasion se présente d'appliquer Christiaan à des exercices dans ce domaine : on a besoin de lui pour des expériences au cours desquelles il faut noter avec soin des mesures avec l'aide des canonniers pour pouvoir régler et interpréter l'inclinaison de tir des canons. Plusieurs fois déjà Mersenne s'était adressé à Constantin pour ce genre d'expériences[24] mais, cette fois, il juge que Christiaan peut se charger d'un travail de précision où l'on peut lui accorder toute confiance. A mon avis, ce geste de Mersenne témoigne d'une certitude absolue sur les compétences du jeune homme.

Presque au même moment, deux faits semblent donner raison au Minime : le premier, c'est une lettre de Christiaan en date du 2 mai 1648[25] où il donne son jugement sur l'énorme volume de Grégoire de Saint-Vincent et sa quadrature du cercle : « vous êtes le premier qui a osé », lui dit Mersenne avec admiration en lui livrant ses propres remarques. Mais le second fait est encore plus extraordinaire dans sa nouveauté[26] : le Minime envoie à Christiaan un livre qui vient de paraître (il s'agit du *Plein du vide*, publié en 1648 par Estienne Noël). Il lui demande de le lire et de l'envoyer ensuite à Descartes, non sans oublier de transmettre son jugement « dont je fais grand estat. »

*Mersenne devant le triomphe de Christiaan.* D'autres lettres de Mersenne suivent : des nouvelles apprises par lui et qu'il transmet à ses correspondants, et des remarques religieuses. Mais le 15 mai 1648[27], une proposition qui montre le chemin déjà parcouru :

> « Permetterez-vous qu'on imprime le petit traité que vous m'auez enuoyé il y a long tems de la chorde ou chaisne tendue egalement. Mais il faudroit ajouter la demonstration de ce que ie vous escriuois sur cela. »

Un peu plus tard il sera question encore de la duplication du cube et de quelque erreurs commises par les correspondants de Mersenne. Le Minime les soumet presque humblement au jeune homme.

Dans cette communication j'ai essayé de montrer d'une part la prudence et la perspicacité de Mersenne devant une intelligence précoce et pleine de promesses qu'il voyait s'éveiller à l'occasion de chaque correspondance ; d'autre part l'enthousiasme d'un jeune déjà conscient de ses talents. La première lettre de Christiaan date du 12 septembre 1646, la dernière de Mersenne à Christiaan du 22 mai 1648[28]. Encore faut-il citer la phrase de Christiaan[29] : « Je ne sçavais pas encore si bien escrire en François et j'ay ecrit tres peu de lettres au P. Mersenne. » Les deux hommes ne se sont jamais rencontrés. Mersenne est mort au début de septembre 1648 et pourtant Christiaan, jusqu'à la fin de sa vie (1695), continuait à le citer et à rappeler les directives qu'il avait reçues de celui qui avait perçu la qualité de son esprit génial[30].

Il faut se méfier des phrases trop condensées qui prétendent donner en quelques mots la synthèse de toute une vie. Je voudrais pourtant terminer cet exposé par une formule écrite par deux membres de l'Académie des Sciences de l'U.R.S.S.[31] à l'occasion d'une vie de Christiaan Huygens et que je modifierai un peu : « Trois noms doivent être mentionnés qui ont marqué le début de la carrière scientifique de Huygens : « Archimède, Mersenne, Descartes. » Je préférerais dire : « Archimède, Galilée, Mersenne. »

## NOTES

1. Lettre du 3 sept. 1646 (*Oeuvres*, t. I, p. 18-19 ; *Corr. Mersenne*, t. XIV, lettre n° 1505.

2. Lettre de Constantin à Mersenne du 12 sept. 1646 (*Oeuvres*, t. II. p. 547 ; *Corr. Mersenne*, t. XIV, n° 1508).

3. La première lettre que nous ayons conservée de Mersenne date du 26 août 1639 (*Corr. Mersenne*, t. VIII, p. 490), mais elle fait état de relations épistolaires plus anciennes.

4. *Oeuvres*, t. I. p. 558 ; *Corr. Mersenne*, t. XIV, n° 1533. La veille, Mersenne avait écrit à Constantin (*Oeuvres*, t. I, p. 22 ; *Corr. Mersenne*, t. XIV, n° 1529).

5. *Oeuvres*, t. I, p. 24 ; *Corr. Mersenne*, t. XIV, n° 1543.

6. *Oeuvres*, t. I, p. 45 ; *Corr. Mersenne*, t. XIV, n° 1571.

7. Voir par exemple *Corr. Mersenne*, t. II, p. 211 ; t. IV, p. 444 ; t. X, p. 131.

8. Frans Van Schooten le jeune sera le professeur de Christiaan, d'abord à Leyde, puis à Breda.

9. Lettre du 1 juin 1656 (*Oeuvres*, t. I, p. 428).

10. A cette date, nous ne possédons de lui qu'un brouillon de lettre, qui sera repris le 23 décembre.

11. *Oeuvres*, t. II, p. 557.

12. Beeckman avait parlé deux fois du problème. Descartes n'avait pas voulu s'en occuper (*Descartes* (A.T.), t. X, p. 223). Huygens parlera de la question à Leibniz en 1690 en mentionnant le nom de Mersenne (*Oeuvres*, t. IX, p. 497).

13. « Laquelle demonstration je fis veoir a Mr des Cartes et la communiquai au P. Mersenne. » Voir *Exercitationes mathematicae*, p. 31-36. Un autre texte, rédigé par Descartes luimême (*Descartes* (A.T.), t. IV, p. 436).

14. *Oeuvres*, t. X, p. 622.

15. Lettre du 3 janv. 1647 (*Oeuvres*, t. I, p. 47 ; *Corr. Mersenne*, t. XV en préparation).

16. *Oeuvres*, t. I, p. 50.

17. Huygens assure plus tard qu'il a trouvé la réponse en 1664 et qu'il l'a fait imprimer en 1673 (*Oeuvres*, t. X, p. 351 et 622).

18. Voir notre éclaircissement dans *Corr. Mersenne*, t. XIII, p. 485.

19. Lettre de Constantin Huygens à Mersenne en date du 23 déc. 1646 (*Oeuvres*, t. II, p. 554 ; *Corr. Mersenne*, t. XIV, n° 1576).

20. *Corr. Mersenne*, t. XV.

21. Il s'agit en réalité d'un Appendice ou *De Organica Sectionum in plano Descriptione Tractatus, Appendice de Cubicarum Aequationum Resolutione.*

22. *Oeuvres*, t. I, p. 83.

23. Voir R. Taton dans *Rev. Hist. Sci.*, t. XV, 1962, p. 226-231.

24. Voir par exemple, pour 1644, *Corr. Mersenne*, t. XIII, p. 196-197.

25. *Oeuvres*, t. I, p. 89.

26. *Ibid.*

27. *Oeuvres*, t. I, p. 93.

28. Lettre du 22 mai 1648 (*Oeuvres*, t. I, p. 94).

29. *Oeuvres*, t. X, p. 400.

30. Cette influence de Mersenne se continuera tout au cours de la vie de Christiaan qui citera parfois le Minime par reconnaissance ou par souci de références précises. Mais, de façon plus générale, il sera pénétré de certains principes de Mersenne, même quand il ne l'avouera pas formellement. A ce sujet, voir notre communication sur *Huygens et le mersennisme* au Colloque de La Haye (août 1979).

31. J. Franfurt et A. Frenk, *Christiaan Huygens* (en russe), Moscou, Acad. des Sciences, 1962, p. 47.

Huygens et la France
(Paris, Vrin, 1981, p. 33-40)

# LES PREMIÈRES RELATIONS PARISIENNES DE CHRISTIAAN HUYGENS

par Jean MESNARD
(Université de Paris-Sorbonne)

Le sujet de cette communication n'est pas d'une nature telle qu'il puisse réserver la surprise de découvertes totalement nouvelles. La documentation est abondante et connue. Elle consiste essentiellement dans la correspondance du savant et dans les deux journaux de voyage, celui de 1655, très incomplet, inexistant pour le séjour à Paris même, rédigé sans doute par Louis Huygens ; celui de 1660-1661, tenu par Christiaan en personne, et d'une richesse extraordinaire, malgré sa brièveté télégraphique. Le tout fort bien publié[1]. Que dire donc de nouveau ? On pourra d'abord, dans nombre de cas, préciser le commentaire de détail, rectifier quelques notes erronées, procéder à des identifications de personnes et, ce qui est souvent suggestif, indiquer des adresses. Mais le plus important sera de faire le système de ces relations, de les organiser en groupes, de chercher comment elles se sont engendrées les unes les autres ; enfin de les situer dans l'ensemble de la société parisienne, surtout dans sa composante intellectuelle, entre 1655 et 1661.

Le jeune homme de vingt-six ans qui débarque à Paris le 15 juillet 1655, en compagnie de son frère Louis et de ses deux cousins Philippe Doublet et Daniel Eyckbergh, ne possédait dans la ville aucun correspondant, fût-ce épisodique. Mersenne l'avait été jusqu'à sa mort, en 1648 ; mais il n'avait pas été remplacé : impossibilité de trouver chez un autre la même aptitude aux relations humaines, et désorganisation de la vie intellectuelle parisienne par suite des troubles de la Fronde. Le petit groupe est accueilli par des amis de Constantin Huygens père, comme ce Tassin, intendant du premier écuyer Beringhen, qui se fit leur guide ; par des Hollandais établis à Paris comme l'ambassadeur Boreel ; par des Français habitués de la Hollande comme l'ancien résident Brasset et sa fille ; à quoi il faut certainement ajouter les milieux protestants de la capitale. Tout au plaisir de la découverte, Christiaan néglige sans vergogne les obligations intellectuelles auxquelles il avait sûrement été soumis par son père, et doit avouer, huit jours après son arrivée : « Je n'ai point encore été trouver les gens de lettres ni de musique[2] ».

Aussi bien la partie touristique du séjour sera-t-elle considérable : deux tournées des châteaux d'Ile-de-France, du côté Nord Est Sud du 29 juillet au 3 août, du côté Ouest le 8 août ; et surtout, du 13 août au 18 septembre, un voyage dans la vallée de la Loire jusqu'à Nantes. C'est dans la partie finale du séjour, du 18 septembre jusqu'au départ, le 30 novembre, que l'on voit se constituer à Paris un réseau de relations.

De premières visites avaient toutefois pu être mentionnées le 6 août dans une lettre de Christiaan à son père, un père manifestement soucieux que le voyage qu'il subventionnait ne fût pas de pur divertissement. En tête est nommé un musicien – la musique occupe alors la première place parmi les curiosités de Huygens – : l'organiste La Barre. Puis, entre les « fameux mathématiciens », ont été vus Gassendi et Boulliau[3]. Le premier, on le sait, demeurait chez le maître des requêtes Habert de Montmor, rue Sainte-Avoye (ou du Temple), où il mourra le 24 octobre. Disparition peut-être déjà prévisible, et que Huygens annoncera, par erreur, un mois trop tôt[4] : en tout cas, la rencontre ne donne lieu à aucun commentaire. En revanche, sur la visite à Boulliau, les précisions sont nombreuses. L'astronome demeurait à la Bibliothèque du Roi, rue de la Harpe, auprès de l'érudit Jacques Dupuy, garde de cette bibliothèque et qui, depuis la mort de son frère Pierre en 1651, recevait seul les familliers du célèbre Cabinet des frères Dupuy. Huygens fut présenté au maître des lieux, qui lui montra évidemment son cabinet et sa riche bibliothèque personnelle. On voit que le jeune homme a d'abord fait connaissance avec les représentants de la vieille génération (le plus jeune, Boulliau, avait déjà cinquante ans), avec ceux qui, d'une manière directe ou indirecte, avaient été en rapports avec son père. Trait caractéristique de cette génération : ce sont des érudits plutôt que de purs mathématiciens.

Musiciens, hommes de science, gens de lettres, reçurent des visites beaucoup plus systématiques à partir de la fin septembre. Nous savons, à propos des musiciens, comment procédait le jeune homme. Il portait sur ses « tablettes »[5] une liste de personnes à voir, et il se faisait introduire chez elles par Tassin ou allait directement frapper à leur porte. On peut constater, malgré le caractère très incomplet de renseignements que fournit seule la correspondance, que le programme fut très consciencieusement réalisé.

Du côté des musiciens, Tassin était un intermédiaire particulièrement efficace. A la connaissance de La Barre s'ajouta celle de son plus jeune fils, compositeur et joueur de théorbe, celle de Thomas Gobert, maître de chapelle du roi, celle de Du Mont, organiste de Saint-Paul, celle de Michel Lambert et de Mlle Hilaire, sa belle-sœur, exceptionnellement douée pour le chant[6]. Mais Huygens trouva l'accueil le plus généreux et le plus empressé auprès de Chambonnière, claveciniste et fondateur de la société musicale dite des « Honnêtes curieux »[7].

Parmi les hommes de science, l'un des plus assidument fréquentés fut Boulliau, déjà connu, le meilleur interlocuteur possible à Paris en matière d'astronomie. Grâce à lui, l'accès était ouvert, non seulement au Cabinet Dupuy, mais à l'ancienne académie du P. Mersenne, qui survécut à son fondateur plus longtemps qu'on ne l'a cru, d'abord sous la direction de Le Pailleur (+1654), puis, sous celle, moins brillante, de Claude Mylon. Celui-ci entra dans le cercle des relations de Huygens, auquel il parlait volontiers, dans la correspondance ultérieure, de « nos géomètres », de « nos Messieurs »[8], désignant évidemment ainsi les membres de son académie. C'est encore au sein de cette académie, ou du fait des relations existant entre ses membres, qu'eut lieu la rencontre de Roberval, correspondant aussi de Huygens par la suite [9], de même que celle d'Auzout [10].

Grâce à Mylon, grâce à Roberval, Christiaan Huygens fut introduit chez une « belle savante » [11], Marie Perriquet, dont la correspondance ultérieure parle souvent à mots couverts et sur laquelle il reste beaucoup à apprendre. Précisons seulement qu'elle demeurait, avec sa sœur Geneviève, rue Saint-Martin. Elle se trouvait donc voisine de Conrart, qui lui faisait aussi la cour.

Entre les gens de lettres, Conrart n'était pas seulement l'un des plus influents et des plus connus, même en Hollande ; sa qualité de huguenot le rendait particulièrement accessible à Huygens et à son frère. Aussi les deux jeunes gens se déplacèrent-ils jusqu'à la maison de campagne d'Athis, où l'écrivain s'était établi pour l'été. Pris au dépourvu et en mauvaise santé, Conrart ne put les recevoir aussi dignement qu'il l'aurait souhaité et en fut très mortifié. Il essaya de se racheter en facilitant par ses relations, notamment avec le maréchal Fabert, leur voyage de retour au travers d'une zone de combats [12].

Son ami Chapelain, bien connu aussi du père de Huygens, et qui d'ailleurs entretenait une correspondance assidue avec Daniel Heinsius [13], se révéla, sinon plus obligeant, du moins d'un commerce plus fructueux, tant par l'étendue de sa culture que par son rôle dans la vie intellectuelle. Il conseilla notamment à Huygens de publier sa découverte de la « lune de Saturne » [14]. A son départ de Paris, le jeune Hollandais n'y laissait pas d'ami plus sûr et plus efficace.

Il tint aussi à faire la connaissance de Scarron, qui était effectivement à cette date l'un des écrivains les plus en vogue [15]. Sans doute lui rendit-il visite dans sa demeure de la rue Neuve-Saint-Louis, au Marais. Mais les détails manquent. Nous ignorons en particulier si Huygens connut le petit cercle qui se réunissait autour du poète burlesque et de la charmante et déjà célèbre Mme Scarron.

Telle est la liste que l'on peut dresser des relations acquises en quelques semaines finalement bien employées. On remarquera que la plupart d'entre elles ne sont pas formées par des individus isolés, mais par des hommes qui occupent des positions clés dans la vie intellectuelle du temps : bien des portes nouvelles auraient encore pu s'ouvrir.

C'est par ce conditionnel, par cet irréel, que nous concluons sur cette première étape. Au moment où Huygens quittait Paris, aussi bien lui-même que ses amis parisiens se sentaient à la fois séduits et déçus. Séduits de s'être découverts ; déçus de n'avoir pu parvenir à une véritable connaissance mutuelle. Le séjour avait été trop bref et il s'était placé à une mauvaise période. Deux lettres à Constantin Huygens offrent des propos significatifs. De Conrart : « J'eusse souhaité que vous leur eussiez permis de passer l'hiver en cette Cour, où elle a accoutumé d'être plus grosse et plus belle qu'en toute autre saison [16] ». De Christiaan : « Il n'y a point de doute que le vrai temps de voir Paris commencera justement après que nous en serons dehors [17] ». Le premier voyage n'avait pas tenu toutes ses promesses ; un second s'imposait, qu'il importait de situer en hiver.

L'occasion se fit attendre près de cinq années. La période intermédiaire permit toutefois, non seulement d'entretenir par la correspondance les principales relations acquises, mais encore d'en forger de nouvelles. Des visiteurs français en Hollande étendirent aussi le réseau constitué.

A la correspondance, les musiciens participèrent assez peu. Chez les gens de lettres, seul Chapelain fit preuve d'une véritable assiduité ; mais ses lettres traitaient largement de questions scientifiques. Les hommes de science forment naturellement le groupe le plus nombreux et celui qui s'agrandira le plus. A Mylon, à Roberval, vint se joindre, à partir du 20 mai 1656, Carcavy[18], que Huygens était allé voir sans succès dans sa demeure de l'hôtel de Liancourt, rue de Seine, et qui, dans ses lettres, entretint son correspondant de ses hautes relations : Fermat, Desargues, Pascal. Le *De Saturni Luna* étant paru sur ces entrefaites, la réputation de Huygens se répandit dans les diverses académies parisiennes, notamment grâce à Chapelain. Ce dernier présenta l'opuscule, à la fin de mars ou au début d'avril 1656, devant les membres de l'Académie Française, siégeant chez le chancelier Séguier, puis aux *Mercuriales* de Ménage[19]. Il s'entretenait souvent de Huygens avec son ami Habert de Montmor, qu'il aida puissamment, à la fin de 1657, à constituer sa propre académie, dont le Hollandais reçut régulièrement des nouvelles[20]. Se réunissant le mardi, regroupant philosophes et savants de toutes sortes, faisant place à des grands seigneurs tels que le duc de Luynes et le marquis de Sourdis, cette académie était assurément plus brillante que celles dont elle prenait le relais : le Cabinet Dupuy, pratiquement disparu à la mort du dernier des deux frères, à la fin de 1656 ; et les restes de l'académie Mersenne, que Mylon ne cessait pourtant pas de réunir. Lorsque, à la fin de l'été 1658, Huygens eut publié son *Horologium* et présenté son invention de l'horloge à pendule, l'académie Montmor fut immédiatement mise au courant, toujours par Chapelain, et cette communication suscita un nouveau correspondant au savant hollandais en la personne de l'ingénieur Pierre Petit[21].

Élargissement aussi des relations par les visites reçues. On ne comptera pas toutefois celle de Boulliau. L'astronome, obligé de chercher un nouveau logis après la mort de Jacques Dupuy, l'avait trouvé tout naturellement auprès de Jacques-Auguste de Thou, président au Parlement, qui, nommé ambassadeur en Hollande, l'emmena avec lui en mars 1657 et le retint à La Haye jusqu'en octobre[22]. Plus décisives les visites qui mirent Huygens en rapports avec le cercle de Port-Royal. La première, en mai 1658, fut celle d'un jeune gentilhomme florentin, homme d'Église et très lié avec Port-Royal, Cosimo Brunetti[23], qui, l'année précédente, avait fait s'engager une correspondance entre Pascal et le mathématicien liégeois Sluse. Autre visiteur, six mois plus tard, un mystérieux Du Gast, qui parla beaucoup de Pascal et emporta pour lui un exemplaire de l'*Horologium* : nul doute qu'il ne faille reconnaître en lui un solitaire et l'un des agents les plus actifs de Port-Royal, Antoine Baudry d'Asson, sieur de Saint-Gilles[24] : par lui, une correspondance directe, malheureusement très brève, s'amorça entre Pascal et Huygens[25].

Le dernier visiteur à mentionner n'est autre qu'un Hollandais, d'une famille très attachée à la maison d'Orange comme celle de Huygens, mais catholique, établi en France et marié à une Française, Ernest-Philippe, comte de Morlot ou de Marlot[26]. Encore un ami de Port-Royal et qui suscita en juin 1659 une correspondance entre Huygens et un solitaire familier du duc de Luynes, qui vivait lui-même le plus souvent à Vaumurier tout près du monastère des Champs, Jean Bernard, seigneur de Belair[27]. Cette correspondance roula principalement sur la machine arithmétique de Pascal ; elle fut malheureusement interrompue à la fin de l'année 1659 par la mort de Belair. Du Gast s'appliqua cependant à la poursuivre.

Entre 1655 et 1661, la position de Huygens dans les milieux intellectuels parisiens s'est donc considérablement fortifiée : non seulement il y possède des relations plus nombreuses, mais son prestige s'y est beaucoup accru.

Le séjour de 1660-1661 allait lui permettre de recueillir les fruits de cette longue préparation. Il fut d'ailleurs fort bien organisé et placé, comme il se devait, en hiver : il s'étendit exactement du 28 octobre 1660 au 19 mars 1661. Le journal du voyage fut tenu avec une précision scrupuleuse : on peut constater dès l'abord que le rythme des visites fut impressionnant : jusqu'à une dizaine par jour ; le plus souvent à pied. Nul sans doute, à l'époque, n'eut une connaissance plus complète de la vie intellectuelle parisienne, et nul autre document que le *Journal* ne peut en donner une idée plus juste.

Quelques lacunes apparentes demandent explication. L'académie Mersenne a définitivement disparu par la mort de Mylon, d'ailleurs toute récente : il avait été enterré le 23 août 1660[28]. Huygens n'en souffle mot, alors qu'il signale la mort de Scarron, survenue le 20 octobre, dans une lettre à son frère Constantin[29]. Boulliau est absent de Paris, étant parti pour un voyage en Pologne. Roberval se tient à l'écart de tous les groupes depuis une altercation qu'il eut avec Montmor en décembre 1658[30]. Chapelain et Ménage se sont brouillés en 1659[31], ce qui retardera la connaissance du second par Huygens.

Le voyageur n'ignore pas ses compatriotes, mais il n'a plus besoin d'eux comme introducteurs ; il évite même de s'adresser à Tassin, attendant la fin de son séjour pour aller le voir, le 17 mars[32]. Il possède ces relations-clés dont nous avons parlé : il ne rencontre pas seulement des personnes ; il pénètre dans des milieux.

Sa première visite est pour Chapelain, qui l'introduit immédiatement à l'académie Montmor, dont il suivra les séances presque tous les mardis. C'est alors le centre intellectuel le plus vivant de la capitale : il y rencontre la plupart des savants – à l'exception de Roberval –, avec des gens de lettres et des gens du monde.

Parmi ses membres, nous nommerons seulement ceux qui, tenant chez eux des cercles plus restreints et moins réguliers, y inviteront aussi Huygens. Ainsi Rohault, qui le reçoit les 13 et 17 novembre, les 20 et 21 décembre ; Thévenot, le 7 décembre et d'autres fois ; Auzoult, le 8 janvier ; Pierre Petit, le 24 janvier et souvent ensuite puisque Huygens se mit en tête de faire le portrait de la fille du savant, dont la beauté l'avait manifestement frappé. Ajoutons Clerselier[33], l'élégant libertin Alexandre d'Elbène[34], et deux personnages qui mériteraient une étude particulière, le conseiller en Parlement, huguenot, Benjamin Amproux[35], et surtout l'évêque de Laon, César d'Estrées, de l'Académie Française, l'un des prélats les plus cultivés de son temps[36].

Étroitement solidaire de l'académie Montmor et recevant pour une part les mêmes habitués, dont Auzoult, un cercle de femmes savantes tenu par Mme de Bonneveau, où fréquentait aussi une autre femme savante, Mme de Guedreville, généralement accompagnée de son mari. Huygens, qui avait rencontré l'une et l'autre chez Rohault, se rendit assez souvent dans ce cercle, qui tenait généralement ses réunions le samedi[37].

Nous entrons dans un autre monde avec le milieu de Port-Royal. Parmi les premières personnes que Huygens ait cherché à voir figurait Brunetti. Mais il était « à la campagne »[38] – entendons à Port-Royal des Champs, ou plus exactement à Vaumurier, chez le duc de Luynes. Lorsque le duc fut rentré à Paris pour l'hiver, Huygens eut l'occasion de le voir assez souvent, ainsi que ses familiers dont

Monconys[39]. Mais, parmi les cercles qui gravitaient autour de Port-Royal, c'est un autre que le savant hollandais fréquenta surtout, celui du duc de Roannez, dont il fit la connaissance chez Carcavy – autre ami de Port-Royal – le 4 novembre. Auprès de ce grand seigneur, qui logeait au cloître Saint-Merri, il put rencontrer aussi bien les esprits forts visés dans les *Pensées* de Pascal, le chevalier de Méré, Mitton, que les dévots qui, plus tard, éditèrent les mêmes *Pensées*, Filleau de La Chaise et Goibaud du Bois[40]. Il rencontra surtout Pascal, le 5 décembre, et reçut peu après, le 13, sa visite chez lui.

Au même milieu appartenait Marlot, devenu Poitevin par son mariage et ami intime de Filleau de La Chaise. Pourvu de brillantes relations, ce curieux personnage fit visiter à son compatriote les appartements du maréchal de La Meilleraye à l'Arsenal, le 28 janvier, ceux de l'hôtel de La Bazinière, sur le quai Malaquais, le 7 mars, et il le conduisit le 10 mars au Palais-Royal, résidence de la veuve et de la fille de Charles Ier d'Angleterre.

Aux *mercuriales* de Ménage, Huygens ne se rendit que tardivement, et apparemment de sa propre initiative, le 19 janvier. Mais il disposait désormais d'une autre relation-clé, décisive pour entrer dans certains milieux mondains et dans celui de la préciosité. Le 29 janvier, Ménage le conduisit au samedi de Mlle de Scudéry, où il rencontra notamment Segrais et La Ménardière ; il y retourna le 5 mars[41]. Le même Ménage lui fit connaître, le 21 février, la marquise de Rambouillet, puis le cabinet de l'érudit abbé de Villeloin, Michel de Marolles. Chez Ménage, il avait rencontré l'abbé de Boisrobert, en même temps que Jean de Launoy et La Mothe Le Vayer ; il rendit visite le 17 février à Boisrobert, qui lui montra le portrait de Ninon nue, mais sans le conduire, comme il l'avait promis, chez la célèbre courtisane. Autre représentant de ce milieu, le plaisant Bautru[42].

Plus tardive encore fut l'entrée dans le cercle de l'érudit protestant Henri Justel, qui demeurait rue Monsieur-le-Prince. Lors de sa première visite, le 14 février, Huygens trouva chez lui Segrais ; une autre fois, le 17 mars, il reçut de lui la clef du *Cyrus* et de la *Clélie*.

L'audience de Conrart semble plus restreinte. Il est toujours entiché de Mlle Perriquet, avec laquelle il invite Huygens à « dîner » le 29 décembre.

On trouve enfin le savant, le 21 février, « à la conférence en la bibliothèque de M. de Thou » : maigre prolongement, sans doute, du Cabinet Dupuy.

On ne peut négliger plusieurs visites à la Cour, la fréquentation des théâtres, avec un goût évident pour ceux qui employaient les machines, les rencontres, plus nombreuses que jamais, avec les musiciens, les appels répétés aux artisans et aux artistes, horlogers, faiseurs de lunettes, graveurs, imprimeurs, les conversations avec des personnes vivant un peu en marge des groupes : Roberval, Sorbière, Claude Hardy et, le plus éminent de tous, Turenne. Faisons aussi crédit à Huygens de rencontres qu'il a souhaitées, mais n'a pu réaliser, avec Ninon de Lenclos, avec l'érudit Lapeyrère[43] par exemple.

Que lui manquait-il pour tout connaître du Paris intellectuel ? Ses curiosités de savant ont évidemment orienté ses choix. Il n'est pas entré dans des salons aussi importants que ceux de Mme de Sablé ou de Mme du Plessis-Guénégaud. Les sympathies politiques de Chapelain pour Colbert l'ont apparemment tenu éloigné des amis de Foucquet. Quant aux milieux religieux – catholiques – il les a très généralement ignorés, demeurant sur la réserve même vis-à-vis de Port-Royal.

Mais ce qui frappe, ce ne sont pas ces lacunes, c'est la très large étendue du réseau de relations que Huygens s'est constitué à Paris, même en dehors du monde scientifique.

A son départ de Paris, il est probable qu'aucun Français ne pouvait lui être comparé à cet égard. Dans la vie intellectuelle parisienne, il avait, pendant quatre mois et demi, joué le rôle d'animateur et de lien. Si Paris lui avait beaucoup apporté, peut-être avait-il encore apporté davantage à Paris. Des projets d'avenir pouvaient s'ébaucher.

## NOTES

1. Pour la correspondance, nous utilisons les trois premiers volumes des *Oeuvres;* et, pour les journaux de voyage, le t. XXII de la même publication, 1950, p. 461-492, 525-576. Nous renverrons en principe à cette édition qui toutefois ne dispense pas, pour les journaux de voyage, de recourir à *Brugmans* et à l'article de ce dernier dans la *Gazette des Beaux-Arts,* sept. 1937 (voyage de 1655).

2. *Oeuvres,* t. I, p. 430.

3. *Ibid.*, p. 342.

4. *Ibid.*, p. 351

5. *Ibid.*, p. 350.

6. *Ibid.*, p. 350, 361-362, 367, 508-509.

7. *Ibid.*, p. 342, 350, 352, 356-357, 371-373.

8. *Ibid.*, p. 376 sq.

9. *Ibid.*, p. 369-370, 374-375, etc.

10. *Ibid.*, p. 391.

11. *Ibid.*, p. 376 ; voir aussi p. 368, 370, 373-374, 376, 391, 395.

12. Sur les relations avec Conrart, *ibid.*, p. 350, 367-370, 373-374, 395.

13. Éditée par Bernard Bray, La Haye, Nijhoff, 1966.

14. *Oeuvres,* t. I, p. 390-391, 395 ; voir aussi, p. 404, 430-431, 472-474, 532.

15. *Ibid.*, p. 367.

16. *Ibid.*, p. 369.

17. *Ibid.*, p. 366-367.

18. *Ibid.*, p. 418-419 sq.

19. *Ibid.*, p. 398.

20. Dans la correspondance entre Chapelain et Huygens, il en est question pour la première fois en février 1658, *Oeuvres,* t. II, p. 133, 143.

21. *Ibid.*, p. 253-258 sq.

22. *Ibid.*, p. 1-2, 5, 7, 29, 67-68.

23. *Ibid.*, p. 179, 182.

24. *Ibid.*, p. 309-310, 317-318. Pour l'identification du personnage, voir notre article « Jansénisme et Mathématiques. Autour des écrits de Pascal sur la roulette », *Annales Universitatis Saraviensis,* Philosophie-Lettres, t. II, 1953, 1/2, p. 3-30.

25. *Oeuvres,* t. II, p. 309-310, 340-341.

26. Sur ce personnage, voir notre *Pascal et les Roannez,* t. II, Paris, 1965, p. 697-707.

27. *Oeuvres,* t. II, p. 426-429 sq.

28. Minutier Central, XVI, 294, dépôt du 7 octobre 1660.

29. *Oeuvres,* t. II, p. 169.

30. Sur cet épisode, *Oeuvres,* t. II, p. 287.

31. On en saura les raisons, *ibid.,* p. 376-377.

32. Nous renverrons au *Journal* uniquement par les dates.

33. Principalement le 17 févr.

34. 16 févr.

35. 9 févr.

36. 4 mars (voir aussi 25 nov.).

37. 26 déc., 3 janv., 22 janv., 5 févr., 19 févr., 5 mars et 12 mars.

38. 29 oct.

39. 9 déc., 19 janv., 17 mars.

40. Voir principalement 3 déc., 5 déc., 13 déc., 27 déc., 30 déc., 1er janv., 6 janv., 11 fév., 12 mars, 14 mars, 18 mars.

41. Une lettre du 4 février, dans laquelle Huygens racontait sa visite du 29 janvier, est malheureusement perdue, voir *Oeuvres,* t. III, p. 234.

42. Voir principalement au 5 févr.

43. Voir au 26 févr.

Huygens et la France
(Paris, Vrin, 1981, p. 41-48)

# LA POLITIQUE INTELLECTUELLE DE COLBERT ET L'INSTALLATION DE HUYGENS A PARIS

par Jacques ROGER
(Université de Paris I)

La présente communication ne contiendra ni révélation ni document inédit. Ce n'est pas qu'il ne reste beaucoup de travail à faire sur la politique intellectuelle de Colbert, mais une telle entreprise serait de longue haleine. Je me contenterai donc ici de reprendre des faits et des textes connus et d'en proposer une interprétation. Ce travail est sans doute nécessaire, car il semble que les historiens, et surtout en France, après avoir célébré outre mesure le grand Roi et son ministre, sont tombés dans l'excès inverse et minimisent trop facilement le rôle réel et l'importance de la politique de Colbert. Quant à l'intervention de ce dernier dans la vie intellectuelle française, elle n'est trop souvent décrite que comme une forme de répression. Je voudrais tenter d'adopter ici une attitude plus sereine, et surtout de ne pas commettre d'anachronisme dans l'interprétation des faits.

Commençons par rappeler brièvement les événements. Mazarin meurt le 9 mars 1661 et, dès le lendemain, Louis XIV annonce son intention de se passer désormais de premier ministre. Le 5 septembre suivant, Fouquet, Surintendant des Finances, est arrêté. Le 15 septembre, la Surintendance des Finances est abolie et remplacée par un conseil de quatre personnes, dont Colbert. Dès l'année suivante, Colbert souhaite avoir la Surintendance des Bâtiments du Roi. C'est une charge qui vaut quarante mille livres de rente, mais surtout, qui comporte l'administration de ce que nous appellerions les arts et lettres. Le titre officiel et complet est en effet : « Surintendant et ordonnateur général des bâtiments, arts, tapisseries et manufactures de France ». Cette charge est alors occupée par un certain Antoine de Ratabon et celui-ci ne la libérera qu'en 1663 par sa « démission (...) volontairement faite ». Elle sera donnée à Colbert au 1er janvier 1664.

En fait, dès novembre 1662, Colbert entreprend de mobiliser les artistes et les poètes au profit de la gloire du Roi. Ce qu'il reprend en fait, c'est la tradition ancienne du mécénat, bien connue au Moyen Age et reprise avec éclat par les Valois au temps de la Renaissance. Relativement négligée par Henri IV, cette tradition a été reprise avec une redoutable efficacité par Richelieu, et l'on sait l'admiration que Colbert porte au « grand cardinal ». Mais on sait aussi que les rois n'ont pas le monopole du mécénat : beaucoup de grands seigneurs protègent les artistes ou les écrivains, surtout au XVIIe siècle, et le dernier en date de ces mécènes privés est précisément Fouquet, qui a attiré auprès de lui Pellisson, La Fontaine, Molière et même l'anatomiste Pecquet. On comprend dès lors que Colbert ait senti la nécessité d'organiser immédiatement le mécénat royal.

Pour cela, Colbert s'adresse à Chapelain. On sait que ce poète épique ridiculisé par Boileau est aussi, et surtout, un homme très cultivé, qui s'intéresse à beaucoup de choses, et en particulier aux sciences, et qui connaît beaucoup de gens dans le milieu littéraire et intellectuel, et pas seulement en France. Il se trouve que Chapelain n'aime guère la « canaille intéressée » (ce sont ses propres termes) qui entoure Fouquet. Il répond donc avec empressement aux avances de Colbert et se met à son service : on connaît la lettre du 18 novembre 1662 par laquelle Chapelain approuve les projets du ministre qui entend faire célébrer la gloire du Roi par des poèmes, des médailles et des histoires. Chapelain propose d'y ajouter des panégyriques en prose, des statues, des pyramides, des arcs de triomphe, etc. C'est alors qu'est créée une commission destinée à examiner les ouvrages écrits à la gloire du Roi, à en susciter d'autres, à rédiger les inscriptions qui orneront les médailles et les tapisseries. C'est la « petite Académie », dont le secrétaire est Charles Perrault, nommé par Colbert sur la recommandation de Chapelain, et qui tiendra sa première réunion, secrète, le 3 février 1663.

Dans le même esprit, Colbert fait établir une liste de gratifications royales destinées à des « hommes de lettres ». Ces gratifications ont un double but : faire éclater aux yeux du public, français et étranger, la générosité du Roi et susciter des louanges à sa gloire. La première distribution de ces gratifications se fera à la fin de mai et au début de juin 1663.

Sur cette liste, sans doute établie par Chapelain, mais après consultation des ambassadeurs de France pour les bénéficiaires étrangers, on trouve trois noms de « scientifiques », comme nous dirions aujourd'hui : le médecin français Cureau de la Chambre, l'astronome dantzicois Hevelius, et Christiaan Huygens. Tous trois sont des amis ou des correspondants de Chapelain. Il est à peine nécessaire de préciser qu'ils ne sont pas gratifiés en tant que « scientifiques » ni même « hommes de science », ce qui serait un anachronisme, mais en tant que « gens de lettres ». C'est ce qui ressort d'une lettre de Chapelain à Christiaan Huygens du 20 octobre 1663 :

> « Je n'ay jamais rien fait avec plus de joye que de vous proposer à Monsieur Colbert comme un des plus dignes objets de l'estime et de la bénéficence du Roy lorsqu'il me fit l'honneur de me consulter sur les gens de lettres éminens auxquels Sa Majesté estoit résoluë d'en donner des marques solides[1]. »

Ce que l'on attend des gratifiés, c'est qu'ils chantent la gloire du Roi et célèbrent les événements heureux de son règne. C'est ainsi que, dès le 6 juin 1663, Colbert informe Chapelain du rétablissement du roi, atteint d'une rougeole le 28 mai. Aussitôt, Chapelain invite les gratifiés à célébrer dûment cette convalescence, qui inspire un sonnet à Charles Perrault et de savants poèmes latins aux frères Valois et à Pierre Petit.

L'examen même de la liste confirme le sens des gratifications. Contrairement à ce qu'a écrit cette mauvaise langue de Boileau, Chapelain n'est pas « le mieux renté de tous les beaux esprits » : il touche seulement trois mille livres. Ce sont les historiographes qui sont les mieux pourvus, Mézeray avec quatre mille livres et Godefroy avec trois mille six cents livres. On croyait encore, en ces temps lointains, que la gloire dépendait des historiens. Quant aux savants, moins bien dotés (2 000 livres pour Cureau de la Chambre, 1 200 pour Hevelius et Huygens), on n'attendait pas d'eux qu'ils missent leur science au service de l'état, mais qu'ils fissent hommage au Roi de leurs travaux, simplement en les lui dédiant. C'est ce que fit Hevelius avec sa *Cometographia* en 1668 ; c'est ce que Huygens finit par faire en 1673 avec son *Horologium oscillatorium*, après que Chapelain l'ait cent fois rappelé à l'ordre à ce propos.

On peut noter au passage que ces générosités ne furent pas toujours très bien vues par les souverains dont Louis XIV gratifiait les sujets. Heinsius ne put jamais toucher ses gratifications, faute d'y avoir été autorisé par les États de Hollande, malgré les propos rassurants que Chapelain lui avait tenus à ce sujet[2]. Leo Allatius, « officier domestique du Pape », fut également obligé de refuser « les présents d'Artaxerxès »[3]. Quoi qu'il en soit, il ne s'agit en tout cela que de mécénat ou de propagande, et les savants n'y tiennent aucune place particulière : ils sont simplement là en tant que « gens de lettres », et n'auraient sans doute jamais reçu un sou si Colbert n'avait pas été guidé dans ses choix par un homme à l'esprit aussi ouvert que Chapelain.

Quant à Christiaan Huygens, qui nous intéresse ici particulièrement, il n'est pas surprenant de le trouver sur la liste. Non seulement il est déjà célèbre par ses inventions et ses découvertes, mais encore il est Hollandais (ce qui est une recommandation aux yeux de Colbert), et surtout il est ami de Chapelain, et peut-être déjà de Charles Perrault. En outre, au moment où la liste est établie, il est à Paris avec son père Constantin, qui négocie à la cour le retour de la principauté d'Orange à la famille Orange-Nassau.

Il est important néanmoins de noter que, par la suite, la liste des gratifications changera de sens. On y verra apparaître la plupart des Académiciens des Sciences, mais en même temps, les gratifications sont de moins en moins des libéralités : à la mort de Colbert, ce sont de plus en plus des paiements pour services rendus ou des remboursements de frais de voyage ou de frais d'expériences. Alors, mais alors seulement, les savants se distinguent des hommes de lettres et reçoivent de l'argent en raison de leur activité scientifique. Nous reviendrons sur ce point.

L'aspect le plus remarquable de la politique intellectuelle de Colbert en matière scientifique, c'est, comme on sait, la création de l'Académie des Sciences. Cette création a été étudiée en détail par René Taton[4], auquel j'emprunterai ici la plupart des textes et des documents que je vais utiliser.

On sait que les savants parisiens se sont depuis longtemps regroupés en académies privées, lieux de rencontres libres, souvent sans organisation ni statut autre que le choix d'un jour et d'un lieu réguliers de réunion. On sait que l'académie Mersenne, passée ensuite chez Le Pailleur[5], s'était retrouvée chez Habert de Montmor. Mais on sait aussi que cette académie Montmor, dont Huygens avait fait partie avec des sentiments mêlés, avait traversé en 1663 une crise grave qui aboutit à sa disparition en juin 1664. Une partie des académiciens se retrouvèrent alors chez Melchisédech Thévenot, mais celui-ci abandonna à la fin de 1664.

Ce qui provoque alors la crise des académies privées, c'est, on le sait, l'apparition d'un nouveau type de science, la physique expérimentale. Ce que Huygens et d'autres reprochent à l'académie Montmor, c'est de favoriser, ou du moins de tolérer, les discussions stériles et les bavardages des cartésiens, alors qu'il faudrait faire des expériences. Mais les expériences exigent de plus en plus de matériel et de place, et tout cela coûte cher. Thévenot l'a appris à ses dépens. L'idée se répand donc que seul le Roi peut assurer les dépenses nécessaires au fonctionnement d'une académie moderne, c'est-à-dire d'une académie qui fait des expériences. C'est ce que dit Sorbière, lorsqu'il propose un projet de réforme de l'Académie Montmor :

> « Il n'y a que les Rois et les riches souverains, ou quelques sages et pécunieuses Républiques qui puissent entreprendre de dresser une Académie physique où tout se passe en continuelles expériences. Il faut bâtir des lieux tout exprès ; il faut avoir à ses gages plusieurs artisans ; il faut un fonds considérable pour les autres dépenses[6]. »

Texte d'autant plus significatif que Sorbière l'envoie à Colbert en ajoutant, pour le cas où le ministre n'aurait pas compris : « Cela vous regarde, Monseigneur, plus que pas un autre[7]. » A la fin de 1664, Thévenot serait intervenu dans le même sens auprès du même Colbert[8]. Au début de 1665, dans la dédicace au Roi de son *Ephéméride du* (sic) *Comète de 1664,* l'astronome Auzout déplore la pauvreté des moyens matériels mis à la disposition de l'astronomie française et ajoute :

> « Il y va, Sire, de la gloire de votre Majesté et de la réputation de la France, et c'est ce qui nous fait espérer qu'elle ordonnera quelque lieu pour faire à l'avenir toutes sortes d'observations célestes et qu'elle le fera garnir de tous les instruments nécessaires pour cet effet[9] ».

Si les savants se tournent ainsi vers le Roi ou son ministre dans ces années 1664-1665, c'est précisément à cause de l'activité déployée par Colbert dans le domaine des Beaux-Arts. Témoin ce qu'écrit Sorbière :

> « Il est à présumer que peut-être même la France n'enviera pas longtemps aux étrangers leurs rares interventions. Le Roi est jeune ; il a l'âme grande et il a déjà commencé de favoriser quelques-uns de nos artisans, les peintres et les architectes[10] . »

Ce qui semblerait prouver que la « protection » accordée par Colbert aux beaux-arts n'a pas toujours été ressentie à l'époque comme une mise au pas et un enrégimentement.

De tout cela nous pouvons au moins conclure que, dans les rapports entre les savants et le pouvoir, ce sont les savants qui ont pris l'initiative. Nous en avons une preuve supplémentaire dans la nature des arguments que ces savants utilisent pour s'attirer la protection du prince. Ils invoquent d'abord, bien sûr, la « gloire » du Roi et la réputation de la France. Thème qui fait appel aux ressorts traditionnels du mécénat. Mais ils invoquent aussi « l'utilité du public », ce qui relève d'un autre registre. Ce sont les savants, et eux d'abord, qui sont convaincus de l'utilité de la science pour la société, et leur espoir, c'est de parvenir à en convaincre Colbert. Ce faisant, les savants se distinguent eux-mêmes des « gens de lettres » et se rapprochent de ceux qui cultivent les « arts utiles ».

Cette tendance est particulièrement nette dans le projet de « Compagnie des

Sciences et Arts » élaboré vers 1664 par quelques académiciens Montmor, et qu'ont analysé en détail Harcourt Brown et René Taton[11]. S'il y a en effet dans ce projet tout un programme scientifique centré sur l'observation et l'expérience, et supposant la construction de laboratoires et d'observatoires, l'accent est mis également sur les applications pratiques de la recherche scientifique, dans le domaine de la santé, de l'industrie, de la navigation ou de l'agriculture. La compagnie est conçue d'emblée comme un organisme de gouvernement, destiné à conseiller le ministre dans les aspects scientifiques et techniques de sa politique.

Il est donc intéressant de noter que ce projet émane des milieux scientifiques eux-mêmes et qu'il exprime d'abord le besoin qu'ils ressentent d'un soutien gouvernemental, et le prix qu'ils sont prêts à payer pour l'obtenir. A ce propos, les savants invoquent l'exemple de la Société Royale de Londres, dont ils sont persuadés qu'elle est subventionnée par le roi d'Angleterre. « Ils ont l'appuï et la bourse du Roi », écrit Chapelain en 1665[12]. Or nous savons qu'il n'en est rien, que l'argent de la Société Royale vient des cotisations de ses membres et de dons privés, que la fonction de « démonstrateur » longtemps tenue par Hooke est très mal payée, quand elle l'est, et que la Société se plaint sans cesse de manquer d'argent. L'exemple le plus connu de cette impécuniosité sera l'impuissance de la Société à financer l'impression des *Principia* de Newton, qui sera finalement payée par Halley[13]. Mais cela, les Français semblent l'ignorer.

Quant à la conviction de l'utilité de la science, on sait que Bacon et Descartes n'ont cessé de la proclamer, et il n'est pas surprenant de la retrouver ici. Mais, si les savants partagent cette conviction, il semble bien que Colbert, lui, n'ait pas été facile à convaincre. Il est en effet remarquable qu'il n'a pas finalement retenu ce projet d'une « Compagnie des Sciences et des Arts » tel qu'il lui était présenté par les savants, mais qu'il lui ait préféré un autre projet, présenté, lui, par Charles Perrault, et qui prévoyait une Académie Générale, divisée en quatre sections : Belles Lettres, Histoire, Physique (c'est-à-dire, sciences de la nature) et Mathématique[14]. Projet beaucoup plus grandiose, certes, mais aussi beaucoup plus traditionnel et beaucoup plus « politique », au sens banal du mot, dans la mesure où son but était l'organisation par le pouvoir de toute la vie intellectuelle du royaume, et non pas la création d'un organisme susceptible d'aider à la définition d'une politique scientifique et technique.

Si finalement Colbert s'est contenté de créer une Académie des Sciences avec les deux seules sections de « Physique » et de « Mathématique », on sait que ce ne fut pas de propos délibéré, mais à cause de la résistance vigoureuse que suscita chez les corps constitués, Académie Française, Université, etc., le projet d'Académie Générale[15]. On ne peut donc pas dire que la création de l'Académie des Sciences ait supposé chez Colbert, en 1666, l'idée claire de ce que pourrait être une politique scientifique.

De toute manière, Christiaan Huygens devait participer à l'un ou l'autre de ces projets, et même en être un élément essentiel. Tout jouait en sa faveur, sa nationalité, ses relations étroites avec les conseillers « scientifiques » de Colbert, Chapelain, Charles Perrault, Carcavy, sa gloire scientifique, qui faisait de lui le savant le plus illustre du temps, mais aussi la nature de la science qu'il pratiquait : science expérimentale et d'observation (découverte de l'anneau et des satellites de Saturnes), science non cartésienne (il avait depuis longtemps pris ses distances à cet égard), science utile, enfin, puisque l'invention de l'horloge à pendule devait permettre de résoudre l'irritant problème de la détermination de la longitude en mer. Il serait néanmoins utile à notre propos de savoir si c'est le prestige de Huygens ou son utilité possible qui a joué le rôle déterminant dans l'invitation que lui fait envoyer Colbert.

Malheureusement, la lettre de Carcavy de juin 1665, qui contenait la première invitation, est perdue. Mais nous connaissons la réaction immédiate de Huygens, qui écrit aussitôt à son frère Lodewijk : « Il me semble que ce n'est pas un parti à refuser, pourveu qu'on me donne bon entretien *et que je vive avec toute liberté sans estre assujetti à rien, comme l'on me promet*[16]. » Malgré cette liberté totale, il exige une pension élevée : « Vous pouvez estre asseuré, écrit-il au même Lodewijk, qu'à moins de 2 000 écus par an l'on ne me tiendra pas[17]. » Ce sera en fait le montant de sa pension, six mille livres, soit quatre fois plus qu'un Académicien ordinaire et dix fois plus qu'un professeur au Collège Royal. Cependant, il semble avoir vu dans cette pension une libéralité plutôt qu'un salaire, et considéré Colbert comme un protecteur plutôt que comme un employeur. Dans une lettre à Carcavy, il considère, dit-il, « qu'on m'appelle pour mon bien plutôt que pour le service que je puisse rendre, quoique peut-être je ne serai pas du tout (c'est-à-dire : absolument) inutile[18].

En fait, nous savons que Huygens travaillera dans certains cas directement pour Colbert : ainsi à propos de problèmes de nivellement et d'adduction d'eau à Versailles, ou pour l'examen de machines présentées pour la délivrance de brevets. Néanmoins, il travaillera surtout à l'animation de l'Académie et à ses recherches personnelles. Et lorsque l'Académie, après la mort de Colbert, sera priée par Louvois de travailler un peu plus activement à la gloire du Roi, Huygens ne sera plus là pour obtempérer[19].

L'examen du cas particulier de Christiaan Huygens semble donc confirmer la conclusion que nous avons déjà présentée : la création de l'Académie des Sciences a répondu chez Colbert à un dessein de politique intellectuelle générale, non à un dessein de politique scientifique. Ce n'est que progressivement que Colbert et ses successeurs ont compris le parti qu'ils pouvaient tirer d'une Académie qui a joué de plus en plus le rôle de conseiller scientifique et technique, rôle qu'elle jouera éminemment au XVIIIe siècle[20]. Dans ces relations nouvelles entre le pouvoir et les savants, ce sont les savants qui ont pris l'initiative, et ils l'ont fait pour pouvoir réaliser leur idéal de science expérimentale. Ce qui semble prouver qu'en histoire des sciences, il est difficile de séparer l'histoire des institutions de celle de l'épistémologie.

## NOTES

1. *Oeuvres*, t. IV, p. 416.
2. Voir *Brugmans*, p. 89, n° 7, et *Oeuvres*, t. IV, p. 406.
3. *Ibid.*, p. 408.
4. *Les origines de l'Académie royale des Sciences*, Paris, 1965.
5. Voir Jean Mesnard, « Pascal à l'Académie Le Pailleur », *Rev. Hist. Sci.*, t. XVI, 1963, p. 1-10.
6. Cité dans *Taton*, p. 25.
7. *Ibid.*, p. 26.

8. *Ibid.*, p. 28.

9. Cité *ibid.*, p. 31.

10. Cité *ibid.*, p. 25.

11. Voir *ibid.*, p. 32-34 et H. Brown, *Scientific organizations in 17 th-century France*, Baltimore, 1934, p. 147-148.

12. Lettre à Huet du 29 juillet 1665, citée dans *Taton*, p. 53.

13. Voir Charles Webster, *The great Instauration*, Londres, Duckworth, 1975, p. 97 et Birch, *History of the Royal Society of London*, Londres, 1756-1757, t. IV, p. 486.

14. Voir *Taton*, p. 37-38.

15. Voir *ibid.*, et *Hahn*, p. 12-14.

16. *Oeuvres*, t. V, p. 375.

17. *Ibid.*, p. 389.

18. *Ibid.*, p. 439.

19. Il semble qu'en la circonstance, Huygens ait été victime de la haine que Louvois portait aux protégés de Colbert, ainsi que de la jalousie de certains de ses collègues de l'Académie.

20. Voir *Hahn*, en particulier chap. 3.

Huygens et la France
(Paris, Vrin, 1981, p. 49-56)

# HUYGENS ET LES MILIEUX PARISIENS

par Yvon BELAVAL
(Université de Paris I)

Voilà bien des années, j'avais rencontré ce sujet, à propos de Huygens justement, et de Leibniz, qui, tous deux, parfois aux mêmes dates, avaient eu affaire à Paris, mais je n'étais jamais parvenu à le traiter car il me paraissait très difficile. D'abord, il change selon l'auteur étudié. Pascal, par exemple, je le vois vivre, du moins en ai-je l'illusion : mais Leibniz ? mais Huygens ? Sautons au XVIII$^{e}$ siècle et ne considérons que des français : Diderot, je connais ses amis, je l'entends, il s'agite, il vit en public : mais Buffon ? En un mot, la notion, en apparence simple, de « milieu » ne tarde pas à s'obscurcir. – Deuxième obstacle : Ne suffirait-il pas d'énumérer les rencontres faites par Huygens, en donnant quelques renseignements sur les personnes rencontrées ? Encore y faudrait-il tout un ouvrage pour ne pas s'en tenir, à fleur d'érudition, à un appel nominatif, pour lier ces rencontres, pour transformer des relations mondaines de hasard en relations organiques qui constitueraient un tout, un « milieu ». Peut-être l'excellent ouvrage d'Henri L. Brugmans sur le séjour de Christiaan Huygens à Paris[1] montre-t-il l'intérêt de cette méthode des rencontres, si je puis l'appeler ainsi ; mais je ne la crois pas suffisante, tant qu'on ne peut la compléter par l'intimité des personnes étudiées, grâce surtout à des lettres vraiment familières qui ne s'en tiennent pas à un échange professionnel ou scientifique : de telles lettres, Huygens n'en écrit guère qu'à son père, plus familièrement encore à son frère Lodewijk, et elles sont plutôt rares. En tout cas, la méthode des rencontres ne saurait s'appliquer à un texte trop bref, tel une conférence, comme le prouvent les communicants de ce Colloque qui nous instruiront tour à tour sur Huygens et Mersenne, et Colbert, et Roberval, et Picard, et Malebranche, etc. – Troisième obstacle : Comment distinguer le « milieu » et l'environnement ? Mon pharmacien, mon droguiste et, même, souvent, mes collègues font partie de mon environnement ; ils ne font pas partie de mon milieu. D'autre part, nous n'échappons pas à l'illusion rétrospective : nous hiérarchisons les rencontres selon un ordre de valeurs qui a été produit par l'Histoire et qui n'existait pas encore au XVII$^{e}$ siècle ; il nous est même difficile de tenir compte des changements d'appréciation qui ne manquent pas d'avoir lieu au cours d'une existence ; la gloire a figé pour nous Descartes en Descartes, Leibniz en Leibniz, mais Descartes n'est pas le même pour le jeune Christiaan qui, en 1650, en versifie, en français, l'épitaphe[2] et pour le physicien qui, quelque cinq ans plus tard, commence à en critiquer les *Principes ;* Leibniz non plus n'est pas le même à l'automne 1672, lorsqu'il balbutie en mathématiques, et vers 1690-1695, lorsque le grand maître de Leyde s'intéresse de plus en plus à son mérite. – Quatrième obstacle : C'est celui dont je partirai pour organiser mes remarques. Les mots ont changé de sens, et dès qu'il ne s'agit plus de termes scientifiques, même vieillis, nous ne parvenons plus à en retrouver vraiment l'ancien contenu. Un peu d'information prouve qu'ils ne peuvent plus être les mêmes, résultat négatif qui dit ce qui n'est plus et ne dit pas ce qui était ; il ne nous permet pas de recomposer, avec les éléments actuels, désormais d'un autre ordre, le monde d'autrefois ; au contraire, la distance le rend étrange, étranger, folklorique et, pour ainsi dire, imaginaire, alors qu'il était familier, quotidien et vécu. Oublions le vocabulaire des sciences exactes : après tout, il importe peu que je dise *tangente* ou *touchante, cycloïde* ou *roulette.* Mais quand on se trouve en présence de termes qui ne se prêtent pas à des constructions de concepts, l'Histoire nous oppose une résistance peut-être invincible. Ce sont précisément de tels termes dont on a besoin pour décrire un milieu, le caractériser, en ressusciter le fantôme. Leur emploi est aventureux. J'en prendrai, en pensant à Huygens, trois exemples : *Patriotisme, Religion, Académie.*

Le sujet d'un prince ou d'une république oligarchique n'était pas le citoyen d'une nation moderne qui prétend se soumettre à la volonté générale. On ne se scandalisait pas qu'Eugène de Savoie passât au service de l'Autriche parce que Louis XIV lui avait refusé un régiment, comme on se scandalisera de la « trahison » de Dumouriez lorsque la Convention le relèvera de son commandement. Une *Note sur le mot « Patriote »* de l'historien Louis Davillé[3] nous apprend que ce terme, qui avait au XV^e^ siècle le sens de « compatriote », réapparaît, après une éclipse, au XVII^e^ siècle au sens de « dévoué à sa patrie ». Leibniz l'emploie dès 1674 et l'introduit dans la langue allemande. Quelle patrie ? Tantôt unifiée et forte (la France, l'Angleterre), tantôt émiettée (le saint-Empire, l'Italie) ; grande ou minuscule, presque féodale, despotique ou déjà tentée par le droit naturel, mais partout soumise à un prince ou à une oligarchie, changeant parfois de religion au gré des conversions ou des mariages princiers – en bref, qu'on n'oublie pas la bigarrure de l'Europe et le nombre de ses « patries » (quelque trois cents pour le seul Saint-Empire !). Et que de « patriotismes » possibles selon le rang, l'état, la foi, la province du « patriote ». Assouplissons nos conceptions. Reste l'attachement à son pays (mais Descartes s'exile en Hollande), à sa langue (mais Christiaan écrit en français à son frère), à tout ce qui fait que l'on se sent « compatriotes ». Oui, et il faut relire dans les Jugements des *sçavans* ce qu'Adrien Baillet écrit sur les *Préjugés des Nations,* dont tant de traits subsistent. Le 27 mars 1660, Huygens fait observer à Carcavy que Wallis attaque Pascal et Fermat par susceptibilité nationale et avoue : « ...il y a du plaisir à voir comme il tasche à toute force de maintenir l'honneur de sa nation[4] ». On se rappelle les diatribes de Leibniz, dès Mayence, contre la France – ce qui ne l'empêche jamais de se déclarer avant tout cosmopolite. Quant à Huygens ou, plutôt, aux Huygens, comment n'être pas déconcerté ? Plus que la patrie, les pensions semblent les retenir. La liste des gratifications de Louis XIV, en 1663, attribue 1200 Livres « au Sieur Huygens, Hollandais, grand mathématicien, inventeur de l'horloge de la pendule »[5]. Sur la même liste, la même année, « Pierre Corneille, premier poète dramatique du monde », émarge pour 2000 Livres et Chapelain, « le plus grand poète français qui ait jamais été, et du plus solide jugement », pour 3000 Livres[6]. En 1665, Colbert via Carcavy, presse Christiaan de rester à Paris, mais celui-ci hésite tant que le roi « n'a pas déterminé le montant de la pension », et n'acceptera qu'avec l'approbation de Constantin, son père, et « pourveu qu'on me donne bon entretien, et que je vive avec toute liberté sans être assujetti à rien, comme l'on me promet »[7] : finalement il obtiendra 6000 Livres. Cependant il n'ignore pas que les Académies ne sont financées pour la gloire du roi que parce qu'elles servent aussi à l'industrie[8]. La guerre contre la Hollande se prépare : « j'espère qu'on n'en viendra pas là. Mais quand ce serait, je pense qu'on sera encore bien aise de me retenir ici dans le poste où je suis, où je ne suis emploié à rien qui aie quelque chose de commun avec la guerre », écrit Christiaan[9]. Et Constantin le père écrit à deux de ses fils à Paris : « N'auriez-vous pas l'esprit entre vous deux de faire sous-sentir omnipotent, par votre Monsieur Perrault ou autres, que cette maladie est de si grands frais, que le Roi pourrait avoir la bonté de vous soulager de quelque subside[10] ? » Il est vrai que Christiaan ne s'intéresse pas aux choses politiques : « Le peu d'attachement et d'estime que j'ay *per queste canzoni politiche,* comme P. Paolo les appelait – écrira-t-il à Leibniz – me tient hors de commerce pour tout ce qui les regarde et je souffre mesme avec peine qu'un esprit comme le vostre y emploie son temps[11] ». Mais tout de même ! en pleine guerre, dédier son *Horologium oscillatorium* à l'agresseur de sa patrie ! Certains en Hollande, le désapprouvent de continuer à bénéficier de la faveur du roi de France[12]. Pourtant Christiaan se sent patriote : le 17 juin 1672, il écrit à Lodewijk, au spectacle des fêtes parisiennes pour les premières victoires :

> « Vous pouvez juger quid animi mihi, quand je vois et entens toutes ces choses. Cependant je fais bonne mine, autant que je puis, et je cherche mesme à divertir ces fascheuses pensées que l'appréhension de l'avenir me donne[13] ».

Sa mauvaise santé le ramène en Hollande en septembre 1681 et il comprend, en 1685 à la Révocation de l'Édit de Nantes, qu'on ne souhaite pas son retour. Il se résigne. Il estime même, confie-t-il à Claude Perrault, le 26 septembre 1686, que « ç'a été pour mon bien, attendu le mauvais air qui s'est élevé en ce pays-là »[14]. Dans son *Éloge*[15], Condorcet interprète :

> « Les édits contre les protestants l'obligèrent à quitter la France. On essaya en vain de le retenir : il dédaigna une protection particulière qui n'aurait plus été celle des lois, et retourna dans son pays et dans sa famille chercher la liberté et la paix. La fin de sa vie y fut troublée par des chagrins domestiques : peut-être sa famille eût-elle de la peine à lui pardonner d'avoir renoncé à tous les avantages qui auraient rejailli sur elle, et de n'avoir été qu'un grand homme. »

Faut-il conclure, avec les éditeurs des *Oeuvres*[16], que pour les gens d'alors, nobles ou hauts-bourgeois, « la société des gens qui comptent est une société internationale quoiqu'assûrément il existe d'autre part une solidarité nationale et que la conscience d'appartenir à une même église crée aussi des liens » ? Patriote ? Compatriote ? Rien, en tout cas, qui, à Paris, pût constituer un « milieu ».

Peut-être, mieux qu'avec ses compatriotes, Huygens pouvait-il trouver à Paris un « milieu » de corréligionaires. On serait porté à la croire en lisant qu'à son premier séjour (juil.- déc. 1655), Christiaan loge « au Faubourg Saint-Germain, à la rue de Seine, chez Mouglas, à la ville de Brissac », « auberge située en plein centre protestant, rendez-vous de nombreux Flamands, Hollandais et Allemands »[17].

Entre 1655 et 1679, surtout pendant la Paix de l'Église (1668-1679), les protestants et les jansénistes auxquels souvent on les associait – Conrart (1603-1675) et Justel (mais son cercle est surveillé) ont même rêvé de les réunir – ont bénéficié d'une très relative tolérance. Huygens ne connaîtra pas seulement des corréligionaires comme Justel, Rœmer qui, pour parler avec Condorcet, quitteront la France en même temps que lui et pour les mêmes raisons, mais il rencontrera, le 5 décembre 1661, Pascal et sera en contact, par Carcavy, avec les savants de Port-Royal. D'ailleurs, qu'on ne s'y trompe pas ! L'enseignement a forgé des légendes, a creusé des divisions où ne se marquaient souvent que des différences. Ainsi, le grand spécialiste de Port-Royal, Aug. Gazier, n'aurait pas été loin de récuser le nom de « jansénisme », si l'on avait voulu en faire un parti : qu'on se contente d'invoquer des affinités. Parmi les leçons que P. Dibon retient des « *échanges épistolaires dans l'Europe savante du XVII^e^ siècle* »[18], on notera :

> « L'Étude de la République des Lettres nous pousse à nous dépouiller de bien des préjugés, à nous méfier de bien des étiquettes, à dépasser l'opposition brutale entre Réforme et Contreréforme, à comprendre que dans la Réforme, aussi bien que dans la Contreréforme, il y a « beaucoup de maisons dans la maison du Père », qu'il soit Luther ou Calvin. Un grand courant de pensée traverse la Contreréforme, en particulier le Catholicisme à la gallicane (que pratiquèrent tant de membres de l'Académie Dupuy) aussi bien que la Réforme : ce grand courant érasmien qui a en Grotius et Leibniz ses représentants les plus prestigieux[19] ».

Et, de fait, Christiaan n'est pas arrivé à Paris, en octobre 1660, sans s'arrêter à Anvers (le 14 octobre) et à Bruxelles (le 16) chez les Jésuites pour les alerter sur les erreurs de Grégoire de Saint-Vincent que les Pères (nous dit Condorcet) entendaient placer à côté de Descartes, – et il partagera amicalement le scepticisme anticartésien de Huet dont les jours vont se terminer dans une maison de Jésuites. En Pascal, ce n'est pas l'auteur des *Provinciales* ou des *Pensées* qui le sollicite, mais seulement le géomètre : rien de plus caractéristique, si l'on veut définir un milieu par ses sympathies, que la lettre du 1^er^ févier 1657 à Mylon[20] :

> « Si l'on ne m'eût assûré, pendant que j'étais à Paris que /Pascal/ avait entièrement abandonné l'étude des mathématiques, j'aurais tasché par tous les moyens de faire connaissance avec luy » ;

et celle à Lodewijk, le 3 août 1662 :

> « Je suis tres marry de la mort de l'incomparable Monsieur Paschal, quoiqu'il y eust déjà longtemps qu'il estoit mort pour la Geometrie[21] ».

Visiblement, ce n'est point par la religion, même soutenue par le compatriotisme, que Huygens, à Paris, a voulu se constituer un milieu – à supposer que ce malade n'ait pas, caractériellement, préféré à tout l'indépendance de la solitude – et si, en 1689, il renouvelle connaissance avec Justel et aide le refuge de Londres[22], n'est-ce pas d'abord qu'il lutte contre une injustice ? A peine est-il croyant. Aux alarmes de sa famille, il l'est de moins en moins. Son frère Constantin qui le soigne à Paris, en 1669, pour *melancholia Hypochondrica vera et mera,* s'en plaint à Lodewijk : au lieu d'envisager de près l'immortalité :

> il s'amuse à la « controverter comme une question problématique pour

> et contre...Il me semble que cela ne marque pas une créance comme il faut aux paroles du grand Maître[23]. »

Il n'entend « rien aux paroles » aux preuves cartésiennes de l'existence de Dieu et, tout au plus, admettrait-il des arguments à partir de la mécanique du monde[24]. Il meurt dans d'horribles souffrances, en disant « que les gens, s'ils apprenaient ses opinions et sentiments au sujet de la religion, le déchireraient », refuse de recevoir le pasteur qu'on lui impose, sans démordre de son opinion[25].

Ni les frontières nationales (les Provinces-Unies n'accèdent à l'indépendance qu'en 1648, au traité de Westphalie), ni les formations religieuses, tout en favorisant des préférences, ne déterminent pour Huygens le « milieu » où il fait bon vivre. Ce milieu, il faut le chercher, par delà les frontières et les Églises, dans la République des Lettres – « état idéal, mais non point utopique », assure P. Dibon[26]. En effet, cet état existe avec ses réseaux de correspondances, ses relais (les Académies provinciales), ses nœuds de communications (un des premiers correspondants du jeune Christiaan, dès octobre 1646, est Mersenne), ses capitales (Londres, Paris), ses journaux (à partir des *Philosophical Transactions* et du *Journal des Sçavans*). Si la langue commune n'y est plus toujours le latin (encore que chacun puisse l'écrire et que, l'allemand n'étant pas assez répandu, les *Acta* devront y recourir), l'anglais et le français dominent – et, du reste, on traduit (par exemple le *Journal des Sçavans*).

> « Un autre trait se dessine encore – précise Paul Dibon[27] – chez nombre de citoyens de la *Respublica literaria*, héritiers en cela encore de l'Humanisme et de la Renaissance. Leur culture n'est nullement coupée de la *praxis*. Magistrats, prélats, théologiens (ayant le plus souvent charge d'âmes), diplomates ; professeurs, érudits au service d'un prince, ou simples aventuriers, ils participent activement, à quelque degré que ce soit, à la vie de la cité, à l'édification d'un ordre politique. Là encore, un Grotius nous apparaît comme une sorte d'archétype, mais dans son sillage nous trouvons tous ceux qui, fidèles à l'idéal érasmien de l'unité de la *Respublica literaria et christiana*, ont, par exemple, œuvré, en dépit de tant de malentendu impossibles à dissiper, au rapprochement ou à l'union des églises. »

Cette culture est pluridisciplinaire. On voyage. On se rend visite. On s'entr'aide. Au besoin on tourne les difficultés : « Dans son premier séjour en France,/Huygens/fut reçu docteur en droit de l'Université d'Angers, où les protestants étaient encore admis[28]. » On pratique la tolérance : à la révocation de l'édit de Nantes, les « refuges » s'ouvrent partout, en Angleterre, en Hollande, en Allemagne, etc. – sauf, naturellement, en Italie ou en Espagne. On multiplie les relations : Carcavy, le 20 mai 1656, essaie d'établir un lien entre Huygens et Fermat, Pascal ; en 1672, Leibniz note dans son agenda[29] : « Herr von Schönborn zu führen zu M. Arnaud, Carcavy, Huygens ; fragen ob er durch Holland gehe, *correspondenz* stabiliren mit den Herrn von Zuilichem », et il rédige, vers 1675, encore à Paris, une très intéressante *Relation de l'état présent de la République des Lettres* :

> « Je donne une relation des voyages que j'ai faits dans un pays dans lequel tous les grands hommes souhaitent de vivre. Je n'en ai pas vu toutes les provinces, aussi le père Martinus n'a pas vu toute la Chine, et Olearius qui parle si bien des Moscovites n'a pas été chez les Samojèdes »

et de montrer que l'unité de cette République n'en exclut pas la diversité : « La matière *de jure naturae et gentium* qui fait tant de bruit en Allemagne et dans le nord, *vix nomine nota* en France[30]... » Eu égard à l'activité de la République des Lettres, il serait bon de prendre garde à la presque impropriété d'une expression comme « Huygens et les milieux parisiens », car Oldenburg est aussi présent à Paris que Huygens l'est à Londres – Fermat ou Huet à Paris que Paris à Toulouse et à Caen. Dans la République des Lettres, les milieux parisiens sont des milieux cosmopolites.

On le sait – la thèse de C. Salomon-Bayet[31] donne à ce sujet renseignements et bibliographie –, la caractéristique du monde savant, au XVII^e^ siècle, est l'institutionalisation de la science par l'État. Ses progrès ne permettent plus de se contenter de mécènes. A Paris, de l'Académie de Montmort à l'Académie des Sciences, en passant par les conférences de Justel (à partir de 1664), Huygens est présent aux séances. Dès son premier séjour (1655), il se lie avec Chapelain qui le fait connaître à Montmort et à Roberval. A peine revient-il dans notre capitale (octobre 1660), sa première visite est encore pour Chapelain. Ce n'est pas qu'il nourrisse pour lui – pas plus que pour Pierre Petit – une grande admiration :

> « Ce sont – écrit-il à Lodewijk le 25 mai 1662 – de pauvres Philosophes et de pauvres Astronomes, et les réputant tels (ce que pourtant je ne voudrais pas qu'il sçussent) vous pouvez bien juger quel plaisir j'ay dans ce commerce qui me coûte de la peine et ne m'est utile à rien[32]. »

Mais Chapelain a été chargé par Colbert de fixer la liste des gratifications royales. L'Histoire a été cruellement injuste pour cet homme qui – résume Voltaire en son *Siècle de Louis XIV* – « commença par être l'oracle des auteurs, et finit par en être l'opprobre ». Mauvais poète, certes ; mais, comme son maître Malherbe, intransigeant, honnête et objectif en ses jugements : sans lui[33], la liste des pensions et, j'allais dire, le C.N.R.S. d'alors, n'auraient pas été ce qu'ils ont été sous Colbert : une des gloires de la France. Quelles qu'aient pu être les amitiés, les fâcheries, parfois les inimitiés entre les Académiciens, c'est là que l'on doit situer le véritable milieu de Christiaan Huygens à Paris.

NOTES

1. Henri L. Brugmans, *Le séjour de Christiaan Huygens à Paris et ses relations avec les milieux scientifiques français, suivi de son* Journal de voyage à Paris et à Londres, Paris, Libr. Droz, 1935.

2. *Descartes* (A.T.), t. V, p. 480.

3. *Revue de Philologie française et de Littérature,* t. XXIV, 1910, p. 150-153.

4. *Oeuvres,* t. III, p. 56-57.

5. *Oeuvres,* t. IV, p. 405-406.

6. *Ibid.*

7. Lettre à Lodewijk, *Oeuvres,* t. IV, p. 375.

8. Fontenelle, *Éloge de l'abbé Gallois* (Paris, Garnier frères, s.d., p. 33) : Colbert « savait

que les sciences et les arts suffiraient seuls pour rendre un règle glorieux, qu'ils étendent la langue d'une nation peut-être plus que des conquêtes, qu'il lui donnent l'empire de l'esprit et de l'industrie, également flatteur et utile, qu'ils attirent chez elle une multitude d'étrangers, qui l'enrichissent par leur curiosité, prennent ses inclinations, et s'attachent à ses intérêts ».

9. Lettre du 27 déc. 1669, *Oeuvres*, t. VI, p. 544.

10. *Oeuvres*, t. VII, p. 36.

11. Cité dans *Brugmans*, p. 85.

12. *Ibid.*, p. 84.

13. *Oeuvres*, t. VII, p. 176 ; *id.* le 1er juillet 1672.

14. *Oeuvres*, t. IX, p. 100.

15. Condorcet, *Éloges*, éd. de 1799, t. I, p. 157.

16. *Oeuvres*, t. XXII, p. 660.

17. *Brugmans*, p. 25.

18. *Revue de Synthèse*, janv.-juin 1976, p. 31-50.

19. *Ibid.*, p. 50.

20. *Oeuvres*, t. II, p. 7.

21. *Oeuvres*, t. IV, p. 213.

22. *Brugmans*, p. 101.

23. *Oeuvres*, t. VII, p. 22.

24. *Oeuvres*, t. XXI, Que penser de Dieu ? (1686-1687).

25. *Oeuvres*, t. XXII, p. 776.

26. Article cité à la note 18, p. 33.

27. *Ibid.*, p. 34.

28. *Op. cit.* note 15, p. 156.

29. Ak. IV, i, p. 506.

30. Ak. IV, i, p. 568-571.

31. C. Salomon-Bayet, *L'Institution de la science et l'expérience du vivant*, Paris, 1978.

32. *Oeuvres*, t. IV, p. 136.

33. On n'oubliera pas l'ancien et honnête travail de Harcourt Brown, *Scientific Organizations in Seventeenth Century France (1620-1680)*, Baltimore, 1934.

Huygens et la France
(Paris, Vrin, 1981, p. 57-68)

# HUYGENS ET L'ACADÉMIE ROYALE DES SCIENCES

par René TATON
(C.N.R.S., Centre Alexandre Koyré)

L'histoire des débuts de l'Académie royale des Sciences de Paris dont la première séance officielle se tint le 22 décembre 1666[1] est marquée d'une façon très profonde par la richesse de la personnalité, l'étendue des intérêts et la diversité des talents de l'un de ses premiers membres, le savant néerlandais Christiaan Huygens. Invité par Colbert, pensionné et logé par le roi, ce dernier en effet, en dehors de deux séjours de convalescence aux Pays-Bas (de septembre 1670 à juin 1671 et de juillet 1676 à juin 1678), demeura à Paris, à la Bibliothèque du roi, siège de l'Académie, pendant une quinzaine d'années, de mai 1666 à août 1681, afin de participer à l'organisation et aux premiers travaux de cette nouvelle institution.

Les circonstances de cette installation de Huygens en France dans le cadre de la politique scientifique de Colbert ayant déjà été relatées[2], il importe cependant de rappeler d'une façon très rapide les raisons d'ordre scientifique qui expliquent cette invitation. Bien qu'il n'ait alors à son actif qu'un nombre assez limité de publications[3], Huygens s'est déjà acquis une solide réputation grâce au double aspect, théorique et appliqué, de son œuvre, marquée à la fois par quelques brillantes contributions en divers domaines des mathématiques, par plusieurs découvertes astronomiques – dont la plus célèbre est l'identification de l'anneau de Saturne – et enfin par de prestigieuses réalisations techniques : perfectionnement de la lunette astronomique et surtout, mise au point et construction de l'horloge à pendule[4]. Du fait des contacts qu'il avait pris au cours de ses séjours antérieurs en France et des relations qu'il y entretenait depuis lors[5], ses travaux et ses mérites étaient particulièrement appréciés aussi bien des milieux scientifiques parisiens que de plusieurs personnes de l'entourage de Jean-Baptiste Colbert, ministre dont les ambitions et le pouvoir politique étaient alors en plein essor[6]. Cette situation de Christiaan Huygens apparaît d'autant plus privilégiée que les disparitions successives de Mersenne, Descartes, Gassendi, Desargues, Pascal et Fermat avaient alors privé l'école scientifique française de ses animateurs les plus prestigieux[7], laissant leurs disciples en but à d'incessantes querelles doctrinales qui avaient entraîné en particulier la fin de l'Académie Montmor en 1664[8]. Par sa situation à l'écart de ces débats idéologiques, par son prestige largement reconnu et par l'intérêt qu'il portait à la fois à la recherche pure et aux applications, Huygens apparaissait ainsi comme la personnalité la plus qualifiée pour regrouper les principaux scientifiques parisiens, orienter au mieux et animer leurs efforts de recherche scientifique et technique au sein de la future Académie. Ainsi n'est-il pas étonnant que des démarches pressantes et renouvelées aient été faites auprès de lui, que des conditions matérielles particulièrement avantageuses lui aient été accordées et que l'on ait attendu son arrivée pour désigner les premiers membres de la future assemblée[9].

Ce rapide préambule amène à poser les deux questions essentielles que nous devons aborder : la première sur l'importance et l'efficacité des interventions de Huygens dans l'organisation, la mise en route et la réalisation des programmes de recherche de l'Académie, la seconde sur l'influence éventuelle de celle-ci sur l'orientation et la valeur des travaux scientifiques et techniques effectués par Huygens au cours des années 1666-1681, voire pendant la fin de sa carrière.

Pour apporter des réponses satisfaisantes à ces deux questions, il faudrait pouvoir reconstituer le détail des débats et des travaux de l'Académie pendant la période 1666-1681, préciser les activités et les relations personnelles des différents académiciens et établir une chronologie précise des recherches de Huygens et de ses contacts avec les autres académiciens et les diverses personnes avec qui il fut en relation. Mais l'ambition d'un tel projet, dont nous ne pouvons d'ailleurs qu'esquisser quelques lignes directrices dans le cadre de cette brève communication, doit être réduite à la mesure de l'importance documentaire des pièces d'archives conservées concernant l'histoire d'ensemble de l'Académie au cours de cette période et l'activité propre de Huygens lui-même. Il nous est donc nécessaire, pour mieux situer les possibilités et les incertitudes d'une telle enquête, de dresser au préalable un tableau rapide de cette situation.

Pour cette période, en dehors de quelques rares pièces administratives ou comptables[10], les principaux documents concernant l'activité de l'Académie des sciences de Paris sont les registres des Procès-verbaux de ses séances, ceux des travaux de ses laboratoires et les papiers personnels des différents académiciens. Encore inédits pour toute la période de l'Ancien Régime, les Procès-verbaux des séances ont été largement utilisés par les éditeurs des *Oeuvres* de Huygens. Mais il faut noter que leur valeur informative est très inégale et que l'absence des registres des années 1670-1674 réduit leur intérêt d'ensemble pour la période de séjour de Huygens[11], bien que cette lacune puisse être partiellement palliée par les résumés des débats et certains des travaux de l'ancienne Académie (1666-1699) publiés par J.B. Duhamel et par Fontenelle[12] et par quelques sources d'information extérieures : publications diverses, correspondances, etc.[13]. Si Huygens ne paraît pas avoir contribué aux opérations du laboratoire de chimie de l'Académie dont les registres sont préservés[14], par contre il a participé à certains essais et observations à l'Observatoire de Paris, dont les archives de cet établissement ne semblent avoir gardé que peu de traces[15]. Quant aux papiers personnels des académiciens, peu d'entre eux nous sont parvenus, encore ne sont-ils pour la plupart qu'imparfaitement exploités[16]. D'une façon générale, bon nombre de correspondances scientifiques de cette époque restent à inventorier et à analyser et leur étude permettrait sans nul doute de préciser divers aspects de l'histoire scientifique française de cette époque, dont certains concernant l'activité de Huygens.

En effet, bien que les manuscrits et la correspondance de ce dernier soient conservés et inventoriés dans d'excellentes conditions, l'identification et la datation de quelques pièces pose des problèmes difficiles, tandis que certaines autres, concernant des recherches attestées par ailleurs, n'ont pas été retrouvées. Cependant, ce remarquable ensemble documentaire a pu servir de base à l'édition des 22 volumes des *Oeuvres* de Huygens qui rassemblent, en plus de la quasi intégralité de ses travaux, publiés ou restés jusqu'alors inédits, une série impressionnante de correspondances, de manuscrits et de documents divers dont l'analyse a permis aux éditeurs de retracer la genèse de la plupart des travaux de ce savant. Une synthèse en est d'ailleurs dressée dans le tome XXII (p. 383-771) et cette biographie intellectuelle extrêmement fouillée, dont chaque détail s'appuie sur un texte, un document ou un témoignage, constitue la meilleure source de renseignements sur la vie, l'activité et les travaux de Huygens. C'est en particulier la partie centrale de cette étude (« Huygens académicien 1666-1681 », *Oeuvres,* t. XXII, p. 623-718) qui nous servira de guide principal dans notre analyse de ses rapports avec l'Académie royale des sciences de Paris. A cette source principale, s'ajoutent en particulier le premier tome de Fontenelle déjà cité, diverses publications d'époque, quelques éditions de correspondances et surtout le texte intégral des *Oeuvres de Huygens*[17] ainsi que les Procès-verbaux manuscrits de l'Académie dont une relecture attentive est toujours profitable.

Avant d'aborder cette étude, notons tout d'abord que, pendant la période de son séjour à Paris, Huygens publia 23 articles et mémoires (les n° 14 à 36 de la liste chronologique citée précédemment[18]), tandis que plusieurs publications ultérieures s'y rattachent également de façon plus ou moins directe : son *Traité de la lumière* et son *Discours sur la cause de la pesanteur* (n° 41 et 42 de la liste) édités à Leyde en 1690, ainsi que 8 mémoires (n° 47 à 54) envoyés par Huygens à H. de Bessé de la Chapelle par l'intermédiaire de J. Dalencé en 1687 et insérés en 1693 dans le recueil des *Divers ouvrages de Mathématique et de Physique,* par Messieurs de l'Académie royale des Sciences, édité par Ph. de la Hire[19]. Un examen rapide de cet ensemble montre qu'en plus de ses trois ouvrages sur la mécanique théorique et appliquée, l'optique et la nature de la pesanteur publiés en 1673 (*Horologium*) et 1690 (*Traité de la lumière, Cause de la pesanteur*), les 30 mémoires et articles publiés par Huygens entre 1667 et 1681 et en 1693 portent sur des sujets très divers, allant de l'analyse infinitésimale alors en gestation (n° 15, 16, 17, 51, 52, 53), à la mécanique théorique (19, 31, 47, 48, 49), à l'optique (14, 28, 29, 30, 54), à l'astronomie d'observation (18, 20, 21, 25), à la théorie, la construction et l'emploi d'instruments scientifiques ou techniques (télescope : 22, 29 ; baromètre : 26 ; horloge à pendule : 33 ; microscope simple : 34 ; niveau à lunette : 35, 36) et à des expériences et des essais de moteurs à vapeur d'eau ou à poudre (n° 24, 32, 50). Une telle diversité correspond bien à l'étendue de la curiosité et des intérêts de Huygens, reflétant et prolongeant celle qui apparaissait déjà dans ses travaux antérieurs à 1666. Elle correspond, au moins en partie, à la variété des programmes de recherches individuelles ou collectives, discutés et mis en route par l'Académie, mais cette diversité se reflète d'une façon beaucoup plus détaillée et plus fidèle grâce aux extraits des Procès-verbaux, aux écrits de Duhamel et de Fontenelle et à divers autres documents concernant l'activité du savant néerlandais au sein de l'Académie, tout au long de son séjour.

Dans l'évocation, nécessairement très rapide, de l'activité scientifique de Huygens entre 1666 et 1681, notre intérêt essentiel portera sur les trois périodes où, séjournant à Paris, il participa effectivement aux travaux de l'Académie : de mai 1666 à août 1670, de juin 1671 à juillet 1676 et de juillet 1678 à août 1681 [20].

Bien que la première séance officielle de l'Académie n'ait eu lieu que le 22 décembre 1666, ses membres avaient été désignés auparavant, les 7 de la section de « Mathématiques » (nos sciences exactes) en mai et juin 1666, les 7 de la section de « Physique » (les sciences de la nature et de la vie) en octobre. Par ailleurs divers travaux collectifs avaient été organisés avant cette date, dont une observation d'éclipse de Soleil, le 2 juillet 1666, observation au cours de laquelle furent utilisées une horloge à pendule de Huygens et une lunette astronomique à réticule. Dès le début de l'Académie, il fut décidé que deux séances plénières seraient organisées chaque semaine, l'une de mathématiques le mercredi, l'autre de physique le samedi. Il fut décidé également, conformément aux projets antérieurs, d'exclure des débats toute question touchant non seulement à la religion et à la politique, mais aussi à la métaphysique, à l'histoire, à la morale, etc. Il fut décidé enfin que les différents académiciens devraient présenter des programmes de recherches pour leurs sections respectives [21] et Huygens participa très activement à cet effort de réflexion, évoquant avec une très grande lucidité tous les grands problèmes auxquels la science du dernier tiers du XVII^e siècle se trouvait confrontée. Cependant le fait que certains des programmes proposés par ses confrères aient pu rivaliser avec les siens, amène à poser dès maintenant le problème de la place et du rôle de Huygens au sein de l'Académie.

Par son indiscutable prestige, par la confiance de Colbert et par sa situation matérielle privilégiée, Huygens apparaît dès son arrivée comme devant être le principal animateur scientifique de l'Académie. Cependant, si cette position de suprématie intellectuelle se maintint globalement du fait de l'étendue et de la diversité de ses talents, elle fut bientôt limitée en divers domaines par l'indiscutable valeurs de certains académiciens, Roberval en particulier pour les mathématiques et la mécanique, Auzout et Picard pour l'astronomie d'observation, Mariotte pour la physique, etc. De ce fait, une bonne partie des travaux menés en commun, et des discussions générales fut fructueuse pour tous, amenant les différents partenaires à confronter leurs vues ; par contre certaines oppositions doctrinales se durcirent progressivement, amenant parfois des querelles assez pénibles. Il serait intéressant d'avoir une idée précise des relations que Huygens entretint avec ses confrères de l'Académie ; malheureusement les documents disponibles à cet égard, y compris la correspondance de Huygens, sont rares et fragmentaires et ne permettent pas de conclure de façon définitive. Il apparaît toutefois que si ses relations avec Roberval et avec Mariotte furent souvent assez difficiles, par contre il travailla fréquemment avec Picard, avec Auzout (jusqu'en 1668), avec Cassini et Römer, arrivés à Paris respectivement en 1669 et 1672 et eut d'excellents rapports avec l'anatomiste Claude Perrault et ses deux frères. En dehors de l'Académie, il collabora également avec le P. Pardies, avec D. Papin, voire avec Leibniz et, par son active correspondance, en particulier avec H. Oldenburg, secrétaire de la *Royal Society*, il se tint au courant des dernières nouvelles scientifiques et fit connaître ses propres travaux [22].

Revenant à la première période du séjour académique de Huygens à Paris, il faut noter qu'il participa à l'ensemble des recherches collectives de cet organisme, tout en assumant fréquemment la responsabilité de conseiller scientifique et technique auprès des autorités officielles, et de Colbert en particulier. Son invention de l'horloge à pendule fut testée à plusieurs reprises pour la détermination des longitudes au cours de grands voyages, mais les résultats furent assez décevants[23] ; plusieurs prétendues méthodes de détermination des longitudes furent soumises à l'Académie et critiquées par elle[24]. Dans le domaine des applications techniques, signalons encore ses travaux sur les moulins à vent, sur les carosses et les roues de canons, sur les fontaines, etc. Les recherches collectives à l'Académie sur la machine pneumatique, sur la force de l'eau et de l'air et la résistance qu'ils opposent à des corps en mouvement se rattachent à l'hydrodynamique et nous amènent à évoquer ses travaux concernant la mécanique : chute des corps, mouvement des projectiles, expériences de rotation, lois du choc, équilibre de la balance, étude des règles du mouvement, théorie du ressort, et au grand débat sur la cause de la pensanteur qui, du 7 août au 20 novembre 1669, opposa partisans et adversaires de l'attraction, dont Roberval et Huygens étaient des chefs de file[25]. La position qu'il définit dans ce dernier débat, celle d'un cartésianisme quelque peu modifié[26], se retrouve sous une autre forme dans la théorie qu'il donne du magnétisme[27] et dans celle qu'il présente lors d'un échange d'idées sur la coagulation[28]. Toujours préoccupé par l'amélioration des lunettes, il observe particulièrement Saturne, les taches du Soleil et les phénomènes atmosphériques ; en mathématiques, il s'intéresse aux problèmes de quadratures et mène à ce sujet une vive polémique avec James Gregory[29]. Enfin, à partir de septembre 1669, il commence à rédiger son grand ouvrage, l'*Horologium oscillatorium,* ce qui l'amène à de délicates recherches de mécanique pure et appliquée et de géométrie infinitésimale. Mais au début de 1670, il fut très fatigué, à la fois physiologiquement et psychologiquement, et son état de santé s'aggravant rapidement, en août 1670 son frère Lodewijk le ramena à la Haye pour qu'il puisse se reposer et se soigner dans la maison paternelle.

Revivifié par l'air du pays natal et par l'atmosphère familiale, Huygens revint à Paris fin juin 1671 pour reprendre ses différentes activités, portant tout d'abord un effort spécial vers l'achèvement de son *Horologium oscillatorium* qui fut imprimé entre septembre 1672 et avril 1673. Cet important ouvrage, le seul que Huygens ait dédié à son protecteur le roi Louis XIV, a le rare mérite, dû à la diversité du génie de son auteur, de tenir une place de choix aussi bien dans l'histoire de la mécanique théorique que dans celle de la mécanique appliquée et dans celle de la géométrie infinitésimale[30]. Si l'absence de nombreuses démonstrations fut parfois reprochée à Huygens et si certaines revendications de priorité lui furent adressées, les jugements élogieux de Newton et de Leibniz, dont il commençait alors à apprécier les talents exceptionnels, le satisfirent très certainement.

Mais parallèlement à ce travail de mise au point, beaucoup d'autres thèmes de recherche passionnèrent alors Huygens. Notons tout d'abord, dans le domaine de l'optique, ses recherches sur la double réfraction du spath d'Islande, son examen comparé des télescopes de Newton et de Cassegrain, sa discussion de la nouvelle théorie de la lumière et des couleurs de Newton et son « Projet du contenu de la Dioptrique », première ébauche du traité de dioptrique qu'il publiera en 1690[31].

Travaillant toujours au perfectionnement et à l'étude comparée des lunettes, il participe à divers travaux et discussions à l'Observatoire de Paris où, disposant de deux chambres, il peut poursuivre ses observations de Saturne, en vue de la préparation d'un nouvel ouvrage qui ne sera jamais achevé[32].

En mathématiques, la géométrie analytique, le problème des tangentes, les principes de la géométrie élémentaire, la solution du problème d'Alhazen le préoccupent particulièrement. Cependant, à partir des derniers mois de 1673, il apporte une aide précieuse à Leibniz qui, nouvellement arrivé à Paris, désire perfectionner sa formation mathématique. Par la profondeur de son génie, ce dernier lui apportera d'ailleurs bientôt d'utiles suggestions et de précieux sujets de discussion[33].

Mais Huygens s'intéresse également aux sources et aux fontaines, sujets d'entretiens avec Pierre Perrault qui, en 1674, lui dédiera son traité *De l'origine des fontaines*[34]. Aidé d'un jeune assistant, Denis Papin, qui habite chez lui à partir de 1673, il reprend ses essais antérieurs sur l'utilisation de la force motrice de la vapeur d'eau et travaille sur « une nouvelle force mouvante par le moyen de la poudre à canon », première version rudimentaire de moteur à explosion sur laquelle il fonde beaucoup d'espoir. Si Papin a été pour lui un précieux auxiliaire dans ses expériences, lui-même l'a beaucoup aidé par ses conseils, ses suggestions et sa participation directe à l'élaboration des *Nouvelles expériences du vuide* que Papin lui dédiera en 1674[35].

Sans vouloir évoquer ici tous les sujets des recherches abordées ou poursuivies par Huygens au cours de son second séjour académique, il faut toutefois faire une mention spéciale de son application du ressort spiral à la régulation des montres, invention mise au point, publiée et objet d'un privilège royal dès 1675, mais qui lui fut ardemment contestée, bien qu'en fait elle n'ait eu d'applications effectives que beaucoup plus tard[36]. C'est au cours de cette même année 1675 que Colbert, par l'intermédiaire de Charles Perrault, chargea l'Académie « d'examiner les moyens de faire un traité de Méchanique avec une description exacte de toutes les machines utiles à tous les arts et métiers dont on se sert à présent en France et en toute l'Europe, etc ». Ce sujet qui rejoignait certaines préoccupations antérieures à la fondation de l'Académie sera repris à plusieurs reprises[37], avant de conduire à la publication de la *Description des Arts et Métiers* dans la seconde moitié du XVIII^e^ siècle[38]. Bien qu'un tel projet ait dû intéresser directement Huygens, il ne semble pas que ce dernier y ait beaucoup contribué.

Il est vrai que tombé malade à la fin de 1675, il quittera Paris le 1^er^ juillet 1676 pour une nouvelle période de convalescence aux Pays-Bas, après s'être entremis, en vain, pour tenter d'obtenir une situation officielle en France pour son ami Leibniz qui quitta définitivement Paris quelques semaines plus tard[39]. Au cours du séjour de près de deux années qu'il fit dans son pays natal, après une longue période de repos, Huygens reprit peu à peu ses travaux scientifiques, portant l'essentiel de son intérêt sur la poursuite de l'élaboration de son traité d'optique, découvrant en particulier une explication des propriétés réfractives du cristal d'Islande. Il s'intéressa également au mémoire de Römer sur la vitesse de la lumière[40], aux récentes découvertes microscopiques faites par ses compatriotes Leeuwenhoek et Hartsoeker, à l'aide d'un microscope simple, formé d'une petite boule de verre enchassée dans une monture spéciale[41]. Mais une fois pleinement rétabli, il décida de reprendre ses activités et ses fonctions au sein de l'Académie de Paris, malgré l'état de guerre qui régnait alors entre les Pays-Bas et la France[42].

Dès son retour à Paris en juillet 1678, peu avant la paix de Nimègue, Huygens présenta, devant l'Académie et dans deux articles du *Journal des Sçavans*, le principe et les possibilités d'emploi du nouveau microscope hollandais, suscitant alors des réclamations de priorité de son jeune compatriote N. Hartsoeker. Au cours des années suivantes, il poursuivit ses observations microscopiques, imité par plusieurs de ses confrères, Picard et Römer en particulier, qui avaient réalisé à leur tour des microscopes analogues.

Au cours de ce troisième séjour académique à Paris, il continua à s'intéresser à divers problèmes de mathématiques (géométrie analytique, probabilités, etc), tout en discutant par correspondance des nouvelles méthodes analytiques de Leibniz et de son célèbre projet de caractéristique universelle[43]. Il continua ses observations de Saturne et ses travaux sur les lunettes, conseillant par ailleurs aux astronomes de l'Observatoire de travailler à établir une nouvelle carte céleste, plus précise. Pour sa part, il établit le projet d'un planétaire qu'il emmena avec lui, inachevé, en 1681[44] et, à l'occasion du passage de la grande comète de 1680-1681, développa ses idées sur la nature et la trajectoire des comètes. Revenant sur un thème étudié précédemment, il présenta une nouvelle théorie du magnétisme et, poursuivant ses recherches menées aux Pays-Bas, il présenta divers aspects de sa théorie de la lumière, question fondamentale à laquelle plusieurs autres académiciens s'intéressaient alors activement, Mariotte en particulier.

Il réfléchit également à divers problèmes techniques, tels qu'un dispositif pour empêcher les vaisseaux de se briser sur les récifs, l'utilisation pratique du moteur à poudre de canon, l'intérêt éventuel des suggestions de Terzis de Lana pour réaliser des ascensions humaines[45]. Dans le cadre des travaux de nivellement entrepris pour assurer l'alimentation en eau des châteaux royaux de Versailles et de Marly, il construisit un niveau à lunette, plus commode d'emploi, semble-t-il, que ceux qu'avaient réalisés ses confrères Picard et Römer[46].

Mais, déjà précaire au début de 1680, sa santé suscita l'année suivante l'inquiétude de ses proches ; aussi, accompagné de sa sœur Suzanne Doublet et de la famille de celle-ci, quitta-t-il Paris en septembre 1681 pour un nouveau séjour de convalescence aux Pays-Bas. En 1683, alors que sa santé s'était améliorée, il obtint de Colbert une prolongation de son congé afin de pouvoir mener à bonne fin la mise au point de son planétaire et un nouvel essai de ses horloges marines. Mais son projet de retour à Paris devait se trouver contrarié, puis définitivement annulé, à la suite du décès de Colbert en septembre 1683 et de son remplacement, à la direction des Bâtiments du roi, par Louvois, hostile par principe à tous les projets de son prédécesseur et à tous les hommes qui l'entouraient. Christiaan Huygens tenta effectivement de reprendre ses fonctions à l'Académie de Paris, mais malgré des lettres pressantes adressées à Louvois et les interventions de son père, le nouveau ministre, sans l'exclure de l'Académie, ne lui adressa jamais la nouvelle invitation sollicitée et ne l'autorisa même pas à faire rapatrier ses effets personnels demeurés à Paris. Ce comportement offensa et indigna Christiaan et son père, suscitant chez eux un vif ressentiment contre le nouveau ministre, le roi Louis XIV et les responsables français en général[47]. Qu'il fut dû essentiellement à l'hostilité foncière de Louvois envers Colbert et ses « protégés », ou à la nouvelle politique religieuse de Louis XIV qui conduisit à l'abolition de l'Édit de Nantes en octobre 1685, ce non-renouvellement de l'invitation faite à Huygens ne pouvait que nuire au prestige et à l'activité de l'Académie royale des Sciences, déjà compromis par la disparition de plusieurs de ses membres les plus éminents (Roberval en 1675, Picard en 1682, Mariotte en 1684, etc.) et par l'abandon délibéré de certains grands projets de Colbert (telle la mesure de la méridienne de France brutalement interrompue à la mort du ministre).

Si Huygens put parfois penser que la jalousie de certains confrères n'était pas étrangère à son exclusion déguisée de l'Académie, il poursuivit cependant des relations épistolaires avec plusieurs d'entre eux, dont Philippe de La Hire, et accepta même, en 1687, d'adresser à Paris un certain nombre de mémoires anciens plus ou moins remaniés, destinés à un recueil de l'Académie qui parut en 1693[48]. Mais il ne s'agit là que d'une bien mince compensation à la brusque interruption d'une collaboration qui s'était révélée si féconde pendant quinze ans.

Que conclure de ce rapide survol? Il apparaît tout d'abord de façon indiscutable que la puissante personnalité scientifique de Huygens a été pour la toute nouvelle Académie un irremplaçable élément de prestige, de stimulant et d'efficacité. S'il est vrai que, grâce à l'épanouissement des talents de certains de ses premiers membres, au recrutement de plusieurs savants de grande valeur, tels que Cassini et Römer, la nouvelle institution avait acquis assez rapidement une activité relativement brillante, cependant, tout au long de son séjour, le savant néerlandais a continué à y orienter efficacement de nombreux programmes de recherche et à y amener de fécondes discussions. Pour l'Académie de Paris, le bilan du séjour de Huygens est donc indiscutablement positif. Quant à l'œuvre de ce savant, il est bien difficile de savoir ce qu'elle eût été sans son long séjour à Paris. Si la plupart de ses grands thèmes de recherche lui sont personnels, il semble impossible que les travaux en commun et les discussions au sein de l'Académie n'en aient pas infléchi certaines idées directrices, lui apportant en même temps d'utiles suggestions. Il ne semble pas qu'il aurait pu alors trouver aux Pays-Bas le riche environnement intellectuel qu'il a connu à Paris et qui a incontestablement élargi ses réflexions et enrichi son œuvre. Vouloir aller plus loin dans l'établissement d'un bilan serait à la fois prématuré et incertain ; aussi bornerai-je là cette rapide évocation d'une collaboration exemplaire à maints égards – malgré les circonstances regrettables de son interruption – entre une institution naissante et un savant en pleine possession de ses moyens, et ceci malgré les difficultés politiques entre les gouvernements et les guerres successives qui les opposèrent.

## NOTES

1. Sur les origines et les débuts de l'Académie royale des Sciences, on pourra consulter : *Fontenelle, Taton et Hahn,* ainsi que les monographies de A. Maury, J. Bertrand, E. Maindron, G. Bigourdan, J.E. King, H. Brown et A.J. George citées dans la bibliographie de Hahn.

2. Voir ci-dessus la communication de J. Roger. Huygens disposait d'un traitement annuel de 6 000 livres et d'un appartement de fonction à la Bibliothèque du Roi (voir *Oeuvres,* t. X, p. 573).

3. Une bibliographie chronologique des différentes publications de Christiaan Huygens est donnée dans le t. XXII de ses *Oeuvres* (p. 375-381). Elle révèle qu'au moment de son arrivée à Paris, en mai 1666, le savant néerlandais a à son actif 13 publications d'ampleur et de nature diverses, réalisées entre 1647 et 1665 (*op. cit.,* p. 375-376 : n° 1-13) : 7 d'ordre mathématique – dont 4 insérées dans des ouvrages de son maître Frans Van Schooten –, 3 concernant ses observations de Saturne et 3 ses travaux sur l'horloge à pendule. A titre de comparaison, notons dès maintenant qu'il publiera 23 mémoires et articles pendant sa période parisienne (n° 14-36 de la bibliographie citée précédemment) et que 10 publications ultérieures au moins se rattachent également à cette même période.

4. Voir à ce sujet les communications de H.J.M. Bos, E. Coumet, P. Acloque et J.H. Leopold. Voir également L. Defossez, *Les savants du XVII<sup>e</sup> siècle et la mesure du temps,* Lausanne, 1946 ; A.E. Bell, *Christian Huygens and the development of Science in Seventeenth Century,* London, 1947 ; H.J.M. Bos, « Huygens, Christiaan », dans D.S.B., vol. VI, 1972, p. 597-613 ; J.E. Hofmann, « Schooten, Frans Van », dans D.S.B., vol. XII, 1975, p. 205-207.

5. Voir *Brugmans* et ci-dessus, la communication de J. Mesnard.

6. Voir *Fontenelle,* p. 5-7 ; *Taton,* p. 34-40 ; Hahn, p. 4-16 ; J.E. King, *Science and Rationalism in the government of Louis XIV, 1661-1683,* Baltimore, 1949, p. 100-115, et ci-dessus la communication de J. Roger.

7. Mersenne était mort en 1648, Descartes en 1650, Gassendi en 1655, Desargues en 1661, Pascal en 1662 et Fermat en 1665. Le seul survivant de cette génération si brillante, Roberval, ne mourra qu'en 1675, mais il a déjà accompli l'essentiel de son œuvre et son tempérament irascible le tenait un peu à l'écart de la vie scientifique parisienne ; c'est ainsi qu'en 1658 il avait été exclu de l'Académie Montmor.

8. Voir Taton, p. 24-27.

9. Voir A.J. George, « The genesis of the Academy of Science », *Annals of Science,* t. III, 1938, p. 372-401 ; Taton, p. 38-40 et la communication de J. Roger déjà citée. Voir également H. Brown, *Scientific Organizations in Seventeenth Century France (1620-1680),* Baltimore, 1934.

10. Les principales pièces comptables concernant les appointements des académiciens, les différentes subventions reçues par l'Académie pour l'achat de matériel et pour son fonctionnement se trouvent regroupées dans l'important recueil de J.J. Guiffrey, *Comptes des bâtiments du Roi sous le règne de Louis XIV,* 5 vol., Paris, 1881-1901 (pour la période concernée, vol. 1 et 2). D'autres documents existent cependant, tel celui publié par J. Schiller, dans « Les laboratoires d'anatomie et de botanique à l'Académie des sciences au XVII^e^ siècle », *Rev. Hist. Sci.,* t. 17, 1964, p. 97-114.

11. Voir R. Taton, « Projet de publication des registres des séances de l'Académie royale des Sciences de Paris (1666-1693) », *Actes du 10^e^ Congrès International d'Histoire des Sciences,* Paris, 1964, p. 283-286 ; A. Birembaut, « Les caractères originaux de l'Académie royale des Sciences de 1666 à 1698 », *Actes du 100^e^ Congrès national des sociétés savantes..., Section d'histoire moderne et contemporaine...,* Paris, 1976, p. 7-20.

12. Voir J.B. Duhamel, *Regiae scientiarum Academiae Historia...,* Paris, 1698 ; *Ibid.,* 2^e^ éd., 1701 ; B. de Fontenelle, éd., *Histoire de l'Académie royale des Sciences,* 11 tomes, Paris, 1729-1733 ; le t. I, Paris, 1733 contient l'*Histoire de l'Académie... depuis son établissement en 1666 jusqu'à 1686* par Fontenelle et la table des 12 volumes (11 tomes) de cette série dont les 9 tomes III à XI rassemblent différents travaux d'académiciens.

13. Du fait de ses nombreuses interruptions de publication, le *Journal des sçavans* n'apporte que peu d'éléments sur cette période. Les publications académiques sont également rares ; quant aux correspondances scientifiques, seules quelques-unes ont été publiées, comme celle de Huygens (dans ses *Oeuvres),* celle de Leibniz, qui séjourna à Paris de 1672 à 1676 (voir G.W. Leibniz, *Sämtliche Schriften und Briefe,* III, *Mathematische Naturwissenschaftlicher und Technischer Briefwechsel,* I Band, *1672-1676,* Berlin, 1976) et celle de H. Oldenburg, secrétaire de la Royal Society (*The Correspondence of Henry Oldenburg,* A.R. Hall et M. Boas-Hall ed., Madison puis London, 11 vol. parus, 1965-1977).

14. Voir A. Birembaut, *op. cit.,* in note 11, p. 14 et note 1.

15. Voir G. Bigourdan, « Inventaire général et sommaire des Manuscrits de la Bibliothèque de l'Observatoire de Paris », *Annales de l'Observatoire de Paris, Mémoires,* t. XXI, 1895, p. $F_1$ – $F_{60}$ ; Voir également C. Wolf, *Histoire de l'Observatoire de Paris de sa fondation à 1793,* 1902 et la communication de G. Picolet.

16. C'est le cas en particulier des papiers de Roberval, dispersés entre les Archives de l'Académie des Sciences et le Département des Manuscrits de la Bibliothèque nationale, dont A. Gabbey prépare actuellement un inventaire détaillé. Voir la communication de A. Gabbey.

17. On consultera en particulier avec un grand profit les « Varia Academica 1666-1681 » publiés dans le t. XXII des *Oeuvres* (p. 213-292) qui complètent les extraits des Procès-verbaux de l'Académie insérés dans les tomes précédents des *Oeuvres.*

18. *Oeuvres,* t. XXII, p. 375-381 ; ici p. 376-379. Le seul ouvrage de cette liste est l'*Horologium oscillatorium,* livre dédié au roi Louis XIV et publié à Paris en 1673, qui se trouve réédité avec une traduction française dans le t. XVIII des *Oeuvres* (n° 27 de la liste). La plupart des autres écrits de Huygens ont été publiés dans le *Journal des sçavans;* quelques-uns l'ont été dans les *Philosophical Transactions,* les autres ont été édités à part ou insérés dans des ouvrages (tel le n° 32, publié en 1674 dans les *Nouvelles expériences du vuide...*de D. Papin).

19. Voir *Oeuvres,* t. XXII, p. 379-380. Ces mémoires sont publiés aux p. 303-336 du recueil cité et réédités dans les t. XIX à XXII des *Oeuvres.*

20. Nous suivrons pour cela dans ses grandes lignes la biographie de Huygens déjà citée (*Oeuvres,* t. XXII, p. 625-718 pour la période considérée), renvoyant à elle pour la plupart des références concernant les travaux évoqués.

21. Voir *Fontenelle,* p. 5-17 ; *Taton,* p. 37-40 et pour toute l'histoire de cette période, *Hahn* (chap. 1 et 2) et l'ouvrage de C. Salomon-Bayet, *L'institution de la science et l'expérience du vivant,* Paris, 1978.

22. Sur les rapports de Huygens avec différents milieux ou différentes personnalités voir en particulier les communications de Y. Belaval, A. Gabbey, G. Picolet, A. Robinet et A. Heinekamp.

23. Voir par exemple sur l'expédition entreprise en Acadie en 1670 par Richer, la remarquable étude de J.W. Olmsted dans *Proceedings of the American Philosophical Society* (t. CIV, 1960, p. 612-634).

24. Voir *Oeuvres,* t. XXII, p. 21-226 et 229-233.

25. Voir R. Dugas, *Histoire de la mécanique,* Paris, 1950, p. 169-190 ; *Ibid. La mécanique au XVII^e^ siècle,* Paris, 1954, p. 283-320.

26. Voir la communication de P. Costabel.

27. Voir *Oeuvres,* t. XIX, pièces II-V et t. XXII, p. 645-646.

28. *Oeuvres,* t. XIX, p. 327-329 et t. XXII, p. 652-653. Voir également la communication de R. Halleux.

29. Les pièces évoquées (n° 16 et 18 de la bibliographie citée in note 3), publiées dans le *Journal des Sçavans* en 1668, critiquant certains passages de la *Vera Circuli e Hyperbole Quadratura* de J. Gregory (Padoue, 1667). Voir l'étude de D.T. Whiteside, dans D.S.B., vol. V, p. 525-530.

30. Voir les deux études de R. Dugas citées in note 25 et J.L. Coolidge, *A History of the geometrical Concepts,* Oxford, 1940, p. 319. L'*Horologium oscillatorium* est réédité, avec introduction et traduction française, dans le t. XVIII des *Oeuvres.*

31. Voir les communications de A. Ferraz et J. Rosmorduc.

32. Voir en particulier l'ouvrage de C. Wolf, cité note 15.

33. Voir la communication de A. Heinekamp. Voir également H.J.M. Bos, « The influence of Huygens on the Formation of Leibniz'Ideas » dans *Leibniz à Paris (1672-1676),* t. I. *Les Sciences,* Wiesbaden, 1978, p. 59-68.

34.. Voir l'article de S. Delorme, « Pierre Perrault, auteur d'un traité *De l'origine des fontaines* et d'une théorie de l'expérimentation », *Arch. Int. Hist. Sci,* t. I, 1948, p. 388-394.

35. Voir la communication de J. Payen. Voir Conservatoire national des Arts et Métiers, Société des Ingénieurs de l'Automobile. *Centenaire du moteur à explosion,* Paris, 1961 (catalogue d'une exposition au Musée du C.N.A.M., nov. 1961-juin 1962), p. 28-29 : « Maquette de la machine à poudre à canon conçue et réalisée par Christiaan Huygens... »

36. Voir la communication de J.H. Leopold.

37. Voir *Fontenelle,* p. 199-200, *Oeuvres,* t. XIX, p. 25, 265-266, et t. XXII, p. 694-695, A. Birembaut, P. Costabel, S. Delorme dans *Rev. Hist. Sci.,* t. 19, 1966, p. 119-120 (« Note sur l'Académie des Arts » ; C. Salomon-Bayet, « Un préambule théorique à une Acadé-

mie des Arts. Académie des Sciences 1666-1696. Présentation et textes», *Rev. Hist. Sci.*, t. 23, 1970, p. 229-250.

38. Sur cette publication, voir G. Huard, « Les planches de *l'Encyclopédie* et celles de la *Description des Arts et Métiers* de l'Académie des Sciences», *Rev. Hist. Sci.*, t. 4, 1951, p. 238-249.

39. Voir J.E. Hofmann, *Leibniz in Paris, 1672-1676,* Cambridge, 1974.

40. Voir les Actes de la table ronde *Römer et la vitesse de la lumière*, Paris, 1977, en particulier la communication de J.P. Verdet, p. 169-178.

41. Les études microscopiques de Huygens ont été analysées de façon très précise par M. Rooseboom, « Christiaan Huygens et la microscopie», *Archives néerlandaises de zoologie,* XIII suppl., 1958, p. 59-73.

42. En fait, pendant le séjour de Huygens à Paris, deux guerres successives, l'une en 1667-1668, l'autre en 1672-1678, opposèrent la France aux Pays-Bas. Mais cette situation assez inconfortable ne semble pas avoir compromis sa collaboration avec l'Académie des Sciences de Paris.

43. Voir la communication de A. Heinekamp et l'article de H.J.M. Bos cité en note 2. Voir également l'article de J. Echeverria : « L'analyse géométrique de Grassmann et ses rapports avec la caractéristique géométrique de Leibniz», *Studia Leibnitiana,* Bd. XI, 1979, p. 223-273.

44. Voir *Oeuvres,* t. XXI, p. 159 sq. et t. XXII, p. 714. Le planétaire, dit de Huygens, qui fut présenté à l'Exposition « Christiaan Huygens. Le temps en question», Paris, mars 1979 (section IV Cosmologie, pièce n° 1), fut construit en 1682 par Johannes Van Ceulen d'après un projet et des calculs de Huygens. Il ne s'agit donc pas du planétaire inachevé que Huygens avait emporté avec lui en septembre 1681, mais d'une version nouvelle de cet appareil.

45. Le projet de « barco volante » s'élevant grâce à l'action de 2 sphères métalliques vidées d'air, présenté par F. de Terzis de Lanis, dit Lana Terzio ou Lana (1631-1686) dans son *Prodromo...* publié à Brescia en 1670, a connu un très grand succès dans les dernières décennies du XVII^e^ siècle et au début du XVIII^e^ siècle (Voir J. Duhem, *Histoire des idées aéronautiques avec Montgolfier,* Paris, 1943, p. 370-390). Ainsi n'est-il pas étonnant que Huygens s'y soit intéressé.

46. Huygens présente son « invention» dans deux articles du *Journal des Sçavans* de 1680 (n° 35 et 36 de la liste citée note 3). La description du niveau à lunette de Huygens est reproduite par Ph. de La Hire dans la première édition posthume du *Traité du nivellement* de J. Picard (Paris, 1684).

47. Sur cette période de la vie de Huygens, voir *Brugmans,* p. 93-97.

48. Voir ci-dessus, note 19. Il s'agit des 8 mémoires n° 47 à 54 de la liste bibliographique citée in note 3.

Huygens et la France
(Paris, Vrin, 1981, p. 69-84)

# HUYGENS ET ROBERVAL

par Alan GABBEY
(The Queen's University of Belfast)

Les relations entre Huygens et Roberval font partie des premières relations parisiennes de Huygens, de l'association de Huygens avec l'Académie royale des sciences, de l'histoire des rapports de Huygens avec les milieux parisiens, voire de l'étude de son œuvre en mécanique, pour évoquer quelques thèmes abordés dans cette réunion. Autrement dit, une étude approfondie des relations personnelles et scientifiques entre ces deux savants dépasserait de loin les limites de cette communication. Il me sera peut-être donc permis de passer rapidement en revue, à la lumière cependant de quelques nouvelles évidences documentaires, certains aspects des relations entre les deux savants déjà signalés dans d'autres communications, m'arrêtant seulement sur leurs controverses au sujet du centre d'oscillation, où de nouveaux documents, provenant et de Huygens et de Roberval, nous valent un apport qui mérite notre attention.

Le jeune Huygens avait envoyé à Roberval, en décembre 1651, sa première œuvre publiée, les *Theoremata de Quadratura hyperboles, ellipsis, et circuli* (Leyde, 1651) amorçant ainsi leurs relations ; mais ils se sont rencontrés pour la première fois lors de la première visite en France de Huygens et de son frère Lodewijk, de juillet à la fin novembre 1655. La preuve en est leur correspondance, une dizaine de lettres qui s'échelonnent du 30 décembre 1655 à août 1656[1].

A certains égards, ces lettres ne contiennent rien de surprenant, étant donné les intérêts scientifiques communs des deux savants. Huygens veut savoir les passages où Descartes se trompe dans sa *Géométrie*, et Roberval lui rend service en détaillant sa « principale faute », qui se trouve dans sa solution du problème de Pappus (lettres 4, 6, 8, 10). Il est question aussi du traité du P. Ainscom (1656) qui défend la quadrature de Grégoire de Saint-Vincent, traité où Ainscom cite une lettre où Descartes ironise sur une « réfutation » qu'il attribue à Roberval, mais que ce dernier nie avoir écrite (lettres 7, 9, 10). Et Huygens écrit à Roberval qu'il vient de poser « les fondements du calcul ès jeux de hasard à la priere de Monsieur Schooten » (lettre 5).

Ils parlent également d'astronomie. En mars 1656, Huygens envoie à

Roberval son *De Saturni luna observatio nova* (La Haye, 1656), qui annonce le nouveau satellite de Saturne, qui sera nommé Titan, dont la découverte, faite en mars 1655, avait été le sujet de leurs entretiens à Paris, et qui se termine sur l'hypothèse, sous forme d'anagramme, de l'anneau mince et plan incliné à l'écliptique, qui expliquera les « anses » de la planète et leurs aspects variables. La réponse de Roberval à cet envoi vaut la citation :

> « J'ay montré à plusieurs vostre ecrit touchant la lune de Saturne : mais J'ay fait bien plus, car Je l'ay publié en vous nommant, dans la chaire roiale, en grand auditoire de doctes attirez pour entendre l'opinion d'Aristarque, que J'expliquois publiquement : Je n'en ay pourtant parlé que comme d'une observation qui s'eclairciroit avec le temps, et qui meritoit bien de suspendre son jugement jusques à ce qu'elle fust entierement confirmée.
> J'ay aussi pensé une hypothèse qui me satisfait fort bien, touchant les diverses faces du meme Saturne, quoy qu'en consequence de vostre lune, il doive se mouvoir sur son centre en moins de 24 de nos heurs : mais, comme Je ne fais point de secret, Je l'ay communiquée publiquement dans la meme chaire ; Je vous la manderay si vous le desirez[2] ».

Cette « Chaire roiale » ne serait pas la chaire de Ramus, que Roberval tenait au collège Royal depuis 1634, mais la chaire de Gassendi, qu'il occupa d'abord comme « survivancier » de ce dernier, auquel il succéda après sa mort survenue le 24 octobre 1655[3]. Mais à quel moment Roberval présenta-t-il les découvertes de Huygens devant son savant auditoire ? Voyons quelques dates. L'*Observatio nova*, datée du 5 mars 1656, fut publiée entre ce jour (un dimanche) et le 8 mars, date à laquelle il commença à en envoyer des exemplaires à ses correspondants[4]. Malheureusement, la lettre qui accompagna l'envoi à Roberval – et qui, comme toutes les lettres de Huygens à Roberval, n'existe que sous forme de minute et de copie – ne porte pas de date. Mais les lettres qui accompagnèrent l'envoi de l'*Observatio nova* à trois autres correspondants sont datées des 8, 10, et 15 mars. De plus, dans sa lettre à Roberval du 18 avril 1656, Huygens écrit :

> « Quand je receus vostre lettre du 10 Mars je vous avois envoyé la miene [c'est à dire celle qui accompagna l'*Observatio nova* ]le jour d'auparavant[5] ... »

Il est donc probable que Huygens a envoyé son « feuillet » à Roberval vers le 15 mars, et que celui-ci l'a reçu vers le 20 mars. Or, nous savons par une lettre d'Abraham Du Prat à Thomas Hobbes, datée du 1 avril 1656, que le discours inaugural de Roberval à la chaire de Gassendi eut lieu le jeudi 30 mars 1656. Lisons ce témoignage instructif de Du Prat :

> « Mr de Roberval fit avanthier une oraison inaugurale en presence du Cardinal Antonio[6], et de plusieurs gens scavans, dans laquelle il monstra que la Mathematique estoit utile en tous les arts et toutes les sciences, et que rien ne se faisoit que par ses loix, à scavoir pondera, numero et mensura[7]. Il est à present Professeur du Roy en Mathematique, et commencera ses lecons apres Pasques [le 16 avril 1656]. Sa harangue ne respondit pas à ce qu'on s'attendoit de lui. Plusieurs disoyent qu'il est aussi mauvais Orateur, qu'excellent Geometre, et qu'il a fait voir en lui mesme que la Mathematique et l'art Oratoire sont incompatibles, et se rencontrent rarement dans un mesme suiet. Cela

> n'est pas universellement vray, puis que dans vostre livre de Cive et dans vostre Philosophie on [y *biffé*] voit la solidité du raisonnement conjointe avec les ornemens de l'Eloquence[8]... »

C'est un grand dommage que le médecin Du Prat n'ait pas fourni plus de précisions sur le contenu de ce discours inaugural. Cela aurait tranché la question de savoir si Roberval prit en effet l'occasion de son discours inaugural à la chaire de Gassendi pour faire le récit des découvertes astronomiques de Huygens, qu'il n'aurait reçues directement de l'auteur qu'une dizaine de jours auparavant, ou s'il attendit le début de son cours proprement dit après les vacances de Pâques. Plusieurs raisons me font pencher pour la première hypothèse : Roberval présentateur et porte-parole officieux de Huygens astronome dans son discours inaugural, en dépit du fait que Du Prat ne fait aucune allusion à Huygens ni à ses découvertes. D'abord, la harangue de Roberval « ne respondit pas à ce qu'on s'attendoit de lui », ce qui n'est pas incompatible avec la présentation en une telle occasion solennelle des nouveautés comme celles qui se trouvaient dans l'*Observatio nova.* Ensuite, la chaire de mathématiques de Gassendi était effectivement d'*astronomie,* donc il était normal d'y traiter un thème astronomique, voire la théorie héliocentrique prétendue tirée d'Aristarque que Roberval avait publiée douze ans auparavant, mais qui se trouvait renforcée en quelque sorte par les nouvelles découvertes sur Saturne. L'insistance de Roberval dans son discours sur l'utilité et la toute-puissance des mathématiques et de leurs lois n'était pas pour lui éloignée des choses astronomiques, car le verset du *Livre de Sagesse,* relevé par Du Prat, se lit presqu'à chaque page – mais sous la forme des abréviations « P.N.E.M. » placées à la fin des « Notae » de Roberval – de l'*Aristarchi Samii de Mundi Systemate* de 1644.

A certains autres égards, cependant, la correspondance entre Roberval et Huygens comporte quelques mystères, dont le plus frappant est celui de l'affaire Perriquet, qui tient la scène dans leurs quatre premières lettres, étant en effet la raison pour laquelle Roberval fut la première personne à qui Huygens tint à écrire à son retour de Paris.

Il y eut cinq personnages dans cette ténébreuse affaire : Huygens, Roberval, Valentin Conrart (1603-1675), Claude Mylon (c. 1618-1660), et la « belle savante », Marie Perriquet (1624-1668), fille d'Etienne Perriquet, conseiller du roi et receveur général des gabelles du pays lyonnais, et cousine de Melchissédec Thévenot. Huygens rencontra Marie pendant sa visite à Paris en 1655, et, selon Boudhors, ce fut Mylon qui fit les présentations[9]. Conrart, qui se considérait en quelque sorte comme le protecteur de « la belle Demoiselle », semble s'être froissé quelque peu de ce que Huygens fût allé lui rendre visite sans lui, mais il s'était fait une bonne opinion des qualités du jeune hollandais, soit par contact personnel, soit à travers Roberval et Marie elle-même, qui dans la soirée précédant le départ pour La Haye passa plus de quatre heures chez Conrart en ne parlant presqu'exclusivement que de Huygens[10]. Mais dans sa première lettre à Roberval, datée du 30 décembre 1655, Huygens soupçonne que peut-être Roberval a parlé d'autre chose chez Conrart que de ses qualités :

> « Je serois fort attrapé si vous luy aviez découvert que je suis informé touchant la P. [Marie Perriquet] car j'en parle à luy comme d'une saincte. Et de mesme à M. [Mylon] lequel toutefois j'ay remarqué qu'il me suspectoit d'estre de vostre confidence, et qu'il en estoit en

peine. Quoy qu'il en arrive je vous auray tousjours beaucoup d'obligation de ce que vous n'avez pas voulu souffrir que je fusse abusé. au reste Monsieur faites moy la faveur d'entretenir la correspondance, et de me communiquer par fois de vos belles speculations, et s'il m'est permis de specifier, celle du contenu des triangles spheriques[11] . »

Roberval répond le 14 janvier 1656 :

« Je n'ay rien fait sçavoir du tout de nostre confidence ; mais je crains qu'on ne vous ait adroitement tiré les vers du nez ; en quoy il y auroit de ma faute ; car je devois vous advertir que C. [Conrart] est des plus fins en ce metier ; et qu'il fait profession d'une amitié entiere avec P. en quoy il est du nombre de quelques autres vieux vertueux qui sont bien marris que j'aye decouvert leur confrairie. partant si dans vostre conference il s'est passé qu'elque chose que je doive sçavoir, faite moy la faveur de me la mander une fois pour toutes, affin que nostre entretien ne soit point desormais employé à de telles sottises. Pour M. c'est une beste en general ; et en particulier, c'est la corneille de la fable. Ecrivez pourtant en termes qui ne puissent estre entendus que par ceux qui sçavent l'histoire[12] . »

Qu'est-ce que Huygens avait appris, de Roberval ou d'ailleurs, sur Marie Perriquet, et en quelle manière Huygens risquait-il d'être abusé ? Quels étaient les rôles de Conrart et de Mylon dans cette histoire ? Nous n'en savons pas grand-chose, sauf peut-être ceci : que Mylon fût bête ou non, la corneille d'Esope évoquée par Roberval ne serait pas celle qui était jalouse du corbeau, mais plutôt celle qui, ayant peur d'Athéna, offre des sacrifices inutiles à la déesse qui pourtant la déteste, afin de se réconcilier avec elle. Histoire de mœurs ? Peut-être. Histoire d'amour ? C'est possible, autant du côté de Huygens que de celui de Mylon. N'oublions pas que Huygens, jeune homme à l'époque, aimait les divertissements et la société mondaine, y compris la société des « jeunes beautez »[13]. D'après sa lettre à Roberval de la mi-mars 1656, Huygens ne se laissa pas aller à parler trop librement à Conrart :

« Il ne m'est rien escappé qui luy puisse avoir donné de l'ombrage, et de ce qu'en m'escrivant il estalle si amplement les vertus et le merite de P., je voy bien qu'il ne scait pas que j'en suis si bien informé. M. au contraire en parle si peu qu'il luy est possible, par ou je juges qu'il en a eu le vent. Mais laissons la ces choses[14] . »

Et j'en ferai autant, gardant pour le moment sur l'affaire un silence prudent...

Il reste dans la correspondance un mystère plus banal. Dans le post-scriptum de sa première lettre à Roberval, Huygens écrit :

« Je vous supplie Monsieur quand vous verrez Mademoiselle Periquet de l'asseurer de mon trèshumble service et que j'estime infiniment l'honneur de ses bonnes graces. Je baise les mains à Mademoiselle vostre Cousine et à Monsieur Tevenot[15] . »

Pourquoi tout d'un coup écrit-il le nom de Marie Perriquet en toutes lettres ? Et quelle cousine de Roberval aurait-il pu rencontrer ? Les nombreux documents du Minutier Central de Paris qui se rapportent à Roberval nous apprennent les noms de ses parents, et l'existence de cinq ou six frères et sœurs, de sept ou huit neveux et nièces, et de quatre petits-neveux et petites-nièces[16]. Mais jusqu'à maintenant aucune mention, ni dans les documents du Minutier Central ni ailleurs, d'éventuels oncles ou tantes de Roberval, ni d'éventuels cousins ou cousines. Cela ne prouve nullement qu'il n'en avait pas, bien entendu, mais il me semble plus facile de supposer que ce post-scriptum signale un moment de confusion de la part de Huygens et qu'il pensait momentanément – car après tout le post-scriptum est biffé dans la copie – écrire à un autre qu'à Roberval, probablement à Conrart lui-même.

Les deux savants ne s'écrivirent plus après la lettre de Huygens d'août 1656. Peut-être ne faut-il pas s'en étonner. La correspondance de Roberval avec ses contemporains est souvent marquée par de longs silences, et de toute façon Huygens était de nouveau à Paris d'octobre 1660 à mars 1661, époque à laquelle il revit Roberval (ainsi que Marie Perriquet)[17]. Il séjourna encore à Paris d'octobre 1663 à mai 1664, et en avril 1666 débuta la période où Huygens fut le confrère de Roberval à l'Académie royale des Sciences. D'autre part, il ne faut peut-être pas oublier le caractère acariâtre de Roberval, qui se devine dans leur correspondance, en particulier par son dédain pour des secrets d'anagrammes (citation ci-dessus). Dédain plutôt hypocrite d'ailleurs, car Huygens aurait appris à Paris la discrétion de Roberval lorsqu'il s'agissait de défendre la chaire de Ramus.

Ils étaient tenus cependant l'un et l'autre au courant de leurs activités. Dans la correspondance entre Chapelain et Huygens, nous trouvons la suite de la controverse avec Roberval sur les anses de Saturne, où là encore le comportement particulier de Roberval ajoute du sel à l'histoire[18], et Chapelain envoya à plusieurs reprises – les lettres s'obstinaient à s'égarer – ses copies d'une description d'un balancier pour régler les horloges que Roberval dit avoir inventé plus de quinze ans auparavant[19]. Boulliau raconta à Huygens, dans sa lettre du 6 décembre 1658, la fameuse histoire du comportement désobligeant de Roberval lors d'une réunion de l'Académie Montmor, histoire que Huygens entendit de nouveau, de Montmor lui-même, le 21 décembre 1660 à Paris[20].

Pour en venir à l'époque de l'Académie des Sciences, il s'agissait pour les deux savants d'une part d'un travail d'équipe, et d'autre part de débats. Les *Procès-verbaux* nous apprennent que Huygens et Roberval, avec Carcavy, Auzout, Frénicle et Buot, observèrent l'éclipse du Soleil du 2 juillet 1666[21], et que Huygens et Roberval proposèrent devant l'Académie le 23 février 1667 une méthode pour déterminer le temps de l'équinoxe et donc l'ascension droite des étoiles[22]. Le 30 mai 1668, Huygens, Roberval, Carcavy, Auzout, Picard, « ayant eu ordre de se trouver sur le soir à la Bibliotheque de Monseigneur Colbert accompagnez du Secretaire de la Compagnie [Galloys, remplaçant Du Hamel absent] », se mirent à examiner « une maniere certaine et facile de trouver la Longitude sur mer », exposée devant le groupe par son inventeur, l'« allemand de nation » Reusner de Neystett. Après une semaine de délibérations, tant sur l'invention que sur les réponses de Reusner de Neystett à leurs objections, les académiciens se prononcèrent contre l'invention proposée[23]. Quant aux débats, il y eut en 1669 les fameux mémoires de Roberval et de Huygens sur les causes de la pesanteur, l'examen de Roberval (et Mariotte) du mémoire de Huygens, et les réponses de celui-ci « aux objections proposées par M. de Roberval »[24].

Y eut-il un autre débat entre Huygens et Roberval, cette fois aux alentours de 1671, sur le problème du centre d'oscillation (de percussion) ? Il est malheureux qu'il n'existe plus les *Procès-verbaux* pour la période du 18 décembre 1669 jusqu'en

1675, car Duhamel écrit simplement, sans mention de Huygens ni d'aucun autre détail, sauf l'indication que la date en question fut 1670 ou 1671, que Roberval discourut devant l'Académie « fusè & subtiliter » sur le centre de percussion[25]. Présenta-t-il alors ses propres idées sur le problème, ou prit-il comme texte de discussion certaines hypothèses et propositions de la *Pars Quarta* de l'*Horologium oscillatorium*, sur laquelle Huygens travaillait fin 1669 – début 1670[26] ?

Si nous lisons le texte de Duhamel de façon stricte, lui attribuant par son usage du terme « centrum percussionis » une conscience de la distinction conceptuelle entre ce centre et celui d'oscillation, c'est la première possibilité qu'il faudrait peut-être retenir, car Huygens n'employa le terme « centre de percussion », pour reconnaître qu'il est identique au centre d'oscillation, qu'en juillet et août 1690[27]. Dans ce cas, il est possible que Roberval reprit pour ses confrères académiciens son propre texte *De centro percussionis*, écrit pendant la période 1646-1666[28].

D'autre part, s'il nous est permis de lire « centrum percussionis » sous la plume de Duhamel indifféremment comme « centrum oscillationis », la deuxième possibilité n'est pas à exclure. Les éditeurs des *Oeuvres* notent que les premières objections faites contre l'*Horologium oscillatorium* furent celles de Roberval et ils présentent, dans le tome qui contient l'ouvrage de 1673, la « Responsa ad objectiones Robervallii contra demonstrationes nostras de motu pendulorum », copiée – avec les objections de Roberval – par Huygens entre le 27 mai et le 18 juillet 1671[29]. A un certain endroit du texte (Objection 14), Roberval fait l'objection que les propositions de la *Pars Quarta,* bien qu'étant peut-être vraies, ne découlent pas de démonstrations solides, mais de l'expérience, et conclut : « Plura dicemus ad prop. 4 ». Or, il n'y a aucune discussion sur la proposition 4, ni sur d'autres propositions, dans la « Responsa ad objectiones Robervallii », et les éditeurs pensent que les mots « plura dicemus » peuvent se rapporter au discours à l'Académie[30]. Cela est possible, et dans ce cas la « Responsa », dont le ton formel peut suggerer un débat académique, mais qui est inachevée, serait à lire pour ainsi dire comme un rapport partiel sur le discours de Roberval des environs de 1671. Le reste du rapport existait-il ? Cela semble peu probable, mais quoi qu'il en soit, il existe deux manuscrits, inconnus des éditeurs de Huygens, dont l'un constitue la suite des objections de Roberval, où se trouve la discussion promise sur la proposition 4, et dont l'autre est le texte original sur lequel Roberval fit toutes ses objections contre la *Pars Quarta.* La signification de ces nouveaux textes dépasse donc la question de savoir comment interpréter la relation lapidaire de Duhamel.

Dans l'ordre chronologique, le premier de ces manuscrits est la copie d'une version (de la version ?) première de la *Pars Quarta* de l'*Horologium oscillatorium.* Intitulé « De centro oscillationis », il se trouve aujourd'hui aux Archives de l'Académie des Sciences[31], mais il ne figure pas dans l'inventaire (préparé fin novembre 1676 par Blondel, Picard et Buot) des manuscrits trouvés chez Roberval après sa mort le 27 octobre 1675[32], ce qui indique qu'il ne s'agit pas d'un texte dont Roberval voulait ou pouvait s'emparer , comme il l'a fait pour les papiers qu'il trouva chez Mersenne. La première mention de ce document comme acquisition des Archives de l'Académie se trouve donc dans l'« Inventaire de papiers de Roberval, Bourdelin, etc. et divers papiers concernant l'Académie des Sciences », qui semble avoir été dressé en 1777 par l'Académicien Jacques-Antoine-Joseph Cousin (1739-1800), adjoint géomètre en 1772[33]. Mais, dans cet inventaire, l'identification de l'auteur du texte est curieusement erronée : « De centro oscillationis – par

Mr de Fermat » (f. 1*r*). Le manuscrit est de nouveau cité, cette fois sans être attribué à Fermat, dans un inventaire préparé par arrêté de la Commission Temporaire des Arts de la Convention entre le 7 mai 1794 et le 5 janvier 1796 : inventorié le 5 décembre 1795 sous la « Cotte 77, n° 14 » (p. 18) est un « Cahier intitulé : *De centro oscillationis* »[34]. C'est bien le texte de Huygens dont nous parlons, car on trouve indiqués sur le dernier folio le même titre et la même cote.

L'autre manuscrit comporte deux fragments autographes de Roberval, conservés également aux Archives de l'Académie des Sciences[35], qui contiennent notamment des objections contre les Propositions I - V de la *Pars Quarta.* Ces objections forment donc la suite de celles – qui s'adressent seulement aux Hypothèses – qui sont publiées dans le t. XVIII.

Et les réponses de Huygens à ces « nouvelles » objections ? Il n'existe pas de texte qui serait la suite de la « Responsa », mais Huygens a bien répondu à certaines des objections formulées contre les propositions, car une comparaison entre la copie de l'Académie et le texte imprimé de 1673 montre clairement que le contenu des hypothèses et des cinq premières propositions de celui-ci est dû dans une mesure appréciable à l'ensemble des objections de Roberval. En effet, la copie de la *Pars Quarta* conservée à l'Académie est celle qui servit à Roberval pour préparer ses objections, tant aux Hypothèses qu'aux Propositions. La preuve en est qu'au premier folio *recto* se trouvent, de la main de Roberval, le mot « res » écrit au dessus du mot « figura » de la Définition I, et la phrase « solâ moveantur » écrite au dessus de « moveri incipiant » dans l'énoncé de l'Hypothèse I[36]. De plus, un point encerclé, dans la même encre que « res » et « solâ moveantur », se trouve dans la marge précisément aux endroits où Roberval trouve à redire au texte, comme l'indiquent ses objections telles qu'elles se trouvent dans la « Responsa » et dans les fragments autographes que nous publions en appendice. Quant à Huygens, il refit son texte à la lumière des objections de Roberval dont il pensait qu'il fallait tenir compte[37].

Voyons pour conclure les changements principaux dans le texte de 1673 qui s'expliquent par rapport aux objections de la « Responsa » et de l'autographe qui suit. L'Hypothèse I de Huygens est la clef de voûte de la *Pars Quarta* de l'*Horologium oscillatorium* :

> « Si un nombre quelconque de poids commencent à se mouvoir par la force de leur propre gravité, le centre de la gravité composée par eux ne peut monter plus haut que l'endroit où il se trouvait au début du mouvement[38]. »

Cependant, Roberval a plusieurs questions à poser là-dessus[39]. Par exemple, est-ce que les poids sont attachés les uns aux autres, ou sont-ils indépendants les uns des autres ? Pour les poids qui ne sont pas attachés, agissent-ils de haut en bas selon des lignes parallèles, convergentes, ou divergentes ? Huygens répond brièvement à ces questions dans la « Responsa », bien entendu, mais il y répond aussi plus longuement dans le texte de 1673, car la longue explication[40] qui dans l'imprimé suit l'énoncé de l'Hypothèse I manque entièrement dans la copie de l'Académie, et le contenu de cette explication, sauf le dernier paragraphe, constitue une réponse aux objections de Roberval.

Dans la « Responsa », il est question d'une Hypothèse II qui manque dans le texte de 1673 et dont les éditeurs des *Oeuvres* ignoraient la forme primitive[41].

Elle se trouve, sans commentaire, dans la copie de l'Académie (f. 1*r*) :

> « Il s'ensuit qu'un pendule ne peut être en repos que lorsque la ligne du centre et la ligne verticale coincident[42]. »

Contre cette hypothèse, Roberval fait l'objection perspicace qu'elle ne découle pas de la première, bien qu'elle soit vraie ; et même si elle découlait de la première, ce ne serait plus un postulat, mais une proposition à démontrer. Huygens est d'accord sur ce dernier point : il ne s'agit pas d'un postulat, mais d'une conséquence évidente de l'Hypothèse I qui n'a donc pas besoin d'une démonstration. Cependant Huygens croit qu'il peut omettre cette hypothèse, ou s'il la retient, il faut mettre : « Pendulum quiescens non coepturum moveri si linea centri et linea perpendiculi in unum conveniant » (« Un pendule au repos ne commencera pas de se mouvoir si la ligne du centre et la ligne verticale coïncident »), ce qui découle bien de la première hypothèse[43]. Mais Huygens décida enfin qu'il n'avait pas besoin de cette ancienne Hypothèse II, car il la supprima dans le texte imprimé.

Pour passer aux objections de ce que j'appelle la « Continuatio Objectionum Robervallii... », et à leurs « réponses » dans le texte de 1673, Roberval soulève contre la Proposition I, telle qu'il la lut dans la copie de l'Académie, une objection qui est tout à fait valable. Selon la proposition, dont l'énoncé reste inchangé dans les deux versions, pour un nombre quelconque de poids placés du même côté d'un plan, la somme des produits des poids par leurs distances perpendiculaires au plan égale le produit du poids total par la distance perpendiculaire au plan du centre de gravité[44]. Or, dans la copie de l'Académie, Huygens prétend démontrer cette proposition en mettant à égalité les moments des poids autour d'un axe dans le plan, supposé vertical, et les moments d'autres poids appropriés, hypothétiquement placés de l'autre côté du plan à une distance perpendiculaire à l'axe égale à celle du centre de gravité au plan, et dont le poids total est celui des poids originaux. Mais Roberval fait remarquer (lignes 1-4) que la proposition n'est pas valable si le plan est horizontal, car, dans ce cas, il n'est pas question d'équilibre, et donc pas question d'égaliser des moments autour d'un axe. Huygens tint compte de cette objection, car dans le texte imprimé de la démonstration se trouve un paragraphe[45] qui manque dans la copie de l'Académie, dans lequel Huygens note « que si tous les éléments sont placés dans une autre position quelconque l'égalité des produits subsiste, toutes les droites étant les mêmes qu'auparavant. La proposition est donc établie » (traduction des *Oeuvres*). Du même coup, ce paragraphe répond aussi aux objections contre les Propositions II et III (l. 5-8).

Enfin, à un moment de la démonstration originale de la Proposition V, Huygens avait attribué une gravité à un certain point L : « punctum igitur L si gravitas ei tribuatur, ubi in P pervenerit[46] ... » Mais Roberval trouve qu'une telle gravité adventice dérangerait les « penduli propositi leges » (l. 36-40), ce qui expliquerait pourquoi Huygens laissa tomber la phrase « si gravitas ei tribuatur » dans le texte de 1673[47].

Un dernier mot. On dira que, dans sa critique de l'*Horologium oscillatorium*, Roberval joua le piètre rôle d'ergoteur devant le chef-d'œuvre de mécanique qu'est la *Pars Quarta*. Mais il faut reconnaître que certaines de ses objections furent justes et qu'elles aidèrent Huygens à améliorer le texte de 1673. Et il ne faut peut-être pas s'attendre à ce que les hypothèses et les propositions d'un Huygens mécanicien ne soulèvent pas de question aux yeux d'un Roberval mathématicien qui vers la même époque commençait à rédiger ses « Éléments de Géométrie », dans lesquels il espérait pouvoir démontrer certains axiomes d'Euclide.

## NOTES

1. Toutes les lettres se trouvent dans le t. I des *Oeuvres* : 1) Huygens à [Roberval], 30 déc. 1655, p. 369-370. 2) Roberval à Huygens, 14 janv. 1656, p. 374-375. 3) Roberval à Huygens, 10 mars 1656, p. 388. 4) Huygens à Roberval, [mars 1656], p. 395-396. 5) Huygens à [Roberval], 18 avril 1656, p. 404. 6) Roberval à Huygens, 6 juil. 1656, p. 449-452. 7) Huygens à Roberval, 20 juil. 1656, p. 457-458. 8) Huygens à Roberval, [27 juil. 1656], p. 464-466. 9) Roberval à Huygens, 4 août 1656, p. 474-476. 10) Huygens à Roberval [août 1656], p. 485-486. Les lettres de Roberval existent toutes sous forme d'autographes, celles de Huygens seulement sous forme de minutes et de copies : les lettres autographes reçues par Roberval n'existent plus, ce qui s'explique peut-être par leurs propos assez compromettants sur l'affaire Perriquet. (Dans les extraits de cette correspondance qui suivent, j'ai quelquefois modernisé l'accentuation et changé les *j* en *i* dans les cas appropriés.)

2. Roberval à Huygens, 6 juil. 1656 : *Oeuvres*, t. I, p. 451-452. Selon l'hypothèse de Roberval, des exhalaisons, montant d'une zone torride de la planète, se forment en ceinture d'épaisseur variable autour d'elle, et à des distances variables de sa surface. Les différents aspects de la planète sont des effets optiques créés par les épaisseurs de la ceinture par rapport à l'espace libre entre elle et la surface. Voir Roberval à Huygens, 4 août 1656 : *Oeuvres*, t. I, p. 474-475. Comme le dit Auger, c'est « une théorie fort ingénieuse » (*Un savant méconnu : Gilles Personne de Roberval (1602-1675)*, Paris, 1962, p. 115), et Roberval la croyait « sans deffaut » (lettre du 4 août), mais elle contient un défaut majeur que Huygens a vite remarqué :

> « Vostre hypothese pour Saturne est certainement tres bien imaginée, et n'ayant point d'autres phaenomenes à concilier ny d'observations plus exactes, vous ne pouviez pas peut estre mieux rencontrer. Je m'estonne toutefois que vous ne faites aucune reflexion sur le temps periodique de toutes les diverses apparitions de Saturne, qui reviennent tousjours successivement et deux fois en 30 ans. Si les anses estoyent produites d'une exhalaison, il n'y a pas beaucoup d'apparence qu'elles renaistroient si precisement à des certain temps, et le quiteroyent de mesme » (Huygens à Roberval, [août 1656] : *Oeuvres*, t. I, p. 486).

3. Archives Nationales, Section Ancienne, Classement Z (Juridictions) : Lettres de provision, du 31 décembre 1655, en faveur de Roberval, « de la charge de professeur du Roy en mathematique vaccante par le deceds de Me Pierre Gassandy », présentées le 3 juillet 1656 (Zlf [Bureau des Finances, Chambre du Domaine], art. 219, f. 132 *r*).

4. *Oeuvres*, t. XV, p. 169.

5. *Oeuvres*, t. I, p. 404.

6. Card. Antonio Barberini, qui, en sa qualité de Grand Aumônier de France, avait la direction du Collège Royal, notamment la nomination des professeurs.

7. *Le Livre de Sagesse*, 11 : 20.

8. Chatsworth House (Derbyshire), Devonshire Collections, Hobbes Foreign Correspondence, n° 13, autographe signé ; propriété des Trustees of the Chatsworth Settlement. Cette « foreign correspondence » comporte 85 lettres autographes, signées et adressées à Hobbes en Angleterre. Les correspondants sont François du Verdus, De Martel, Sorbière, Abraham Du Prat, Stubbe, Tandy, Wallis, Mylon, Sluse, Guisony, Peleau, Bagshaw, Blaeu, Samuel Fermat, Morny, Shipman, et Du Bosc. L'ensemble de la correspondance de Hobbes, y compris bien entendu ces lettres de Chatsworth, paraîtra prochainement grâce aux soins de Howard Warrender, Political Theory & Institutions, University of Sheffield. Je tiens à exprimer ma vive reconnaissance à M. Peter Day, bibliothécaire et archiviste à Chatsworth, et en particulier à M. le Pr. Warrender, pour l'aide indispensable qu'ils m'ont accordée dans mes recherches sur ces lettres. J'apprécie également celle que j'ai reçue de feu T.S. Wragg, ancien bibliothécaire et archiviste à Chatsworth.

9. Ch.-H. Boudhors, « 'Une amie de Pascal'? Marie Perriquet et sa sœur Geneviève », *Rev. Hist. Litt. France*, t. XXXV (1928), p. 321-353, 481-494 ; t. XXXVI (1929), p. 1-17,

355-387. La section « La 'Belle Savante' », dans laquelle Boudhors traite l'affaire, se trouve aux pages 14-17 du t. XXXVI.

10. Conrart à Huygens, [30 nov. 1655] : *Oeuvres*, t. I, p. 368.

11. *Ibid.*, p. 370. Les éditeurs des *Oeuvres* ont raison de dire que « Roberval n'a rien publié sur l'aire des triangles sphériques » (t. I, p. 370, note 3), mais il a bien traité cette question : voir Mylon à Fr. Van Schooten, nov. 1656, et Roberval à Mylon : *Oeuvres*, t. I, p. 517-519.

12. *Ibid.*, p. 374-375. Le mot « beste » semble venir naturellement sous la plume de Roberval. Dans un manuscrit conservé aux Archives de l'Académie des Sciences, intitulé « Leçons Mathematiques et Propositions sur le Cone » (Carton 7, 8), se trouve la remarque suivante, écrite de la main de Roberval à travers un passage barré : « Ce commentataire [sic] est une beste, Roberval ne fait point de tels paralogismes, de prendre pour acquis [?] ce qu'il faut demontrer ». Nous ne savons pas qui était le commentateur en question.

13. Voir par exemple Christiaan à Lodewijk Huygens, 6 mai 1672 : *Oeuvres*, t. VII, p. 171.

14. *Oeuvres*, t. I, p. 395.

15. *Ibid.*, p. 370.

16. Le tableau généalogique de la famille Personne est toujours à établir dans le détail. Je m'en tiens pour le moment à noter que les parents de Gilles s'appelaient Pierre Personne et Jeanne Ledru, morte avant le 23 avril 1640. C'est l'heureuse découverte du testament de Roberval (Minutier Central, C 325), faite par M. Jean Mesnard dans l'étude du notaire Guillaume Levesque, qui m'a permis de repérer un nombre considérable de documents concernant les affaires personnelles et familiales du savant. La vie privée de Roberval, jusqu'ici en grande partie inconnue, est donc encore à écrire. Nos remerciements sont dus à M. Mesnard pour nous avoir ouvert le chemin.

17. *Oeuvres*, t. XXII, p. 540, 543. Il convient donc d'apporter une petite correction au passage où Boudhors dit que Huygens ne revit pas Marie lors de sa deuxième visite à Paris : *Op. cit.* in note 9, t. XXXVI, p. 17.

18. Quand Roberval apprit par Chapelain les idées principales du « système de Saturne » de Huygens, que ce dernier avait communiquées à Chapelain le 28 mars 1658 (*Oeuvres*, t. II, p. 156-161), « il tesmoignast de croire », écrivit Chapelain à Huygens le 12 avril 1658, « que vous eussiés ou emprunté ou imité vostre hypothèse de Saturne sur la sienne laquelle il vous avoit communiquee au voyage que vous fistes en France il y a deux ou trois ans » : *ibid.*, p. 166. Huygens répondit : « Je m'estonne bien de l'opinion que Monsieur de Roberval avoit concüe comme si j'avois emprunté de luy le dit Systeme. Parce que je l'ay mis desia dans l'anagramme imprimé au mois d'Avril 1656 [l'*observatio nova*], et que sa lettre par laquelle il m'a fait la premiere ouverture de son hypothese est datée du 4 Aoust en la mesme année. Au reste quoyque nostre commerce de lettres a este longtemps interrompu je pretens d'estre dans ses bonnes graces autant que jamais et advoueray tousjours que je luy suis obligé par plus d'une raison » (Huygens à Chapelain, 18 avril 1658 : *ibid.*, p. 169). Mais quand Chapelain présenta plus tard le « système » (c'est à dire l'abrégé communiqué par Huygens le 28 mars 1658) devant l'assemblée Montmor, Roberval, qui y assistait, « rendit un glorieux tesmoignage à l'excellence de vostre Genie. Et sur ce que je luy dis que vous estiés un peu estonné du soupçon qu'il avoit eu que vous eussiés profité de la communication de son Systeme, veu qu'il ne pouvoit ignorer que vous neussiés publié cinq mois auparavant dans vostre Imprimé de la Lune le gryphe de vostre Systeme Saturnien, il me respondit qu'il voyait bien par vostre exposition que vous n'aviés rien emprunté de luy ; mais qu'encore qu'il estimast beaucoup vostre pensée comme fort ingenieuse et fort juste il croyoit pourtant la sienne expliquée dans ma precedente [12 avril 1658] plus approchante de la verité, pour ce qu'il n'y avoit rien que de naturel au lieu que la vostre estoit une machine toute d'art et dont il n'y avoit aucune image dans la Constitution du monde » (Chapelain à Huygens, 10 mai 1658 : *ibid.*, p. 175). Dans l'ouvrage même, *Systema Saturnium*, qui parut l'année suivante, Huygens consacra quelques pages à la réfutation de l'hypothèse de Roberval : *Oeuvres*, t. XV, p. 288-290. Voir aussi l'opinion de Boulliau à ce propos : Boulliau à Huygens, 10 oct. 1659 : *Oeuvres*, t. II, p. 492.

19. Chapelain à Huygens, 10 mai 1658, avec Appendice : *ibid.*, p. 175-177. Chapelain à Huygens, 30 oct. 1658 : *ibid.*, p. 266-267. Note de [Chapelain] pour [Huygens], [sept. 1659] : *ibid.*, p. 481-482.

20. *Ibid.*, p. 287. *Oeuvres*, t. XXII, p. 541.

21. *Procès-verbaux*, t. II (Registre de Mathématique : 1667-avril 1668), p. 20-28. *Oeuvres*, t. VI, p. 58-66.

22. *Procès-verbaux*, t. II, p. 157, *Oeuvres*, t. XXI, p. 33. Le contexte de leur méthode était une discussion des méthodes proposées le 16 février par Auzout, Buot, et Huygens, pour « restituer les lieux des etoilles fixes » : *Procès-verbaux*, t. II, p. 156-157.

23. *Procès-verbaux*, t. III (Registre de Mathématique : avril 1668-mars 1669), f. 38*r* – 52 *v* (30 mai – 6 juin 1668). *Oeuvres*, t. XXII, p. 218-226. Pour des raisons qui se comprennent sans difficultés, du Quesne, Lieutenant Général dans la marine royale, assistait aussi aux séances des savants. Il convient de noter que si ces derniers avaient conclu que l'invention était une réussite, Reusner de Neystett aurait reçu du roi la somme de 60 000 livres et, pour chaque vaisseau portant son invention, 4 sols par tonneau.

24. – Mémoire de Roberval, 7 août 1669 : *Procès-verbaux*, t. V (Registre de Mathématique : 3 avril 1668 – 18 déc. 1669), f. 129*r* – 132*r*. Autographe conforme : B.N., F. latin, nouv. acq. 2341, f. 23*r* – 24*v*.
– Mémoire de Huygens, 28 août 1669 : *ibid.*, f. 164*r* – 179*v*.
– Examen par Roberval et Mariotte, et lu par Roberval, du mémoire de Huygens, 4 septembre 1669 : *ibid.*, f. 180*r* – 183*v*. Autre version manuscrite, non conforme au texte des *Procès-verbaux* : Archives de l'Académie des Sciences, Carton 8, 18, 2f., copie.
– Réponses de Huygens, 23 octobre 1669 : *ibid.*, f. 191*r* – 194*r*.
Ajoutons que Frénicle, Buot, Mariotte et Duhamel lurent également des mémoires à ce sujet, mais qu'il n'y a aucune trace, ni de mention chez Duhamel du rapport sur le débat Huygens-Roberval que l'Académie demanda à Picard de préparer le 23 octobre 1669 : *ibid.*, f. 194*r*. Pour l'ensemble de ces textes, voir *Oeuvres*, t. XIX, p. 628-645, J.-B. Duhamel, *Regiae scientiarum Academiae Historia* ... (Paris, 1698), p. 80-88, et L. Auger, *Op. cit.*, p. 179-198. Pour des analyses de ces débats, voir E. J. Aiton, *The Vortex Theory of Planetary Motions* (Londres et New York, 1972), p. 75-89 ; R.S. Westfall, *Force in Newton's Physics : the science of dynamics in the seventeenth century* (Londres et New York, 1971), p. 186-193.

25. *Historia*, p. 97.

26. *Oeuvres*, t. XVIII, p. 419, note 1 ; t. XXII, p. 656.

27. *Oeuvres*, t. IX, p. 454, 462. Je laisse de côté son emprunt du terme « centre de percussion » pour exprimer son intérêt au problème dans ses lettres à Mersenne du 28 octobre et du 23 décembre 1646 : *Oeuvres*, t. I, p. 28, et t. II, p. 557.

28. B. N., F. latin, nouv. acq. 2341, f. 41*r* – 45*v* ; ébauche autographe, non datée. Ce texte est publié en appendice dans la *Correspondance du P. Marin Mersenne*, éd. A. Beaulieu, t. XIV (Paris, 1980).

29. *Oeuvres*, t. XVIII, p. 439-456.

30. *Ibid.*, p. 455, note 3.

31. Dossier Huygens, 12 folios, écrits *recto* et *verso;* copie. Il faut souligner que cette version première de la *Pars Quarta* diffère considérablement du texte imprimé de 1673. Il y a une multitude de variantes et de changements de détail, et plusieurs changements de passages entiers ; quelques passages qui se trouvent dans un texte ne se trouvent pas dans l'autre, et il n'y a que 19 propositions dans la copie (les Propositions XII, XIV, XV, XX, XXIV-XXVI de l'imprimé y manquent). Enfin, la copie ne contient pas l'introduction (*Oeuvres*, t. XVIII, p. 243-245), et s'arrête au mot « exhibemus » de la 3e ligne, p. 347, t. XVIII. Il est évidemment impossible de présenter ici ce nouveau texte, et de toute façon il n'est question de l'intervention de Roberval que jusqu'à la Proposition V. Une étude sérieuse des différences qu'il présente avec le texte de 1673 sera cependant essentielle pour une compréhension adéquate du développement de la pensée de l'auteur de la *Pars Quarta* de l'*Horologium oscillatorium.*

32. *Procès-verbaux*, t. VII (Registre de Mathematique, 5 janv. 1675 – 2 sept. 1679), f. 65*r* – 67*v*. Il convient de se rappeler que le « Du centre de percussion » noté dans cet inventaire (Second Paquet, Q) est le texte cité dans la note 28.

33. Archives de l'Académie des Sciences, Carton 5, 7.

34. Sur la couverture de cet inventaire, on lit : « Proces Verbal des MSS de la cidevant Academie des Sciences [fait *barré*] Commencé par les Commissaires de la Commission Temporaire des Arts le 18 Floreal l'an 2 de la Republique, interrompu par la mort [20 juin 1794] du Citoyen Vic-d'Azyr, et repris le 13 Brumaire l'an IV jusqu'au 15 Nivose inclusivement. La Continuation de cet inventaire a été laissée à l'institut National qui a été mis en possession de la Bibliotheque et des Manuscrits de l'Academie. » Il faut préciser que, bien qu'il ne soit pas attribué à Fermat, le manuscrit se trouvait dans « Un carton ayant pour titre : *Quelques ouvrages de MM de Fermat, Frénicle, Lahire et autres* » (p. 16) ; il n'y a pas de mention de Huygens à cet endroit. L'inventaire de l'époque Révolutionnaire fut retrouvé dans les Archives de l'Académie en 1975 par M. Pierre Berthon, Archiviste de l'Académie des Sciences, à qui je tiens à exprimer ma reconnaissance pour son aide précieuse lors de mes recherches sur les deux inventaires, ainsi que sur l'autographe de Roberval publié en appendice.

35. Carton 9, 11 ; deux feuilles volantes, 210 x 195 mm et 230 x 340 mm, ébauches autographes. Ces fragments sont reproduits grâce à la généreuse autorisation de M. P. Berthon.

36. *Oeuvres*, t. XVIII, p. 245, 247.

37. La question de la datation est délicate. Il semble que la copie de l'Académie ait été faite avant la mi-janvier 1670, car elle s'arrête juste avant la fin de la Proposition XXIII (voir la note 31), c'est à dire juste avant des calculs relatifs au réglage des pendules composés que l'on retrouve dans un fragment daté du 20 janvier 1670 (*Oeuvres*, t. XVIII, p. 429-432). D'autre part, il n'y a pas d'objection à la possibilité qu'elle fut faite plus tard – le texte de Huygens étant lui-même prêt à la mi-janvier – c'est-à-dire pendant la grave maladie qui l'atteignit fin janvier 1670. Quoi qu'il en soit, Huygens l'aurait confiée, soit directement soit indirectement (voir *Oeuvres*, t. VII, p. 10-11), à Roberval, qui l'aurait rendue, avec une partie ou l'ensemble de ses objections, quelque temps avant le départ de Huygens pour La Haye, le 9 septembre 1670, ou peut-être même à son retour à Paris, le 12 juin 1671 : d'après les éditeurs des *Oeuvres*, la « Responsa » fut écrite dans le « Manuscrit D » entre le 27 mai et le 18 juillet 1671. Mais pourquoi la « Responsa » resta-t-elle inachevée (t. XVIII, p. 456) ? Il semble que la controverse entre les deux savants au sujet de la *Pars Quarta* se répartit en deux étapes : la première portant sur les hypothèses, marquée par la rédaction de Huygens qu'est la « Responsa » (dont il n'existe pas d'autographe de Roberval), et la deuxième portant sur les Propositions I-V, marquée par les fragments autographes de Roberval et par le refus de Huygens de continuer la controverse (*loc. cit.)*, se gardant cependant de négliger la deuxième volée d'objections dans le texte définitif de 1673.

38. *Oeuvres*, t. XVIII, p. 247 (dans ma traduction).

39. *Ibid.*, p. 451-452.

40. *Ibid.*, p. 249-251.

41. *Ibid.*, p. 452, note 4.

42. « Hinc sequitur, pendulum [quiescere *biffé*] [*quelques mots ajoutés en marge, ensuite biffés*] non posse qui [escere] [*papier déchiré*] nisi [non posse quiescere nisi *ajouté en marge*] ubi linea centri et linea perpendiculi in unam convenerint ».

43. *Ibid.*, p. 452.

44. *Ibid.*, p. 251-253.

45. *Ibid.*, p. 253, l. 24-27.

46. Copie de l'Académie, f. 2*v*, l. 2-3 à partir du bas du folio.

47. *Oeuvres*, t. XVIII, p. 261, l. 16. Notons que toute une page (230 x 240 mm) de la « Continuatio » ne comporte pas d'objection de la part de Roberval, mais consiste en fait en une transcription (mais dans quel but ?) des calculs de la Proposition V.

## APPENDICE

[Continuatio Objectionum Robervallii contra demonstrationes Hugenii de Motu Pendulorum]

[210 x 195]

– In prima prop. si planum D E F horiz. fuerit, paralogismus erit petitionis principii ; agent enim pondera A, B, C, secundùm rectas A D K, [B] E L, C F [M][1], sicuti et pondera K, L, M ; unde nullum sequitur aequilibrium ; quippe libra deficit.

– In secunda, idem quod in prima.

– In tertia, planum MNO est necessariò horiz. itaque absolutè paralogismus est innititur enim ei casui secundae, in quo paralogismus habetur.

– In quarta alius est paralogismus, praeter praedictum qui per opus integrum regnat : et alius ille est complicatus. Primùm enim, unum quodque ex ponderibus, dum descendit axi alligatu[2], saltem potentiâ, propter comme vinculum, amittit sensim, pauculo tempore, vim descendendi acquisitam, ita ut in imâ, vel supremâ parte sui motûs (si eousque pertingat) solam gravitatem sibi à natura insitam retineat, cuius vi, deinde non ascendet, si illud ascendere contingat : ascendet enim deinceps solâ vi motu horizontali acquisitâ ; sed quousque ? quandoquidem suspensio [*sic*] ab axe, gradus omnis motûs sensim suffuratur. Secundò, in pendulo multipliciter | composito, quale hic habetur, quaedam pondera[3] totum componentia, et aliquando innumera, ne quidem ad inum, aut ad suprenim oscillationis punctum ad totum pendulum pertinens, accedunt ; sed rumpitur ascensus, aut descensus illorum, ab ascensu, vel descensu totius compositi ; [4] atque semper interim, suspensio ab axe gradus motûs sensim suffuratur. Talis ergo suffuratio conclusionem propos. impedit, et postulatum dubium reddit, ac prorsùs invalidum : fit enim indi peridem ac si pondus aliquod, motu horizontali recto priùs motum, inter movendum plano ad horizontem inclinato occurreret, in quod, velocitate acquisitâ, aliquousque obliquè ascenderet, plano illo inclinato gradus velocitatis ponderis moti, sensim suffurante : quod sanè exemplum[5] infinitas patitur diversitates. Adde quòd cum hîc[6] oa pondera ab unico puncto pendeant, deficit argumentum praecedentium, ubi singula à singulis punctis pendebant[7].≠

≠ ibi omnes distantiae ab axibus erant parall. ae hìc nullae ; nec hìc ad idem planum horizontale referri possunt : unde conclusio non sequitur.

In 5. prop. praeter praedictas difficultates, aliae occurrunt, quarum duae sunt praecipuae. prima, concesso, ex adversario, quòd velocitas puncti L in P major[8] aut minor sit quàm puncti G in O, non sequitur ipsum L, altiùs [aut inferius] ascendere quàm G ; neque enim paria sunt pendula, cùm alterum simplex sit, alterum compositum ; nec ideò, forsan, iisdem legibus teneantur. Secunda, cum puncto L, gravitatem adventitiam gratis tribuit, tum penduli propositi[9] leges perturbat ; atque ideò et conclusionem, negabit enim adversarius absurdum ; tum quia ex simplici transitur ad compositum ; tum quia ex compo.° ad magis compositum. |

[230 x 340]

aliqua pondera post quàm reciderunt, distantias[10] virgas suas in partem contrariam impellunt, nec motus suos secundum incoeptos arcus continuat per se apta sunt[11], nisi ad contrarias partes ; sic toti pendulo[12] deinceps obsistunt, quod tamen priùs juvabant.

---

Non eâdem celeritate ascendunt, et descendunt pondera, etiam in vacuo. quod in aere manifestum fit[13], qui tamen ascendendo, et descendendo, idem est. hoc contra Galilaeum, qui multa temerè affirmat, et frustra probare tentat.

---

In vacuo, cur reciderent pondera ? cur non, ex eorum sententia, semper ultra progrederetur? |

| | |
|---|---|
| pondera | a, b, c, |

| | |
|---|---|
| producta ponderum | $ae^2$ |
| in $\overline{\text{quta}}$ | $bf^2$ |
| distantiarum | $cg^2$ |
| eorundem | |

summa productorum, quae solidum est $ae^2 + bf^2 + cg^2$

applicetur solidum ad planum :

fit illâ applic.e longi° – / – – quae vocetur x. $\quad \dfrac{ae^2 + bf^2 + cg^2}{ad + bd + cd}$

| | LD | | ED | | SP | | |
|---|---|---|---|---|---|---|---|
| ut | x | ad | d | ita | y | ad | $\frac{dy}{x}$[15] |

| | | | AD | | | | |
|---|---|---|---|---|---|---|---|
| Ut | x | ad | e | ita | y | ad | $\frac{ey}{x}$[16] |
| Ut | x | ad | f | ita | y | ad | $\frac{fy}{x}$ |
| Ut | x | ad | g | ita | y | ad | $\frac{gy}{x}$ |

| | |
|---|---|
| recta ED | d |
| recta AD | e |
| recta BD | f |
| recta CD | g |

| | |
|---|---|
| producta ponderum | ad |
| in distantiam ED, | bd |
| sive d | cd |

summa productorum, quae planum est | $ad + bd + cd$

longitudo x esto FG, et esto G pendulum simplex ex distan.â FG, sive x ortâ[14] ex applicatione

| | |
|---|---|
| Recta DEL | x |
| aequalis ipsi FG | |
| recta SP | y |
| recta RQ | $\frac{dy}{x}$ |

| | |
|---|---|
| recta T3 [=] | $\frac{ey}{x}$ |
| recta V4 [=] | $\frac{fy}{x}$ |
| re[c]ta X5 = | $\frac{gy}{x}$ |

summa trium altitudinum

$$\frac{ey + fy + gy}{x}$$

summa earumdem in sua pondera

$$\frac{aey + bfy + cgy}{x}$$

## NOTES

1. DEL, CFF *dans le ms.*

2. axi *interligné remplace deux mots biffés, et* alligatus [?] *changé en* alligatũ.

3. pondera : *leçon difficile.*

4. Videndus Galileus *écrit verticalement en marge du passage qui suit.*

5. exemplu ? *changé en* exemplum.

6. hîc *interligné.*

7. *La phrase* Adde quòd . . . punctis pendebant *a été ajoutée après coup, et* ibi omnes . . . non sequitur *est écrit verticalement en marge, avec renvoi.*

8. in P *(lecture difficile) interligné remplace* major [?] *biffé.*

9. *Au dessus de* penduli propositi : *deux mots interlignés et biffés.*

10. distantias *interligné.*

11. per se apta sunt, *interligné.*

12. sic toti *interligné remplace* p sus [?] *biffés.* pendulum *changé en* pendulo.

13. fit *interligné remplace* est *biffé.*

14. sive x ortâ : x *remplace* y *biffé.*

15. ut x ad d ita y ad $\frac{dy}{x}$ : $y^2$ *changé en* y *et* $\frac{dy^2}{x}$ *changé en* $\frac{dy}{x}$.

16. $\frac{ey}{x}$ : *lettre indéchiffrable changée en* e.

Huygens et la France
(Paris, Vrin, 1981, p. 85-98)

# HUYGENS ET PICARD

par Guy PICOLET
(C.N.R.S., Centre Alexandre Koyré)

Lorsque Christiaan Huygens arrive à Paris le 3 mai 1666[1], la notoriété dont il jouit est sans commune mesure avec celle de Jean Picard. Le savant hollandais, en effet, quoiqu'âgé seulement de 37 ans, est pourtant déjà célèbre dans toute l'Europe savante, aussi bien par ses travaux mathématiques et mécaniques – spécialement par sa réfutation de la quadrature du cercle de Grégoire de Saint-Vincent, son traité sur les jeux de hasard et son invention de l'horloge à pendule – que par ses travaux astronomiques, en particulier par sa retentissante découverte de l'anneau de Saturne et du satellite Titan. D'ailleurs si Huygens a accepté de venir travailler à Paris, c'est avec l'assurance d'obtenir des compensations matérielles conséquentes et de jouer le premier rôle à l'Académie en formation[2].

Quel contraste avec Picard qui, bien que son aîné de neuf ans, n'a encore rien publié à cette date, et est quasiment inconnu en dehors d'un cercle très étroit de spécialistes[3] ! Il faut croire cependant que parmi ces derniers il en était d'influents qui avaient su reconnaître ses mérites, puisque Picard fut avec Huygens du nombre des membres fondateurs de l'Académie royale des Sciences, et qu'il reçut en outre une gratification annuelle de 1 200, puis de 1 500 livres[4]. De plus, il semble bien que cette importante différence de notoriété et de considération que l'on peut remarquer en 1666 entre Huygens et Picard se soit singulièrement amoindrie avec le temps puisque, dès 1671, on voit Picard être couramment appelé « un des principaux membres » ou même « un des directeurs » de l'Académie des Sciences[5], ce qui montre qu'à cette date au moins il occupait une place éminente au sein de l'Académie.

Il vaut donc la peine d'évoquer les relations personnelles et scientifiques de ces deux savants, d'autant qu'elles se sont poursuivies tout au long des quinze années du séjour de Huygens à Paris, et qu'à ce titre elles peuvent donner une idée du type de rapports qui ont pu exister à l'Académie royale des Sciences entre des savants de haut rang sous le ministère de Colbert.

*
* *

Les relations personnelles de Huygens avec Picard semblent n'avoir débuté qu'avec l'installation du savant hollandais à Paris en mai 1666 et les premières séances officieuses de l'Académie royale des Sciences qui suivirent presque aussitôt. Cependant, contrairement à ce que paraît avoir pensé J.A. Vollgraff[6], ce point n'est pas établi avec certitude, en raison surtout de l'ignorance relative où nous sommes encore de la plupart des activités de Picard avant sa nomination à l'Académie. En particulier, on ne peut pas exclure formellement que Huygens ait pu faire la connaissance de Picard avant mai-juin 1666, soit par l'intermédiaire d'un ami commun, comme par exemple Adrien Auzout ou le fabricant d'instruments d'optique parisien Guillaume Ménard, deux relations de Huygens qui toutes deux ont bien connu Picard avant mai 1666[7], soit encore lors du voyage que Picard a dû effectuer en Hollande à une date indéterminée avant 1666[8]. Mais comme ces contacts, même s'ils ont eu lieu, n'ont pas dû être très étroits ni suivis, puisqu'aucune trace n'en est connue à ce jour, on peut considérer que c'est seulement grâce à la création de l'Académie royale des Sciences et à l'installation de Huygens à Paris, que les deux savants ont vraiment eu la possibilité de se rencontrer régulièrement.

Bien que Huygens et Picard se soient côtoyés durant les quinze ans et quatre mois que dura le séjour du savant hollandais à Paris, il est remarquable que très peu de renseignements nous soient parvenus sur leurs relations en dehors de leurs travaux scientifiques. Il est vrai que cela est dû en partie à la pauvreté de leur correspondance, puisque seules subsistent trois brèves notes de caractère scientifique adressées ou remises par Picard à Huygens en 1668 et 1669, et une lettre envoyée par Picard à Huygens le 9 août 1671 alors que l'astronome français, en route pour le Danemark, était de passage en Hollande[9]. Notons toutefois qu'il est certain que d'autres pièces nous font défaut, dont nous ne connaissons précisément ni le nombre ni l'importance[10], et que, par conséquent, on ne peut rien en déduire de certain concernant leurs relations, d'autant plus que le fait de se rencontrer régulièrement aux séances de l'Académie les a le plus souvent dispensés de correspondre par écrit.

Mais par ailleurs, les indications indirectes que l'on peut glaner çà et là sur les relations personnelles de Huygens avec Picard, notamment dans leurs correspondances respectives, ne sont elles-mêmes guère nombreuses ni significatives. Aucune d'entre elles, en tout cas, ne paraît témoigner d'une profonde amitié entre les deux savants en dehors de leurs relations académiques et scientifiques. Certes on ne peut pas dire que Huygens et Picard se soient côtoyés dans l'indifférence mutuelle tout au long du séjour parisien du savant hollandais, car plusieurs signes montrent au contraire que bien qu'ils ne soient jamais devenus des amis intimes au sens propre du terme, ils étaient pourtant l'un pour l'autre davantage que de simples relations de travail. Ainsi, lorsque Huygens s'opposera aux revendications de priorité de l'horloger Isaac Thuret au sujet de l'invention des montres à ressort spiral au début de l'année 1675, Picard semble avoir usé du crédit dont il jouissait auprès de Huygens pour tenter de le réconcilier avec Thuret[11]. De même, lorsque Huygens apprendra par une lettre de Jean Gallois la mort de Picard survenue le 12 octobre 1682, il laissera transparaître l'émotion que lui a causé cette nouvelle dans le bref éloge « du bon Monsieur Picard » qu'il fera peu après dans sa réponse à Gallois[12]. D'une manière générale, cependant, on peut dire que l'essentiel des rapports de Huygens avec Picard est lié à leur appartenance commune à l'Académie royale des Sciences et que leurs relations se confondent presque avec leur coopération au sein de celle-ci. Aussi est-ce surtout dans cette direction que nous devons porter notre attention.

Examiner une par une, même succintement, chacune des circonstances où Huygens et Picard ont travaillé en commun ou sur les mêmes sujets à l'Académie serait par trop fastidieux et excéderait largement les limites qui nous sont imparties. On se contentera donc ici de donner quelques indications d'ordre général sur leur collaboration, avant d'en venir à l'évocation de quelques-uns des domaines dans lesquels celle-ci paraît s'être plus particulièrement exercée.

La première chose qui est à noter concernant les relations scientifiques de Huygens avec Picard est leur extrême irrégularité suivant les époques. En effet, alors qu'à certaines dates on voit fréquemment les deux savants travailler ensemble, et parfois même à plusieurs recherches à la fois, à d'autres, au contraire, leurs rapports paraissent presqu'inexistants, chacun d'eux travaillant alors de son côté ou bien avec d'autres. Il n'y a certes pas lieu de s'étonner outre mesure de cette situation car il est normal que des savants de haut niveau, même s'ils participent aux activités d'une même académie comme Huygens et Picard, conservent chacun leurs propres centres d'intérêt, et soient par conséquent amenés tantôt à se rapprocher, tantôt à s'éloigner, au gré de l'évolution de leurs préoccupations. Mais il est probable que le caractère épisodique de la collaboration de Huygens avec Picard tient aussi en partie aux lacunes de notre documentation relative à l'Académie royale des Sciences[13], et que, par conséquent, les deux savants ont coopéré en d'autres circonstances que celles que nous connaissons.

Cependant, même si l'on tient compte du fait précédent, on ne peut nier malgré tout que les relations scientifiques de Huygens avec Picard ont été très inégales suivant les époques. Et il est évident qu'il faut en chercher la raison avant tout dans le fait que très souvent l'un des deux savants, tantôt l'un, tantôt l'autre, était absent de Paris, ce qui interdisait bien entendu tout travail en commun approfondi durant la période correspondante. Si l'on ajoute en effet les fréquents mais habituellement brefs séjours de Huygens dans la maison de campagne des Perrault à Viry ou chez d'autres amis, aux deux longues convalescences du savant hollandais aux Pays-Bas, ainsi qu'aux nombreux déplacements de Picard en province mais aussi parfois à l'étranger pour ses travaux astronomiques et géodésiques, on a l'impression que les deux savants se sont livrés à une partie de cache-cache pendant la plus grande partie du séjour parisien de Huygens. En tout cas, il est certain que cette situation n'était pas de nature à favoriser entre eux une collaboration suivie, et c'est sans doute aussi la raison pour laquelle leurs relations scientifiques n'ont pas débouché, apparemment, sur des réalisations communes de grande envergure.

Il est vrai que sur ce dernier point il convient de ne pas trop se fier aux apparences, car nous avons vu que certains travaux menés en commun par les deux savants au sein de l'Académie nous sont aujourd'hui mal connus, peut-être même inconnus, du fait des lacunes de notre documentation. De plus on ne peut négliger le fait que Huygens et Picard ont eu la possibilité de discuter à maintes reprises de sujets scientifiques, et, bien qu'il soit impossible d'évaluer l'importance véritable de ces discussions, il paraît difficile de croire qu'elles n'ont été d'aucune influence sur leurs recherches respectives. D'ailleurs lorsqu'on voit deux savants de haut rang comme Huygens et Picard, membres d'une même académie, travailler sur un certain nombre de sujets voisins à peu près en même temps et émettre toute une série d'idées parfaitement convergentes dans leurs œuvres, on a peine à imaginer qu'il puisse s'agir à chaque fois de simples coïncidences, même si, dans chaque cas, aucun document connu ne donne la preuve irréfutable du lien existant entre leurs activités ou leurs idées. Aussi pour établir un jugement équitable des relations scientifiques de Huygens avec Picard, il ne saurait être question de s'en tenir à ce que la documentation actuellement accessible nous présente explicitement comme résultant de la collaboration effective des deux savants : il est au contraire nécessaire de faire place également aux recherches qu'ils ont menées parallèlement sur les mêmes sujets, car il est plausible de supposer qu'une partie des idées développées par eux en ces occasions résultent sinon d'une collaboration effective, du moins de discussions qu'ils ont eues entre eux, ou encore de leur désir de répondre chacun de leur côté à un programme de recherche précis élaboré en commun au sein de l'Académie.

Les recherches respectives de Huygens et de Picard dans le domaine de la dioptrique offrent précisément un exemple de la difficulté qu'il y a à cerner la nature exacte de l'influence que les deux savants ont pu exercer l'un sur l'autre. On sait que les *Fragmens de Dioptrique* de Picard de même que la *Dioptrica* du savant hollandais sont toutes deux des œuvres posthumes, puisque publiées respectivement en 1693 et 1703[14]. Or, si les dates de rédaction de chacune des parties dont est constitué le grand traité de Huygens nous sont à peu près connues, nous ignorons tout de l'époque à laquelle Picard a rédigé les diverses propositions de ses *Fragmens de Dioptrique*. Comme il est sûr en outre que Picard aussi bien que Huygens ont effectué des recherches approfondies sur la dioptrique avant même les débuts de l'Académie royale des Sciences[15], on voit qu'il est malaisé de déterminer la nature de leurs relations dans ce domaine. Il serait pourtant utile d'en avoir une idée précise, car on peut relever des similitudes troublantes entre certaines parties de leurs ouvrages respectifs, comme le fait, par exemple, qu'on y trouve énoncés dans l'un comme dans l'autre plusieurs théorèmes presqu'identiques qui sont particulièrement novateurs pour l'époque[16], ou bien le fait que certaines des propositions que Huygens a jugé bon d'écarter du texte de sa *Dioptrica* se retrouvent sous une forme à peine différente dans les *Fragmens de Dioptrique* de Picard[17]. L'hypothèse que certaines de ces similitudes sont peut-être dues à des discussions que Huygens et Picard ont eues sur le sujet, ou bien même à des expériences qu'ils ont faites en commun, n'est évidemment pas à exclure. Il paraît donc souhaitable qu'une analyse comparative des deux ouvrages en question soit faite à l'avenir, spécialement pour les passages correspondants signalés, car cette étude permettrait sans doute d'améliorer encore notre connaissance de l'évolution des idées de Huygens sur la dioptrique, en même temps qu'elle contribuerait à débrouiller au moins partiellement l'écheveau particulièrement complexe des influences respectives des académiciens entre eux.

Puisque nous en sommes à parler des travaux de Huygens et de Picard sur la dioptrique, c'est peut-être le lieu de rappeler que l'intérêt manifesté soudainement par le savant hollandais durant l'été 1672 pour la double réfraction du spath d'Islande provient du fait que Picard avait acquis des morceaux de cristal d'Islande à l'occasion de son voyage au Danemark en 1671-1672 et les avait rapportés à Paris[18]. D'ailleurs il est certain que c'est sur les cristaux de Picard que Huygens a fait ses premières observations, ainsi qu'il apparaît notamment par la description minutieuse qu'il a donnée du plus gros d'entre eux dans un manuscrit datant vraisemblablement de 1672[19]. Aussi n'est-il peut-être pas inutile de citer à ce propos un passage d'une lettre inédite de Picard à Cassini, car il donne précisément quelques indications sur le morceau de cristal en question :

« Au reste j'ay fait icy [à Hambourg] achat d'une grosse piece de cristal d'Islande parfetement transparent avec lequel on observe tout ce que Mr Bartholin en a escrit. Elle est de figure romboide, longue de 8 poulces et grosse de 3. Je la conserveray pour l'Academie, car c'est une des plus belles qui ait encore este aportée d'Islande[20]. »

Les travaux respectifs de Huygens et de Picard sur la dioptrique les disposaient évidemment mieux que d'autres à la mise en œuvre de certaines applications, en particulier à l'adaptation d'une lunette au niveau utilisé pour les nivellements. A cette occasion, les deux savants, de même que plusieurs de leurs collègues de l'Académie, ont rivalisé d'ingéniosité pour proposer des modèles de niveaux à lunette toujours plus perfectionnés. Si Picard est en effet le premier qui ait publié une description détaillée d'un instrument de ce type dans sa *Mesure de la Terre* parue en 1671[21], Mariotte, Rœmer, Cassini et La Hire proposèrent eux aussi plusieurs autres modèles de niveaux à lunette de leur invention dans les années qui suivirent, Picard modifiant quant à lui son propre niveau à l'occasion des opérations de nivellement des eaux destinées au parc du château de Versailles dont il fut sans conteste le principal protagoniste sous le ministère de Colbert[22]. Dans ce contexte de forte émulation réciproque, où il n'est pas toujours aisé de déterminer clairement la part d'innovation véritable qui revient à chacun, il n'est pas surprenant que Huygens se soit lui aussi intéressé aux problèmes posés par les nivellements. Et bien que le savant hollandais ne semble pas avoir participé effectivement à des travaux sur le terrain, ou alors tout à fait occasionnellement, il eut l'occasion d'apporter sa contribution à l'art du nivellement en présentant à l'Académie le 18 novembre 1679 un nouveau modèle de niveau à lunette de son invention[23]. Sans vouloir entrer ici dans les détails, disons seulement que la principale particularité du niveau de Huygens est qu'il pouvait être « rectifié d'une seule station », et c'est peut-être ce qui explique la vogue dont il paraît avoir joui dans les années qui suivirent[24].

Le niveau à lunette avait servi à Picard lors de sa détermination d'un degré de méridien entre Sourdon et Malvoisine en 1669-1670. On sait que cette célèbre mesure a marqué un progrès considérable sur toutes celles faites antérieurement, et que la valeur de 57 060 toises obtenue par Picard à cette occasion peut passer à bon droit pour la première valeur tant soit peu exacte d'un degré du méridien terrestre[25]. Huygens, qui avait été tenu au courant de l'avancement des travaux de Picard sur cette question par l'intéressé lui-même[26], ne se trompa d'ailleurs pas sur la qualité de cette détermination et paraît avoir considéré que le résultat obtenu était une acquisition de valeur durable pour la science. En tout cas il ne manqua pas de souligner dans ses œuvres l'exactitude de la détermination de Picard[27], et, après 1671, à chaque fois qu'il a eu besoin de prendre en considération les dimensions de la Terre, c'est toujours la valeur proposée par Picard qu'il a utilisée[28].

Un des passages les plus intéressants de la *Mesure de la Terre* de Picard est celui où il est question de la longueur du pendule à secondes et de l'idée d'une mesure universelle[29]. La recherche d'une mesure universelle immuable et indépendante du lieu fut activement poursuivie au XVIIe siècle, et dès que fut connue l'invention de l'horloge à pendule, l'idée déjà ancienne d'utiliser la longueur du pendule simple à secondes comme étalon de longueur vit subitement grossir le nombre de ses propagandistes[30]. Huygens et Picard furent du nombre, et ils paraissent même l'avoir soutenue avec un zèle tout particulier[31]. C'est ainsi qu'ils proposèrent tous deux des dénominations plus ou moins complètes pour les multiples et les sous-multiples de la longueur du pendule à secondes de temps moyen[32]. De même, ils exprimèrent nettement qu'il s'agissait là d'un étalon invariable et universel autorisant des comparaisons « certaines » entre les diverses unités de longueur utilisées sur Terre, quand bien même ces dernières changeraient avec le temps. De fait, comparant le pied universel au pied de Paris suivant la toise originale du Châtelet de Paris rétablie en 1668, ils affirmèrent tous deux que sa valeur était comme 881 à 864[33]. Il n'est pas étonnant que Huygens et Picard aient indiqué le même chiffre, attendu qu'ils se sont fondés l'un et l'autre sur les mêmes observations de la longueur du pendule simple, à savoir celles faites à Paris par Picard à l'époque de sa détermination d'un degré de méridien, lesquelles le conduisirent à admettre la valeur de 36 pouces 8 lignes ½ .

Mais pour que l'espoir de posséder par le moyen du pendule simple une mesure véritablement universelle soit couronné de succès, il fallait naturellement vérifier que sa longueur était la même partout sur la Terre. C'est ce qui explique aussi bien la mesure exécutée par Huygens à La Haye peu après son premier retour en Hollande[34], que les nombreuses observations faites à ce propos par Picard au cours de ses voyages astronomiques et géodésiques de 1671 à sa mort[35]. Mais comme les deux savants ont trouvé dans chaque cas la même valeur qu'à Paris, soit 36 pouces 8 lignes ½ , on conçoit qu'ils aient été durablement persuadés que la longueur du pendule à secondes était identique partout sur la Terre, et donc que l'espoir d'une mesure universelle constituée par un pendule battant exactement les secondes sur le moyen mouvement du soleil n'était en aucune manière chimérique.

Il y a pourtant lieu de faire remarquer que la mesure de la longueur du pendule ainsi admise par Picard et Huygens était une valeur moyenne, car, grâce à des observations de Picard, ils savaient qu'en un même lieu la longueur du pendule pouvait varier d'1/10 de ligne en plus ou en moins suivant que la mesure était faite en été ou en hiver[36]. De plus Picard et Huygens n'ignoraient pas que d'autres observateurs avaient obtenu des résultats sensiblement différents des leurs, et ce avant même le voyage de Jean Richer à Cayenne en 1672-1673,

> « d'où il semble, dit Picard, que l'on pourroit conclure que les pendules doivent estre plus courts à mesure que l'on avance vers l'Equateur ; conformément à la conjecture qui avoit esté déja proposée dans l'assemblée, que supposé le mouvement de la Terre, les poids devroient descendre avec moins de force sous l'Equateur que sous les Poles : mais nous ne sommes pas suffisamment informez de la justesse de ces experiences pour en conclure quelque chose[37]. »

Ce texte résume assez bien la position qui fut celle des deux savants jusqu'à la mort de Picard, en même temps qu'il laisse augurer ce que sera l'évolution ultérieure de Huygens lorsqu'il sera en possession d'observations de ce genre dignes de foi. Tous deux percevaient parfaitement les conséquences théoriques qui devraient être tirées d'un éventuel accourcissement de la longueur du pendule à secondes. Mais en même temps ils doutaient de la justesse des observations qui paraissaient conduire à un tel constat. Il faut dire qu'ils avaient de bonnes raisons pour le faire, car à chaque fois qu'une mesure discordante des leurs fut vérifiée par leurs soins ou sur leur demande, celle-ci fut contredite, la longueur du pendule obtenue lors de la vérification étant identique à celle mesurée à Paris[38]. Seule l'annonce par Richer que la longueur du pendule simple était plus courte à Cayenne qu'à Paris d'une ligne ¼ [39] paraît les avoir un peu ébranlés dans leur conviction. Mais comme Richer n'avait pas fourni de protocole d'observation détaillé, qu'en outre Huygens se méfiait de lui depuis sa malheureuse expédition en Acadie en 1670[40] et que, d'une manière générale, les talents d'observateur de Richer étaient discutés aussi bien en dehors qu'au sein de l'Académie royale des Sciences[41], il est compréhensible qu'ils n'aient finalement accordé que peu de crédit à son résultat. Et ceci d'autant plus qu'il n'était alors corroboré par aucun autre puisque les autres observations discordantes avaient toutes été écartées les unes après les autres après vérification, et qu'il rendait au surplus incompréhensible qu'on n'ait pu déceler aucune différence à la longueur du pendule entre le Cap de Sète et Uraniborg[42].

Quoi qu'il en soit, c'est seulement après la mort de Picard qu'à la suite d'observations nouvelles faites lors de divers voyages, notamment ceux de Varin, Deshayes et De Glos envoyés par l'Académie au Cap Vert et aux Antilles, et de Thomas Helder au Cap de Bonne Espérance, que l'idée d'un accourcissement progressif du pendule vers l'équateur s'imposera peu à peu dans l'esprit de Huygens et dans celui de ses contemporains, et que s'évanouira l'espoir qu'il avait si longtemps caressé avec Picard d'une mesure universelle fondée sur le pendule simple à secondes[43].

Ce n'est pas le lieu de discuter en détail les raisons pour lesquelles Huygens et Picard n'ont pas réussi à déceler de différence dans la longueur du pendule entre les divers lieux où ils l'ont observée[44]. Disons simplement que s'ils n'ont pas été victimes d'une idée préconçue, il est possible qu'en dépit des précautions qu'ils paraissent avoir prises[45], ils ne se soient pas suffisamment méfiés de l'effet des variations de température. Ils savaient pourtant que le temps pouvait avoir une influence sur les mesures de longueur. En ce qui concerne la longueur du pendule, nous avons vu par exemple que Picard avait montré que celle-ci variait en un même lieu suivant l'époque de l'année[46]. Et d'une manière générale, Huygens et Picard n'ignoraient pas que le froid ou la chaleur pouvaient modifier la longueur des objets d'une manière perceptible puisque mesurable : ils ont d'ailleurs tous deux fait un certain nombre d'observations et d'expériences dans ce domaine avec leurs collègues de l'Académie, notamment durant les hivers 1666-1667 et 1669-1670[47] ; cependant, faute d'avoir eu à leur disposition des thermomètres satisfaisants, ils ne paraissent pas avoir mesuré les températures considérées. Concernant plus particulièrement les horloges, Huygens et Picard comme plusieurs de leurs contemporains ont également constaté l'influence du temps sur leur régularité. Picard a notamment fait remarquer à l'Académie en octobre 1669 que

> « quand le Temps demeure dans une même température, alors il est facile de tenir deux Horloges à Pendule d'accord entr'elles, mais qu'elles varient diversement lorsqu'il y a changement de temps[48]. »

Ce texte montre que Picard observait régulièrement la marche des horloges à pendule qu'il utilisait, ce qui après tout est naturel pour un astronome. Mais, au témoignage de Huygens lui-même, il semble avoir apporté à ce travail une attention toute particulière[49], et c'est peut-être ce qui lui a permis d'utiliser au mieux de leurs possibilités les horloges dont il se servait pour ses observations[50].

Comparée aux horloges utilisées antérieurement, l'horloge à pendule apportait un surcroît de précision très utile pour mesurer des phénomènes très brefs, comme par exemple la vitesse du son. Huygens et Picard, chacun de leur côté, ont effectué des déterminations de la vitesse du son. C'est le 8 octobre 1669, à l'occasion d'un séjour dans la maison de campagne des Perrault à Viry, que Huygens estima celle-ci à 179,5 toises, valeur qu'il arrondit à 180 toises[51]. Quant à Picard, le 23 juin 1677, aidé de Cassini et de Rœmer, il trouva 182,85 toises, valeur légèrement moins bonne que celle de Huygens[52]. En effet la valeur réelle dans l'air sec à 0°C sous la pression atmosphérique se situe aux alentours de 169,8 toises ou 331 m en une seconde. A titre de comparaison, rappelons que trente ou quarante ans plus tôt, le Père Mersenne estimait encore la vitesse du son direct – qu'il croyait différente de celle de l'écho – à 230 toises[53], ce qui montre à quel point ont été grands les progrès accomplis en quelques décennies dans les mesures physiques au XVII^e siècle.

Mais c'est sans conteste dans le domaine de l'astronomie que la collaboration entre Huygens et Picard paraît s'être exercée principalement. De son propre aveu, Huygens n'a jamais été un observateur très assidu. Certes il lui arrivait fréquemment de faire des observations astronomiques, mais en dehors des périodes où il avait l'espoir de découvrir quelque chose de nouveau ou bien de confirmer l'une de ses hypothèses, il ne s'est jamais astreint à observer de manière régulière ni systématique[54]. C'est pourquoi Huygens a fréquemment eu recours à l'aide de ses collègues de l'Académie plus assidus que lui à observer les phénomènes célestes. Souvent l'astronome en question a été Cassini. Mais souvent aussi cela a été Picard, en particulier avant l'installation de Cassini à Paris en avril 1669.

Il est impossible de mentionner ici, même succintement, toutes les occasions où Picard a effectué des observations en liaison avec les recherches de Huygens, ni même celles où Huygens et Picard ont observé ensemble les mêmes phénomènes. Au reste, cette énumération ne pourrait avoir d'intérêt que dans le cadre d'une étude détaillée de l'œuvre astronomique de Huygens et Picard. Nous nous bornerons donc à rapporter à titre d'échantillon quelques observations concernant Saturne faites à Paris par Picard et Huygens, et à évoquer brièvement pour finir le rôle joué par Picard dans la réalisation pratique du programme astronomique de Huygens.

On sait qu'un des principaux titres de gloire de Huygens est d'avoir réussi à résoudre l'énigme que représentait pour tous les astronomes de l'époque les « bras » (ou les « anses ») de Saturne par son hypothèse de l'anneau qui est exposée tout au long du *Systema Saturnium* publié en 1659[55]. Par la suite, Huygens ne cessa de s'intéresser à Saturne afin de vérifier et de perfectionner sa théorie de l'anneau. Huygens cherchait en particulier à déterminer le plus exactement possible les dimensions de l'anneau ainsi que l'inclinaison de son plan par rapport à celui de l'équateur terrestre et de l'écliptique, car des observations faites en 1661 l'avaient conduit à modifier les valeurs indiquées à ce propos dans le *Systema Saturnium,* sans que ces corrections soient de nature à le satisfaire. C'est donc avant tout dans le but de parvenir à de meilleurs résultats sur ces deux points que Huygens et les astronomes de l'Académie, et tout particulièrement Picard, firent plusieurs observations fort importantes de Saturne durant les premières années du séjour du savant hollandais à Paris[56]. Le 17 août 1668, en particulier, Huygens et Picard observèrent Saturne à la Bibliothèque du Roi, et de cette observation résulta un bref article publié dans le *Journal des sçavans*[57], lequel renferme notamment un meilleur résultat concernant l'inclinaison de l'anneau sur l'écliptique. Ce résultat conduisit en outre Huygens à modifier une nouvelle fois son évaluation des dimensions de l'anneau par rapport à la planète, mais cette fois dans un sens plus conforme à la réalité. A propos de cette observation, il y a lieu de faire remarque que Huygens et Picard paraissent avoir effectué séparément au moins une partie des mêmes calculs, et que le savant hollandais a davantage fait confiance à ceux de Picard qu'aux siens propres, puisqu'à l'occasion d'une très légère divergence entre eux, c'est la valeur donnée par l'astronome français qu'il a utilisée par la suite, et non celle que lui-même avait trouvée[58].

Concernant enfin le programme d'observations et de recherches pour l'astronomie et la mécanique qu'on trouve dans les papiers de Huygens et qui paraît avoir été présenté à l'Académie royale des Sciences en 1666 ou 1667[59], il est remarquable que la plupart des points sur lesquels Huygens désirait voir orienter les recherches sont précisément ceux sur lesquels Picard appelait lui aussi l'attention et auxquels il a travaillé le plus[60] : meilleure détermination de la ligne méridienne et de la hauteur du pôle de Paris, observation des étoiles fixes pour la correction des tables, mesure des diamètres du soleil et de la lune à des hauteurs correspondantes, établissement de tables de réfraction atmosphérique, observation du diamètre des planètes, observation des taches des planètes, observation des éclipses des satellites de Jupiter, en particulier pour trouver les véritables différences de longitude et réformer les cartes, mesure de la grandeur de la Terre, etc. Gardons-nous cependant de conclure que Picard n'a fait au fond que mettre en pratique la partie astronomique et géodésique du programme de Huygens, car on a de bonnes raisons de croire que ce dernier n'est pas sorti tout armé de l'esprit du savant hollandais, et qu'il résulte au contraire au moins pour une part de discussions entre collègues de l'Académie[61].

*

* *

Ce rapide survol des relations personnelles et scientifiques de Huygens avec Picard ne peut évidemment pas prétendre déboucher sur des conclusions définitives. Néanmoins, outre qu'il permet de constater que leurs relations personnelles ne paraissent pas avoir été très développées, il suggère que sur le plan scientifique il n'y a pas eu entre eux un quelconque rapport de supérieur à subordonné, ni une étroite collaboration au sens propre du terme, mais plutôt libres discussions d'égal à égal, et répartition des tâches en fonction des goûts et des compétences de chacun. C'est ainsi que Picard, qui avait une attirance toute particulière pour l'observation astronomique et géodésique et les problèmes que posent l'une et l'autre, s'est trouvé comme naturellement porté à se charger des activités de cette nature que l'Académie mettait à son programme, tandis que Huygens, de son côté, quoique lui aussi très intéressé par les problèmes techniques, paraît à l'époque de son séjour parisien avoir davantage dirigé son attention vers l'aspect théorique des problèmes. Il ne s'agit là, bien évidemment, que de tendances générales, car tous deux n'ont pas manqué d'accomplir à l'occasion certains travaux aussi bien théoriques que pratiques dans un véritable esprit de collaboration ou d'émulation, suivant le cas. Mais, sous réserve d'une étude plus fouillée, ce qui domine malgré tout c'est le caractère à la fois indépendant et complémentaire de leurs recherches. Il conviendrait évidemment de se demander si les relations que le savant hollandais paraît avoir eues avec Picard sont représentatives de celles qu'il a entretenues avec ses collègues de l'Académie royale des Sciences, ou si, au contraire, elles sont d'un type tout particulier. Mais nous laisserons à d'autres le soin de le déterminer.

## NOTES

Nous utilisons les abréviations suivantes :

| | |
|---|---|
| *Divers ouvrages ...* | *Divers Ouvrages de Mathematique et de Physique. Par Messieurs de l'Academie Royale des Sciences,* Paris, 1693. |
| *Mémoires ...* | *Mémoires de l'Académie royale des Sciences, depuis 1666 jusqu'à 1699,* t. VI-VII, Paris, 1729-1730 (pour *Fontenelle,* comme pour *Mémoires...,* nos références sont à l'édition en gros caractères). |
| *Recueil ...* | *Recueil d'Observations faites en plusieurs Voyages par Ordre de Sa Majesté, pour perfectionner l'Astronomie et la Geographie. Avec divers Traitez Astronomiques. Par Messieurs de l'Academie Royale des Sciences,* Paris, 1693. |

1. Voir la lettre d'Adrien Auzout à Henry Oldenburg du 5 mai 1666 (*Corr. Oldenburg,* n°513, vol. III, p. 100-105).

2. Voir les communications de J. Roger et R. Taton dans ce volume p. 43-44 et p. 58.

3. Sur la biographie de Picard, voir la notice de J. et R. Taton dans D.S.B., vol. X, 1974, p. 595-597, et J.W. Olmsted, « Recherches sur la biographie d'un astronome et géodésien méconnu : Jean Picard (1620-1682) », *Rev. Hist. Sci.,* t. XXIX, 1976, p. 213-222.

4. J. Guiffrey, *Comptes des bâtiments du roi sous le règne de Louis XIV,* t. I-II, Paris, 1881-1887, *passim.*

5. Voir notamment la lettre de Colbert à Hugues de Terlon du 17 juillet 1671 (P. Clément, *Lettres, instructions et mémoires de Colbert...,* t. V, Paris, 1868, p. 314), le passeport de Picard pour son voyage à Uraniborg (A. Jal, *Dictionnaire critique de biographie et d'histoire,* Paris, 1867, p. 966), la lettre de Colbert à Pierre Bidal du 12 août 1671 (Archives de la Marine déposées aux Archives nationales, $B^7$, 54, f$^{os}$ 61 v° – 62 r°, minute), la lettre de Jean-Dominique Cassini à Johann Hevelius du 20 août 1671 (B.Obs., Mss., C 1, t. X, n° [1459], autogr.; B.N., Ms f. lat. 10348, t. X, p. 185-186, copie), et la lettre de Martin Fogel à Oldenburg du 21 août 1671 (*Corr. Oldenburg,* n° 1771, vol. VIII, p. 198-201).

6. *Oeuvres,* t. XXII, p. 631.

7. Huygens a fait la connaissance d'Auzout et de Ménard lors de son second voyage à Paris en 1660-1661 (*Oeuvres,* t. XXII, p. 535). Le fait que Picard a aussi été en relations avec eux avant mai 1666 est prouvé par la lettre d'Auzout à Oldenburg du 14 avril 1666 (*Corr. Oldenburg,* n° 505, vol. III, p. 81-85).

8. Voir la lettre de Francis Vernon à Oldenburg du 29 janvier 1670 (*Corr. Oldenburg,* n° 1370, vol. VI, p. 432-436). Le voyage de Picard en Hollande doit être antérieur à 1666, car il est improbable qu'il ait pu l'accomplir entre 1666 et 1670, ses déplacements nous étant à peu près connus durant cette période.

9. Ces pièces sont publiées dans *Oeuvres,* respectivement t. VI, p. 442, 498 et 587, et t. VII, p. 94-95.

10. Il est sûr, en tout cas, qu'il nous manque au moins une lettre de Huygens écrite entre septembre 1670 et début mars 1671 (voir la lettre de Vernon à Oldenburg du 18 mars 1671 : *Corr. Oldenburg,* n° 1648, vol. VII, p. 496-500). De plus, il est plausible de supposer que Picard a répondu peu après à cette lettre et que Huygens en a fait de même à la lettre de Picard du 9 août 1671.

11. Voir *Oeuvres,* t. VII, p. 408-416, en particulier p. 414. Sur l'invention proprement dite, voir J.H. Leopold, « L'invention des montres à ressort spiral par Christiaan Huygens », dans ce volume, p. 153-157.

12. Lettre de Huygens à Gallois du 19 novembre 1682 (*Oeuvres,* t. VIII, p. 401-402).

13. En particulier à la perte maintes fois signalée des registres pour les années 1670-1674.

14. Pour l'ouvrage de Picard, voir *Divers ouvrages* ..., p. 375-412 (= *Mémoires* ..., t. VI, p. 550-627). Quant à la *Dioptrica* de Huygens, elle a été rééditée suivant un plan différent, avec des compléments omis dans les éditions antérieures, ainsi qu'une traduction française, dans *Oeuvres,* t. XIII, 2 fasc. (nos renvois sont à cette dernière édition).

15. Les parties les plus anciennes de la *Dioptrica* remontent à l'année 1652, tandis que, dès le début de 1666, Picard était considéré par Auzout, un connaisseur s'il en fut, comme « fort Intelligent en ces matieres » (voir la lettre d'Auzout mentionnée à la note 7).

16. Comparer *Dioptrica* I, 1, prop. 20 ; I, 1, prop. 14-17 ; II, prop. 4, respectivement avec *Fragmens de Dioptrique,* prop. 9-10 ; prop. 19-20 ; prop. 2 (la seconde portant ce n°).

17. Comparer *Dioptrica* I, 1, prop. 25 ; I, 1, app. 6 ; I, 2, app. 3, respectivement avec *Fragmens de Dioptrique,* prop. 25 ; « Des foyers qui se font par reflexion & par refraction tout ensemble » comprenant les prop. 45-49 ; prop. 8.

18. Voir *Oeuvres,* t. XIII, fasc. 2, p. 739, note 16 ; t. XIX, p. 409, note 3 ; t. XXII, p. 676.

19. *Oeuvres,* t. XIX, p. 407-415, en particulier p. 409-410. La lettre adressée par Huygens à son frère Lodewijk en date du 4 septembre 1672 (*Oeuvres,* t. VII, p. 218-220) paraît suggérer que l'écrit en question était déjà au moins en partie rédigé.

20. Lettre du 21 août 1671 (B. Obs., Ms, B4, 11 bis, liasse Picard, autogr.).

21. *Mesure de la Terre,* Paris, 1671, p. 27 et pl. IV (= *Mémoires* ..., t. VII, 1, p. 183-184 et pl. V). Cela ne signifie d'ailleurs pas pour autant que Picard ait été le premier à en concevoir l'idée ni même à la réaliser, car il est à noter que dans sa lettre à Oldenburg du 29 décembre 1667, Auzout déclare avoir « appliqué la lunette au niveau il y a long temps » (*Corr. Oldenburg,* n° 730, vol. IV, p. 62-69) ; par ailleurs, dans les papiers de Huygens, on trouve un dessin de niveau à lunette, lequel date probablement de 1668 (*Oeuvres,* t. XXI, p. 83).

22. Sur ces différents points, voir son ouvrage posthume : *Traité du Nivellement, par M. Picard, ..., avec une Relation de quelques Nivellemens faits par ordre du Roy, et un Abbregé de la Mesure de la Terre du même Auteur. Mis en lumière par les soins de M. De La Hire* ..., Paris, 1684 (plusieurs fois réédité ensuite, notamment dans *Mémoires* ..., t. VI, p. 629-707).

23. *Oeuvres,* t. XXI, p. 94. Par la suite, Huygens publia deux mémoires à ce sujet dans le *Journal des sçavans,* respectivement les 29 janvier et 26 février 1680, mémoires dont on trouve tant les brouillons que les textes définitifs reproduits dans *Oeuvres,* t. VIII, p. 263-266 et 273-276 ; t. XXI, p. 85-100.

24. Post-scriptum de la lettre de La Hire à Huygens du 5 décembre 1686 (*Oeuvres,* t. IX, p. 113-115).

25. Sur cette détermination, voir *Mesure de la Terre,* Paris, 1671 (= *Mémoires* ..., t. VII, 1, p. 131-190 et pl. II-V).

26. Voir la brève note de Picard datant de la fin septembre 1668 publiée dans *Oeuvres,* t. VI, p. 587, ainsi que la lettre de Vernon à Oldenburg mentionnée à la note 8.

27. *Oeuvres,* t. XIX, p. 468-469 ; t. XXI, p. 460. Voir aussi t. XIII, fasc. 2, p. 774.

28. *Oeuvres,* t. XIX, p. 468-469 ; t. XXI, p. 393-394, 403, 416, 460 ; t. XXII, p. 323-324.

29. *Mesure de la Terre,* Paris, 1671, p. 3-5 (= *Mémoires* ..., t. VII, 1, p. 139-142) ; voir aussi p. 22 (= *id.,* p. 176).

30. Pour une étude d'ensemble sur ce sujet, voir par exemple L. Defossez, *Les savants du XVII*e *siècle et la mesure du temps,* Lausanne, 1946, chap. IX, p. 153-167.

31. La convergence des idées des deux savants sur la question étant tout à fait remarquable, nous en tirerons argument pour discuter ce point un peu plus en détail que les autres sujets.

32. Comparer *Mesure de la Terre,* Paris, 1671, p. 4 (=*Mémoires* ..., t. VII, 1, p. 141) et *Horologium oscillatorium, sive de motu pendulorum ad horologia aptato demonstrationes geometricae,* Parisiis, 1673, p. 7 et 152 (=*Oeuvres,* t. XVIII, p. 96-97 et 350-351).

33. *Ibid.*

34. Voir la lettre de Vernon à Oldenburg du 18 mars 1671 (voir note 10) et *Mesure de la Terre,* Paris, 1671, p. 5 (=*Mémoires* ..., t. VII, 1, p. 141-142).

35. Voir *Voyage d'Uranibourg, ou observations astronomiques faites en Dannemarck,* art. VI, *Observations astronomiques faites en divers endroits du Royaume,* au Cap de Sète et à Lyon (*Recueil* ..., 3e pagin., p. 12, 43 et 46 =*Mémoires* ..., t. VII, 1, p. 208, 343 et 346-347) et *De mensuris* (*Divers ouvrages* ..., p. 367 =*Mémoires* ..., t. VI, p. 534-535). Voir aussi la lettre de La Hire à Huygens du 1er juin 1687 (*Oeuvres,* t. IX, p. 162-164).

36. Voir *Mesure de la Terre,* Paris, 1671, p. 4 (=*Mémoires* ..., t. VII, 1, p. 140-141) et la lettre de Vernon à Oldenburg du 18 mars 1671 (voir note 10).

37. *Mesure de la Terre,* Paris, 1671, p. 5 (=*Mémoires* ..., t. VII, 1, p. 141). Comparer ce texte avec la première addition du *Discours de la cause de la pesanteur* (*Oeuvres,* t. XXI, p. 462-466). Rappelons en passant que cette addition, tout comme la seconde d'ailleurs, figure dans l'édition publiée à Leyde en 1690, mais non dans celle imprimée dans les *Divers ouvrages* ...

38. Ce fut par exemple le cas pour les mesures de Gabriel Mouton à Lyon et de William Brouncker à Londres qui furent vérifiées respectivement par Picard en 1674 et par Rœmer en 1679 (voir les références données à la note 35).

39. J. Richer, *Observations astronomiques et physiques faites en l'isle de Caïenne,* Paris, 1679, chap. X, art. I (*Recueil* ..., 2e pagin., p. 66 =*Mémoires* ..., t. VII, 1, p. 320).

40. Voir sa lettre à Jean-Baptiste Du Hamel (?) du 4 février 1671 (*Oeuvres,* t. VII, p. 54-55) et d'une manière générale J.W. Olmsted, « The Voyage of Jean Richer to Acadia in 1670 : A Study in the Relations of Science and Navigation under Colbert », *Proceedings of the American Philosophical Society,* CIV, 1960, p. 612-634.

41. Voir par exemple le témoignage d'Edmund Halley dans sa lettre à Robert Hooke du 29 mai 1681 (E.F. MacPike, *Correspondence and Papers of Edmond Halley,* Oxford, 1932, p. 49-52) et aussi ce que laisse entendre Cassini en plusieurs endroits, notamment dans son « Instruction Générale pour les Observations Geographiques & Astronomiques à faire dans les Voyages » (*Recueil* ..., 5e pagin., p. 55 =*Mémoires* ..., t. VII, 2, p. 435).

42. Voir la fin des *Observations astronomiques faites en divers endroits du Royaume* de Picard (*Recueil* ..., 3e pagin., p. 46 =*Mémoires* ..., t. VII, 1, p. 346-347).

43. Voir la lettre de Huygens à La Hire du 1er mai 1687 (*Oeuvres,* t. IX, p. 130-133), la première addition au *Discours de la cause de la pesanteur* mentionnée à la note 37, et plus généralement L. Defossez, *op. cit.,* p. 159-160 et 162-163.

44. Rappelons cependant qu'il s'agit là de différences extrêmement fines qui se situaient sans doute à la limite des techniques de mesure de l'époque susceptibles d'être mises en œuvre en voyage (entre Paris et Uraniborg, par exemple, la longueur du pendule diffère seulement d'environ 0,6 mm).

45. Voir notamment *Mesure de la Terre,* Paris, 1671, p. 4 (=*Mémoires* ..., t. VII, 1, p. 139-140) et *Fontenelle,* p. 116.

46. Voir *supra* p. 90.

47. J.B. Du Hamel, *Regiae Scientiarum Academiae Historia,* 2a ed., Parisiis, 1701, p. 12-13 et 93-94 ; *Fontenelle,* p. 21 et 115-116 ; *Oeuvres,* t. XIX, p. 344-345 ; voir aussi t. XVIII, p. 25.

48. P. Ch. Le Monnier, *Histoire Céleste, ou recueil de toutes les observations astronomiques faites par ordre du Roy,* Paris, 1741, p. 40 (citant des extraits d'un mémoire inédit de Picard tiré des Registres de l'Académie royale des Sciences d'octobre 1669).

49. Lettre de Huygens à Oldenburg du 29 mai 1669 (*Oeuvres*, t. VI, p. 439-441 = *Corr. Oldenburg*, n° 1180, vol. V, p. 554-558).

50. Les mémoires de Picard abondent en effet en remarques sur l'extrême précision des horloges à pendule qu'il utilisait.

51. *Oeuvres*, t. XIX, p. 372-373. C'est la même valeur qui est donnée dans le *Traité de la lumière* (*id.*, p. 464-465 et 468-469).

52. J.B. Du Hamel, *Regiae Scientiarum Academiae Historia*, 2ª ed., Parisiis, 1701, p. 161.

53. M. Mersenne, *Harmonie Universelle, contenant la théorie et la pratique de la Musique*, Paris, 1636-1637 (« Livre De l'utilité de l'Harmonie, & des autres parties des Mathematiques », p. 44-46 ; « Nouvelles Observations Physiques et Mathematiques », p. 2-3). Voir du même auteur les *Cogitata Physico Mathematica*, Parisiis, 1644 (« Harmoniae liber I », p. 275 ; « Ballistica, et Acontismologia », p. 138-140), etc.

54. Voir l'avertissement placé en tête du « Recueil des observations astronomiques de Christiaan Huygens, 1657-1694 » dans *Oeuvres*, t. XV, p. 3-53, en particulier p. 8-10.

55. *Systema Saturnium, sive De causis mirandorum Saturni Phaenomenôn, Et Comite ejus Planeta Novo*, Hagae-Comitis, 1659 (réédité avec introduction, traduction française et appendices dans *Oeuvres*, t. XV, p. 179-388).

56. Outre l'observation du 17 août 1668 dont il va être question, il faut mentionner tout particulièrement les observations des 16 juillet et 15 août 1667 (voir *Oeuvres*, t. VI, p. 139-147 ; t. XV, p. 93-94 et 383-388 ; et P. Ch. Le Monnier, *Histoire Céleste* ..., Paris, 1741, p. 25).

57. « Observation de Saturne faite à la Bibliotheque du Roy », *Journal des sçavans* du lundi 11 février 1669, p. 11-12 (réédité avec introduction et appendices dans *Oeuvres*, t. XV, p. 473-504).

58. Voir *Oeuvres*, t. XV, p. 487, 493, 499.

59. *Oeuvres*, t. XIX, p. 255-257 et fac-similé h.t. (voir aussi p. 258-267).

60. Voir notamment *Fontenelle, passim*, P.Ch. Le Monnier, *Histoire Céleste*..., Paris, 1741, *passim*, et C. Wolf, *Histoire de l'Observatoire de Paris, de sa fondation à 1793*, Paris, 1902, p. 202-204 (citant un mémoire inédit de Picard tiré des Registres de l'Académie royale des Sciences).

61. Comparer par exemple le premier point du programme de Huygens avec le mémoire d'Auzout pour trouver la ligne méridienne et la hauteur du pôle dont de larges extraits sont publiés dans *Oeuvres*, t. XXI, p. 25-26. Voir aussi *Oeuvres*, t. XXII, p. 633.

Huygens et la France
(Paris, Vrin, 1981, p. 99-114)

# CHRISTIAAN HUYGENS VU PAR LEIBNIZ

par Albert HEINEKAMP (*)
(Leibniz-Archiv, Hannover)

Les rapports Huygens-Leibniz ont déjà été examinés à plusieurs reprises[1]. Je traiterai ici de l'image que Leibniz s'est faite de Huygens. C'est seulement un aspect des relations qui ont existé entre les deux savants, un aspect qui relève peut-être plus de la pensée de Leibniz que de l'œuvre de Huygens. Mais peut-être n'est-il pas inutile de se représenter comment Leibniz a vu son grand contemporain. Car Leibniz se sentait lié à Huygens d'une façon particulière et constante, partageant avec lui un grand nombre d'intérêts et de thèmes de recherche [2] ; tout au long de sa vie, il a suivi les travaux de Huygens avec un très vif intérêt et a étudié avec soin ses publications[3] ; pendant de longues années, il a poursuivi avec lui différents échanges d'idées soit oralement, soit par écrit. Comme ce ne fut le cas que pour de très rares contemporains, Leibniz avait atteint le niveau intellectuel nécessaire pour pouvoir porter un jugement valable sur l'œuvre de Huygens.

J'évoquerai tout d'abord les relations personnelles et scientifiques entre Huygens et Leibniz. J'attirerai ensuite l'attention sur deux points de vue selon lesquels Leibniz a considéré Huygens : comme propagateur du calcul infinitésimal et comme compagnon de lutte contre le cartésianisme. Il n'est pas difficile de voir que ces deux points de vue sont étroitement liés aux objectifs philosophiques et scientifiques de Leibniz. En poursuivant l'analyse, on verra que cette image de Huygens ne correspond pas tout à fait à la réalité. Les deux points de vue que je commenterai enfin (Huygens comme homme de science et Huygens comme technicien moderne) sont les plus importants, aussi bien pour Huygens que pour nous. Ils sont relativement indépendants des positions propres de Leibniz et permettront d'aller – ce me semble – au cœur de la pensée de Huygens.

## I. SOURCES DOCUMENTAIRES CONCERNANT L'IMAGE DE HUYGENS CHEZ LEIBNIZ.

Trois sortes de documents fournissent des renseignements sur l'image que se faisait Leibniz de son célèbre contemporain : 1) les lettres échangées entre les deux savants, 2) les divers commentaires inclus dans l'ensemble des œuvres de Leibniz et portant sur la personne et l'œuvre de Huygens, 3) les mémoires que Leibniz a soumis au jugement de Huygens pendant son séjour à Paris (A.III, 1,N.1 ; N.29 ; N.39 ; N.44 ; N.57).

1) *La correspondance*

Elle commence avec une lettre du 6 novembre 1674 (A.III,1, N.40), dans laquelle Huygens renvoie à Leibniz le manuscrit de la quadrature arithmétique du cercle (A.III, 1,N.39), et elle se termine avec une lettre de Leibniz du 21 juin (1er juil.) 1695 (LBG,N.LXII) que ce dernier n'a pas envoyée, ayant appris la nouvelle de la mort de Huygens. Au total, c'est un échange de 64 lettres qui eut lieu entre les deux hommes. 5 lettres remontent au séjour de Paris (4 de Huygens, 1 de Leibniz) ; 7 lettres (5 de Leibniz, 2 de Huygens) correspondent à la période allant du 18 septembre 1679 au 26 janvier 1680 ; quant aux 52 dernières (30 de Leibniz et 22 de Huygens), elles furent rédigées à partir de janvier 1688.

Le premier groupe de lettres est à classer dans l'échange d'idées qui se développa après l'arrivée de Leibniz à Paris[4] en tant que « hospes plane in interiore Geometria »[5], au moment où il fit la connaissance personnelle de Huygens. A cette époque, Huygens a apporté une aide considérable à Leibniz en l'initiant aux nouvelles méthodes en mathématiques.

La correspondance de la deuxième période est motivée par le désir de Leibniz de devenir, par l'intermédiaire de Huygens, correspondant de l'Académie des sciences de Paris[6]. Comme preuves de ses découvertes scientifiques, il envoie un projet de son *Calculus situs* et un morceau de phosphore. La correspondance s'interrompt avec une lettre de Leibniz du 26 janv. (5 févr.) 1680. Apparemment, ce sont les faux-fuyants invoqués par Leibniz, poursuivant toujours son désir de devenir membre de l'Académie, qui heurtèrent le caractère droit et loyal de Huygens ; Leibniz, après ce « dialogue pénible »[7], se sentit alors gêné de poursuivre cet échange de lettres. Son projet d'être admis à l'Académie échoua et Huygens ne témoigna que très peu de compréhension à l'égard de son *Calculus situs.*

Ce n'est qu'après une interruption de huit ans que se renoua la correspondance – avec une lettre de Leibniz de janvier 1688, lorsque Huygens eut publié dans les *Nouvelles de la République des Lettres* une solution du problème de la courbe isochrone (imprimée *in* LBG, p. 589). Leibniz avait proposé ce problème aux Cartésiens pour les mettre à l'épreuve (cf. L. à Arnauld, 14 (24) janv. 1688, GP II, p. 132). Il s'ensuit une correspondance riche et intensive qui traite de presque tous les thèmes scientifiques dont se préoccupaient à cette époque les deux partenaires et dont je n'évoquerai que trois exemples : 1) le calcul intégral, dont la capacité de rendement se révélait, entre autres, par son aptitude à résoudre le problème de la chaînette, 2) le problème de la structure de l'Univers, 3) la théorie de la lumière.

2) *Commentaires de Leibniz sur Huygens*

D'après ce que j'ai pu constater, ce fut l'essai *A Summary Account of the laws of Motion*(PT 4,N.46 du 12(22) avril 1669, p. 925-28) qui attira l'attention de Leibniz sur Huygens. Comme il le raconte lui-même (L. à Oldenburg, 28 sept. 1670, A II, p. 62), le Pr. Erich Mauritius de Kiel lui donna à lire ce recueil des *Philosophical Transactions* pendant un séjour à Bad Schwalbach (août - sept. 1669). La lecture de cet écrit et du mémoire de Christopher Wren (PT 3, N. 43, du 11(21) janv. 1669, p. 867-868), publié également dans les *Philosophical Transactions,* amena Leibniz à dresser une première ébauche de l'écrit publié plus tard sous le titre de *Theoria motus abstracti* (*De rationibus motus,* VI, 2, p. 157-165). Il en transmit à Mauritius une copie en le priant de la faire parvenir à la *Royal Society* ce que ce dernier ne fit pas. Les lois du mouvement furent cependant le thème central de la discussion entre Leibniz et Huygens au cœur de la période qui suivit.

Dans une lettre à Michael Gottlob Hansch du 23 sept. 1716 (Dutens V, p. 174) se trouve la toute dernière mention de Huygens qui m'est connue. Leibniz y écrivait :

> « sed et Hugenius, vir magni acuminis, magnique judicii, Leewenhoekianis observationibus quum primum prodiere, adstipulari videbatur. »

Il se réfère ici à la question de la génération des animaux, fort débattue après la publication des *Observationes de natis e semine animaculis* de A. Van Leeuwenhoek en 1678[8].

Au cours de ce laps de temps, on compte dans l'œuvre de Leibniz environ 550 déclarations où l'auteur prend position sur la personne et l'œuvre de Huygens[9]. Il n'est pas étonnant qu'au cours de l'échange intensif de lettres dans la première moitié des années 1690, ces prises de position soient particulièrement nombreuses et que, peu après la mort de Huygens, elles atteignent numériquement le maximum.

Dans un grand nombre de lettres[10], mais aussi dans des essais publiés[11], Leibniz a exprimé la vive émotion qu'il ressentit à l'annonce de la mort de son ami et de son compagnon de lutte pour lequel il a même envisagé d'écrire un discours d'adieu. Ce n'est toutefois qu'en avril 1696 qu'il rédige un *Epicedium* pour l'envoyer à quelques amis[12], et ce texte ne sera d'ailleurs pas publié par lui.

## II. HUYGENS, PROFESSEUR DE LEIBNIZ.

Leibniz a souvent critiqué le fait que beaucoup de gens n'arrivent pas à reconnaître qu'ils ont reçu des autres d'importantes impulsions, qui ont contribué à leur développement. « Non laudo, quod Viri docti interdum non nominant eos, a quibus profecerint », écrit-il à Johann Bernoulli (18(28)janv. 1698, GM III, p. 477). Il a toujours avoué que Huygens a joué un rôle décisif dans son évolution scientifique :

> « ... je puis dire, écrit-il à Huygens, que celuy [le présent] que vous me fistes à Paris de vôtre excellent ouvrage sur les pendules [l'*Horologium oscillatorium*] a esté un des plus grands motifs des progrés que j'aye peutestre faits depuis dans ces sortes de sciences » (automne 1690, LBG, p. 606[13]).

C'est pourquoi il se considère comme l'élève de Huygens : « ... vous ne devés pas ignorer que je pretends à l'honneur de l'estre » (21 juin 1695, LBG, p. 758). Leibniz commente en plusieurs endroits les directives que Huygens lui adressa[14]. Le commentaire le plus détaillé se trouve dans une lettre à Jacob Bernoulli d'avril 1703 (GM III, p. 72 sq.) :

> « Cum forte Hugenius, qui plus credo in me quaerebat quam erat, exemplum mihi sui de Pendulis Libri recens editum pro humanitate sua attulit. Id mihi accuratioris Geometriae initium vel occasio fuit. Dum sermones caedimus, animadvertit me non satis rectam habere notionem centri gravitatis, eam ergo indicavit paucis ; simul addidit Dettonvillaeum (hoc est Pascalium) talia egregie executum... Accedebat pudoris stimulus, quod visus essem rem talem ignorare... In his eram, cum forte incido in demonstrationem Dettonvillaei specie levissimam, qua probat dimensionem Archimedeam superficiei sphaerae, ... Haec ratiocinandi

> novitas me percussit ; Sed nihil magis obstupui, quam quod Pascalius fato quodam velatos oculos habuisse videretur ; statim enim videbam generalissimum esse theorema pro quacunque curva, etsi perpendiculares in uno centro non concurrerent, si modo perpendicularis a curva ad axem in ordinatam transferretur, ... Ego statim eo ad Hugenium, quem nondum revideram : dico me obsecutum ejus monitis, jam posse aliquid, quod neque Pascalius habuisset. Et theorema generale pro momentis curvarum expono. Ille admiratus, atqui, inquit, hoc ipsum theorema est, cui innituntur meae constructiones pro superficiebus Conoidum Parabolicorum, Ellipticorum et Hyperbolicorum explanandis, quae quomodo inventa essent, Robervallius et Bullialdus nunquam sapere potuerunt. Itaque applaudens ipse progressibus meis, quaesivit, possemne jam curvarum quales FF naturas invenire. Cum negarem me in ea inquisitione exercitatum, ipse Cartesium et Slusium inspicere jussit, qui aequationes locales conficere docuissent, id enim ajebat esse percommodum. Ex eo Geometriam Cartesii examinavi, Slusiumque adjunxi, ingressus profecto in Geometriam per posticum. Cum vero successus blandiretur et innumera sub manibus nascerentur, aliquot centena folia eodem anno implevi, quae in duo genera distinguebam, Assignabilium et Inassignabilium ... »

Quant à savoir en quoi consiste l'influence que Huygens a exercée sur Leibniz, il faut considérer que Leibniz, en fait, n'a jamais adopté les pensées des autres d'une façon purement passive ; il s'est plutôt révélé comme un penseur à part entière, même dans la réception d'idées extérieures, fait qui ressort de la lettre précédente adressée à Johann Bernoulli et qui est confirmé par le passage suivant d'une lettre à Huygens :

> « Car m'efforçant de vouloir entendre des pensées qui passoient de beaucoup les connoissances que j'avois alors en ces matières, je m'estois enfin mis en estat de vous imiter en quelque chose » (automne 1690, LBG, p. 606).

Le rôle qu'a joué Huygens dans le développement intellectuel de Leibniz peut ainsi être assimilé à celui d'un stimulateur et d'un modèle.

Mais le sentiment de reconnaissance et de considération que Leibniz éprouvait envers son professeur[15] est apparemment l'une des principales raisons pour lesquelles leurs relations personnelles se sont maintenues dans une atmosphère de bonne compréhension. Lorsque Leibniz envoya à Huygens le projet de son *Calculus situs* (LBG, p. 570-577), il s'entendit dire que ce ne devait être que de « beaux souhaits », que si lui, Huygens, devait reconnaître « qu'il y eust de la réalité », alors il avait besoin « d'autres preuves » que celles que Leibniz lui avait soumises[16] et que ce dernier ferait mieux de mener à terme les découvertes qu'il avait déjà faites auparavant (Huygens à Leibniz, 22 nov. 1679, LBG, p. 577-578).

Cette critique sévère n'a apparemment introduit aucun trouble durable dans les relations entre les deux savants. Cela vaut aussi pour les critiques que consigna Huygens dans son exemplaire des *Acta Eruditorum* au sujet des essais de Leibniz. Quand Johann Bernoulli envoya une copie de ces critiques, Leibniz répondit : « Indicant nescio quid morositatis, ne dicam malignitatis » (19 juin 1696, GM III, p. 287)[17], mais Leibniz se réconforte du fait que Huygens était arrivé à un jugement plus juste dans ses lettres et publications : « eo facilius ignoscendum, quod publice et per literas aequiora dixit » (*ibid.*, p. 287). D'autre part, Leibniz excuse Huygens ainsi : « luy, à qui un merite tout à fait eminent donnoit quasi droit de mepriser tout ce qu'il ne savoit pas » (L. à Rémond, 14 mars 1714, GP III, p. 611).

## III. POINTS COMMUNS ET DIFFÉRENCES ENTRE LES THÉORIES DE LEIBNIZ ET DE HUYGENS.

Cependant, la considération que Leibniz témoignait à Huygens ne repose pas uniquement sur le sentiment de reconnaissance de l'élève envers on maître. Leibniz s'est aussi rendu compte qu'aucun des systèmes des sciences physiques et naturelles prônés en son temps ne comportait autant de points communs avec ses propres doctrines que celui de Huygens. Je mentionnerai seulement le refus de la théorie de la gravitation de Newton (cf. par exemple L. à Conti, 6 déc. 1715, LBG, p. 266)[18], la théorie de l'éther[19] et la théorie ondulatoire de la lumière[20]. Malgré tout, Leibniz n'a pas été sans voir les différences profondes existant entre ses conceptions et celles de Huygens, même s'il a beaucoup plus insisté sur les points communs que sur les éléments discordants. Il écrit :

> « Mons. Hugens est pour le vuide et pour les Atomes, suivant Democrite et Gassendi, au lieu que je suis en ce point pour Aristote et pour Descartes[21]. »

Leibniz a essayé d'ébranler la théorie de Huygens, en signalant que l'hypothèse d'éléments absolument durs et indivisibles était incompatible avec le principe de la continuité[22], mais Huygens resta sur ses positions[23]. Huygens avait une conception mécanique de la réalité, alors que pour Leibniz les monades, derniers éléments de la réalité, ne sont pas compris dans les lois mécaniques[24].

J'ai déjà mentionné que Huygens n'avait montré que très peu d'intérêt pour le projet d'un *Calculus situs* de Leibniz, parce qu'il ne voyait pas comment cette nouvelle science pourrait être appliquée à la résolution de problèmes pratiques. On peut déjà y entrevoir une autre différence entre Huygens et Leibniz. Huygens s'intéressait surtout à la solution de problèmes pratiques, aux découvertes utilisables[25], ainsi que le note R. Taton ; tandis que pour Leibniz, les sciences, comme les mathématiques, ont deux objectifs : 1. l'utilité pratique, 2. le perfectionnement de l'*ars inveniendi* ou *meditandi*[26]. Leibniz écrit que des problèmes comme celui de la chaînette ont une double fonction : « unum ut augeatur ars inveniendi seu Analysis, quae hactenus ad talia non satis pertingebat, alterum ut praxis construendi promoveatur » (*De linea ex lineis... formata*, AE, avril 1691, GM V, p. 244). Le perfectionnement de l'*ars inveniendi*, selon Leibniz, a le pas sur l'autre objectif : « Problemata ista pleraque ingenii potius quam praxeos causa quaerantur[27]. » Leibniz traite, par conséquent, plus de la méthode que des résultats :

> « Tout ce que je m'estois proposé en produisant le nouveau calcul... a esté d'ouvrir un chemin, où des personnes plus penetrantes que moy pourroient trouver quelque chose d'importance » (L. à Huygens, 1er(11)oct. 1693, LBG, p. 720).

Pour la pensée de Huygens, profondément enracinée dans la tradition antique, tout problème est un cas particulier et exige une solution individuelle[28]. C'est pourquoi il alla à l'encontre des généralisations de Leibniz avec un grand scepticisme et ressentit, sa vie durant, une aversion naturelle pour le caractère mécanique des nouvelles méthodes de calcul. Ses mathématiques exigeaient la génialité du mathématicien. Leibniz, au contraire, développait des méthodes grâce auxquelles des mathématiciens, même de niveau moyen, pouvaient parvenir à leurs fins[29].

Une autre différence entre Huygens et Leibniz est liée à celle-ci. Leibniz écrit :

> « denn ob er schon aliquid analogum meae Methodi hat, so scheinet doch, dass er bey weiten damit so bequem nicht könne zu recht kommen » (L. à Bodenhausen, GM VII, p. 362).

Les mathématiques de Huygens sont, selon Leibniz, étroitement liées aux données évidentes et figurées, tandis que la particularité de son calcul consiste à faire remonter les éléments évidents au niveau de l'opération avec les signes : « omnia revocant ab imaginatione ad analysin[30] ». Pour arriver à cette fin, il est surtout important de développer un système de signes adéquat[31].

## IV. HUYGENS, PROMOTEUR ET PROPAGATEUR DU CALCUL INFINITÉSIMAL.

Leibniz s'est donné beaucoup de mal pour gagner Huygens à ses nouvelles méthodes mathématiques du calcul différentiel. Dans la deuxième lettre de la dernière période, il explique ces procédés et attire l'attention sur ses publications traitant de ces mêmes thèmes (11(21) juil. 1690, LBG, p. 590). Huygens répond (24 août 1690, LBG, p. 597) qu'il a certes vu ces essais, mais ne les a pas examinés à fond car il les a trouvés peu clairs, et qu'en plus, il était persuadé de disposer, tout comme Leibniz, de méthodes capables de haut rendement. Il promet cependant d'examiner d'une façon plus approfondie ces traités. Six semaines plus tard, le 9 octobre (LBG, p. 599), il peut dire qu'il comprend maintenant les exemples traités par Leibniz, mais il reste persuadé d'avoir des procédés équivalents, et ceci, parce qu'il peut avec ses méthodes résoudre le problème de la courbe isochrone posé par Leibniz. Ses méthodes sont, d'après lui, les meilleures, parce qu'elles n'ont besoin ni de « calcul extraordinaire ni de nouveaux signes ».

Dans sa réponse (du 3(13) oct., LBG, p. 601), Leibniz attire l'attention sur l'utilité de son système de signes et ajoute qu'il ne voit pas comment on peut, sans son calcul, résoudre des problèmes de courbes transcendantes. Mais même ces remarques ne persuadent guère plus Huygens que les discussions des années suivantes[32]. Il ne lui échappa pas, cependant, que ces nouvelles méthodes étaient de plus en plus appliquées par les mathématiciens. C'est avec l'impression de cette évolution qu'il écrit (17 sept. 1693, LBG, p. 718) :

> « J'admire de plus en plus la beauté de la geometrie dans ces nouveaux progres qu'on y fait tous les jours, où vous avez si grand part, Monsieur, quand ce ne seroit que par vostre merveilleux calcul[33]. »

Après la discussion du problème de la chaînette, Huygens est prêt à reconnaître, même publiquement, la valeur de ce nouveau calcul :

> « Praeterea observanda venit in hoc problemate inusitata ac singularis analysis via, quae ad alia multa in hac Tangentium doctrina aditum aperit, ut egregie jam animadvertit Vir Celeberrimus calculi differentialis inventor, sine quo vix esset, ut ad hasce geometriae subtilitates admitteremur » (*De Problemate Bernoulliano,* AE, oct. 1693 ; *Oeuvres,* t. X, N. 2823, p. 513).

Cependant Huygens, à la fin de 1693, n'était toujours pas devenu un partisan convaincu du calcul de Leibniz. Une déclaration faite dans une de ses lettres au Marquis de L'Hospital le montre bien (24 déc. 1693, *Oeuvres,* t. X, N. 2842, p. 578 *sq)* :

« Je ne scay si vous aurez vu ce que Mr. Leibniz a fait publier dans le Journal de Leipsich touchant les Tractoriae avec un titre fort pompeux, comme s'il donnait une methode universelle et meilleure que nulle autre pour les Tangentes. J'en apprendrai volontiers vostre sentiment, car pour moy je ne trouve rien de plus pauvre ni de plus inutile, vu les descriptions embarrassées et tout à fait impracticables qu'il apporte. Car à peine pourroit on construire avec quelque exactitude cette simple Tractoria, que j'ay donnée. »

Huygens évoque ici un essai bien précis (*Supplementum Geometriae Dimensoriae,* AE, sept. 1693), mais son jugement porte en fait sur un plan plus général.

Toutefois, quelque temps après, Leibniz a réussi à faire entrer Huygens dans la bataille, – indiquant les endroits cités[34] et d'autres[35] –, en le prenant comme témoin principal au sujet de la capacité de rendement de son travail. C'est ainsi que lorsqu'il publie les solutions au problème de la brachystochrone, il note que Huygens, « qui antea de eo tenuis sensuerat », a admis plus tard son calcul dans des lettres privées et dans des publications[36]. Au sujet du traité de *Tractoria* (AE, oct. 1693, GM V, p. 290), Leibniz écrit :

« Caeterum video ipsum... ubi primum animum ad nostrum calculum differentialem appulit, statim animadvertisse, quid in eo sit optimum, nempe quod ita solutiones generales habeantur, quae sua natura porriguntur ad quantitates transcendentes[37]. »

Il considère comme un mérite tout particulier de Huygens d'avoir contribué à gagner de L'Hospital au calcul infinitésimal (L. à Johann Bernoulli, 7 juin 1694, GM III, p. 143), et quand Schulenburg lui demande conseil, il recommande ses publications sur le calcul infinitésimal « quem Hugenius aliique praestantes viri non sine plausu excepere et quem nunc illustrarunt inprimis Dom. Bermoullii fratres » (29 mars 1698, GM VII, p. 240). Plus tard, Leibniz a fait appel à Huygens dans la querelle de priorité pour témoigner que c'était lui, en personne, qui avait inventé le calcul[38].

## V. HUYGENS, ALLIÉ DE LEIBNIZ DANS LA BATAILLE CONTRE LE CARTÉSIANISME.

Les articles publiés par Leibniz dans différentes revues au cours des années 1685-95, se rangent sous le signe de la bataille menée contre le cartésianisme[39]. Tenant Huygens pour un adversaire de la philosophie cartésienne[40], Leibniz le poussa à rassembler ses notes critiques sur Descartes et à les publier (cf. L. à A. Eckard, début avril 1677, A II, 1, p. 307)et lui envoya ses *Animadversiones in partem generalem Principiorum Cartesianorum* en lui demandant son avis[41]. On reconnaît combien les relations entre Huygens et lui-même furent étroites dans cette querelle quand il écrit que le cartésien Catelan avait attaqué Huygens et lui-même (L. à Arnauld, 30 avril 1687, GP II, p. 102).

Contrairement à beaucoup de cartésiens de son temps, Leibniz était persuadé qu'avec le système cartésien toutes les questions n'étaient pas résolues, et qu'il fallait élargir ce dernier et le corriger sur de nombreux points. Comme exemple d'une thèse dans laquelle Descartes s'était trompé, dans une lettre à Christian

Philipp, il cite un passage de la *Geometria* dans lequel Descartes écrit :

> « cum, ratio quae inter rectas et curvas existit, non cognita sit, nec etiam ab hominibus ut arbitror cognosci queat[42]. »

L'évolution ultérieure de la géométrie a montré que cette thèse de Descartes était inexacte car, au cours de l'époque qui suivit, de nouvelles méthodes pour déterminer des rapports entre courbes et droites ont été élaborées. La mise au point de tels procédés est une requête permanente des mathématiques de Huygens[43]. Je mentionnerai seulement la solution donnée par ce dernier à un problème posé par de L'Hospital (HO X, p. 407-417) : trouver une droite, dont la longueur est égale à celle d'un arc de courbe logarithmique. C'est pourquoi Leibniz peut dire que Huygens a fortement contribué à l'évolution de la géométrie[44], car il était conscient des limites de la géométrie cartésienne (L. à Pellisson, 18(28) mars 1691, A I, 7, p. 292), et que Huygens et Wallis furent les premiers à reconnaître certaines analogies entre courbes et droites (L. à Wallis, 19(29) mars 1697, GM IV, p. 11).

Descartes se trouvait, comme l'écrit Leibniz (L. à Rémond, 10 janv. 1714, GP III, p. 607), dans « l'Antichambre de la vérité ». Cependant, son système renfermait une erreur capitale : il ne disposait pas de lois correctes régissant les chocs et l'on n'y prenait pas en considération, outre la quantité de mouvement, l'ensemble des directions. D'après Leibniz, le mérite de Huygens est d'avoir su établir les lois véritables régissant les chocs :

> « Primus, quod sciam, écrit-il, Hugenius qui aetatem nostram praeclaris inventis illustravit, in hoc quoque argumento ad puram et liquidam veritatem pervenisse mihi videtur et doctrinam hanc a paralogismis liberasse[45] ».

Cependant, Leibniz regrette que les lois de Huygens ne reposent pas sur un fondement philosophique. Déjà le 13(23) juil. 1670 (A II, 1, p. 59 sq.), il écrit que les lois de Huygens sont « non primas, non absolutas, non liquidas..., sed per accidens... evenire ». Dans une lettre à de Volder (24 mars 1699, GP II, p. 169), il manifeste son étonnement que Huygens ne déduise pas ses lois du caractère de l'« Elastrum », comme il le présume tacitement. Dans une lettre à Rémond, il critique le fait que Huygens n'ait pas été prêt à déduire de sa perspective correcte les véritables conséquences philosophiques. C'est pourquoi, il trouvait sa théorie incomplète, et c'est avec regret qu'il constate qu'« il n'avoit point de goust pour la Metaphysique » (14 mars 1714, GP III, p. 611).

Si Leibniz évoque ici, à propos du concept de science, la différence qui sépare le savant (Huygens) du philosophe (Leibniz)[46], il a tendance, à d'autres moments, à effacer ces contrastes. Il écrit :

> « Ipse Dn. Hugenius de virium conservatione fassus est se non cogitasse, postea a me admonitus vires quae conservantur appellavit Ascensionales, non male quidem, sed tamen non satis plene »

parce qu'il y a aussi d'autres forces que les forces ascensionelles[47]. Leibniz savait aussi que Huygens ne s'accommodait pas du dogme cartésien suivant lequel l'essence du corps consiste dans la seule étendue (cf. Huygens à L., 11 juillet 1692, LBG, p. 697). Leibniz en arrive ainsi à la conclusion : « Quand aux Dynamiques je croy que M. Hugens estoit de mon sentiment dans le fonds » (L. à de L'Hospital, 4(14) déc. 1696, GM II, p. 320).

Si l'on considère les écrits de Huygens à la lumière de ces déclarations, il faut alors constater que, chez lui, le concept de force ne joue qu'un rôle secondaire, car ce concept n'était qu'assez peu compatible avec sa conception mécaniste de la nature[48]. En effet, Huygens était loin d'établir une *dynamica* suivant la conception leibnizienne et de développer à partir de la notion de force une métaphysique au sens large de Leibniz. L'essai de Leibniz *De linea isochrona* laisse supposer qu'il croyait pouvoir comprendre la solution de Huygens au problème qu'il avait proposé (*Nouvelles de la République des Lettres*, oct. 1687, p. 1110-1111; *Oeuvres*, t. IX, p.224 sq ; LBG, p. 589) comme une approbation à sa mesure de la *potentia motrix*. J'ai bien trouvé l'expression « force ascentionnelle » dans la « Remarque de Huygens sur la lettre précédente » (*Histoire des ouvrages des Sçavans,* Juin 1690, p. 449-453 ; *Oeuvres*, t. XVI, p. 359 sq), mais ce concept n'est pas un concept-clé de la physique de Huygens.

VI. HUYGENS, « NATURAE MYSTA ».

Lorsque Huygens mourut le 8 Juillet 1695, après une longue maladie, Leibniz s'est efforcé, dans des lettres privées ainsi que dans des écrits destinés à la publication, de rendre hommage à l'importance historique de l'œuvre de Huygens dans le domaine des sciences et dans celui de l'esprit. On trouve fréquemment des expressions comme celle-ci : « Ego Hugenium solo tempore Galilaeo et Cartesio postpono[49]. » Outre Galilée et Descartes, on trouve parfois cité Kepler (AI, 11, N.448, L. à d'Artis, 9 sept. 1695) et aussi Archimède, Copernic et Newton (AI, 11, N.521, L. à J. Schrader, fin oct. 1695). Si l'on s'en tient à l'appréciation historique actuelle, il se peut que la juxtaposition de tous ces noms surprenne. Il ne faut cependant pas la comprendre comme une simple manifestation de consternation sentimentale à la suite de la perte d'un ami, mais plutôt comme une appréciation générale, à laquelle Leibniz s'est toujours tenu. Elle repose sur la haute estime que Leibniz portait à la connaissance de la nature, à *l'aditus in arcana naturae.* La connaissance de la nature, selon Leibniz, n'est pas une simple occupation de l'homme entre d'autres, mais, au contraire, l'accomplissement de la mission que Dieu a donnée à l'homme[50]. C'est ainsi qu'il écrit :

> « Il semble que le but de tout le genre humain ne doit estre principalement que la connoissance et le developpement des merveilles de Dieu et que c'est pour cela que Dieu luy a donné l'empire de ce globe... Car à mon avis un Archimede[51], un Galilei, un Kepler, un M. des Cartes, un M. Hugens, un M. Newton sont plus considerables pour le grand but du genre humain, que des grands capitaines, et ils vont de pair pour le moins avec les Legislateurs estimés... »

Beaucoup de gens peuvent, dans ce domaine, réunir des expériences et des documents, mais très peu, en fait, peuvent apporter leur contribution « pour avancer le grand bâtiment de la science et qui peuvent déchiffrer l'intérieur ». Ces derniers « sont pour ainsi dire du conseil privé de Dieu, et tous les autres ne travaillent que pour eux » (L. à Burnett, 1$^{er}$(11)nov. 1697, GP III, p.196). La signification religieuse que Leibniz attribue à la connaissance de la nature est ici très claire ; elle vise à « Deum in natura magis magisque admirari »(L. à Justus Schrader, fin oct. 1695, AI, 11, N. 521). Il approuve Galien, qui avait dit que les plus belles louanges étaient celles chantées en l'honneur de Dieu, « admirandis corporum structuris usibusque detectis » (L. à Justus Schrader, *ibid.*) Nous préciserons cette idée grâce à un autre passage tiré d'une lettre à Justus Schrader :

« Primus Archimedes et veterum pene solus, specimina dedit applicatae Martheseos ad naturam. Inde nihil magni usque ad Copernicum actum est, qui arcanam universi structuram, veteribus per umbram visam, in claram lucem produxit. Post hunc Keplerus... [et] Galilaeus... abditos naturae thesauros magis aperuere... Keplerus... admirabili quadam ingenii felicitate leges proportionum motus in planetario Systemate detexit, usque adeo generales ut etiam in planetis novis postea detectis succedere comperiantur. Hos secutus est Cartesius... His nihilo inferiores fuere, Christianus Hugenius... et Isaacus Neutonus..., qui profundissimo ingenio causas quorundam detexit in structura universi, quae Keplerus tantum obtinuerat a posteriori » (fin oct. 1695, AI, 11, N.521).

Ce passage ne révèle pas en quoi consiste la contribution que Huygens a apportée à l'évolution de la science et à laquelle j'ai fait allusion plus haut. Mais, à partir d'autres remarques, nous savons que Leibniz pense surtout à : 1) lier la « Geometriam interiorem » à « physicis observationibus »[52], 2) « causas explicare » (L. à Ciampini, 14(24) sep. 1690, AI, 6, p.248)[53], c'est-à-dire « dechiffrer les raisons secretes » (L. à d'Artis, 30 août (9 sept.) 1695, AI, 11, N.448). Huygens a rempli ces deux tâches, au témoignage de Leibniz qui écrit qu'il avait admirablement bien expliqué dans le *traité des lumières* « veras refractionis causas legesque »[54]. Leibniz considérait ce *traité*, ainsi que les *principia* de Newton, comme les œuvres les plus importantes publiées de son temps dans le domaine des sciences naturelles et physiques (L. à Justel, 10(20) oct. 1690, AI, 6, p. 264). Car, contrairement aux autres savants de son époque, il considérait la théorie ondulatoire de la lumière de Huygens comme la plus adéquate : « il semble que l'explication (de la lumière) de Mons. Huygens par les ondes est la plus profonde et la plus apparente que nous avons jusqu'icy[55]. »

Et, selon Leibniz, Huygens, dans cette œuvre, a aussi rempli une seconde tâche, en prouvant par exemple que la caustique est une sorte de cycloïde[56]. Dans ce sens, il aurait appliqué « Generalia de natura linearum » à la lumière, et, c'est pourquoi Leibniz peut dire que Huygens, dans son traité sur la lumière, éteint la lumière de Descartes (par exemple L. à Bodenhausen, GM VII, p. 358), bien qu'il n'ait pas remarqué que la brachystochrone s'applique aussi à la lumière (« Communicatio suae... », AE, mai 1697 ; GM V, p. 332).

## VII HUYGENS, TECHNICIEN MODERNE.

Quand Leibniz décrit les particularités des découvertes techniques de Huygens, il fait, du reste, ressortir les particularités de la technique moderne, en particulier son lien avec la théorie[57]. Au commentaire de Burnett, révélant qu'il avait vu des horloges meilleures que celles de Huygens, Leibniz répond :

« Mais ce que des artisans ont fait de cette nature estoit sans le sçavoir et comme en tâtonnant... L'invention de M. Hugens est une suite des découvertes de Galilei. Les anciens ouvriers ne sçavoient rien de l'égalité des vibrations » (22 nov. 1695, GP III, p. 169).

Leibniz explique plus à fond le fondement théorique des pendules dans la *Dissertatio exoterica... de usu geometriae* (déc. 1675, GM VII, p. 322 sq.). Il expose que Huygens, dans ce domaine, a achevé les travaux de Galilée car, d'une part, il a appliqué ses connaissances sur le pendule à la construction des montres[58] et, d'autre part, il a reconnu la courbe isochrone dans les mouvements du pendule et l'a conçue mathématiquement. Quant à l'*Horologium oscillatorium*, auquel il se réfère surtout ici, Leibniz écrit dans un autre passage :

> « Quod si nihil aliud Hugenii certe opus ostendit de pendulis, in quo sublimis cujusdam atque arcanae Geometriae specimina eduntur » (L. à Fabri, fin 1676, A II, 1, p. 300)[59].

Les astres aussi – comme le souligne Leibniz – suivent les lois de la pendule et il s'écrie :

> « N'est-ce pas une chose estrange que Messieurs les dieux apprennent de nous, et que Soleil même, qui est le plus grand entre eux, s'apperçoit maintenant de n'avoir point fait les jours égaux d'un midy à l'autre. Ainsi on peut fort bien dire de la pendule : Solem dicere falsum audet[60]. »

Même l'*Epicedium* sur Huygens s'inspire de cette formule rappelant Kant :

> « Cernite mortales, quo vestra potentia surgat !
> Possumus aethereis jam dare jura polis. »

## NOTES

* Je remercie tout particulièrement Mlle Françoise Leger (Göttingen) qui a bien voulu m'aider à réaliser la version française de cette communication.

*Abrévations* : A = Leibniz, *Sämtliche Schriften und Briefe* (Akademie-Ausgabe), vol. 1 sq., 1923 sq. ; - AE = *Acta Eruditorum*, vol. 1 sq., 1682 sq. ; - Dutens = Leibniz, *Opera omnia*, éd. L. Dutens, vol. 1-6, Genevae, 1768 ; - GM = Leibniz, *Mathematische Schriften*, éd. C.I. Gerhardt, vol. 1-7, Halle, 1849-1863 ; - GP = Leibniz, *Die philosophischen Schriften*, éd. C.I. Gerhardt, vol. 1-7, Berlin, 1875-1890 ; - LBG = Leibniz, *Der Briefwechsel mit Mathematikern*, éd. C.I. Gerhardt, Berlin, 1889.

1. Dans son article « Christian Huygens en Gottfried Wilhelm Leibniz » (*De Tijdspiegel*, 1908, 1, p. 17-42), P. Van Geer s'occupe de plusieurs aspects des relations Leibniz-Huygens. H.J.M. Bos (« The Influence of Huygens on the formation of Leibniz Ideas », *Studia Leibnitiana, Suppl.* . 17, 1978, p. 59-68) examine l'influence de Huygens sur la pensée de Leibniz.

2. Dans une lettre à de Volder, Leibniz propose de publier « libellum ejus de Motu » avec ses *Dynamica* afin de « tam praeclaro emblemate exonerare, favente connexione rerum et similitudine argumenti » (21 mars/3 avril 1699, GP II, p. 169).

3. A la bibliothèque de Hanovre se trouvent différentes publications de Huygens : *Systema Saturnium*, Hagae Com., 1659, Nm- A 401, p. 1-11 : beaucoup de phrases sont soulignées, peut-être par Leibniz. - *De circuli magnitudine inventa*, Lugd. Bat., 1654, 1654 (Nm- A 401) : plusieurs mots sont soulignés dans la préface : « *Neque aliud adhuc receptum, quo omnis circuli dimensio niteretur, praeter unum illud, majorem esse eum inscripto sibi polygono, circumscripto minorem. Nos autem propiorem determinationem nunc exhibemus ostendimusque.* » - *Horologium oscillatorium*, Parisiis, 1673 (*Leibn. Marg.*, p. 70) : sur la page de titre, Leibniz écrit : « Ex dono autoris Leibnitius possidet ». On y trouve beaucoup de notes manuscrites de Leibniz (p. 66, 68, 70-71, 73, 79-80, 82, 84, 89, 100, 130) qu'il serait trop long de transcrire. Je me limite à la p. 100, prop. V. où Huygens écrit : « Dato pendulo ex ponderibus quotlibet composito, si singula ducantur in quadrata distantiarum. » Leibniz note : « Sed quomodo sumemus quadrata distantiarum sive ipsas distantias ponderum ? puto intelligi debere distantias centrorum gravitatis. » Leibniz écrit en marge : « Distantia centri oscillationis ab axe, ducta in momentum gravitatis facit momentum oscillationis. Est autem *momentum gravitatis*, pondus ductum in distantiam centri gravitatis ; et coincidit cum aggregato ex momentis partium. *Momentum oscillationis* est pondus libere situm ita ut in uno velut puncto situm spectari possit ductum in distantiae huius puncti ab axe, quadratum, et coincidit cum aggregato ex momentis partium. Est in his aliqua difficultas. » - *Cosmotheoros*, Hagae Com. 1698 (Nm-A

400), p. 15 : « Ex quo istud Micrometrorum inventum, itemque Telescopii ad organa Astronomica adaptatio, non multo post emanavit » (trait à l'encre dans la marge) - p. 34 : « Praeterea credibile est, ipsa illa animi vitia, magnae hominum parti, non sine summo consilio data esse. » (trait en marge) - p. 36 sq. : « Exstaretne alibi diversa ab hac ratio ? ... Certe nec verisimile est, nec omnino possibile. » (trait en marge) - p. 40 : « Oculi... constructio, quae perfectam rerum extra positarum picturam *in cava choroidis superficie* impremere apta est. » - p. 49 : « cum *Mars manifesto minor sit Venere, etsi remotior.* » - « Aliud quoque dubium exoriri posset, utrum genus unum tantum animalium quae *rationem* sortita sint, an plura in Planetis singulis reperiantur... Ac profecto tale quid *in Terra hac* nostra contingisse cernimus » - p. 50 : « ea talia sunt, *ut nequaquam solum genus hominum rationis particeps dicendum videatur* » - p. 52 : « Nam quod ad voluptates corporis attinet, haud dubie iis aeque ac nos afficiuntur, *quicquid contradicant novi quidam philosophi.* » - « *Nihil aeque puto ac contemplatio naturae, Deique operum : tum cultura scientiarum* » - p. 59 : « Nam Astrologiam divinatricem futurorum... saepe noxium *delirium* est » - « Ac recte quoque adjicient non adhuc *octoginta annos* praeteriisse, ex quo verus ac simplex Planetarum motus... repertus sit. » Leibniz a ajouté « à Keplero » - p. 77 : « indequeCyclum quendam Harmonicum in se redeuntem existere, *non ita pridem ostendimus* » - « At de Tono vocis temperando... probationem habet non difficilem, quam hic adjungimus, quandoquidem *jam aliquid praeter somnia nostra* venditare coepimus » - Leibniz écrit à Grimaldi (1696), Dutens V, p. 77 : Cosmotheoros « in quo multa vulgo parum nota explicavit de rebus coelestibus. » - *Opuscula postuma*, Lugd. Bat., 1703 (Nm-A 403). A la p. 11 de la praefatio, Leibniz a écrit : « autor horum in Diarium Gallicum insertorum est Parentius ex Academia Regia ut ad me perscripsit D. Joh. Bernoullius jun. 1704 » (lettre de Bernoulli du 31 Mai 1704, GM III, p. 750). C'est de Volder qui a remis un exemplaire des *Opuscula* à Leibniz (voir lettre du 11 mars 1703, GM II, p. 348). Leibniz remercie le 20 juin 1703 (GP II, p. 253). - Leibniz possédait aussi *De la théorie de la manoeuvre des vaisseaux*, 1689 (Nm-A 672) de B. Renau et les écrits de la controverse Huygens-Renau. Huygens lui ayant demandé de donner son sentiment sur cette dispute, Leibniz n'était pas en état de répondre car il n'avait pas alors en main toutes les pièces du débat (voir L. à d'Artis, 9 sept. 1695, AI, 11, N. 448. Voir aussi L. à N. Witsen, 9(19) août 1694, AI, 10, p. 512 ; L. à Joh. Bernoulli, 30 déc. 1714, GM III, p. 933 ; *Notatiuncula* ad *Acta,* déc. 1695, p. 537, AE, mars 1696, GM V, p. 330. - Leibniz possédait aussi le *Tractatus de Ratiociniis in Aleae ludo*, in : Fr. Van Schooten, *Exercitationes Mathematicae*, Lugd. Bat., 1657, voir *Oeuvres*, t. XIV ; - voir L. à Chr. Wolff, 1709, *Briefwechsel zwischen Leibniz und Christian Wolff*, éd. C. I. Gerhardt, Halle, 1860, p. 109 sq. et L. à Des Billettes, 4/14 déc. 1696, GP VII, p. 451 ; L. à Varignon, 25 mai 1714, GM IV, p. 197. *Annotatio de quibusdam ludis*, Dutens V, p. 203 *Leibnitiana*, Dutens VI, 1, p. 318. - Il est regrettable que l'exemplaire du *Traité de la lumière* transmis par Huygens (voir lettre du 8 févr. 1690, LBG, p. 593), ne soit pas encore retrouvé.

4. Voir J. E. Hofmann, *Leibniz in Paris, 1672-1676*, London 1974.

5. *De solutionibus problematis catenarii*, AE, sept. 1691, GM V, p. 257.

6. Après son départ de Paris, Leibniz a été en rapport avec Huygens par l'intermédiaire de Hansen (voir Hansen à L., 24 oct. 1678, AI, 2, p. 372 ; 17 avr. 1679, *ibid.*, p. 463 : 12 juin 1679, *ibid.*, p. 486 ; 9/19 juin 1679, *ibid.*, p. 486 ; 14 août 1679, *ibid.*, p. 507).

7. Cl. Salomon-Bayet, « Leibniz et l'Académie royale des Sciences », *Studia Leibnitiana, Suppl.* 17, 1978, p. 169.

8. Pour la question des spermatozoïdes, voir surtout *Oeuvres*, t. XIII, p. 733-736. Leibniz considérait Huygens comme partisan de sa théorie de la préformation (voir L. à Bourguet, 5 août 1715, GP III, p. 579 et au même du 22 mars 1714, GP III, p. 564).

9. Il est inutile de citer ici tous les passages. Les volumes de A. Dutens ; Leibniz, *Opuscules et fragments inédits*, éd. L. Couturat, Paris, 1903 ; Leibniz, *Textes inédits*, éd. G. Grua, Paris, 1948, ont des tables des noms de personnes. Je me limite aux pièces de GP qui ne sont pas contenues dans une des éditions indiquées : GP I, 351, 396, 398, 399, 402 ; II, 102, 132, 134, 151, 158, 161, 162, 164 sq., 169, 228, 231, 248, 253, 261, 280, 283, 546, 552, 558, 568 ; III, 42, 57, 82, 85, 87, 97, 104, 108, 113, 115, 116, 117, 118, 124, 128-129, 140, 169, 196, 205, 260, 261, 329, 493, 564, 570, 579, 606, 611, 613 ; IV, 319, 322, 337, 364, 472, 498, 500, 570 ; VII, 167, 451, 519 ; *Briefwechsel zwischen Leibniz und Christian Wolff*, éd. C. I. Gerhardt,

Halle, 1860, p.70, 109 sq.,149, 187.

10. Voir par exemple la lettre à Papin, 1695, E. Gerland, ***Leibnizens und Huygens' Briefwechsel mit Papin,*** Berlin, 1881, p. 204 : «La perte que nous avons faite dans la mort de Mons. Hugens, est inestimable.» ; L. à Nicaise, 13/23 juil. 1695, GP III, p. 552 ; L. à de l'Hospital, 30 sept. 1695, GM II, p. 300 ; L. à Johann Bernoulli, 24 juin (4 juil) 1695, GM III, p. 194 ; au même, 29 juil (8 août) 1695, GM III, p. 211 ; L. à Placcius, 25 janv.(4 fév.) 1695, Dutens VI, 1, p. 56.

11. Voir *Addenda ad Dn.G.G.L. Schediasma proximo mense Julio pag: 310 et seqq. insertum,* AE, août 1695, p. 371 ;GM V, p. 328 : « Dum haec scribo, tristem nuntium mortis Viri incomparabilis, Chr. Hugenii accepi. Non poterant majorem jacturam pati literae illae sublimiores, quae humanae menti aditum faciunt in arcana naturae. » Voir *Journal de Hambourg*, 16 sept. 1695, p. 186, AI, 11, N. 448 ;*Notatiuncula*, AE, mars 1696, GM V, p. 330.

12. Voir L. à Basnage de Beauval, juin 1696, GP III, p. 128 ; *ibid*, 8(18) sept. 1696, GP III, p. 129 ; dans une autre lettre à Basnage du 31 août (10 sept.) 1697 (GP III, p. 137), Leibniz propose de publier l'*Epicedium* avec le compte-rendu du *Cosmetheoros* ; L. à Joh Bernoulli, 28 déc. 1696 (7 janv.) 1697, GM III, p. 349. - voir note 60.

13. Voir Bos, *op. cit.* in note 1, p. 60-64.

14. Voir L. à Tschirnhaus, 1680, LBG, p. 407 sq. ; L. à de l'Hospital, 17 déc. 1694, GM II, p. 259 sq. ; L. à Rémond, 10 janv. 1714, GP III, p. 606 ; L. à Conti, 6 déc. 1715, LBG, p. 264 ; *ibid*, 9 avril 1716, LBG, p. 278 sq. ; *De solutionibus problematis catenarii*, AE, sept. 1691, GM V, p. 257 ; *Historia et origo calculi differentialis*, GM V, p. 398-400.

15. P. Harting (*Christiaan Huygens, in zijn leven en werken geschetst*, Groningen, 1868, p. 39) écrit : « Leibnitz... koesterde voor dezen [Huygens] eenen schier kinderlijken eerbied, die telkens in deze brieven doorstraalt. » Cette estimation est visible quand Leibniz, en transmettant son Essai sur le *calculus situs*, écrit : « vostre sentiment me tiendra lieu de celuy de beaucoup d'autres » (8(18) sept. 1679, LBG, p. 569).

16. Voir Javier Echeverría, «L'Analyse Géométrique de Grassmann et ses rapports avec la Caractéristique Géométrique de Leibniz », *Studia Leibnitiana*, 11, 1979.

17. Voir L. à Joh. Bernoulli, 6(16) oct. 1696, GM III, p. 330 : «Interim, ni fallor, interdum judicavit festinantius. » - L. à Joh. Bernoulli, 11 juil. 1696, GM III, p. 311.

18. Voir L. à Huygens, 16(26) sept. 1692, LBG, p. 702 ; L. à Conti, 6 déc. 1715, LBG, p. 266. - Voir aussi A.E. Bell, *Christian Huygens and the development of Science in the 17th Century*, London, 1947, p. 161-164.

19. Voir L. à Huygens, automne 1690, LBG, p. 608.

20. Voir A.E. Bell, *op. cit.* in note 18, p. 176 192 et J. Bosscha, *Christian Huygens*, Leipzig, 1895, p. 36-43.

21. L. à Basnage, 1692, GP III, p. 85 sq. - Voir L. à Joh. Bernoulli, été 1698, GM III, p. 537 ; au même, 20(30) sept. 1698, GM III, p. 544 ; L. à de Volder, 27 déc. 1698, GP II, p. 161 ; L. à Burnett, 8(18) mai 1697, GP III, p. 205 ; *Quelques remarques...*, 1695-1697, A VI, 6, p. 7.

22. Voir L. à Huygens, 1(11) avril 1692, LBG, p. 694 sq. ; 16(26) sept. 1692, LBG, p. 702 sq.

23. Voir les lettres de Huygens du 11 Juil. 1692, LBG, p. 697 sq. et du 12 janv. 1693, LBG, p. 708 ; L. à Huygens 10(20) mars 1693, LBG, p. 713-715.

24. Une autre différence concerne le problème de la déclinaison de l'aiguille aimantée. Huygens croit qu'elle est «irreducible à quelque regle certaine » (26 mars 1691, LBG, p. 644 ; voir 5 mai 1691, LBG, p. 650). Leibniz, au contraire, croit que ses variations sont réglées, voir 27 janv.(6 févr.) 1691, LBG, p. 628 et 10(20) avril 1691, LBG, p. 648 sq.

25. Voir aussi la lettre de Huygens du 19 déc. 1690, LBG, p. 627 : Huygens veut « rejetter les courbes exponentiales en cas qu'elles soient de nulle utilité ». - Voir aussi la lettre du 1er sept. 1691, LBG, p. 661 sq. : « Mais d'en forger de nouvelles [courbes] seulement pour y exercer sa Geometrie, sans y prevoir d'autre utilité, il me semble que c'est *difficiles agitare nugas.* »

26. *De linea in quam flexibile se pondere proprio curvat*, AE, juin 1691, GM V, p. 240. - Au lieu de «perfectio artis inveniendi», Leibniz écrit plusieurs fois « perfectio mentis». Pour ces deux objectifs, voir « Einleitung zu einem Buch über die Naturwissenschaft », in Leibniz, *Schöpferische Vernunft*, éd. W. von Engelhardt, Marburg, 1951, p. 306 sq.

27. L. à Tschirnhaus, mai 1678, LBG, p. 374. - Voir L. à Joh. Bernoulli, 26 mai 1697, GM III, p. 404 et 406 ; L. à Magliabechi, 16 oct.(5 nov) 1690, AI, 6, p. 281 ; au *Journal des Sçavans*, circa 1680, GM V, p. 89 ; L. à Huygens, 11(21) sept. 1691, LBG, p. 669.

28. Voir E.J. Dijksterhuis, *Christiaan Huygens*, Haarlem, 1951 (=*Haarlemse Voordrachten*, X), p. 15 sq. : «Ieder vraagstuck dat sich voordoet, vereist eene nieuwe mathematische uitvinding ad hoc, warmee men in andere gevallen niets beginnen kan. Twee van Huygens grootste mathematische vondsten, de rectificatie van de parabool en de quadratuur van de cissoide, illustreren dat individuele Karakter ten duidelijkste. » - P. Van Geer, *op. cit.* in note 1, p. 36, écrit : Huygens « was de laatste der klassieken », et Dijksterhuis écrit que Huygens était « zowel voor de wis als woor de natuurkunde meer voltooier dan vernieuwer » (*Op. cit.*, p. 26. Voir aussi H.J.M. Bos, « Christiaan Huygens » dans D.S.B., vol. 4, 1972, p. 599.

29. Voir *Methodus, qua inuumerarum linearum constructio... exhibetur*, 1691, LBG, p. 677 : « ita enim efficio, ut multa primo obtutu appareant, et ipso calculi lusu nascantur, quae alias vi ingenii aut labore imaginationis assequi necesse est. » - Cette particularité du calcul leibnizien était bien connue de Huygens, voir sa lettre du 1er(5) sept. 1691, LBG, p. 660.

30. L. à Bodenhausen, GM VII, p. 358. - Voir L. à Huygens, 11(21) sept. 1691, LBG, p.666.

31. Voir *Methodus, ibid.*, p. 678 : « Ita enim judico, cum mens humana ad cogitandum notis indigeat, eo posse nos ratiocinari melius, quo magis notae ipsae exprimunt rerum relationes. »

32. Après la publication de l'article sur la chaînette (AE, juin 1691), Huygens a été amené à s'occuper à nouveau du calcul. Il écrit (1er sept. 1691, LBG, p. 660): «Je consideray en suite pourquoy plusieurs de vos decouvertes m'estoient echappées, et je jugeay que ce devoit estre un effet de vostre nouvelle façon de calculer. » *Ibid.*, p. 661 : «...calculus differentialis, dont je commence avoir grande envie. »

33. Huygens écrit dans la même lettre (LBG, p. 717) : «j'ay fait quelque progres dans les subtilitez geometriques et dans vostre excellent calcul differentiel, dont je goute de plus en plus l'utilité. » Il envoie à Leibniz une *exposition* publiée dans Huygens, *Oeuvres*, t. X, p. 516.

34. Voir L. à Nicaise, 29 sept. 1693, GP II, p. 546 ; L. à Joh. Fr. Leibniz, 1re moitié d'oct. 1693, AI, 9, p. 697 ; L. à J. A. Schmidt, 3(13) août 1694, AI, 10, p. 499 ; L. à Kochanski, 10(20) août 1694, AI, 10, p. 514 ; L. à Papebroch, 10(20) août 1694, AI, 10, p. 517 ; L. à Joh. Bernoulli, 19(29) juin 1696, GM III, p. 287 ; L. à Wallis, 28 mai (7 juin) 1697, GM IV, p. 26.

35. Par exemple à la solution de Huygens du problème de L'Hospital, *Histoire des ouvrages des sçavans*, 1693, *Oeuvres*, t. X, p. 407 sq. - Voir la lettre de Leibniz à Basnage, début de déc. 1693, GP III, p. 104.

36. *Communicatio suae...*, AE 1697, GM V, p. 332. - Voir L. à Joh. Bernoulli, 20(30) oct. 1695, GM III, p. 221 ; au même, 19 juin 1696, GM III, p. 287.

37. Voir L. à Wallis, 28 mai 1697, GM IV, p. 26.

38. Voir *Historia et origo calculi differentialis*, GM V, p. 393 ; et p. 409, 412, 415.

39. Voir Y. Belaval, *Leibniz critique de Descartes*, Paris, 1960 et P. Costabel, «Contribution à l'étude de l'offensive de Leibniz contre la philosophie cartésienne », *Revue internationale de philosophie*, 1966, p. 264-287.

40. Voir L. à G. Meier, 16(26) oct. 1690, AI, 6, p. 271. Dans une note sur la vie de Descartes par Baillet, Huygens donne quelques précisions sur le développement de ses relations avec Descartes : « à l'heure qu'il est je ne trouve presque rien que je puisse approuver comme vray dans toute la physique ni metaphysique, ni meteores », *Oeuvres*, t. X, p. 403. Voir Dijksterhuis, *op. cit.* in note 28, p. 20-22.

41. Voir la lettre de Huygens du 11 juil. 1692, LBG, p. 698 sq.

42. Lib. II, art. G. fin., éd. de 1659, p. 39. Voir L. à Philipp, fin janv. 1680, AI, 3, p.347.

43. Pour le calcul des courbes, voir Bell, *op. cit.* in note 18, p. 145-149.

44. Voir *De ortu et progressu... algebrae*, GM VII, p. 214 ; *De geometria recondita*, AE, juil. 1686, GM V, p. 232.

45. *Specimen dynamicum*, AE, avril 1695, GM VI, p. 240. - Voir *Essay de dynamique*, GM VI, p. 226. - Pour les règles du mouvement de Huygens, voir Bell, *op. cit.* in note 18, p. 109-116 et Bos, *op. cit.* in note 26, p. 602 sq.

46. C'est Martial Gueroult qui a formulé cette opposition (*Leibniz, dynamique et métaphysique*, Paris, 1967, p. 9).

47. L. à de Volder, 27 déc. 1698, GP II, p. 158. - Voir L. à Bayle, 27 déc. 1698, GP III, p. 57 ; L. à Kochanski, 16(26) juil. 1695, AI, 11, N. 402.

48. Voir Bos, *op. cit.* in note 26, p. 608 sq.

49. *Addenda ad... Schediasma...*, AE, août 1695, p. 371 ; GM V, p. 328. - Voir L. à Basnage de Bauval, 26 juil. 1695, *Oeuvres*, t. X, p. 721 ; L. à Nicaise, 13(23) juil. 1695, GP II, p. 552.

50. Huygens a la même opinion de la science quand il écrit : « Nihil aeque puto ac contemplatio naturae; Deique operum, tum cultura scientiarum, quibus consequimur ut eorum praestantiam, magnitudinemque aliqua ex parte cognoscamur » (*Cosmotheoros*, 1698, I, p. 52).

51. Il faut remarquer qu'Archimède fut un guide pour Huygens dès sa jeunesse. Son père l'appelait « mon jeune Archimède » (voir Dijksterhuis, *op. cit.* in note 26, p. 11).

52. C'est le marquis de l'Hospital qui a mis en évidence cette particularité : « Je suis de votre avis que la geometrie n'est qu'vn ieu d'esprit si on ne l'applique à la phisique et aux inventions mecaniques, mais il est rare, qu'on y reussisse et il faut des siècles entiers pour produire vn Hugens » (L. à Huygens, 12 févr. 1693, *Oeuvres*, t. X, p. 393).

53. Pour les deux objectifs de la science, voir *Entwurf eines Buches über die Naturwissenschaft*, Leibniz, *Schöpferische Vernunft*, éd. W. von Engelhardt, Marburg, 1951, p. 511 sq. et Bell, *op. cit.* in note 16, p. 205-207.

54. L. à Magliabechi, 26 oct. (5 nov) 1690, AI, 7, p. 279. Voir L. à Huygens, août 1690, LBG 607.

55. *Remarques sur l'abrégé de la vie de des Cartes*, GP IV, 319. - Voir *Système nouveau*, GP IV, 472 ; L. à Tschirnhaus, début 1693, LBG, p. 478.

56. Voir *De lineis opticis*, 1688, GM VII, p. 336 et *De Linea super linea...*, GM VII, p. 343.

57. Voir J. Mittelstrass, *Neuzeit und Aufklärung, Studien zur Entstehung der neuzeitlichen Wissenschaft und Philosophie*, Berlin-New York, 1970.

58. Leibniz écrit à propos de l'invention de la pendule : « Galilei ist der erste gewesen, der die Bewegung der Pendeln oder schwengel in Regeln bracht und, so wohl durch erfahrung, als demonstrationen erwiesen, dass eines gegebenen im centro fest gemachten und, aus was für höhe man wolle, fallen gelassenen schwengels vibrationes gleichwärend seyen. Hugenius hat sie zuerst zu Uhren gebrauchet, und wiewohl die Florentiner vorgeben, dass Galilei sohn vor vielen Jahren schohn bey ihnen des gleichen gethan, so mag es doch vielleicht zu solcher vollkommenheit nicht kommen seyn... » (Leibniz, *Nachgelassene Schriften physikalischen, mechanischen und technischen Inhalts*, éd. E. Gerland, Leipzig, 1906, p. 134). - Voir Harting, 14, p. 26 sq. et Bosscha, *op. cit.* in note 18, p. 25 sq. - L'invention de la pendule est si importante que Leibniz qualifie fréquemment Huygens d'« inventeur des pendules » (L. à Johann Friedrich, mars 1675, AI, p. 477 ; au même, janv. 1677, AI, 2, p. 17 ; au même, 29 mars (8 avril) 1679, AI, 2, p. 155). - Voir Bos, *op. cit.* in note 26, p. 604-606.

59. Dijksterhuis, *op. cit.* in note 26, a souligné la coopération de la mathématique, de la physique et de la technique dans l'invention de l'horloge à pendule de Huygens.

60. Leibniz, *Gesammelte Werke*, éd. G.H. Pertz, sér. I : *Geschichte*, vol. 4, Hannover, 1847, p. 311.

## ERRATA

P. 101, ligne 3, lire : 25 (et non 23).

P. 102, l. 3 en remontant, lire : 16 (et non 19).

P. 103, l. 13 en remontant, remplacer par : *De linea, in quam flexibile, ...* AE, juin 1691, GM V, p. 243, au lieu de : *De linea ...,* p. 244.

P. 104, l. 17, lire : 595 (et non 590).

P. 105, l. 3, lire : 578-579 (et non 578).

P. 106, l. 13 en remontant, lire : 10 janv. (et non 14 mars) ; p. 607 (et non 611) ; l. 19 en remontant, lire 3 avril (et non 24 mars).

P. 107, l. 12, lire : t. IX, p. 461-463 (et non t. XVI, p. 359 sq.) ; l. 7 en remontant, lire : 16 fév. 1700, GP III, p. 261 sq. (et non 1er (11) nov... p. 196).

P. 109, n. 2, lire : exornare opus meum... (et non exonerare...) ; et lire : 24 mars (et non 21).

P. 110, n. 3, lire : 1er mars 1703, GP II, p. 248 (et non 11 mars, ... p. 348) ; l. 9 en remontant, lire : A I, 11 (et non AI, 11) ; lire : A I (et non AI), partout où figure cette référence dans le texte et les notes ; n. 3, l. 4-3 en remontant, supprimer : L. à Varignon... p. 197.

P. 111, fin de la l. 1, ajouter : Pour GM et LBG voir le *Register* de J.E. Hofmann. Note 10, lire : 25 juin (5 juil.) (et non janv. (4 févr.)) ; n. 17, lire 31 juil. (et non 11) ; n. 24, lire p. 634 (et non 628).

P. 112, n. 26, remplacer par : *Communicatio suae pariter duarumque...,* AE, mai 1697, GM V, p. 331-336, au lieu de : *De linea ...,* p. 240. Note 27, lire : 26 oct. (et non 16) ; lire : 1675 (et non 1680) ; n. 28, lire : D.S.B., vol. 6 (et non 4) ; ajouter à la fin de la note 28 : C.A. Crommelin, « Sur l'attitude de Huygens envers le calcul infinitésimal et sur deux courbes intéressantes du même savant », dans *Simon Stevin,* 31, 1956, p. 5-18. Note 33, lire : 512 (et non 516) ; n. 34, lire : 16(26) juin (et non 19 (29) juin) ; n. 36, lire : AE, mai 1697 (et non AE 1697) ; lire : 16 juin (et non 19).

P. 113, n. 45, lire : in note 28 (et non 16) ; n. 46, lire : p. 8 (et non 9) ; n. 48, lire : in note 28 (et non 26) ; n. 51, lire : in note 28 (et non 26) ; n. 53, lire : in note 18 (et non 16) ; n. 54, lire : A I 6 (et non 7) ; n. 56, lire : p. 330 (et non 336) ; n. 58, l. 9, lire : 15 (et non 14) ; lire : in note 20 (et non 18) ; n. 58, l. 11, lire : mars 1675, A I, 1 (et non AI) ; l. 12, lire : in note 28 (et non 26) ; n. 59, lire : in note 28 (et non 26).

Huygens et la France
(Paris, Vrin, 1981, p. 115-122)

# L'ÉLABORATION DU CALCUL INFINITÉSIMAL, HUYGENS ENTRE PASCAL ET LEIBNIZ

par H.J.M. BOS
(Université d'Utrecht)

La seconde moitié du XVII^e^ siècle est une période très mouvementée dans le développement du calcul infinitésimal, car elle a vu, après les efforts des derniers précurseurs, la découverte du calcul différentiel et intégral par Newton et Leibniz. Plusieurs méthodes infinitésimales y furent développées, méthodes limitées qui ne s'appliquaient qu'à des problèmes spéciaux ou à des courbes spéciales - car il s'agit toujours au XVII^e^ siècle des théories « pour l'intelligence des lignes courbes », pour citer les mots du marquis de L'Hôpital.

Huygens, dont l'œuvre mathématique appartient à cette période, s'est engagé activement dans l'étude des problèmes des mathématiques infinitésimales. Dans les années 1650, il a publié des études dans un style archimédien classique sur les quadratures et les centres de gravité de segments de sections coniques. Ses travaux très intéressants sur la rectification des courbes et la détermination des surfaces des solides de révolution datent de 1658. Huygens publia ces résultats (mais non ses méthodes) , en 1673, dans l'*Horologium oscillatorium.* La théorie des développées, datant de 1659, fut elle aussi publiée en 1673, mais dans ce cas particulier, Huygens exposa également ses méthodes. Il y a de plus des études de 1661 sur la courbe logarithmique auxquelles se rattachent des travaux ultérieurs sur le problème de la chute des corps dans un milieu résistant.

Des années 1662 et 1663 datent des études dans lesquelles Huygens développe une règle générale pour déterminer les tangentes aux courbes algébriques, c'est-à-dire aux courbes qui ont une équation algébrique. Cette règle est équivalente à celles de Fermat et de Sluse. Huygens l'a présentée à l'Académie en 1667, mais elle n'a été publiée qu'en 1693. Dans les années 1680, Huygens, avec Fatio de Duillier, a essayé de découvrir des méthodes générales pour résoudre les problèmes inverses des tangentes (ce sont des problèmes où il s'agit de déterminer une courbe dont une propriété des tangentes est donnée), mais sans succès.

Vers 1690, Huygens a aussi étudié les problèmes qui en cette période étaient discutés par les utilisateurs du nouveau calcul différentiel et intégral, par exemple ceux de la chaînette, de la tractrice, et de la courbe isochrone. Huygens a consacré de petits articles à certaines de ces questions, mais en ne donnant le plus souvent que ses résultats. En dehors de la théorie des développées, beaucoup de ces résultats étaient très classiques ; d'autres ne furent publiés que tardivement et très partiellement. De ce fait, bien que la liste des résultats obtenus par Huygens en mathématiques infinitésimales soit impressionnante, ce n'est pas une telle liste qui pouvait lui valoir aisément une place dans les annales de l'histoire. Aussi, dans la plupart des études historiques sur l'élaboration du calcul infinitésimal, Huygens n'est guère mentionné que pour avoir conseillé en 1673 à Leibniz de lire, entre autres, les *Lettres de A. Dettonville* sur la cycloïde[1], lui permettant ainsi de trouver dans ces écrits de Pascal le célèbre «triangle caractéristique» auquel il accorda ensuite une place centrale dans son calcul différentiel.

Si le rôle, en quelque sorte anecdotique, ainsi attribué à Huygens à ce sujet, ne fait pas véritablement droit à ses trouvailles en calcul infinitésimal, il suggère toutefois une comparaison intéressante, celle de situer Huygens entre Pascal et Leibniz. Cette comparaison que je voudrais évoquer dans cette communication nous conduit directement vers deux thèmes auxquels je puis relier deux exemples tirés de l'œuvre de Huygens et quelques remarques plus générales : il s'agit d'une part du « triangle caractéristique » et d'autre part de la généralité des méthodes.

En ce qui concerne le triangle caractéristique, l'histoire en est bien connue[2]. Leibniz trouve chez Pascal une figure (fig.1, p. 117), formée d'un quart de cercle, avec, en un point *c* sur son arc, le petit triangle *def* formé par la tangente en *c* et deux côtés parallèles aux axes (c'est le triangle caractéristique de la courbe en ce point *c*). Pascal utilise le fait que ce triangle est semblable au triangle *cBb* formé par l'ordonnée *bc*, le rayon *Bc* du cercle et la partie *Bb* de l'axe horizontal.

Ce que Leibniz remarque ici, c'est que cette similitude et la manière dont Pascal en fait usage ne sont pas limitées au cas du cercle mais s'appliquent à toute courbe (voir fig.2, p. 117), en substituant la normale *cm* à la courbe au rayon du cercle utilisé par Pascal.

Or, il est remarquable que le triangle caractéristique, de même que cet usage plus général que Leibniz en fait, se trouve déjà dans un écrit[3] de Huygens datant de 1658 (donc un peu antérieur à l'étude de Pascal) sur les aires des surfaces engendrées par la révolution de courbes planes.

Voici les points essentiels de cette application (voir fig.3, p. 117). Huygens se figure un corps formé par la révolution d'une courbe autour de l'axe *AB*. Il dessine des petites parties *de* des tangentes et il sait que l'aire de la bande décrite par la partie *de* de la tangente est égale à $2\pi cb \times de$
L'aire totale est donc donnée par la somme de ces bandes :

$$\text{Aire} = 2\pi \Sigma\ cb \times de$$

(le facteur $2\pi$ qui figure dans les formules correspond au fait que Huygens compare ces surfaces avec celle d'un cercle).

Huygens applique ensuite la similitude du triangle caractéristique *def* (voir fig.4, p. 117), avec le triangle formé par l'ordonnée *bc*, la normale *cm* et la partie *bm* sur l'axe :

$$\Delta\ def \sim \Delta\ cmb,$$

et il trouve que

$$cb \times de = cm \times df.$$

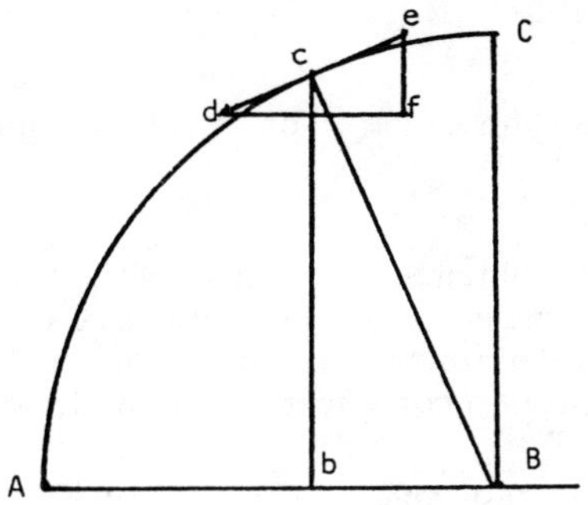


Fig. 1.

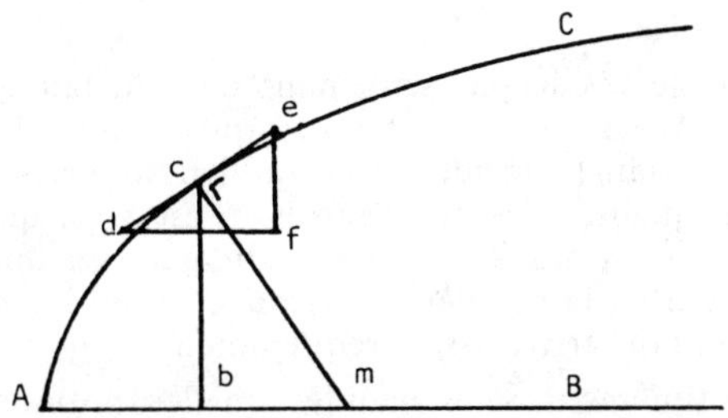


Fig. 2.

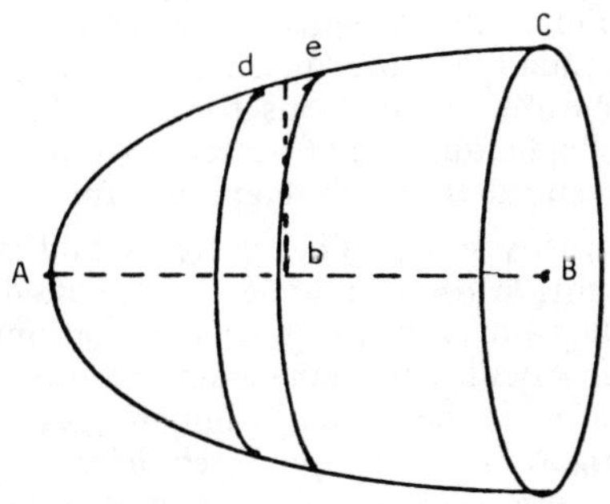


Fig. 3.

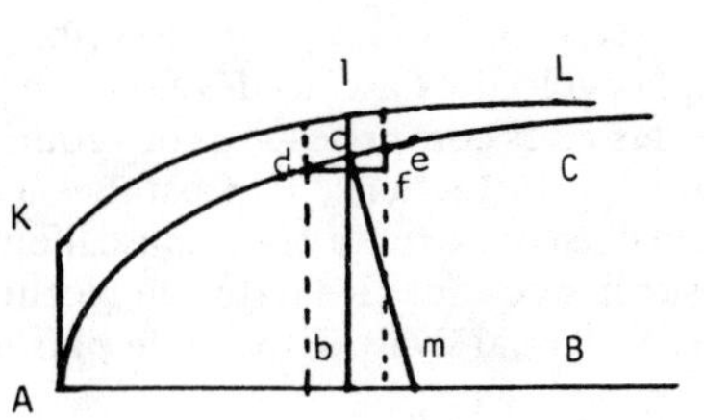


Fig. 4.

La somme cherchée devient alors

$$2 \pi \Sigma cmxdf,$$

et peut être interprétée comme l'aire située en-dessous d'une nouvelle courbe *KL* définie par

$$bl = cm.$$

Cette nouvelle courbe peut être obtenue grâce aux méthodes connues à cette époque pour déterminer les normales ou les tangentes aux courbes algébriques. De cette manière, Huygens peut déterminer l'aire de la surface de révolution dans le cas où la courbe *AC* est une section conique, car la nouvelle courbe *KL* se détermine alors facilement.

Ce qui est surprenant ici, c'est que la généralité dans l'usage du triangle caractéristique, généralité que Leibniz a retrouvée après la lecture de l'exemple particulier de Pascal, est déjà clairement présente dans cette étude de Huygens[4]. L'usage que Leibniz comprit que l'on pouvait faire de cette figure fondamentale y est déjà parfaitement réalisé.

En effet, cet usage ne réside pas seulement dans le fait qu'avec le triangle caractéristique on peut trouver les tangentes - ce qui est une chose triviale. L'importance véritable de ce triangle réside en ce qu'il nous permet de transformer certaines aires, certaines quadratures en d'autres. C'est ainsi que l'aire inconnue de la surface de révolution est transformée par Huygens en une aire située en - dessous d'une nouvelle courbe, le problème se trouve résolu lorsque cette dernière aire est connue - ce qui, en fait, arrive assez fréquemment.

On peut donc légitimement se demander quelles notions ne figurant pas dans cette étude de Huygens, Leibniz a pu tirer de sa trouvaille dans l'œuvre de Pascal. Or, Leibniz pensait qu'il serait possible de trouver d'autres transformations[5] d'aires à l'aide de ce triangle caractéristique. A ce moment-là également (c'était en 1673), Leibniz avait élaboré l'idée d'un calcul général concernant les problèmes relatifs aux courbes, et il se rendait compte qu'un tel calcul devait permettre de représenter de telles transformations d'aires sous forme de formules. De ce fait, les transformations d'aires à l'aide du triangle caractéristique constituèrent une épreuve cruciale pour son nouveau calcul. Et cette épreuve fut positive[6].

Par contre, les pensées de Huygens ne s'orientèrent pas dans une telle voie de généralité. Quoiqu'il ait eu la notion fondamentale et générale de triangle caractéristique, il ne se proposa ni de trouver d'autres transformations analogues, ni de découvrir une symbolique ou un calcul. Fait bien caractéristique : après avoir trouvé ces résultats, Huygens, en 1658, se demanda comment ces derniers pouvaient être démontrés dans un style rigoureux, classique, archimédien. Et, trait tout aussi caractéristique, il conclua que cela serait possible, mais que cela devrait prendre beaucoup de temps, et bien vite, sans plus approfondir, il s'intéressa à d'autres problèmes, perdant tout intérêt à l'égard de celui-ci.

Cette remarque nous mène au second thème dont je veux parler : la généralité des méthodes. Dans ses études sur la cycloïde, Pascal a développé nombre de notions et de termes généraux pour l'étude des aires comprises sous des courbes, de leurs centres de gravité et des problèmes qui s'y rattachent. P. Costabel a montré, dans une étude très importante[7], comment la structure du traité pascalien résulte de circonstances diverses : la compétition sur la cycloïde, les dates de clôture, les informations sur les résultats d'autres savants. Si Pascal avait disposé de plus de temps, peut-être son œuvre sur la cycloïde aurait-elle été tout à fait différente, et peut-être en ce cas Leibniz n'aurait pas trouvé le triangle caractéristique dans les *Lettres* pascaliennes. Toutefois, il est peu probable que le souci de généralité dans l'œuvre de Pascal eut été bien différent ; cette généralité, il faut le dire, était recherchée dans une direction bien typique de l'esprit de Pascal. Bien qu'il n'ait été intéressé ni par le formalisme algébrique, ni par le problème des tangentes, ce dernier a su en effet élaborer un langage mathématique très général, constitué de termes et de notions. Comment Huygens a-t-il jugé le style de Pascal ? Il admirait très hautement son œuvre - ses lettres en témoignent - , mais c'est plutôt la subtilité des études de Pascal que leur ordre et leur généralité que Huygens admire. C'est ainsi qu'il écrit à Carcavy :

> « J'admire de plus en plus la subtilité des escrits de Monsieur Dettonville, mais il faut avouer que c'est un labyrinthe lors que l'on veut faire la construction de quelque problème[8]. »

Voilà une chose caractéristique de l'esprit de Huygens. Pour lui c'est la construction, c'est-à-dire la résolution des problèmes qui est le but final. Lorsque Huygens a essayé de développer des méthodes générales, ce n'est pas dans des directions nouvelles, mais en cherchant cette généralité dans les formules algébriques de la géométrie cartésienne. Sa règle pour les tangentes et sa règle pour les développées, pour autant qu'elle est basée sur la précédente, s'appliquent seulement aux courbes qui ont une équation algébrique, fait qui limite évidemment leur généralité, puisqu'il y a des courbes (nos courbes transcendentes) dont l'équation n'a pas ce caractère.

Etant donné ces différences de style, il est d'autant plus étonnant que Huygens ait été capable de résoudre, avec ses propres méthodes, la plupart des problèmes qui furent posés vers 1690 par les mathématiciens partisans des nouvelles méthodes générales, comme Leibniz, L'Hôpital et les Bernoulli. Le contraste entre la façon avec laquelle Huygens aborde ces problèmes et les nouvelles méthodes du calcul différentiel et intégral y apparaît très clairement et je voudrais l'illustrer par un exemple. Dans ce but, j'ai choisi de décrire la solution donnée par Huygens au problème de la courbe *isochrone*, proposé par Leibniz vers 1687[9]. A. Heinekamp l'a déjà mentionné en indiquant les aspects philosophiques de cette question, sur lesquels je ne reviendrai pas.

Leibniz demandait quelle est la forme d'une courbe telle qu'un corps tombant le long de cette courbe (située dans un plan vertical) approche de la ligne horizontale avec une vitesse constante (fig.5,p. 119), autrement dit de telle sorte que la composante verticale de la vitesse soit constante.

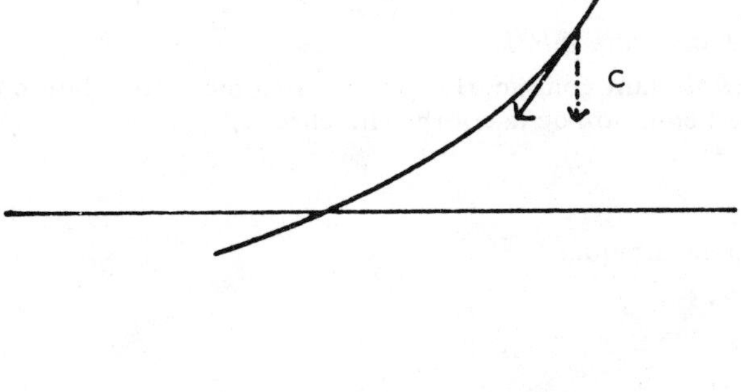


Fig. 5.

Soulignons que c'est un problème d'un type spécial. Il ne s'agit en effet ni de déterminer une tangente, ni de calculer une aire comprise sous une courbe donnée - problèmes équivalents, le premier à la différentiation, le second à l'intégration. Il s'agit ici d'un problème où la courbe n'est pas donnée mais doit être trouvée, c'est-à-dire d'un problème plus difficile, équivalant à une équation différentielle, et ce sont des questions de ce type qui, dans les dernières années du XVII$^{e}$ siècle, ont servi d'exemples pour tester les méthodes nouvelles et anciennes.

Je ne veux pas entrer dans le détail de la solution[10] donnée par Huygens au problème de la courbe isochrone, mais seulement caractériser son style qui était tout à fait différent de celui du nouveau calcul différentiel et intégral. Pour cela, je parcourrai cette solution d'une manière plus ou moins phénoménologique.

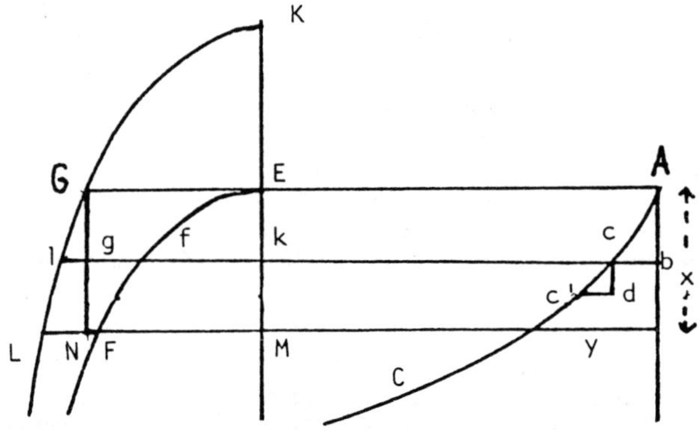


Fig. 6.

Soit (fig.6, p. 120) $AC$ la courbe cherchée. Il faut tout d'abord connaître la vitesse d'un corps tombant le long de cette courbe. La loi de la chute des corps de Galilée donnant cette vitesse, Huygens la représente dans la figure par une parabole $KL$ ; c'est à dire que $KL$ représente la vitesse atteinte par le corps en $c$.

Huygens tire ensuite des données du problème - à savoir que la composante verticale de la vitesse est constante - que, dans le triangle caractéristique $c'cd$, on a

$$cd : cc' = kg : kl,$$

où $kg$ est constante, égale à $GE$. Mais au lieu de cette proportion $cd : cc'$, il faut plutôt connaître la proportion $cd : dc'$. Pour cela, Huygens forme une deuxième parabole $EF$ de même forme que $KL$ et prouve que

$$cd : dc' = kg : kf.$$

Finalement, il s'agit de trouver la relation entre l'abscisse $AB = x$ et l'ordonnée $bc = y$ de la courbe cherchée (notons que c'est ici seulement, que Huygens introduit les $x$ et les $y$). De la relation entre les côtés du triangle caractéristique, il déduit que

$$x : y = \text{aire } GEMN : \text{aire } EFM.$$

L'aire parabolique $EFM$ étant connue, Huygens transforme cette relation en termes algébriques et obtient l'équation de la courbe cherchée :

$$\frac{9}{4} a y^2 = x^3,$$

c'est à dire une parabole cubique.

Cet exemple montre bien les caractéristiques du style huygenien. Toutes les relations entre grandeurs y sont indiquées ou découvertes dans la figure. Dans le cours du raisonnement, n'interviennent pas de formules algébriques, seulement des proportions. Les formules n'apparaissent qu'à la fin.

Par contre, dans la méthode du calcul différentiel et intégral, tous ces raisonnements peuvent être traduits par des formules sans l'intervention de figures, la solution du problème se présentant alors sous forme d'une série de six ou sept formules simples.

Or il est important de noter que Huygens était à cette époque - ainsi qu'en témoignent ses manuscrits - parfaitement capable d'établir une pareille version algébrique de son raisonnement géométrique[11]. Mais cette méthode, qui nous semble tellement plus naturelle et aisée, ne lui paraissait pas meilleure que sa version géométrique.

Huygens était un maître de cette manière géométrique de penser. Son travail apparaît comme le point culminant de ce style et, en même temps, comme sa limite, car, par la suite, les problèmes sont devenus si compliqués que cette méthode géométrique n'était plus praticable.

Avec ces quelques remarques très schématiques et avec cette comparaison très rapide de l'œuvre de ces trois grands mathématiciens, Pascal, Huygens et Leibniz, j'espère avoir pu clarifier quelque peu la méthode et le style de Huygens dans le domaine de la mathématique infinitésimale.

## NOTES

1. B. Pascal, *Lettres de A. Dettonville contenant quelques-unes de ses inventions de géométrie*, Paris, 1659.

2. Voir par exemple J. E. Hofmann, dans *Leibniz in Paris 1672-1676*, Cambridge, 1974, p. 48-49.

3. *Œuvres*, t. XIV, p. 314-346, spécialement p. 314.

4. En effet, le même usage général du triangle caractéristique se trouve dans la fameuse lettre de H. Van Heuraet sur la rectification des courbes «Epistola de transmutatione curvarum linearum in rectas», publiée dans l'édition de 1659 de la *Geometria* de Descartes. Pour les contacts entre Huygens et Heuraet pendant les années 1657-1659 où tous deux étudièrent, le plus souvent indépendamment, des problèmes de rectification et de coplanation, voir *Œuvres*, t. XIV, p. 188-197.

5. Notamment la «Transmutation» ; voir J. E. Hofmann, dans *Leibniz in Paris*, p. 54-62.

6. En symbolisme leibnizien, la transformation dont Huygens fait usage s'écrit comme suit : $\int yds = \int ndx$ où (voir les fig.2 et 4) $Ab = x$, $bc = y$, l'arc $Ac = s$ et $cm = n$.

7. P. Costabel, «Essai sur les secrets des *Traités de la Roulette*» dans l'*Œuvre scientifique de Pascal*, Paris, 1964, p. 169-206.

8. *Œuvres*, t. II, p. 411.

9. Leibniz proposa le problème dans son article «Réponse de M. L. ...» dans les *Nouvelles de la République des Lettres* de sept. 1687.

10. Huygens publia sa solution dans un article «Solution du problème...» des *Nouvelles de la République des lettres*, d'oct. 1687. Cet article ne précise pas la méthode par laquelle Huygens est arrivé à la solution. Cet article et la méthode correspondante sont publiés dans les *Œuvres*, t. IX, p. 224-228.

11. C'est ce qui émane d'un calcul manuscrit de Huygens dans les *Œuvres*, t. IX, p. 229.

Huygens et la France
(Paris, Vrin, 1981, p. 123-138)

# SUR « LE CALCUL ÈS JEUX DE HASARD » DE HUYGENS : DIALOGUES AVEC LES MATHÉMATICIENS FRANÇAIS (1655 - 1657)

par Ernest COUMET
(E.H.E.S.S., Centre Alexandre Koyré)

«J'ay depuis quelques jours escrit les fondements du calcul es jeux de hasard à la priere de Monsieur Schooten qui le veut faire imprimer. » C'est en ces termes que, le 18 avril 1656, Huygens annonce à Roberval la composition d'un ouvrage que son maître avait obligeamment proposé d'insérer dans une de ses propres publications. Rédigé d'abord en hollandais, l'ouvrage fut ensuite traduit en latin ; mais ce fut cette seconde version qui parut la première dans l'édition latine des *Exercitationum mathematicarum libri quinque* de Van Schooten,à la fin du tome V, sous le titre suivant : *De ratiociniis in ludo aleae*[1]. Rien ne saurait mieux s'accorder au thème de la présente Table ronde : « Huygens et la France », que son examen. A Paris furent posées, au cours du premier voyage qu'y fit le jeune Huygens, les questions auxquelles il dut le jour ; aux contacts maintenus par correspondance avec les plus célèbres mathématiciens français furent dus les ajouts, de minime étendue mais de grande conséquence, dont s'enrichit la première rédaction. On ne saurait bien appréhender ni la structure ni même le contenu du *De ratiociniis*, sans pousser le plus loin possible la connaissance précise de ces questions et de ces contacts ; à l'inverse, c'est à travers lui que se prolongent certaines recherches de Fermat et de Pascal : c'est même par son office que, sous une forme à vrai dire enveloppée, quelques unes, parmi ces dernières, gagnèrent une publicité immédiate et purent ainsi jouer le rôle que l'on sait dans les développements ultérieurs du calcul des probabilités. Dans sa sécheresse mathématique, l'opuscule ne nous apprend lui-même quasiment rien sur de tels échanges, et même un commentateur aussi perspicace que Jacques Bernoulli[2] ne pouvait, privé qu'il était de renseignements sur leurs péripéties, en pénétrer les arcanes. La monumentale édition de la Correspondance de Huygens, puis l'*Avertissement*, si étendu et si précis, qui précède dans le tome XIV des *Oeuvres* le *Van Rekeningh in Spelen van Geluck*[3] apportèrent une documentation si abondante, que, pour des raisons opposées, on aurait aujourd'hui plutôt du mal à en avoir une vue tout à la fois synthétique et circonstanciée, d'autant que les recherches historiques contemporaines nous octroient leur juste lot d'instructions nouvelles et d'interprétations divergentes.

Il convient, et de scruter plus avant des indications fragmentaires, et de mieux mesurer les jugements portés sur certains textes : c'est à une telle tâche que nous voudrions contribuer, par l'examen, strictement délimité ici à quelques uns de leurs aspects, de ces dialogues entre Huygens et les mathématiciens français, en cette courte période qui va du premier voyage parisien à l'édition du *De ratiociniis, in ludo aleae.*

*

* *

«On sait qu'en 1654, le Chevalier de Méré, joueur renommé et un peu mathématicien, proposa à Pascal quelques problèmes concernant les jeux de hasards, qu'il en résultait un échange de lettres entre Pascal et Fermat et que ce fut là l'origine du calcul des probabilités. Or, l'année suivante, le jeune Huygens, déjà connu par quelques ouvrages de mathématiques se rendit à Paris [...] Ce séjour [...] se prolongea de la mi-juillet jusqu'à la fin de novembre. Huygens ne rencontra à cette occasion ni Fermat (qui demeurait à Toulouse) ni Pascal, ni Carcavy qui avait servi d'intermédiaire lors de l'échange de lettres de ces deux savants sur les problèmes de Méré ; mais il fréquenta Claude Mylon, un des amis de Carcavy, et Roberval à qui l'on s'était adressé, de même qu'à Pascal, pour la solution des problèmes qui occupaient de Méré. Il n'y a donc pas lieu de s'étonner que Huygens fut informé de l'existence de ces problèmes (dont l'un est resté connu sous le nom de « problème des partis » et dont nous appellerons les autres « les problèmes des dés ») sans avoir l'occasion d'en connaître les solutions obtenues par Pascal et Fermat, ou les méthodes suivies par eux[4]. »

Partons de ce bilan que recommandent et sa sûreté et sa concision ; il nous évitera de revenir sur les faits les plus connus et les mieux établis. Aussi prudent que soit ce relevé de nos certitudes comme aussi surtout de nos ignorances, ne s'y glisse-t-il pas une hypothèse forcée lorsqu'est donnée pour claire une distinction entre problèmes dont seule l'existence aurait été connue, et méthodes, solutions elles entièrement ignorées ? A l'inverse, ne peut-on aller un peu au-delà du pur recensement des rencontres parisiennes ?

Pour commencer par ce point, la liste des informateurs éventuels est-elle bien complète ? Il est au moins deux personnages dont on pourrait imaginer qu'ils aient pu jouer ce rôle : le Chevalier de Méré, le duc de Roannez. Quant au premier, nous sommes assurés que Huygens l'a rencontré ; une brève note du « Journal de voyage » constitue aujourd'hui, conjointement avec ce qu'en dit Pascal dans sa lettre à Fermat du 29 juillet 1654, un des plus sûrs garants de sa primauté en quelque « invention » relative aux jeux de hasard : « Dîné chez le duc de Roannez avec le chevalier de Méré inventeur des partis dans le jeu[5]. » Mais cette rencontre n'eut lieu qu'au cours du deuxième séjour parisien, le 30 décembre 1660. Tournons nous maintenant vers cette autre possibilité : le duc de Roannez, témoin privilégié, féru de difficultés propres à surprendre ses relations savantes, n'aurait-il pas joué à l'égard du jeune Huygens le rôle qu'il jouera effectivement à l'égard du jeune Leibniz[6] ? N'est-ce pas lui qui aurait proposé des questions à Huygens ? Une déclaration formelle de Des Billettes paraît nous en assurer : quant à l'estimation des partis du jeu, « cela fut poussé par M. de Rouanez qui en parla à Mrs Hugens et Pascal, dont le premier en a fait un petit traité qu'il me donna nommé ce me semble *de ludo aleae* »[7]. Mais la mémoire de Des Billettes est ici en défaut, comme l'a remarqué J. Mesnard : le duc de Roannez n'a pu intervenir aucunement comme intermédiaire ; il ne fit la connaissance de Huygens qu'en 1660[8].

Restent Roberval et Mylon ; comme se contente de le remarquer l'*Avertissement,* ils font bien partie, eux, des personnes rencontrées par Huygens au cours du premier voyage. Plusieurs indices convergent qui nous feraient volontiers supposer plus fermement qu'ils entretinrent Huygens d'un sujet neuf qui avait agité il y a peu le groupe auquel ils appartenaient tous deux.

Relevons tout d'abord le fait qu'à peine achevée la première rédaction de son opuscule, c'est vers eux que se tourne Huygens, non pas seulement pour en annoncer la parution, mais pour leur poser des problèmes de son cru. Le 18 avril 1656, il écrit à Roberval :

> « J'ay depuis quelques jours escrit les fondements du calcul es jeux de hasard à la priere de Monsieur Schooten qui le veut faire imprimer, ou j'ay entre autres proposé une telle question. Quand je joue contre un autre avec deux dez, à condition que je gagneray aussi tost que je feray 7 poincts, et que il gagnera luy aussi tost qu'il fait 6 poincts ; et que je luy donne les dèz. Je demande qui des deux à de l'avantage en cecy, et quel. Je desire fort de veoir si vous trouverez mesme solution a cecy que moy[9]. »

Manifestement Huygens parle ici à quelqu'un qu'il sait déjà familier avec une matière si extraordinaire à cette époque, et ce n'est pas à un profane qu'on aurait ainsi posé, sans préparation d'aucune sorte, une question aussi directe ; le problème figure, comme le dit Huygens, dans son traité : il y constitue la Proposition XIV. Nous ne disposons pas dans la Correspondance de la lettre à Mylon où dut être formulée une demande semblable ; nous avons remarqué toutefois, dans un court *Sommaire* dû à Huygens, placé par les éditeurs en tête de la lettre de Mylon à Huygens du 15 avril 1656, la mention : « Question des dez[10]. » De toute manière, nous est donnée la lettre du 1^er^ juin 1656[11], dans laquelle Huygens déclare, avant de commenter les solutions qui lui ont été retournées : « J'ay pris grand contentement à veoir vostre raisonnement sur ce que j'avois proposé du jeu des dez[12]. » Il résulte des termes de cette lettre qu'outre le problème de la Proposition XIV,

> « Huygens avait posé à Mylon des questions sur l'avantage de la primauté dans le cas où le jeu est gagné par celui qui réussit le premier à faire un coup déterminé[13]. »

Rappelons en second lieu ces passages bien connus de Pascal où figure le nom de Roberval :

> « J'admire bien davantage la méthode des parties que celle des dés. J'avais vu plusieurs personnes trouver celle des dés, comme M. le Chevalier de Méré, qui est celui qui m'a proposé ces questions et aussi M. de Roberval : mais M. de Méré n'avait jamais pu trouver la juste valeur des parties ni de biais pour y arriver, de sorte que je me trouvais seul qui eusse connu cette proportion[14]. »

Roberval a bien eu par ailleurs, à décider de « l'art de faire le parti » : la lettre de Pascal à Fermat du 24 août 1654 nous en assure, mais nous informe du même coup que loin d'accepter de bonne grâce les méthodes proposées, il en critiquait le bien fondé, et ergotant pied à pied, se défiait de ce qui, en elles, ne lui paraissait pas vraiment démonstratif :

« Je communiquai votre méthode à nos Messieurs, sur quoi M. de Roberval me fit cette objection :

Que c'est à tort que l'on prend l'art de faire le parti sur la supposition qu'on joue en quatre parties, vu que, quand il manque deux parties à l'un et à trois à l'autre, il n'est pas de nécessité que l'on joue quatre parties, pouvant arriver qu'on n'en jouera que deux ou trois, ou à la vérité peut-être quatre.

Et ainsi qu'il ne voyait pas pourquoi on prétendait de faire le parti juste sur une condition feinte qu'on jouera quatre parties vu que la condition naturelle du jeu, est qu'on ne jouera plus dès que l'un des joueurs aura gagné, et qu'au moins, si cela n'était faux, cela n'était pas démontré.

De sorte qu'il avait quelque soupçon que nous avions fait un paralogisme[15]. »

Ce débat se tint devant « nos Messieurs ». « Pascal donne à ce propos le détail des arguments échangés : il nous fait véritablement assister à une séance de l'académie Le Pailleur[16].»

Voici enfin une déclaration de Huygens qui, semble-t-il, n'a pas été remarquée jusqu'ici, et que nous avons relevée dans la lettre à Wallis du 21 juillet 1656 ; Huygens vient d'annoncer la composition de son traité « de aleae ratiociniis » ; il poursuit en ces termes :

« Occasionem mihi dederant in Gallia Mathematici quidam, qui quaestiones hujusmodi mihi proposuerant. Nempe quoto jactu aliquis una tessera qualibus vulgo nunc utuntur, senarium se daturum contendere possit. item duabus tesseris quoto jactu senario duos. et plurimas praeterea hujus generis, quibus resolvendis non admodum facile fuit prima principia reperire[17]. »

Huygens laisse malheureusement en suspens la liste des questions proposées ; les deux questions mentionnées correspondent à celles qu'évoque Pascal dans sa lettre à Fermat du 29 juillet 1654, et dont les solutions suscitèrent « une difficulté qui étonnait fort » le Chevalier de Méré : « Si on entreprend de faire un six avec un dé », en combien de coups y a t-il « avantage de l'entreprendre » ? Même question, « si on entreprend de faire Sonnez avec deux dés[18]. » Huygens les a insérées dans le *De ratiociniis* ; elles font l'objet respectivement des Propositions X et XI. Nous retiendra ensuite au premier chef cette expression : « Mathematici quidam » ; sous la plume de Huygens, elle ne peut désigner que des mathématiciens au sens propre du mot ; et dans le Paris de 1655, des mathématiciens liés par les mêmes intérêts. Tout concorde ainsi pour restreindre le cercle des informateurs éventuels de Huygens et nous confirmer dans l'opinion qu'ils touchaient de près à l'Académie Le Pailleur. De tout ce qui précède, nous pouvons semble-t-il inférer que c'est bien par Roberval et Mylon que Huygens eut connaissance des questions relatives aux jeux de hasard.

Mylon, lié par ailleurs de longue date avec Van Schooten[19], aspirait vivement à poursuivre des échanges dont il regrettait qu'ils aient été trop vite interrompus à Paris[20] ; comme nous le verrons, il tenta de s'appliquer aux problèmes venus de La Haye, et répondit de son mieux, conjointement avec Carcavy aux sollicitations d'un Huygens en quête d'avis autorisés. Roberval, par contre, fit pour autant que nous le sachions, la sourde oreille. Nous avons toutefois remarqué que, par deux fois, le

27 juillet[21] et le 12 octobre 1656, Huygens veut le tenir informé du dernier état de ses recherches ; le 12 octobre, il écrit même à Carcavy :

> « Faites moy la grace je vous prie de communiquer tout cecy à Monsieur Milon, et aussi à Monsieur de Roberval, puis que vous le voyez quelquefois. afin que je n'aye pas besoin d'escrire plusieurs fois une mesme chose[22]. »

Le silence de Roberval mériterait qu'on s'y arrête. Peut-être n'est-il en rien significatif ; peut-être au contraire, a-t-il tenu à quelques graves réticences ; au cas même où, au cours de la discussion dépeinte plus haut, Roberval ait rendu les armes devant les « démonstrations » de Pascal, des doutes encore plus graves ont pu subsister dans son esprit ; nous ne serions pas loin de le penser, sur la foi d'indications concordantes. Ne produisons ici qu'un souvenir de Leibniz, à vrai dire déjà très parlant :

> « Je me souviens que Monsieur le Duc de Rohannez me fit l'honneur de me conter l'histoire de la recherche sur l'estime des paris et des avantages du jeu (...). Il me conta aussi que M. Roberval n'y avoit rien compris et n'avoit point cru la matière susceptible de demonstration[23]. »

*

* *

Huygens a placé en tête de son opuscule, pour y faire office de préface[24], une lettre à Van Schooten[25]. C'est le seul lieu de l'ouvrage où quelque allusion soit faite à l'avènement du nouveau calcul. Dette y est déclarée, cela est bien connu, à l'égard de certains mathématiciens, parmi les plus célèbres de France, qui en avaient déjà traité. Mais lit-on vraiment ce texte avec les yeux d'un lecteur de 1657 ?

> «Sciendum verò, quod jam pridem inter praestantissimos totâ Galliâ Geometras calculus hic agitatus fuerit, ne quis indebitam mihi primae inventionis gloriam hâc in re tribuat. Caeterùm illi, difficillimis quibusque quaestionibus se invicem exercere soliti, methodum suam quisque occultam retinuêre, adeo ut à primis elementis universam hanc materiam evolvere mihi necesse fuerit. Quamobrem ignoro etiamnum an eodem mecum principio illi utantur ; at in resolvendis Problematîs pulchrè nobis convenire saepenumerò expertus sum ».

Certes, allusion est faite à des géomètres français, mais quel laconisme, pour ne pas dire quels mystères ! Un lecteur non prévenu pouvait-il soupçonner que l'allusion visait très précisément Fermat et Pascal ? Aucun nom, encore moins de détails anecdotiques. Rien absolument sur un voyage à Paris, rien sur les échanges ultérieurs, indirects et imparfaits certes, mais fructueux, avec ces mêmes géomètres français. L'auteur ignore si ces derniers se sont servis du même principe que lui ; l'assertion ne manquait pas de vérité, si on savait l'entendre ; comment deviner cependant à la lire, qu'assurance expresse avait été communiquée par Carcavy ? « Monsieur Pascal se sert du mesme principe que vous. » Mais il ne convient pas d'insister plus que de raison sur ce laconisme et ces silences; les motifs en sont clairs. Ces quelques lignes n'ont d'autre but que de présenter brièvement ceux des Problèmes, simplement formulés en fin d'ouvrage, dont l'énoncé parvint de France. Elles sont d'un mathématicien qui a appris à son corps défendant la difficulté, mais aussi l'intérêt de ces Problèmes. En donner « l'analyse », c'était s'engager dans de trop longs développements[26]. Nous savons, nous, que manquait aussi le temps. Il reste que Huygens aurait pu tout simplement ne dire mot de tels problèmes. S'il a préféré, au prix de regrettables silences, les livrer à l'impression, c'est probablement qu'il accordait autant de prix aux subtilités des recherches en cours qu'à ses propres Propositions. On comprendra peut-être mieux de ce fait que Huygens, dans cette Lettre-préface, ne dise mot du novice qu'il fut en France.

A ne pas distinguer avec la plus grande fermeté problèmes connus au cours du séjour parisien et problèmes reçus ultérieurement, on ne court pas seulement le danger de brouiller les chronologies, comme le font des historiques trop sommaires ; on s'ôte toute possibilité d'entrevoir ce que furent ces problèmes initiaux ; au surplus, le laconisme mal compris de la Lettre-préface a pu détourner les commentateurs de rechercher des renseignements plus précis dans la Correspondance.

Les échanges entre Huygens et Van Schooten relatifs à la publication du *De ratiociniis* nous livrent de fait deux textes précieux dont on n'a pas jusqu'ici, semble -t-il, tiré vraiment profit.

Le premier, écho très certainement d'une information obtenue à Paris, apporte pour le moins des confirmations à ne pas négliger sur des points qu'on pouvait considérer comme déjà connus :

> « Difficultas materiae vel ex eo intelligi queat, quod Paschalius acerrimi ingenii juvenis nihil sibi aequè obscurum occurrisse aut majori labore constitisse asseveret. nam et ipse omnia haec aut pleraque certè investigavit, uti et Fermatius ; sed quibus principiis usi fuerint nemini adhuc puto compertum[27]. »

Que Pascal n'ait pas, en la période où il se livrait à leur étude, rencontré de matière plus obscure et ayant exigé de lui plus de peine que celle des jeux de hasard : en voici un témoignage très directement recueilli. Que Huygens ait entendu dire à Paris que Fermat en avait traité, le contraire eut été surprenant ; toutefois, l'indication, venant de Huygens lui-même - qui en a su encore moins sur les méthodes de Fermat que sur celles de Pascal - mérite d'être retenue. Qu'enfin, Huygens déclare ignorer sur quels principes se sont appuyés Pascal et Fermat, l'affirmation est bien plus riche de sens que celle, relevée plus haut, dans la Lettre-préface ; mais Huygens en dit davantage, et par ce trait, nous apprenons (personne, à ses dires, n'étant à ce jour, au fait de ces principes), que ses informateurs parisiens étaient à ses yeux, sur ce sujet, aussi ignorants que lui.

Notre deuxième texte, une simple phrase dans la lettre à Van Schooten du 6 mai 1656, retiendra déjà l'attention du fait qu'y est esquissé le projet de faire précéder le *De ratiociniis* par une lettre qui fera office de préface :

> « Quin etiam expediet ut praefationis vice epistola mea ad te praeponatur, in qua de materia ipsa deque eo qui primus eam examinare instituit quadam praescribantur, et quid mihi de Paschalii circa haec inventa in Gallia innotuerit[28]. »

On aura immédiatement vu que les deux derniers points mentionnés ne figurent pas dans la Lettre-préface telle qu'elle sera donnée à l'impression en 1657 ; l'auteur n'y dit mot, disions-nous plus haut, du novice qu'il fut ; nous sommes maintenant assurés, de source sûre, qu'il a bel et bien renoncé à en parler, alors qu'il avait, en un premier temps, projeté de faire état des informations recueillies à Paris. Ce dont nous a privés ce renoncement, ce sont des clartés sur celui qui « donna les premières ouvertures sur l'estime des paris » ; ne serait-ce pas en effet du chevalier de Méré dont voulait parler Huygens... « deque eo qui primus eam examinare instituit ». En second lieu, nous tirons, pour notre part, du dernier membre de phrase : « et quid mihi de Paschalii circa haec inventa in Gallia innotuerit », une indication en faveur de cette conjecture : Huygens se serait vu communiquer davantage que le seul énoncé de problèmes, et si, en toute rigueur, les « principes » lui échappèrent, quelques lueurs lui furent données sur des solutions particulières.

Ainsi donc, lorsque, dans la Lettre-préface, Huygens évoque la « prima inventio » du calcul, il ne songe guère aux circonstances de sa première apparition, mais à sa constitution véritable entre les mains de Fermat et de Pascal : calcul bien fondé capable d'affronter les plus grandes difficultés. Mais qu'est donc son « principe », sur l'unicité duquel, en ce même lieu, Huygens laisse planer un si sérieux doute ?

*

* *

> « Le calcul des probabilités est une science de mathématiques appliquées. Afin de pouvoir traiter une telle science sous la forme que Huygens choisissait de préférence dans ses premiers ouvrages, il fallait donc commencer, à l'exemple d'Archimède, par formuler, comme supplément aux postulats purement mathématiques, une ou plusieurs hypothèses pouvant servir de point de départ à la démonstration des théories dont on avait besoin[29]. »

Un tel jugement appelle plusieurs interrogations. Nous ne nous préoccuperons pas ici de ce style de rédaction du jeune Huygens qu'aurait marqué l'influence d'Archimède. Sur le terrain seul de l'analyse des jeux de hasard, n'y a-t-il pas quelque anachronisme à s'en rapporter d'emblée à la notion de « mathématiques appliquées » ? Ces distinctions entre postulats, hypothèses, démonstrations sont-elles pertinentes ? Et tout d'abord, est-ce bien ainsi qu'aurait pu s'exprimer Huygens ? Revenons à sa déclaration. « J'ay depuis quelques jours escrit les fondements du calcul es jeux de hasard. » Peut-on qualifier ces fondements par le mot « hypothèses » ? Quel est leur rapport au « calcul » ? Ne peut-on mieux préciser d'un point de vue historique la nature de leur insertion dans les Mathématiques ? Questions qu'il faut d'autant moins négliger que Jacques Bernoulli a consacré de son autorité ce mot de *fundamentum*, nous en proposant d'ailleurs déjà une interprétation : si Huygens l'exprime explicitement sous forme générale dans le Préambule, il l'exprime également mais sous forme particulière dans les trois premières Propositions :

> « Auctor hujus Tractatûs in fine Proœmii sui generaliter, in hâc verò & duabus sequentibus Propositionibus specialiùs totius Artis fundamentum exponit[30]. »

Selon Nicolas Bernoulli sont présentés dans la première partie de l'*Ars conjectandi* les « prima Artis Conjectandi elementa » :

> « Divisit Auctor Opus istud in quatuor Partes, quarum I$^{ma}$ continet Illustris Hugenii Diatribam de Ratiociniis in Aleae Ludo cum Annotationibus, quam Tractatui suo tanquam prima Artis Conjectandi elementa praemittendam esse judicavit[31]. »

N'est-il pas frivole celui qui applique son esprit à des frivolités ? L'auteur croit bon de trouver excuse à ce qui a l'apparence d'un divertissement. Précaution liminaire significative ; il n'allait pas de soi qu'à une matière si légère puisse se rapporter un examen sérieux, qui plus est, mathématique.

> « Quippe cum *in re levi ac frivolâ* operam collocâsse videri alioqui possem [...] Quanquam, si quis penitius ea quae tradimus examinare caeperit, non dubito quin continuo reperturus sit, rem non, ut videtur, *ludicram* agi... »[32] « Quae quidem *ludicra* sunt quodammodo,...[33] ».

Huygens escompte du lecteur attentif qu'il échappe à ces premières impressions : rien n'est plus malaisé à saisir que ces apparentes bagatelles. Elles requièrent la plus grande subtilité[34] ; en ordre de difficulté, elles égalent même, n'hésite pas à proclamer Huygens, les problèmes de Diophante. Elles ont exercé la sagacité de mathématiciens parmi les plus perspicaces qui se sont mis à l'épreuve en se proposant des questions très difficiles[35]. Difficulté proprement mathématique, mais aussi plus profondément, subtilité d'un art qui paraît d'autant plus admirable qu'il assujettit rationnellement ce qui paraît le plus rebelle à une telle prise :

> « quanto enim minus rationis terminis comprehendi posse videbantur, quae fortuita sunt atque incerta, tanto admirabilior ars censebitur, cui ista quoque subjacent[36] ».

Comment ne pas songer à une célébration analogue de ce nouvel art admirable, celle de Pascal, dans l'*Adresse à l'Académie parisienne* ?

> « Eam quippe tanta securitate in artem per geometriam reduximus ut certitudinis ejus particeps facta, jam audacter prodeat ; et sic matheseos demonstrationes cum aleae incertitudine jungendo, et quae contraria videntur conciliando, ab utraque nominationem suam accipiens, stupendum hunc titulum jure sibi arrogat : *Aleae Geometria*[37]. »

Venons en aux formes différentes que prend ce « fundamentum », ainsi défini en tête du *De ratiociniis* :

> « Hoc autem utrobique utar fundamento : nimirum, in aleae ludo tanti aestimandam esse cujusque sortem seu expectationem ad aliquid obtinendum, quantum si habeat, possit denuo ad similem sortem sive expectationem pervenire, aequâ conditione certans[38]. »

Dans ce document particulièrement précieux qu'est ici la lettre à Carcavy du 6 juillet 1656, c'est un « théorème » que formule Huygens, lorsqu'il tient à faire la preuve qu'il possède bien la « méthode » permettant de venir à bout des problèmes proposés par Fermat :

> « ...dans le traitè que j'ay envoyé à Monsieur Schoten il y a 2 mois [...] il y a aussi un Theoreme duquel je me sers dans toutes ces questions des partis du jeu [...] Le Theoreme est cettui-cy. Si le nombre des hazards qu'on à pour avoir b soit p, et le nombre des hazards qu'on à pour avoir c soit q : Cela vaut autant que si l'on avoit $\frac{bp + cq}{p + q}$[39]. »

On reconnaît la « Proposition III » du *De ratiociniis*. Dans sa lettre suivante à Carcavy[40], Huygens utilise conjointement les mots « theoreme » et « regle » : « Dans le Theoreme dont vous dites que ce dernier [Pascal] se sert de mesme que moi »... « Or de cette reigle je m'en sers aussi dans l'exemple que vous avez proposé. » Enfin, dans des contextes où est moins directement en cause un « Théorème » se rencontrent également les mots « principe » et « méthode »[41].

Loin de nous l'intention de dénoncer en ces variations de mots quelque dommageable flottement de pensée. Tout contraire est le trait que nous voudrions souligner : fermeté de la confiance en *une* règle, de quelque nom qu'on l'appelle ; l'assurance de pouvoir en toute question de ce genre, prendre appui sur une même méthode. Qu'en telle circonstance, Huygens donne sa Proposition III pour Théorème fondamental, cela prouve qu'en son esprit, la légitimation dont il avait doté cette Proposition en la dérivant à partir de son « fondement » initial, la consacrait comme « règle » ensuite directement utilisable. Cette confiance, cette assurance, nous devons aux à peu près de Carcavy, de les voir s'exprimer en toute clarté, lorsque Huygens, très intrigué assurément par la formulation arithmétique sous laquelle lui parvenaient des résultats particuliers de Pascal, se déclare convaincu de l'universalité de sa méthode :

> « Et quoyque ce ne soit pas avec la mesme brievetè qu'apporte celle de Monsieur Pascal au cas que l'on a une ou deux parties à point ; Elle est toutefois fort universelle, et je croy que dans les autres cas aux quels celle de Monsieur Pascal ne s'estend point, il se sert de la mesme ou d'une semblable, et que mesme sans l'ayde d'une telle il n'est pas parvenu à la siene qui est à la verite fort compendieuse et belle[42] .»

Et son théorème dut lui paraître d'autant plus puissant que par son seul usage, il vint à bout d'une difficulté que Pascal avait estimé redoutable, même pour Fermat :

> « Je me suis toujours servij du mesme theoreme que dessus, et par le moyen de cettuylà et de l'algebre j'ay trouvè la reigle generale pour cette question, qui est fort simple comme vous verrez[43] . »

*

* *

Pour aussi certain qu'il ait été de la bonté de son « analyse », Huygens n'en a sans doute pas moins soupçonné que sa maîtrise n'était peut-être pas aussi ferme qu'il l'avait cru en avril 1656. Jouant tout d'abord à tenir cachés ses résultats[44], le voilà ensuite mis sur la défensive et conduit à « faire voir » qu'il y était vraiment parvenu de son chef[45]. Il dut être intrigué, avons nous remarqué, par certains résultats numériques de Pascal, répondant d'ailleurs à une question sur la « valeur » des parties dont il ignorait la nature[46]. A propos des problèmes posés par Fermat, il est contraint d'avouer que, s'il en a la solution, c'est seulement « quant à la méthode, non pas quant au calcul »[47]. Certes, il put mettre cet écart entre « méthode » et « calcul » au compte d'une complication superficielle de difficultés qu'on peut multiplier à loisir[48], mais il en vint ensuite, la Lettre-préface l'atteste, à accorder un ordre supérieur de subtilité à certains de ces nouveaux problèmes. Au fond, dès que les contacts furent établis avec Fermat et Pascal, Huygens reçut plus qu'il ne demandait. Il tablait sur la concordance des résultats obtenus de part et d'autre ; on lui en procure qui ont une forme énigmatique. Il tenait à savoir si les deux géomètres français se servaient du même théorème que lui ; on lui fait parvenir une liste où « toutes ces questions ont des methodes et des reigles differentes»[49]. Certes rien n'est venu entamer la solidité des Propositions déjà rédigées du *De ratiociniis* ; tout au contraire. Mais tout se passe comme si, par delà ces Propositions, s'ouvraient des domaines d'abord insoupçonnés ; Huygens en a trop peu appris sur les explorations déjà entreprises pour en signaler davantage que la seule existence ;

il formulera donc simplement en fin d'ouvrage, sans le moindre commentaire cinq problèmes : deux lui furent posés par Fermat, le cinquième n'est autre qu'une question posée par Pascal à Fermat. Au *De raticociniis* proprement dit, vient ainsi se juxtaposer comme un concentré des spéculations les plus récentes de Pascal et de Fermat.

Dans cette juxtaposition se reflète ce qu'a eu d'extrêmement paradoxal la situation de Huygens dans cette courte période : il bénéficie de questions inédites, mais rien ne lui est communiqué de la correspondance échangée entre Pascal et Fermat, en 1654. Pour user des expressions de Pascal, il ne soupçonnera pas l'existence de cette autre « méthode » que celle des « partis », cette « méthode des combinaisons » dont Fermat usait magistralement ; sur la méthode des « partis », il ne saura pas davantage ce qu'elle devenait entre les mains de l'auteur du *Triangle arithmétique*. Pour expliquer, s'il se peut, de si surprenants défauts d'information, précisons ce que furent les échanges dont Carcavy fut la cheville ouvrière. L'intervention de ce dernier fut décisive : les relations personnelles qu'il entretenait tant avec Fermat qu'avec Pascal lui permirent d'obtenir de tous deux des réponses rapides. Dès sa première lettre datée du 20 mai 1656, Carcavy annonce qu'il a fait connaître à Fermat la question de Huygens :

> « Je lui ay envoyé par le dernier ordinaire ce que vous demandez touchant le parti des ieux[50]. »

et sera en mesure, le 22 juin, d'en communiquer la réponse :

> « Monsieur de Fermat m'a envoyé il y a desia quelques jours la solution de ce que vous aviez proposé touchant le parti des Jeux, et vous verrez par l'extrait que ie vous faits qu'il a la demonstration generalle de ces sorte de question...[51] »

Carcavy sollicita de même Pascal, mais la présentation par trop schématique des faits donnée, tant par l'*Avertissement*[52] que par une notice des éditeurs de Pascal[53] ne laisse point paraître un trait important des relations entre Pascal et Fermat : la demande de Huygens a en quelque sorte déclenché la reprise, mais cette fois-ci par personnes interposées, de leurs joutes de 1654. Dans sa lettre du 20 mai 1656, où Pascal est loué pour avoir « enchery sur la pensee d'Apollonius », Carcavy ne disait point qu'il allait lui soumettre la demande « touchant le parti des jeux » dont il annonçait l'envoi à Fermat. De fait, il la lui soumit effectivement, et Pascal en avait « déjà » trouvé la solution, lorsque Carcavy put lui communiquer les « propositions » de Fermat :

> Pascal « avoit desia trouvé la solution de vostre proposition et me doit donner au premier iour celles de toutes les autres qui sont dans l'extrait de cette lettre de Monsieur de Fermat[54]. »

Il est inexact d'affirmer qu'en juin 1656, Pascal ne tint point ses promesses et « ne remit rien à Carcavy »[55]. Le 23 juin, Mylon apprend à Huygens que « Messieurs Defermat et *Paschal* ont trouvé séparément que c'estoit comme 30 à 31 »[56]. On peut très sérieusement conjecturer que Pascal s'exerça également à résoudre les difficultés adressées de Toulouse ; peut-être aussi que Fermat, s'adressant à Carcavy, escomptait produire quelque effet sur son interlocuteur de 1654. Autre conjecture dont nous ne pouvons ici développer toutes les raisons : n'est-ce pas en 1656, après avoir pris connaissance des problèmes proposés par Huygens et Fermat que Pascal en proposa un autre à son tour ? Relevant le gant à titre personnel, et croyant même prendre Fermat en défaut, en lui retournant une question encore plus difficile :

> « Voicy une autre proposition qu'il a fait à Monsieur de Fermat laquelle il juge sans comparaison plus difficile que toutes les autres [...] la question parut si difficille à Monsieur Pascal qu'il douta si Monsieur de Fermat en viendroit à bout, mais il m'envoya incontinent cette solution[57]. »

Ainsi reprendraient en France, un bref moment, des assauts de prouesse technique où chaque protagoniste pouvait avoir surtout en tête le point où en étaient leurs propres débats.

Ne sachant pas jusqu'où allait, en la matière, la science de leur jeune émule, et assurés par ailleurs de ses capacités à aborder des questions difficiles, c'est en quelque sorte à mi-mot qu'ils s'expriment à son égard : Fermat lui fournit matière à exercices diversifiés ; Pascal veut lui faire d'emblée l'aveu de son ignorance, lui confiant, à propos du problème de la valeur des parties, qu'il n'en a pas la « règle générale ». La discussion s'instaurant au plus haut niveau, silence est tenu sur les cas élémentaires, comme sur le détail des méthodes. Ce n'est pas pourtant que les deux maîtres auraient refusé de s'en expliquer, s'ils en avaient été sollicités. Autre aspect paradoxal de la situation, ce fut son assurance d'en savoir assez qui priva Huygens de telles explications. Comme il déclara au plus vite avoir résolu les problèmes de Fermat, du moins « quant à la méthode », il n'y avait plus lieu de donner suite à l'offre obligeante de Fermat :

> « Toutes ces questions ont des methodes et des reigles differentes, si on n'en peut venir à bout ie vous les expliqueray toutes avec leurs demonstrations[58]. »

Comme, en second lieu, Huygens se déclarait surtout soucieux de connaître si Fermat et Pascal se servaient du même « théorème » que lui, c'est un « principe », une « règle » que lui communique brièvement Pascal par l'intermédiaire de Carcavy ; en dehors de la réponse précise à la question posée, Huygens pouvait d'autant moins entrevoir les méthodes de Pascal que « l'énonciation » de la règle ressemble étrangement à celle donnée de son propre théorème, dans sa lettre à Carcavy[59].

*

* *

Rendez-vous manqués, réponses retardées ou refusées, intermédiaires peu adroits, silences calculés : une sorte de malheureuse illustration des contraintes dont pouvaient souffrir, en cette deuxième moitié du XVII^e^ siècle, les échanges scientifiques. Face à cela, un texte apparemment uni, anonyme à quelques allusions près, concis au point que son terme en est énigmatique, bref hors du temps en ses raisonnements et calculs. Le contraste est tel qu'on serait tenté, se conformant à la sobriété de l'auteur, d'oublier quand vient l'heure d'étudier l'opuscule, le détail des échanges. Mais une telle dissociation s'avérerait en fait très hautement dommageable et irait jusqu'à interdire la plus simple intelligence de l'œuvre. En la division des questions en deux types, - d'où la section « De Tesseris » -, retentit directement l'écho des exercices appris à Paris ; le « fundamentum » se dit et se pense sur fond de méthode pascalienne ; ces points, et bien d'autres, appellent des études comparatives étendues que nous ne pouvons ici qu'alléguer. Des nombreux documents produits plus haut, ressortent déjà nombre d'indications non seulement sur les traces laissées en l'opuscule par les si curieuses péripéties de sa conception et de sa rédaction, mais plus en profondeur sur la *prima inventio* du calcul telle que la réédita Huygens. Ainsi en va t-il particulièrement de ce qu'on peut considérer comme trois étapes clairement délimitées : voyage parisien, première rédaction, contacts indirects avec Fermat et Pascal ; le novice sait que les problèmes posés relèvent bien d'un traitement mathématique et peuvent conduire à des explorations plus étendues ; l'inventeur exploite les vertus d'un principe unique, et tout en y mettant quelque pointe de défi, sollicite en même temps, et sa consécration personnelle, et la confirmation de ses vues ; mis au fait, dans des conditions bien singulières, d'autres avancées des calculs, il maintiendra des convictions fondées sur ses propres succès. Autant d'étapes, autant de parties repérables en l'opuscule ; et peut-être les défauts d'information ont-ils eu, chaque fois, quelques heureux effets : ils ont permis une appréhension spécifique de problèmes dont fut, avec audace, présumée l'unité. Toujours est-il qu'en tous ces sens devraient se poursuivre des enquêtes auxquelles se révéleraient, mieux qu'à des interprétations trop grevées d'anachronismes, ce que furent, pour Huygens, les *fondements* des calculs ès jeux de hasard.

## NOTES

1. Ce tome V a pour titre : « Francisci a Schooten Exercitationum Mathematicarum Liber V. Continens Sectiones triginta miscellaneas ». C'est d'après cette édition que nous citons le texte latin, - préféré ici aux traductions françaises souvent trop peu précises. Nous abrégerons sous la forme *De ratiociniis* le titre du traité de Huygens.

2. Rappelons que le traité de Huygens, assorti des Annotations de Jacques Bernoulli constitue la première partie de l'*Ars conjectandi* (Bâle, 1713). Voir le volume nouvellement paru des Oeuvres de Jacques Bernoulli (*Die Werke von Jakob Bernoulli*, Band 3, Bâle, 1975, p. 109-150).

3. Le traité de Huygens est reproduit au t. XIV des *Oeuvres* (La Haye, 1920) dans sa version hollandaise, avec en regard une traduction française. On trouve au début de l'*Avertissement* mentionné un « Aperçu de la genèse de l'ouvrage 'De ratiociniis in ludo aleae' et des recherches subséquentes de Huygens sur des questions de probabilité ».

4. *Avertissement*, p. 3-4.

5. Voir B.Pascal, *Oeuvres complètes*, éd. J. Mesnard, Paris, Desclée de Brouwer, 1964, t. 1, p. 502.

6. Dans des notations manuscrites de 1676 : « Proposuit mihi dux Roannesius », et « Mons. le duc de Rohanez me proposa avanthier une telle question d'Arithmetique... » (L.Couturat, *Opuscules et fragments inédits de Leibniz*, Paris 1903, p. 575-576).

7. Des Billettes à Leibniz, 27 oct. 1696. Voir J. Mesnard, *Pascal et les Roannez*, Paris, 1965, t. I, p. 370-371.

8. *Op. cit.*, t. I, p. 371, note 1. Arrivé à Paris le 28 oct. 1660, « le jeune savant hollandais avait dès le 4 novembre par l'intermédiaire de Carcavy, fait la connaissance du duc de Roannez, qu'il devait fréquenter assidûment pendant son séjour » (*Op. cit.*, t. II, p. 655).

9. *Oeuvres*, t. I, p. 404.

10. « Sommaire : Exemplaires. Questions des dez. Regle de Descartes [Chr. Huygens] » (*Id.*, p. 399).

11. Cette lettre est une réponse à une lettre du 13 mai 1656 qui n'a pas été retrouvée par les éditeurs de la Correspondance (*Id.*, p. 426, note 1).

12. *Id.*, p. 426.

13. Avertissement (*Id.*, p. 6, note 3).

14. B. Pascal, *Oeuvres*, éd. J. Mesnard, II, p. 1137.

15. *Id.*, p. 1148-1149.

16. J. Mesnard, dans l'étude qui ressuscita littéralement l'Académie Le Pailleur (dans *l'Oeuvre scientifique de Pascal*, Paris, Centre international de synthèse, 1964, p. 10). Relevons y également deux indications fort précieuses pour notre propos : « Mylon fut l'héritier spirituel et le destinataire des papiers de Le Pailleur » (p. 11) ; « Il est possible que, du vivant même de Le Pailleur certaines réunions de l'académie se soient tenues chez Mylon » (p. 12, n. 2).

17. *Oeuvres*, t. I, p. 459-460.

18. B. Pascal, *Oeuvres*, éd. J. Mesnard, II, p. 1142.

19. Voir P. Costabel, « Mylon, Claude », D.S.B., vol. IX, 1974, p. 599. Nous avons rencontré, précisément dans le volume où paraît le *De ratiociniis* de Huygens, au début de la « Sectio XXVIII », un passage où Van Schooten déclare l'amitié qui le lie à Mylon : « Quâ ratione ex tribus observationibus umbrae Solis, uno die in plano Horizontali factis, Geometricè inveniatur linea Meridiana, ostendit mihi Parisiis ante aliquot annos Mathematum peritiâ non minus quam omni virtute insignis D. Claudius Mylon, J.C., cum quo tunc temporis familiarissimè sum versatus, ac etiamnum amicitiam arctam colo. ».

20. ...« Jesperois repasser et estudier avec vous ces belles sciences ou vous excellez. Je croyois avoir assez de temps cet hyver pour les voir ensemblez et comparer vos belles Inventions avec celles de nos Geometres, mais vostre retour precipité a coupé ces desseins, Je ne vous ay fait voir que peu de chose a la haste » (*Oeuvres*, t. I, p. 376).

21. Huygens ajoute à sa lettre du 27 juillet 1656, en post-scriptum : « Il y a longtemps que je n'ay point eu de nouvelles de M. [Mylon]. Je ne scay ce que je doibs penser de ce que ny luy ny Monsieur de Carcavy ne me respondent point depuis que je leur ay envoyè la solution de quelques questions en matiere des jeux de hazard, que Monsieur de Fermat m'avoit proposees » (p. 466).

22. *Id.*, p. 506.

23. Lettre à Filleau des Billettes du 30 juillet 1696 (Bibl. prov. de Hanovre, *Leibnizbriefe*, n°70, f°18) ; cité par J. Mesnard, *Pascal et les Roannez*, 1965, t. I, p. 370.

24. Ce texte se présente dans le *De ratiociniis* sous la forme d'une lettre datée (La Haye, le 27 avril 1657). Dans l'*Ars conjectandi*, où ne sont pas retenues ces dernières précisions, il est précédé de la mention « Christ. Hugenii ad Franc. Schootenium *Praefatio.* » Par commodité d'expression, nous le désignerons plus bas sous le nom de Lettre-préface, avec d'autant plus de liberté que Huygens a utilisé lui-même cette expression dans une autre lettre à Van Schooten (voir note 28).

25. La version latine de la Lettre-préface qui est la version originale a été donnée dans la *Correspondance* (*Oeuvres*, t. II, p. 59-60), mais non à la place que lui conférerait normalement la date qu'elle porte ; elle y figure sous le n°409, comme Appendice I au n°408 (lettre du 28 septembre 1657). La date qu'elle porte (27 avril 1657) doit bien être celle du jour d'envoi ou de remise ; en effet, Huygens écrit dans sa lettre du 21 avril 1657 (*Oeuvres*, t. II, p. 27-28) : « Tractatum de Alea in quo nonnulla immutavi, pauca vero addidi, sequenti hebdomade tibi mittam vel ipse adferam potius. »

26. ...« omissa tamen analysi, cum quod prolixam nimis operam poscebant, si perspicuè omnia exequi voluissem »...

27. Lettre du 20 avril 1656 à Van Schooten (*Oeuvres*, t. I, p. 405).

28. Lettre du 6 mai 1656 à Van Schooten (*Oeuvres*, t. I, p. 413).

29. *Oeuvres*, t. XIV, *Avertissement*, p. 18.

30. Jacques Bernoulli, *Die Werke*, Band 3, p. 110-111.

31. *Op. cit.*, p. 108.

32. Lettre-préface.

33. *Oeuvres*, t. II, lettre n°679, C. Huygens à G. A. Kinner von Löwenthurn (30 octobre 1659), p. 503.

34. Voir dans la Lettre-préface : « ...sed pulchrae subtilissimaeque contemplationis fundamenta

explicari», et dans la lettre citée dans la note précédente : « ...sed speculationem habent jucundam neque insubtilem... ».

35. Dans la Lettre-préface : « Et Problemata quidem quae in hoc genere proponuntur, nihilo minus profundae indaginis visum iri confido, quam quae Diophanti libris continentur » ... « Caeterum illi, difficillimis quibusque quaestionibus se invicem exercere soliti, ... ».

36. *Ibid.* Nicolas Bernoulli citera cette phrase à l'appui de sa propre célébration de l'*Ars conjectandi* dans le chap. II de sa *Dissertatio de usu artis conjectandi in jure* :« Manifestum hinc est quid sentiendum sit de praestantia Artis Conjectandi ».

37. B. Pascal, *Oeuvres complètes*, éd. J. Mesnard, II, p. 1034-1035.

38. *De ratiociniis*, p. 521-522.

39. *Oeuvres*, t. I, lettre n°308, C. Huygens à Pierre de Carcavy, 6 juillet 1656, p. 442.

40. *Op. cit.*, p. 505.

41. Ainsi dans la Lettre-préface : « Quamobrem ignoro etiamnum an eodem mecum *principio* illi utantur » ... « Caeterum illi (...) *methodum* suam quisque occultam retinuêre. » Voir Carcavy dans sa lettre du 28 septembre 1656 : « Monsieur Pascal se sert du mesme *principe* que vous » (*Oeuvres*, t. I, p. 492).

42. *Op. cit.*, p. 505.

43. *Ibid.*

44. Huygens, le 1er juin 1656, demande à Mylon de conserver le secret : « J'attends avec impatience ce qu'en dira Monsieur de Fermat pendant quoy vous me permettrez de tenir cachee la solution que je puis desmontrer estre veritable, et a la quelle si quelqu'un pretendroit de contredire, je pourrois luy gagner son argent » (*Op. cit.*, p. 427).

45. Je mettrai ici le Théorème, dit Huygens à Carcavy le 6 juillet 1656, « parce qu'autrement je ne pourrois pas vous faire voir que je suis venu à bout des Problemes que Monsieur de Fermat à proposèz » (p. 442).

46. Voir *Avertissement*, p. 7, note 14.

47. Le même jour, Huygens confie à Mylon, au sujet des mêmes problèmes : « Je vous asseure que la mesme apresdisnee que je receus vostre lettre, j'ay trouvè la solution de toutes, quant à la methode, non pas quant au calcul ; qui est si long dans quelques unes d'elles que je n'ay pas voulu m'amuser a le poursuivre jusque au bout » (p. 448).

48. « Il ne me seroit pas difficile d'en inventer encore cent autres en cette matiere qui seroyent beaucoup plus malaisees ; mais ce ne serviroit qu'a tourmenter l'esprit et perdre le temps » (*Ibid*).

49. Fermat donne cette précision dans l'extrait de lettre communiqué à Huygens par Carcavy *Ibid*, p. 434 .

50. *Ibid.*, p. 418. Vraisemblablement, c'est Mylon qui a dû transmettre cette question à Carcavy. La lettre commence ainsi : « N'ayant pas l'honneur d'estre connu de vous, vous trouverez peut estre estrange la liberté que ie prends de vous escrire, mais Monsieur Mylon m'ayant voulu procurer ce bien lorsque vous estiez en France, et m'ayant temoigné que vous aviez pris la peyne de venir en cet hostel », ... (*Ibid.*) ; et la phrase citée où est annoncé l'envoi à Fermat se poursuit ainsi : ...« et ie donnay il y a quelques iours à Monsieur Mylon deux beaux problesmes sur les nombres pour vous les faire voir » ... (*Ibid.*)

51. *Ibid.*, p. 432. L'extrait mentionné de la lettre de Fermat figure dans la correspondance, en appendice à la lettre de Carcavy, sous le n°301, p. 433-434.

52. *Oeuvres*, t. XIV, p. 6-8.

53. B. Pascal, *Oeuvres*, éd. L. Brunschvicg, P. Boutroux, F. Gazier, Paris, t. III, p. 436-437.

54. *Oeuvres*, t. I, p. 432.

55. B. Pascal, *Oeuvres*, éd. cit., p. 437.

56. *Oeuvres*, t. I, p. 439.

57. *Ibid.*, p. 493.

58. *Ibid.*, p. 434.

59. Huygens: «Si le nombre des hazards qu'on à pour avoir b soit p, et le nombre des hazards qu'on à pour avoir c soit q : cela vaut autant que si l'on avoit

$$\frac{bp+cq}{p+q}$$ »

(*Ibid.*, p. 442). La règle de Pascal, rédigée sous une forme inexacte par Carcavy : « S'il y a tel nombre d'hazards qu'on voudra comme par exemple dix, qui donnent chacun trois pistolles ; et qu'il y en aye deux qui donnent chacun 4 pistolles ; et qu'il y en aye trois qui ostent chacun trois pistolles ; Il faut adiouster toutes les sommes ensemble, et les hazards ensemble, et diviser l'un par l'autre, le quotient est le requit, ce qui revient à une mesme enontiation que la vostre » (*Ibid.*, p. 492).

Huygens et la France
(Paris, Vrin, 1981, p. 139-152)

# HUYGENS ET LA MÉCANIQUE DE LA CHUTE DES CORPS A LA CAUSE DE LA PESANTEUR

par Pierre COSTABEL
(E.H.E.S.S., Centre Alexandre Koyré)

Le propos d'une communication sur le rôle de Christian Huygens dans le développement de la science du mouvement au XVII^e siècle ne saurait être, ici, de reprendre le bilan des découvertes et des acquisitions majeures qui sont dues au génie technologique de ce grand savant. Les unes et les autres sont présentes à l'esprit de tous. Il convient plutôt, semble-t-il, de réfléchir sur l'évolution dont témoigne Huygens au cours de sa vie, quant à la conception des problèmes qui se posent à la Mécanique et à la philosophie qu'il déclarait lui-même en retirer.

Les influences de Galilée et de Descartes se conjuguent manifestement à l'origine des intérêts du jeune Huygens pour cette science du mouvement à laquelle les *Discorsi* avaient consacré en 1638 le qualificatif de « nouvelle ». Aussi est-il important de situer ses réactions devant la nouveauté. A cet égard une lettre à Mersenne, de date probable du 28 octobre 1646, est suffisamment significative. Car, face à des objections du vétéran qu'est le célèbre Minime, le jeune homme s'affirme pour proposer une justification originale de la loi galiléenne de la chute des corps et il y a là une illustration caractéristique de ce que A. Beaulieu a appelé une deuxième étape des relations entre ces deux esprits.

La lettre en question, éditée dans le tome I des *Oeuvres*[1], avait été publiée antérieurement par Charles Henry d'après une copie qui se trouve à la Bibliothèque Nationale à Paris, mais la minute autographe conservée à Leyde permet de situer un certain nombre de variantes qui ne sont pas indifférentes. On a trop tendance, en général, à négliger ce genre de détails. Dans le cas présent il est clair d'une part que Huygens avait déjà conscience de la nécessité de conserver par devers lui la trace de son envoi, d'autre part qu'il a éprouvé le besoin de compléter, sur la lettre effectivement envoyée, les raisonnements relatifs à un point particulièrement controversé depuis longtemps. A savoir si la vitesse du corps abandonné à lui-même dans la chute a ou n'a pas dès le début un certain « degré ». Sans aucun doute la machinerie que propose Huygens et qui consiste à utiliser deux fléaux de balance - l'un horizontal sur lequel on fait agir le choc d'un corps sur une très petite hauteur de chute, l'autre vertical sur lequel s'exerce le choc d'une boule roulant avec une très petite vitesse sur un plan horizontal - n'a rien de convaincant. Et il ne peut être question ici d'en discuter. Mais il convient de noter combien le jeune étudiant de l'université de Leyde a saisi où se situe la difficulté pour son interlocuteur.

Encore qu'il ne sache probablement pas que cette difficulté remonte pour Mersenne à ses tout premiers contacts avec la pensée galiléenne, il est au fait grâce à la lettre du Minime à laquelle il répond.

> « Pour garder in vacuo les proportions des nombres 1, 3, 5, 7, lui a dit Mersenne, il est nécessaire que le grave tombe par tous les degrés de tardité et cela n'est point, à cause que la pierre a au commencement de sa chute déjà une certaine vitesse. »

La réponse à cette objection est immédiate, tranquille et catégorique.

> « Je dis, déclare Huygens, que sans [aucun] doute la pierre passe par tous les degrés de tardité et qu'elle *a eu* moindre vitesse que quelconque vitesse donnée. »

La rigueur mathématique de l'expression est remarquable, et, comme le montre la suite, la conviction de Huygens vient de ce qu'il a des raisons, mathématiques, de considérer la loi galiléenne des espaces parcourus comme absolument démontrée. Tandis que Mersenne n'a finalement souscrit depuis plus de dix ans à cette loi qu'à travers un mélange de théorie et d'empirisme, tandis que Mersenne bute toujours sur une conséquence de cette loi qu'il est impossible de soumettre à l'expérience, Huygens s'est établi d'emblée dans une toute autre perspective : la loi est exacte, donc ses conséquences logiques le sont aussi et il n'y a pas d'objection qui tienne.

Aussi ce n'est que pour satisfaire la tendance d'esprit de son interlocuteur que Huygens assortit son affirmation d'un appel à des expériences fictives. Dans les compléments introduits sur la lettre envoyée, il conclut le développement relatif à ces expériences fictives en disant que

> « ce qui fait sembler que la boule avait une certaine vitesse en commençant sa chute, c'est qu'on ne voit jamais que fort peu de la tardité avec laquelle elle commence. »

Autrement dit le témoignage des sens est trompeur et, solennellement en quelque sorte, Huygens poursuit « *Or* tel est le principe qui m'a fait trouver la proportion des nombres impairs... » A s'exprimer ainsi, c'est bien signifier que rien ne peut prévaloir contre une démonstration rigoureusement conduite.

En définitive c'est à cette démonstration que nous devons porter ici toute l'attention qui convient. Le principe de découverte que Huygens annonce consiste simplement à considérer que dans la chute libre, à deux durées égales de chute qui se succèdent à partir de l'origine correspondent des espaces parcourus qui sont entre eux dans un rapport fixe, indépendant de la durée particulière considérée. Si l'on désigne par f(t) l'espace parcouru par le corps en chute libre en fonction du temps t, le principe adopté par Huygens s'exprime par

$$\frac{f(2t) - f(t)}{f(t)} = \text{Cte, ou aussi par } f(2t) = k.f(t)$$

Incontestablement il s'agit là d'une expression originale par laquelle le jeune auteur se démarque nettement de Galilée. Il n'en fournit curieusement aucune justification et se contente de demander à Mersenne de la lui « concéder ». Accordons la lui nous-même pour l'instant, en attendant quelque lumière de l'usage qu'il va en faire.

Huygens considère les espaces parcourus pour t = n, nombre entier d'unités de temps, et constate que son principe structure la suite f(n) en fonction de f(1) pour les valeurs de n qui sont puissances de 2. C'est évidemment insuffisant, mais toute hypothèse supplémentaire sur la manière dont croissent les espaces parcourus successivement, c'est-à-dire f(n) – f(n – 1), va rencontrer la nécessité d'être compatible avec f(2n) = k.f(n).

Un cacul algébrique élémentaire montre que cette compatibilité n'est assurée, dans l'hypothèse d'une croissance de [f(n) – f(n – 1)] en progression géométrique, que si la raison de cette progression est égale à 1. Résultat quelque peu paradoxal qui met d'une part en évidence que *le mouvement uniforme satisfait au principe fonctionnel posé* - ce qui était certes évident avec k = 2, - et d'autre part que, pour le mouvement de la chute où il est impératif d'admettre une progression des différences [f(n) – f(n – 1)], il est exclu que cette progression puisse être géométrique. Huygens essaie alors une progression arithmétique, de premier terme f(1) et de raison r, et montre qu'il y a compatibilité si r = 2.f(1), le nombre k étant alors égal à 4. La succession des espaces parcourus selon la règle galiléenne des nombres impairs *ab unitate* est ainsi « démontrée » comme étant la seule progression arithmétique qui satisfasse au principe fonctionnel « concédé ».

Il n'y a aucun doute que cette démonstration n'a pas la même valeur que celle de Galilée, à laquelle suffisait l'unique principe de la variation uniforme de la vitesse, et l'on aurait probablement beaucoup embarrassé Huygens en lui demandant de justifier sa déclaration finale :

> « Je ne trouve point d'autres progression qui aient quelque régularité et la propriété requise, que celle-ci. »

Mais apparaît du moins clairement une raison de sa préférence pour le principe qu'il a pris pour base de sa recherche. Car dans la mesure même où ce principe s'avère à la fois dans le mouvement uniforme et dans le mouvement varié que l'on assigne à la chute, il est impossible de ne pas établir un lien avec ce que Huygens déclare à Mersenne au début de sa lettre :

> « Je m'en rapporte à la Philosophie de M. Descartes qui entre autres lois de la nature a remarqué celle-ci, à savoir que toute chose continue son mouvement de la même vitesse qui lui a été donnée une fois, si quelqu'autre chose ne l'empêche. »

Dans cette déclaration il suffit d'entendre le mot vitesse dans le sens large d'une structure pour y trouver le fondement du principe fonctionnel en question. L'énoncé a tous les caractères d'une logique générale faisant équation entre absence d'empêchement et conservation de la forme du mouvement.

Permettez-moi de vous rappeler que cinquante années plus tard, Leibniz, critique de Descartes, fondera sa dynamique sur « l'équation de la cause et de l'effet entier »[2]. On peut se demander ce qu'il aurait fait s'il avait connu la version cartésienne du jeune Huygens. D'autant plus que celui-ci, dans la conclusion de son propos, module de manière suggestive, à l'usage de Mersenne, en ajoutant que l'absence d'empêchement est conjuguée selon lui avec « une *uniforme attraction* d'en bas, soit grande ou petite ». Sous ce terme d'attraction, destiné à une grande fortune avec Newton et que ni Huygens ni Leibniz n'accepteront finalement comme concept fondamental de leur dynamique, Leibniz aurait probablement remarqué que dans le cas des mouvements *variés* et pour la conservation de la forme en l'absence de tout empêchement, Huygens sentait la nécessité d'une hypothèse complémentaire, celle d'une cause constante de *variation*.

C'était évidemment le point faible de l'élaboration que le jeune Huygens voulait originale et suffisante, mais on ne peut nier que cette élaboration illustre l'esprit mathématique et logique avec lequel il abordait le problème type de la Mécanique de son temps.

L'illustration concorde d'ailleurs, il n'est pas inutile de la remarquer, avec ce qu'il disait à Mersenne dans une lettre légèrement postérieure (23 décembre 1646)[3] : à savoir qu'il n'avait pas besoin d'écrire pour calculer « par lettres » et que, conservant dans sa mémoire les solutions obtenues *mentalement* par l'algèbre, il ne les fixait ordinairement par écrit que pour les communiquer à autrui, à la demande. Dans le cas que nous venons d'examiner, la solution couchée sur le papier témoigne bien d'une grande virtuosité mentale dans l'enchaînement des propositions et la structure des calculs.

La primauté de la mathématique s'affirme encore, et ce sera notre dernière remarque, par l'incompréhension que manifeste Huygens, au début de sa lettre, pour la question principale que lui avait posée Mersenne. Peut-on communiquer à n'importe quel grave n'importe quelle vitesse ? De la même manière qu'il restait préoccupé par la naissance d'une vitesse à partir du repos, Mersenne ne parvenait pas à admettre à l'autre bout de la chaîne une vitesse sans limite. Et sa pensée, qui revenait à considérer qu'en ce monde où nous vivons, le mouvement est un phénomène compris entre des bornes, limité par le bas et par le haut, était bien celle d'un physicien. En répondant que seule la résistance de l'air intervient pour limiter la vitesse des graves, le jeune Huygens passe évidemment à côté de ce qui constitue la préoccupation fondamentale de son correspondant. Sa réponse est celle d'une logique mathématique qui ne peut pas concevoir que la vérité d'un principe puisse dépendre d'un domaine d'application.

Il n'est pas certain, toutefois, que la question de Mersenne n'ait laissé aucune trace dans l'esprit de Huygens. Car lorsqu'il se posera plus tard le problème de la cause de la pesanteur, et qu'il fera intervenir dans son explication « l'extrême vitesse » de la matière subtile, il reconnaîtra explicitement que dans le domaine terrestre cette vitesse est une limite supérieure. Nous y reviendrons.

Dans la perspective où nous nous sommes placés et qui vise à situer les éléments caractéristiques d'une évolution, il convient d'abord de s'arrêter un instant sur la période 1659-1669 où Huygens travaille beaucoup en Mécanique et élabore des rédactions très importantes. Notamment celles qui serviront aux éditions posthumes *De motu corporum ex percussione* et *De Vi centrifuga*, la première certainement commencée en 1656, la seconde en octobre 1659. Le t. XIV des *Oeuvres* permet, grâce à la diligence des éditeurs, de replacer les textes publiés en 1703, dans les *opuscula postuma*, en comparaison avec les divers manuscrits dont ils sont issus. Sans entrer ici dans le détail de cette comparaison, nous aurons cependant à nous demander, dans chacun des cas où nous estimerons être devant une question importante, quel a été le sort réservé par l'auteur à la diffusion de ses idées.

Le *De Vi Centrifuga* s'ouvre sur une déclaration relativement brève concernant la loi de la chute des graves[4], et comme il n'y a aucun doute que le manuscrit de la fin de 1659 est pour ce début du texte entièrement conforme à l'édition de 1703, nous pourrons sans aucune réserve considérer ce témoin de l'état de la pensée de l'auteur un peu plus de dix années après le document étudié plus haut. La gravité, dit Huygens, est un « conatus descendendi », ce qu'il traduit lui-même par une « tendance à choir », et cette tendance demeurant la même en tous les points de la chute, lorsque l'on considère des intervalles de temps successifs égaux, les espaces successifs parcourus se mesurent par composition des vitesses successivement acquises avec une même vitesse - la vitesse moyenne sur le premier intervalle.

« *On peut*, par là, démontrer *rigoureusement* », ajoute Huygens, la loi galiléenne, et les termes employés, que nous soulignons, méritent qu'on s'y arrête.

Par rapport à l'essai de 1646, il y a cette différence considérable que la compatibilité laborieuse recherchée entre un principe fonctionnel et une progression est rendue inutile par un changement du fondement, tel que la progression arithmétique des espaces successifs parcourus dans des temps égaux s'impose d'emblée d'une part et, d'autre part, entraîne la loi galiléenne par déduction immédiate. De cette économie favorable à la rigueur, l'explicitation complète sera faite dans le grand traité de l'*Horologium* publié en 1673, et René Dugas commentant la diffusion ainsi donnée à la pensée de Huygens, a eu raison de dire que tout en manifestant une originalité par rapport à Galilée la « démonstration » s'appuyait en définitive sur un principe apparenté à l'addition des « impetus » médiévaux[5].

Il nous paraît cependant plus intéressant de remarquer qu'en 1659 Huygens n'attache pas à la démonstration plus d'importance que celle qui résulte de sa *possibilité*. Et il ajoute que la concordance des *experimenta* assure à la loi galiléenne son exactitude. Autrement dit un changement bien plus considérable que le précédent est survenu pour l'interlocuteur de Mersenne, à savoir la reconnaissance que la Physique ne se fait pas sans recours à l'expérimentation.

Pour les *experimenta* en question, Huygens cite Galilée et Riccioli, puis ses propres expériences, et il est curieux que les éditeurs du volume XVI se soient simplement contentés en note de donner les références concernant les deux premiers auteurs. Ils attirent ainsi l'attention sur le fait qu'il est beaucoup plus difficile de savoir à quoi fait allusion Huygens lorsqu'il parle de ses propres expériences[6]. Et cette difficulté nous introduit au cœur de l'expérience, au sens large, que Huygens a vécu pour la Physique, à l'époque considérée.

Alexandre Koyré a consacré à cette question une étude bien connue, publiée d'abord en anglais, puis traduite en français sous le titre suggestif de *Une expérience de la mesure*[7]. Qu'il nous suffise de rappeler qu'il s'agit de la mesure de la longueur du pendule simple battant la seconde et qu'à partir du *De Vi Centrifuga*, Alexandre Koyré a suivi chez Huygens ce qu'il caractérisait comme une interdétermination de la théorie et de l'expérience. Nous avons été amené non pas à contredire cette appréciation, mais à la compléter considérablement en raison d'un fait qui avait échappé à notre maître. A savoir que là où le texte imprimé du *De Vi Centrifuga* renvoie au « calcul » - dans un passage clé qui semble ainsi privilégier le rôle de la théorie - , Huygens avait d'abord, sur son manuscrit, fait référence à l'expérience.

Nous nous sommes donc livré à une enquête approfondie en utilisant tous les documents accessibles, qu'il s'agisse des brouillons ou des relevés d'expériences que les éditeurs des *Oeuvres* ont trouvé dans les papiers de Huygens. Il est évidemment impossible de reprendre ici tous les détails de l'étude que nous avons publiée[8], nous devons nous contenter d'en tirer la leçon.

Celle-ci est assez complexe. Lorsque Huygens entre en relation avec les savants anglais pour discuter, dès la fin de 1661, de sa détermination de la longueur du pendule battant la seconde, il est très clair que la question est étroitement liée pour lui avec la mesure de la hauteur de chute d'un grave en une seconde et l'on sait que la valeur sur laquelle il s'est arrêté pour cette mesure constitue une remarquable précision, qu'elle est l'équivalent de la valeur classique de 9,81 m/sec.$^2$ pour l'accélération due à la pesanteur. L'examen des manuscrits confirme que durant l'automne 1659, au cours de la rédaction du *De Vi Centrifuga*, Huygens a conjugué les réflexions théoriques concernant d'une part le pendule (simple ou conique) et l'évaluation des approximations qui devaient le conduire à la conception des procédures de correction (lames cycloïdaless pour le pendule simple, lames à profil de développée de parabole pour le pendule conique), et d'autre part la liaison des périodes d'oscillation ou de rotation de ces pendules avec l'évaluation concrète de la loi de la chute des graves. Cette liaison, que nous pouvons aujourd'hui inclure dans une formule unique, a été lue par Huygens dans les deux sens, soit celui qui va de la loi de la chute à la période d'oscillation, soit dans le sens inverse. D'où des *experimenta* variés auxquels est finalement demandé de souscrire seulement à une absence de contradiction par rapport à l'élaboration théorique.

Ainsi il nous semble acquis que Huygens a passé lui-même par des oscillations fort intéressantes.

Parti d'un attrait quasi exclusif pour une Physique directement subordonnée à la Mathématique, il a rencontré sur sa route l'affrontement avec le réel et les problèmes conjoints de la précision et de la mesure, et il a certainement cru d'abord, comme l'avait cru autrefois son vieil ami Mersenne, que le recours à l'expérience ne relevait d'aucune autre nécessité que celle de l'habileté d'exécution. Mais en essayant de passer à l'acte, il a constaté l'impossibilité de disjoindre la théorie et l'expérimentation, d'où son retour vers des formulations plus respectueuses du rôle du « calcul » dans la suggestion, et aussi sa pratique d'une combinaison de démarches tantôt abstraites, tantôt expérimentales, se servant alternativement et mutuellement d'appui.

L'intuition de cette conception très avancée de la structure de la recherche en Physique est présente dans le préambule du *De Vi Centrifuga*, écrit comme nous l'avons noté avant l'épreuve de l'automne 1659. Reconnaissant que la loi galiléenne de la chute « ne sera en réalité jamais observée *avec une précision absolue* », Huygens déclare que « d'ailleurs, pour la démonstration des théorèmes dont nous traiterons ici, il suffit que [ cette loi soit bonne ] pour des espaces arbitrairement petits »[9]. Et cela signifie, comme le montre la suite, que c'est en effet ainsi qu'il est possible de découvrir pour le mouvement circulaire une « force centrifuge », force dont la proportionnalité à $V^2/r$ résulte directement de l'analogie entre l'écart du mouvement circulaire par rapport à un mouvement uniforme tangentiel et un petit mouvement de chute. Autrement dit Huygens savait bien, par voie spéculative, en commençant sa rédaction, qu'en établissant un lien entre mouvement circulaire et mouvement de la chute des graves, il restreignait le domaine de validité, mais de manière à déboucher sur des vérifications expérimentales plus aisées à échelle humaine.

En définitive et à juger des choses de haut, c'est cette restriction qui nous paraît le trait le plus remarquable de l'attitude de Huygens à l'heure de la maturité : elle correspond au souci de mieux fonder une Mécanique terrestre dans un dialogue fécond entre la spéculation théorique et l'expérimentation, et à la mise entre parenthèses - au moins provisoire - de toute autre préoccupation.

Dira-t-on que le *De Motu ex percussione*[10], dans lequel se trouve entièrement renouvelé l'établissement des lois du choc grâce au principe de la relativité, ne s'accorde pas complètement avec cette vision des choses ? Il est certes vrai que le principe de relativité a un caractère de généralité propre à soutenir une spéculation sur la Mécanique hors du domaine terrestre, mais aussi bien dans les différents manuscrits préparatoires que dans le livre imprimé posthume ce principe reste lié aux perspectives de la solution du choc dans un domaine restreint. D'ailleurs le but fondamental de Huygens était de corriger les lois cartésiennes dont il pensait depuis 1652 qu'elles étaient toutes fausses, hormis la première, et la publication qu'il a donnée dans le *Journal des Sçavans* en 1669 - à la suite de sa participation au concours de la *Royal Society* - a mis l'accent sur sa plus belle contribution à cet égard. Il s'agit de sa 7$^{e}$ règle du choc élastique selon laquelle l'interposition d'un corps entre deux autres qui se heurtent doit conduire dans certaines conditions à une augmentation de l'effet de choc. Nous avons consacré, il y a longtemps, une étude à cette « règle » et montré comment c'est à travers elle que Huygens s'est assuré de l'impossibilité de conserver la notion de quantité de mouvement scalaire, telle qu'elle figurait dans l'héritage cartésien[11]. Il est curieux que dans l'illustration de la contribution de Huygens aux lois du choc - les montages de l'exposition « Le Temps en question » en témoignent encore - on néglige cette leçon pourtant bien facile à traduire visuellement. En l'occurrence l'expérimentation n'a besoin que d'un résultat qualitatif pour confirmer la théorie et sur un point d'extrême importance. Nul doute que Huygens y attachait un grand prix puisqu'il a pris plus de soin, en 1669, à faire connaître cette découverte qu'à expliquer son principe de relativité - les développements à ce sujet ne figurent que dans le livre posthume -, mais il ne semble pas qu'en son temps il ait été entendu. Mieux entendu qu'aujourd'hui, selon la remarque que nous venons de faire à propos de l'Exposition.

Ses contemporains sont cependant plus excusables que nous. Ce qui les préoccupait davantage en 1669, c'était à n'en pas douter le débat sur la cause de la pesanteur. On sait que ce débat a occupé plusieurs séances de l'Académie Royale des Sciences et qu'il a très probablement été provoqué par Roberval[12]. Cet ancien compagnon de Mersenne, mathématicien d'envergure, dernier survivant des âpres discussions de 1638 sur la question de savoir si le poids des corps varie en fonction de la distance au centre de la terre[13], n'avait pas cessé de multiplier ses efforts pour écrire une traité de Mécanique et souffrait sans doute de n'avoir à son actif aucune découverte semblable à celle du pendule cycloïdal. Ce n'est pas par hasard si le débat à l'Académie s'est en fait déroulé sous la forme d'un duel entre lui et Huygens. Et la circonstance a été déterminante pour que celui-ci prenne en charge une préoccupation nouvelle, le prolongement de la Mécanique terrestre dans les espaces célestes et la mise en évidence d'une philosophie universelle de la science du mouvement. Cette préoccupation le suivra jusqu'à la fin de ces jours et s'exprimera pleinement dans le *Discours sur la cause de la pesanteur* publié en 1690.

La pièce maîtresse de l'« explication » de Huygens est, on le sait, l'aménagement du modèle tourbillonaire cartésien. Aménagement laborieux et délicat sur lequel il y aurait beaucoup à dire, mais qui manifeste à quel point l'obligation d'en venir à traiter des questions volontairement mises jusque là entre parenthèses n'a pas entraîné pour autant l'abandon d'une méthode éprouvée. L'expérience de l'action centripète qui s'exerce sur des éléments matériels plus pesants que l'eau, et qui reposent sur le fond d'un récipient rempli d'eau, lorsqu'on arrête la rotation d'abord imprimée à ce récipient, n'est pas une expérience fictive. Si Huygens en a trouvé la suggestion chez Descartes, c'est bien lui, cependant, qui l'a conçue correctement et qui l'a réalisée parce qu'il avait acquis de la force centrifuge une notion précise. Peu importe, en un sens, qu'il n'ait pas très bien vu le rôle de l'inertie sur lequel repose, pour un corps plongé dans un fluide en rotation, une transformation :

la transformation de la force centrifuge du fluide en force centripète appliquée au corps. L'important est en l'occurrence le maintien d'une spéculation théorique étroitement liée à une expérimentation, même grossière.

A cet égard, la différence d'attitude de Roberval est caractéristique. Car ce dont celui-ci se prévalait en faveur de son option pour une « attraction » c'était seulement qu'il pensait *possibles* des expériences pour en décider. Et sur quoi devaient porter selon lui ces expériences ? : sur la diminution du poids depuis le centre de la Terre jusqu'à sa surface, sur le « détour » du fil à plomb des architectes le long des flancs d'une haute montagne. Rien de comparable en définitive avec le réalisme de Huygens.

Il est impossible de s'attarder. Face à Roberval qui n'a que des projets d'expériences a priori irréalisables, Huygens possède des faits, solides et vérifiables, notamment celui qu'il se plaît à juste titre à rappeler :

> « Si un corps tourne horizontalement au bout d'une corde de 9 pouces et 2 lignes de longueur attachée à un centre et que chaque tour se fasse en une seconde, la corde sera tirée justement avec autant de force que si elle soutenait le même corps suspendu en l'air. »

Et il est bien en droit de commenter son expérience du récipient tournant en ajoutant :

> « Or ayant trouvé dans la nature un effet semblable à celui de la pesanteur et dont la cause est connue, il reste à voir si l'on peut supposer qu'il arrive quelque chose de pareil à l'égard de la Terre, savoir quelque mouvement de matière qui contraigne les corps à tendre au centre et qui convienne en même temps à tous les autres phénomènes de la pesanteur. »

La conclusion de son exposé du 28 août 1669 boucle remarquablement bien avec ces prémisses.

> « Ayant donc montré que notre hypothèse ne contient rien d'impossible et que par elle on peut expliquer tous les phénomènes de la pesanteur... il n'y a rien qui empêche qu'elle ne soit véritable tant qu'on ne trouvera pas d'autres phénomènes de la nature qui lui soient contraires. »

La philosophie de la science qui s'exprime dans ces quelques lignes est certainement admirable et très en avance sur sur son temps. Mais plus admirable encore à notre avis est la manière dont Huygens corrigera sa rédaction de 1669 pour la publication de 1690, adjointe au *Traité de la lumière*. Car, durant ces 20 années, il y a eu beaucoup d'évènements importants dont il faut que l'auteur tienne compte. Aussi supprime-t-il la dernière partie de la phrase que nous venons de citer pour la remplacer par un long développement où il rend compte de sa rencontre avec l'œuvre et le « système » de Newton. Comme le dit René Dugas, ce développement relève d'une profonde honnêteté intellectuelle.

Rappelons l'essentiel du contenu[14]. Il n'y a pas eu de découverte de phénomènes, à proprement parler, venant contredire l'élaboration proposée par Huygens pour la pesanteur terrestre, mais il y a eu par Newton mise en évidence de ce qu'en assimilant la force qui préside aux mouvements célestes à une pesanteur inversement proportionnelle aux carrés des distances, on rend compte des lois de Kepler. Huygens a longtemps douté de l'exactitude de ces lois et il omet d'expliquer ici pourquoi il s'y rallie en définitive, mais il détaille avec beaucoup de lucidité tout ce que les « démonstrations de M. Newton » l'ont obligé à reconnaître. D'une part, le succès de l'extension de la notion de pesanteur (Huygens ne veut pas employer le mot d'attraction) « à de si grandes distances, comme du soleil aux planètes, ou de la Terre à la lune », d'autre part la structure mathématique de cette notion universalisée. Concernant celle-ci, passe, dans la rédaction de Huygens, comme un regret de ne pas avoir pensé à cette « diminution réglée » en fonction de la distance, c'est-à-dire d'avoir négligé, probablement dans l'opposition à Roberval, une suggestion à laquelle sa conception de la force centrifuge ouvrait pourtant la possibilité de recevoir un corps. Mais par rapport à l'extension aux espaces célestes, Huygens avoue franchement qu'il ne pouvait pas y penser à cause des tourbillons de M. Descartes qu'il avait dans l'esprit et qu'il trouvait fort « vraisemblables ». Il note que si l'abandon des tourbillons cartésiens favorise le système d'une pesanteur universelle, il ne va pas cependant sans poser des problèmes redoutables. Le vide que cet abandon entraîne pour les espaces célestes a un caractère quasi absolu qui, aux yeux de Huygens, rend impossible la « prodigieuse vitesse » de la lumière.

A vrai dire, ce n'est pas seulement cette vitesse, c'est surtout la transmission pure et simple de la lumière que Huygens ne peut comprendre que sur un support matériel composé de particules contigües. D'où son insistance à déclarer que de telles particules peuvent être faites d'un tissu extrêmement ténu et léger et être en même temps creuses à leur intérieur, sans cesser pour autant d'être très dures. Cette conception qui recevra avec Malebranche un statut plus élaboré (avec les petits tourbillons de « matière subtile » auxquels l'état relatif des uns par rapport aux autres impose dans la balance des forces centrifuges une élasticité quasi infinie)[15], cette conception paraît à Huygens pouvoir s'accorder avec une raréfaction de la matière dans les espaces célestes.

Ce n'est d'ailleurs pas l'unique motif pour lequel il se refuse à abandonner son explication mécanique de la pesanteur terrestre quelque soit l'embarras qu'il y a à raccorder cette explication avec les « propriétés nouvelles » de la pesanteur universelle. Huygens indique quelques autres motifs qui ne sont pas triviaux et que nous ne pouvons que signaler comme témoignage de son application positive à justifier son opposition aux idées de Newton. Il va même jusqu'à dire que les objections qu'il présente ne pourraient être mises en doute que « si l'on supposait que la pesanteur fût une qualité inhérente de la nature corporelle ». Et il ne croit pas que M. Newton lui-même puisse « consentir » à une telle hypothèse « qui nous éloignerait fort des principes mathématiques ou mécaniques ».

Ainsi, en 1690, Huygens assimile les propriétés nouvelles sans trouver de raison suffisante d'abandonner ce qui lui paraît acquis en ce qui concerne la pesanteur terrestre et les principes fondamentaux qui l'ont conduit à son explication. Il ne supprime pas, en particulier, l'évaluation de la vitesse de la matière du tourbillon terrestre - 17 fois celle d'un point de l'Equateur dans la rotation de la Terre sur elle-même -, de même qu'il conserve le fait que l'explication de la pesanteur par le modèle tourbillonnaire entraîne une limitation de la vitesse de chute dans le tourbillon : lorsque le corps qui tombe atteint la vitesse du tourbillon, l'effet de la pesanteur doit en effet s'annuler[16]. De telle sorte que l'« agitation » de la matière constitue, localement, une borne supérieure pour les mouvements possibles au même endroit, mais cette réponse que Huygens a fini par apporter aux préoccupations de Mersenne est désormais affrontée à une autre considération. A savoir que pour justifier la facilité avec laquelle les planètes se déplacent et avec laquelle les comètes traversent les espaces célestes, il faut doter la matière éthérée qui les remplit d'une extrême « agitation »[17]. D'où un nouvel embarras pour le modèle tourbillonnaire.

L'extrême « agitation », Huygens était déjà obligé de l'envisager - et dans toutes les directions - afin de rendre compte de ce que le tourbillon terrestre, générateur de pesanteur, n'est pas un tourbillon ordinaire, suivant un axe de rotation, mais un tourbillon sphérique, tel que la pesanteur soit une action centrale[18]. Or il était aussi obligé de reconnaître que 17 fois la vitesse d'un point de l'Equateur à la surface de la Terre n'est pas une vitesse si considérable[19], et d'autre part, comme il l'avouera bientôt à Leibniz, la structure tourbillonnaire imposée par la loi de la pesanteur universelle n'admet qu'une diminution de la vitesse linéaire due à la rotation, avec l'augmentation de la distance[20].

De 1690 à 1695, au cours de ses dernières années, Huygens ne cessera donc de méditer sur les difficultés paradoxales dans lesquelles il se trouvait engagé. La conclusion à laquelle il parviendra pour l'accroissement des dimensions de l'Univers, par voie expérimentale[21], rendra davantage peu vraisemblable son explication de la raréfaction de la matière dans l'immensité des cieux, et sa discussion avec Leibniz, concernant le sauvetage d'une explication tourbillonnaire mettra davantage en lumière des raisons de l'abandonner, plutôt que des motifs de la conserver. Il ne tranchera pas cependant, se contentant une fois de plus de rapporter la discussion à des éléments précis et chiffrés : l'excentricité des trajectoires de planètes, leur mouvement dans les aphélies et périhélies ne s'accordent pas avec la notion d'un tourbillon dans lequel elles seraient plongées et supportées[22].

Nous en resterons là dans cette étude générale de l'évolution de Huygens. Nous avons relevé, nous semble-t-il, ce qui permet d'assurer combien cette évolution est importante à la fois pour l'épistémologie relative à son œuvre, et pour la reconnaissance de son témoignage exemplaire comme pionnier d'une physique nouvelle. Du mécanisme cartésien et de son support, la physique du plein, Huygens a tenu aussi longtemps que possible les principes qui lui paraissaient eminemment aptes à porter la déduction mathématique, et dans les aménagements successifs qu'il était obligé d'envisager il a constamment suivi les suggestions expérimentales. Progressivement entraîné de la Mécanique terrestre à la Mécanique Céleste, il a conjugué ce qu'il proclamait solennellement devant Roberval : la recherche de l'intelligibilité, avec l'attention à l'interconnexion complexe de la théorie et de l'ensemble des résultats de l'expérimentation.

Huygens et la Mécanique : c'est en vérité un sujet privilégié d'étude en des temps comme le nôtre, traversé sans cesse par la tentation des thèses philosophiques de l'analyse structurale. Il est impossible de l'envisager autrement que l'expérience d'une vie, dont les secrets restent impénétrables sans le secours de l'histoire.

## ANNEXE

### *D'une circonstance mémorable concernant une découverte de Huygens sur le mouvement du son*

Lors de la préparation de ce colloque, ses organisateurs ont pensé qu'il serait utile de rechercher si l'œuvre de Christiaan Huygens à Paris ne contenait pas quelque illustration marquante, digne de figurer dans son cadre.

Il nous est apparu qu'une telle illustration résultait de la visite que Huygens fit, à deux reprises, à Chantilly, en novembre et en décembre 1680.

D'après les notes manuscrites qu'il a laissées à ce sujet, il est aisé de juger que ce n'est pas lui qui découvrit le phénomène curieux dont il va être question. Il en avait entendu parler et c'est peut-être pour le constater lui-même qu'il fit le 24 novembre 1680 le déplacement de Paris à Chantilly. Il fut heureux de vérifier qu'on ne l'avait pas trompé. La gerbe d'eau du parterre étant en fonctionnement, il entendit effectivement, étant placé au pied de l'escalier, « une résonance qui a un certain ton de musique, comme d'une trompette de loin ». « On ne savait pas, dit-il, d'où venait ce son, ou on en disait des causes peu vraisemblables, ce qui me donna envie d'en chercher de meilleures ».

Il est probable qu'en venant à Chantilly le jour ci-dessus indiqué[23], il avait déjà réfléchi à la question et pensé aux échos successifs sur les parties verticales des marches . Sur place, il prit la mesure de la largeur des marches (17 pouces), puis revenu dans son laboratoire, il fabriqua rapidement un tube fermé par un bout et de 17 pouces de long. « En soufflant dedans, dit-il, on obtient le même ton que l'écho de l'escalier ».

Huygens retourna à Chantilly le 3 décembre, évidemment pour confirmer le résultat, mais il avait neigé. « La neige couvrait les marches jusqu'à la moitié de leur hauteur et le son ne s'entendait plus du tout ». Du moins y avait-il là confirmation du rôle fondamental de l'écho.

Si le grand physicien quitta la France - quelques mois plus tard - sans trouver l'occasion de revenir à Chantilly et d'achever son expérimentation, du moins fournit-il à l'Académie, dans une lettre de novembre 1693, toute précision utile sur l'analyse qu'il avait faite du phénomène[24].

> « Chaque bruit tant soit peu distingué, dit-il, qui vient de la fontaine, étant réfléchi contre les marches doit arriver à l'oreille, de chacune des marches, d'autant plus tard qu'elle est plus éloignée et cela par des différences de temps justement égales à celui que les ondoiements de l'air emploient à aller et venir autant qu'est la largeur de la marche. »

Il n'est pas aisé de bien comprendre ce texte. Huygens s'en tenait encore pour la nature du son à une notion assez confuse de « battement de l'air », c'est-à-dire qu'il concevait les particules d'air soumises à des variations de forme par pression mais qu'il hésitait à imaginer ces variations comme des vibrations parfaitement réglées. Il n'en est que plus remarquable que malgré cette notion confuse

Huygens ait trouvé avec l'escalier de Chantilly une suggestion appelée à une grande fortune. A savoir que le bruit de la fontaine est changé en un ton de musique parce que l'oreille est frappée par l'écho selon une fréquence fixée par la propagation du son sur le double de 17 pouces - fréquence très voisine de celle du *la*.

L'explication correcte du phénomène de résonance ici en cause exige, bien entendu, une notion plus précise de la longueur d'onde, du lien entre la fréquence de vibration et la vitesse du son, et la reconnaissance de ce que chaque marche de l'escalier opère un tri en ne laissant passer que le ton pour lequel la demi-longueur d'onde est égale à la largeur de la marche. Mais il est clair que l'analyse de Huygens constituait une approche très nette de cette explication.

Il importait que dans la préhistoire des progrès de la physique à partir de la conception de la longueur d'onde, l'observation qui fut autrefois significative pour un savant comme Huygens, retrouve la place qu'elle mérite.

En se déplaçant à Chantilly le 29 mars 1979, à l'issue du Colloque, un certain nombre de participants ont évoqué comme il convenait la circonstance mémorable. La gerbe d'eau du parterre actuel du Parc de Chantilly n'a plus l'ampleur et la force qu'elle avait en 1680. Mais le grand escalier subsiste tel qu'il était. Avec les moyens de reproduction sonore qui sont aujourd'hui à notre disposition, il serait possible à peu de frais d'utiliser artificiellement le bruit d'une gerbe d'eau suffisamment puissante pour permettre à nouveau ce qui fut, il y a trois siècles, le phénomène qui provoqua la réflexion de Huygens. Et l'on ne peut s'empêcher de souhaiter que la suggestion soit retenue. N'y a-t-il pas là en définitive un magnifique exemple pour servir à une leçon positive et concrète de l'émergence d'une découverte.

## NOTES

1. *Oeuvres*, t. I, p. 24-28.

2. Leibniz s'est exprimé plusieurs fois à ce sujet, notamment dans *l'Essay de Dynamique* de 1692 que nous avons publié en 1960. Voir P. Costabel, *Leibniz et la Dynamique - les textes de 1692*, Paris, 1960. Vrin. Reprise 1981.

3. *Oeuvres*, t. II, p. 557. La lettre autographe se trouve à la Bibliothèque Nationale.

4. *Oeuvres*, t. XVI, p. 254-256.

5. *Oeuvres*, t. XVIII, p. 126-128 et R. Dugas, *Histoire de la Mécanique*, Neufchâtel, 1950, p. 175-176.

6. *Oeuvres*, t. XVI, p. 254 : « Or ce résultat est en parfait accord avec l'expérience. Il s'ensuit que l'hypothèse énoncée est correcte. Les expériences de Galilée, Riccioli, ainsi que les nôtres, montrent ce parfait accord. »

7. A. Koyré, « Une expérience de la mesure », *Etudes d'histoire de la pensée scientifique*, Paris, 1973, p. 289-319.

8. P. Costabel, « Isochronisme et Accélération (1638-1687) », *Arch. Intern. Hist. Sci.*, t. 28, n° 102, juin 1978, p. 3-20.

9. *Oeuvres*, t. XVI, p. 254 (l. 11-12) et 256 (l. 17-18).

10. *Op. cit.*, t. XVI, p. 30-90.

11. P. Costabel, « La 7e règle du Choc élastique de Christiaan Huygens », *Rev. Hist. Sci.*, t. X, 1957, p. 120-131.

12. Voir les textes du débat dans L. Auger, *Un savant méconnu : Gilles Personne de Roberval (1602-1675)*, Paris, 1962, et *Oeuvres*, t. XIX, p. 628-644.

13. Voir P. Costabel, « Les enseignements d'une notion controversée : le centre de gravité », *Actes du symposium d'histoire des Sciences, Pise-Vinci, 1958*, Florence, 1959, p. 116-125.

14. *Oeuvres*, t. XXI, p. 445-488. Voir spécialement p. 462 et surtout p. 472-474.

15. Voir les notes scientifiques de l'Eclaircissement XVI de la *Recherche de la Vérité* dans *O.C. Malebranche,* t. III, Paris, 1964, p. 383-418 et Pierre Costabel, « La participation de Malebranche au mouvement scientifique : le modèle tourbillonnaire », dans *Malebranche, l'homme et l'œuvre*, Paris, 1967, p. 75-110.

16. Voir *Oeuvres*, t. XXI, p. 461, l. 24-35.

17. Voir *Op. Cit.*, p. 474, l. 1-6.

18. Voir *Op. Cit.*, p. 455-456.

19. Voir *Op. Cit.*, p. 461, l. 1-8.

20. Voir *Oeuvres.*, t. X, p. 296-297 : lettre de Huygens à Leibniz du 11 juillet 1692.

21. Voir *Cosmotheoros*, dans *Oeuvres*, t. XXI, p. 814-816.

22. Voir *Oeuvres*, t. X, p. 385 : lettre de Huygens à Leibniz du 12 janvier 1693.

23. Voir *Oeuvres.*, t. XIX, p. 374.

24. Voir *Oeuvres.*, t. X, p. 571.

Huygens et la France
(Paris, Vrin, 1981, p. 153-158)

# L'INVENTION PAR CHRISTIAAN HUYGENS DU RESSORT SPIRAL RÉGLANT POUR LES MONTRES

par J. H. LEOPOLD
(Groninger Museum voor Stad en Lande)

Avant d'aborder cette communication, je dois préciser que, bien entendu, il y a dans une montre moderne deux ressorts en forme de spirale : un grand ressort moteur, qui fait marcher la machine et un très petit ressort, attaché au balancier. C'est de ce dernier, appelé aussi spiral réglant, que nous nous occupons aujourd'hui, car c'est en lui que réside l'invention de Huygens. Il s'agit d'une invention fondamentale pour la mesure exacte du temps par les horloges portatives : avant le spiral réglant, le balancier d'une montre n'était qu'un simple frein plus ou moins sûr. En y attachant un petit ressort spiral, Huygens a transformé ce balancier en un système vibrant à vibrations isochrones, c'est-à-dire que les grandes et les petites amplitudes du balancier prennent exactement le même temps.

Il est assez remarquable qu'aujourd'hui, où tant de personnes s'intéressent à l'horlogerie ancienne, un si petit nombre de recherches a été consacré à cette invention de Huygens. Et pourtant, on trouve dans ses écrits bien des détails sur ses expériences et sur des modèles et des montres expérimentales qu'il a fait réaliser. La plupart de ces détails sont contenus dans un petit journal qu'il a tenu[1] ,dans une feuille d'esquisses[2] et bien entendu dans ses lettres[3] . Malheureusement sa correspondance, prestigieuse, n'est pas tout à fait complète, car il manque la plupart des lettres adressées à sa famille, c'est-à-dire à son père.

Dans le cadre de ce bref exposé, il est impossible de donner tous les détails de ce sujet ; je me limiterai donc à l'essentiel, présentant un précis du travail de Huygens sans pratiquement m'étendre sur ses rivaux.

L'invention du spiral réglant date du 20 janvier 1675. La publication correspondante a paru dans le *Journal des Sçavans* du 25 février suivant[4] . Cette description contient un passage intéressant : Huygens dit que le « mouvement est réglé par un principe d'égalité de même qu'est celui des pendules corrigées par la cycloïde ». Ce sont ces derniers mots qui sont importants, car Huygens dit en fait que les vibrations du balancier à ressort spiral sont absolument isochrones, et ceci après avoir fait la preuve de l'isochronisme du pendule cycloïdal dans son remarquable *Horologium oscillatorium* de 1673.

En fait, Huygens n'a jamais publié en quoi consistait cette preuve de l'isochronisme de son balancier à ressort spiral. En effet, dans toute sa correspondance, il n'y fait mention qu'une seule fois, et cela beaucoup plus tard, en 1691, dans une lettre à Leibniz[5] (mais Leibniz se souvenait que Huygens lui en avait *parlé*, ce qui avait dû se produire en 1676 au plus tard, puisque après cette date les deux hommes ne se sont plus rencontrés). La raison de cette discrétion est peut-être due au fait que Huygens ne considérait pas cette preuve comme sa propriété personnelle. On sait qu'en 1673, un jeune savant, le P. I. G. Pardies (1636-1673), avait présenté devant l'Académie royale des sciences une démonstration de l'isochronisme des vibrations mécaniques, mais Pardies était mort avant de publier sa preuve et ses papiers avaient disparu peu après. On sait aussi que Huygens avait beaucoup d'admiration pour ce travail de Pardies sur les vibrations. Il est donc possible que la preuve de Huygens ait été en réalité celle de Pardies.

Malgré cela, il est possible de reconstituer cette preuve de Huygens et il est intéressant de voir qu'elle ressort de l'isochronisme du pendule cycloïdal. Quelque temps après la publication de l'*Horologium oscillatorium*, Huygens a découvert une autre caractéristique de cet appareil, à savoir que dans un pendule cycloïdal la force de retour est proportionnelle à l'écart de la position neutre et il a réalisé que cette observation constitue la condition générale pour les vibrations isochrones[6]. Des expériences des plus simples montrent en effet que dans un ressort *spiral* au centre d'un balancier, Huygens a donc créé un dispositif dans lequel l'amplitude du balancier est proportionnelle à la déformation du ressort, ce qui veut dire que les vibrations du balancier sont isochrones.

Ces considérations constituent la théorie de l'invention ; venons-en maintenant à l'application pratique ; celle-ci a posé bien des problèmes. Comme je l'ai déjà mentionné, on connaît beaucoup de détails à ce sujet. Tout le travail eut lieu en 1675. On peut distinguer trois périodes d'expériences, qui ont conduit à deux modèles et six montres plus ou moins expérimentales ; tous ces modèles ont malheureusement disparu maintenant.

Le premier modèle fut construit par l'horloger parisien Thuret, le 22 janvier 1675, pour illustrer une demande de brevet d'invention par Huygens. En même temps, Thuret réalisa un autre modèle, exactement semblable, pour obtenir un brevet pour lui-même. La querelle qui suivit cet abus de confiance occupa une bonne partie de l'année et elle priva Huygens des services de l'horloger le plus compétent de Paris. Cependant avant cette querelle, Huygens avait déjà commandé une montre expérimentale à Thuret, que celui-ci avait achevée indépendamment vers la fin de février. On sait peu de choses de cette montre, mais il est probable qu'elle était très semblable aux montres créées beaucoup plus tard, c'est-à-dire qu'elle comprenait un échappement normal à roue de rencontre et une fusée.

A partir du 1er février, Huygens employa l'horloger Gaudron, qui a réalisé la première montre incorporant une idée nouvelle de Huygens : son échappement à pirouette. La pirouette permet au balancier d'effectuer un tour complet, ou même plus, au lieu de la vibration d'environ 120 degrés de l'échappement ordinaire à roue de rencontre. Huygens attacha beaucoup d'importance à cette construction ; vraisemblablement a-t-il pensé que cela rendrait le balancier plus libre de l'influence de l'échappement (ce qui est faux). En même temps, il a essayé de réaliser de nouvelles montres aussi petites que les anciennes. Il faut savoir que, dans les vingt années qui ont précédé l'introduction du spiral réglant, les montres, en particulier en France, étaient devenues très petites et des mouvements ayant un diamètre de 2 cm ou 2,5 cm n'étaient pas exceptionnels. Or, on découvrit qu'il était impossible de construire des montres à spiral réglant aussi petites que les anciennes : c'était le début des montres dites « oignons ». La première montre à pirouette fut achevée vers le 15 mars ; Huygens la garda pour lui-même et en fut très satisfait : cette montre était en or et battait la demi-seconde.

Après cette date suit une autre période d'expériences. Le problème posé était de réaliser des montres plus exactes, mais surtout plus sûres : l'échappement à pirouette avait tendance à s'arrêter sous l'influence de ce que Huygens appelait « la secousse circulaire ». C'est une expression assez descriptive qui signifie que la montre subit un choc tangentiel. La montre pirouette peut donc aisément s'arrêter et quand cette montre est arrêtée, elle ne se remet pas en marche toute seule, comme le font les montres sans spiral réglant. La solution à ce problème consistait à augmenter considérablement la force motrice, et cela conduisit à un autre changement dans la construction des montres, à savoir l'abandon des fusées. La fusée est une pièce d'horlogerie dont l'histoire est fort ancienne (elle remonte au xv^e^ siècle). Elle sert à égaliser la force du ressort moteur. On sait qu'un ressort, quand il est totalement bandé, a beaucoup de force, tandis que sa force devient très faible lorsqu'il est en bout de course. La fusée a pour but d'égaliser la force motrice, de sorte que la montre est toujours animée par une force égale bien que cette dernière soit beaucoup plus faible que celle du ressort moteur. Dans les anciennes montres, sans ressort spiral, cette force égale était absolument vitale ; mais puisque le ressort spiral rend le balancier isochrone, une force constante n'était, en principe, plus nécessaire. Aussi les montres que Huygens réalisa par la suite étaient-elles construites sans fusée, à barillet denté.

Deux montres furent produites après cette deuxième période d'expériences, et on connaît leur sort en détail. La première fut envoyée à Londres au mois de juin, où elle fut comparée à celle que Hooke et Tompion avaient construite ; mais les résultats n'étaient pas impressionnants[7]. Cette montre était en argent. L'échappement à pirouette battait les demi-secondes, et le mouvement était à barillet denté, sans fusée. On pouvait régler la marche de la montre par une pièce qui glissait autour du spiral réglant (à peu près comme dans les montres plus tardives). La montre était remontée du côté du cadran qui était en émail. Il est probable que la clef était placée au centre de l'aiguille, comme dans les oignons classiques à une aiguille. L'autre montre, achevée vers la fin du mois de juin, fut envoyée au Prince Guillaume III d'Orange (les Huygens étaient très liés aux Orange et, à cette époque, le frère aîné de Christiaan, Constantin, était secrétaire du Prince). Cette montre était semblable à la première mais elle était en or, et en forme de poire (probablement pour la rendre plus petite). Elle avait le dos en verre, pour montrer le balancier.

Pendant l'été 1675, suivit une troisième période d'expériences qui avait pour but de rendre les montres plus sûres. C'est à cette époque que Huygens fit des expériences avec des balanciers doubles, tournant en sens contraire, pour rendre les montres insensibles aux « secousses circulaires ». C'était une idée qu'il avait déjà eue au mois de janvier, mais cette construction ne le satisfaisait pas non plus. Il ne lui restait plus qu'à augmenter la vitesse du balancier : les premiers échappements à pirouette battaient la demi-seconde ; il construisit alors des montres battant le quart de seconde. Une montre de ce nouveau type fut présentée au roi Louis XIV au mois d'août.

Après l'été de 1675, Huygens paraît avoir perdu tout intérêt pour son invention, dont les résultats pratiques n'étaient pas au niveau de ses espérances. En même temps se manifesta graduellement la maladie qui finalement le contraignit à quitter la France en 1676. La dernière montre qu'il envoya à Londres, au mois de novembre, avait été construite à peu près indépendamment de lui par Thuret avec qui il s'était réconcilié[8]. Cette montre était en or et n'avait pas de pirouette (il est probable que Thuret n'a jamais fait de pirouette), mais vraisemblablement elle avait conservé le barillet denté (sans fusée). Il y avait deux méthodes pour régler le ressort spiral : soit ajuster la position neutre, soit, comme on l'a déjà dit, régler la marche de la montre.

En Hollande, après sa maladie, Huygens s'est tourné vers d'autres problèmes ; mais l'ambition d'utiliser le spiral réglant dans une montre à longitudes lui est restée. Le balancier à ressort spiral qu'il fit faire dans son planetarium de 1682 était de nouveau de type expérimental : il voulait voir les résultats d'un balancier beaucoup plus grand que celui d'une montre[9].

Enfin, en 1683, deux chronomètres sur ce principe furent exécutés par l'horloger Van Ceulen à la Haye[10]. Parmi ses multiples efforts pour produire un chronomètre de marine, ces derniers essais approchaient le plus de la solution qui ne fut définitivement trouvée qu'au XVIII^e ; mais Huygens y rencontra un problème difficile, à savoir que le ressort spiral en acier était extrêmement sensible à la température[11]. Cela conduisit Huygens à croire que le ressort spiral était absolument impropre à la réalisation d'une montre de longitudes.

En conclusion, on peut dire, premièrement, que cette invention de Huygens a eu une influence profonde sur les horloges portatives, c'est-à-dire principalement sur les montres. Il a transformé du jour au lendemain la montre d'un jouet assez inexact en un instrument sérieux pour mesurer le temps. De plus, on trouve dans bien des montres datant de la fin du XVII^e siècle des détails techniques que nous avons déjà rencontrés dans les montres expérimentales de Huygens :

- le barillet denté, sans fusée, qu'on trouve dans plusieurs des premières montres à spiral réglant, en France, en Hollande et même en Angleterre.

- le réglage du ressort spiral par une simple pièce glissant autour de son axe ; on trouve ce dispositif dans quelques montres dites « oignons » et plus souvent dans les montres hollandaises de l'époque.

- finalement, le remontage du côté du cadran, par le centre de l'aiguille, était la construction la plus souvent utilisée dans les oignons primitifs. Il est intéressant de noter que le remontage du côtée du cadran est resté la méthode la plus courante dans les montres françaises pendant tout le XVIII^e siècle.

## NOTES

1. *Oeuvres*, t. VII, n°2008, avec les corrections dans *Oeuvres*, t. XVIII, p. 522.

2. Les esquisses les plus achevées furent publiées dans *Oeuvres*, t. XVIII, p. 513 et 525.

3. Presque toutes les lettres dans *Oeuvres*, t. VII, n°2003 - 2082, contiennent des remarques sur cette invention.

4. *Oeuvres*, t. VII, n°2014.

5. Voir les lettres suivantes dans *Oeuvres*, t. IX, n°2628 (1690) et 2664, 2667, 2676, 2680 (1691).

6. *Oeuvres*, t. XVIII, p. 489 (1673/74).

7. Plus tard cette montre passa par les mains de William Derham, qui en donna des détails dans son livre *The artificial clock-maker* (London, 1696), p. 104. Voir aussi la note suivante.

8. Pour les montres envoyées à Londres, voir : D. Howse et V. Finch, « John Flamsteed and the balance spring » (*Antiquarian Horology*, vol. IX, n°6, march 1976, p. 664).

9. *Oeuvres*, t. XXI, p. 160 (1680/81).

10. *Oeuvres*, t. XVIII, p. 526 (1682) ; *Oeuvres*, t. VIII, n°2279 (1682) et 2307, 2312, 2314, 2319, 2327 (1683).

11. *Oeuvres*, t. XVIII, p. 527 (1683).

Huygens et la France
(Paris, Vrin, 1981, p. 159-164)

# LE « TRAITÉ DE LA LUMIÈRE » DE HUYGENS COMME SYNTHÈSE HISTORIQUE

par Antonio FERRAZ
(Université Autonome de Madrid)

Définir le caractère historique d'une oeuvre ou d'un fait humain par une simple référence à un ordre temporel, serait affaiblir injustement le sens de l'histoire.

Prétendre construire une philosophie de l'histoire systématique, où tout événement pourrait trouver une explication par l'application de certains principes universels, est actuellement un travail qui a perdu tout prestige. Mais l'histoire de la science s'appuie sur une matière qui peut être élaborée en suivant une méthode qui n'est ni aussi superficielle que le simple ordre chronologique ni aussi ambitieuse que la réduction des cas particuliers, à une norme générale qui, de l'extérieur, prétend s'imposer au devenir historique réel.

En effet, il y a des oeuvres dont l'historicité semble posséder un sens spécialement profond. Elles ont une valeur exceptionnelle car elles sont une synthèse dans laquelle s'insèrent avec cohérence des concepts, des représentations, qui jusqu'alors se trouvaient dispersés et n'avaient pas trouvé leur pleine consistance. Le *Traité de la Lumière* de Huygens appartient à cette catégorie.

Si nous acceptons que la connaissance scientifique soit formée par des représentations, ce qui a été dit auparavant revient à affirmer que, de temps en temps, il se forme des systèmes représentatifs, capables d'intégrer en une unité des représentations antérieures, généralement en même temps que des nouvelles. Il y a donc, une possible histoire des processus, par lesquels ces systèmes représentatifs arrivent à se former. Ce sont des processus proprement évolutifs qui s'offrent au regard de l'historien comme formation d'organismes, plus ou moins complexes, à partir d'éléments ou d'organismes plus simples. Les représentations possèdent des virtualités qui semblent lutter pour atteindre leur parfaite expression, car leur intégration systématique suggère une logique propre qui conduit à certaines conséquences, parfois à des prévisions empiriques.

Ce dernier fait épistémologique n'a pas échappé à la perspicacité de Huygens, et on le trouve avec beaucoup de précision dans la Préface de son *Traité de la Lumière*.

Les paroles de Huygens à ce sujet ont une intention justificative de la théorie qu'il va développer dans les pages du *Traité*. Selon Huygens, il y a des démonstrations qui ne produisent pas de certitude aussi grande que les démonstrations géométriques. En géométrie, les propositions sont prouvées par des principes certains et incontestables, tandis que là les principes sont vérifiés par les conclusions qui en sont tirées. Pourtant, il est parfois possible d'arriver à un degré de vraisemblance très proche d'une évidence complète, à savoir quand les choses qui ont été démontrées par ces principes, correspondent parfaitement aux phénomènes, surtout lorsqu'on prévoit des phénomènes nouveaux qui doivent découler des hypothèses qu'on emploie.

Huygens a pu prouver la vérité de ce point de vue en réfléchissant sur la vitesse de la lumière qui joue comme une clé de voûte dans les représentations ondulatoires, même antérieurement à la constatation de Römer. En effet, le *Traité de la Lumière,* qu'il publia en 1690, avait déjà été écrit dans ses grandes lignes 12 ans auparavant et avait été précédé d'une méditation sur les travaux d'optique des précurseurs.

Donc, Huygens avait trouvé un manque de consistance dans les démonstrations dans lesquelles on tenait pour certaines des raisons peu évidentes, sans avoir réussi à expliquer l'extension en ligne droite de la lumière et le croisement sans empêchement mutuel des rayons. Quand en 1676, Römer prouva la vitesse finie de la lumière, il se produisit un fait qui confirma une hypothèse dont la vraisemblance avait atteint un degré si haut - dans un système représentatif - qu'elle était pratiquement une évidence.

L'historicité du *Traité de la Lumière*, dans le sens indiqué au début de cette communication, se présentera à nous, si nous poursuivons les représentations qui vont être intégrées dans cette œuvre.

Considérons en premier lieu la construction de la représentation « onde ». Elle a dû se constituer face à la représentation « rayon lumineux », qui a été fondamentale pour l'optique géométrique. Les rayons lumineux, conçus comme des droites physiques continues ou comme des minimums successifs ou simultanés (Newton), comportaient toujours un caractère de discontinuité et produisaient des difficultés internes dans les systèmes représentatifs qui se construisaient sur eux. Mais, pourtant, ils réussissaient à expliquer les phénomènes primaires de la vision dans sa considération géométrique abstraite. En réalité, ils offraient un instrument géométrique valide comme convention, mais difficile à interpréter physiquement. Ainsi, pendant l'Antiquité, l'optique géométrique a pu se développer sans grandes préoccupations physiques. Et pour leur part, les théories plus physiques de la lumière comme l'atomiste manquaient de consistance géométrique.

En 1572, la version latine de l'optique de Alhazen est publiée, et l'on dispose donc d'un texte de base pour les nouveaux développements de la recherche.

Maintenant, seul nous intéresse, à propos de cette œuvre, de remarquer que la lumière y est conçue comme un agent physique indépendant de l'œil, et de plus, qu'il se produit la transition de la primitive représentation « rayon » à la nouvelle « onde ». La lumière part de tout corps illuminé vers toute partie opposée à celui-ci. Vraiment, la distinction physique des rayons est impossible, car l'espace optique est un « plenum ». Mais il n'apparaît pas encore de représentation sphérique. On continue à faire appel à la pyramide perspective et aux rayons. De cette façon, on affirme que la lumière arrive de n'importe quel point d'un corps lumineux jusqu'à tous les points d'un miroir opposé, et de cette manière, il se forme des pyramides dont les bases coïncident avec la surface du miroir et dont les sommets sont les points du corps lumineux ; et d'un autre côté, la lumière arrive à chaque point du miroir depuis tous les points du corps lumineux, de telle sorte qu'il se forme des pyramides, dont les bases coïncident avec la surface du corps lumineux et qui ont pour sommet les différents points du miroir. Finalement, les points situés entre le miroir et le corps lumineux sont des sommets communs à deux pyramides, l'une dont la base est le miroir, et l'autre dont la base est le corps lumineux. Dans cette représentation, on a établi la totale compacité de l'espace optique, en même temps que sa structure ponctuelle. Mais, même en affirmant le caractère imaginaire des rayons et des pyramides, on continue à les utiliser sans passer à la représentation sphérique comme solution géométrique non imaginaire. Il y a aussi, dans l'œuvre attribuée à Alhazen, un effort discursif pour prouver la propagation temporelle de la lumière. Ajoutons une autre suggestion : la preuve empirique que les formes lumineuses et chromatiques, qui viennent de divers foyers, s'étendent dans tous les sens sans se gêner mutuellement et sans altérer les corps diaphanes.

Ceci est un phénomène qui, comme nous l'avons vu, a été spécialement significatif pour Huygens.

La propagation sphérique de la lumière sera affirmée catégoriquement par Kepler. Le rayon lumineux n'est pas de la lumière qui se répand ; c'est seulement son mouvement. Le mobile, la lumière est une surface et une surface sphérique. Or, Kepler met en premier plan de sa représentation le caractère bi-dimensionnel de la lumière et d'autre part, il croit en la propagation instantanée. Dans de telles conditions, la courbure ne joue aucun rôle dans sa recherche pour déterminer la loi de la réfraction.

Descartes développe une recherche optique surprenante à cause des divers éléments qui s'y réunissent. Mais avant d'en indiquer les plus importants pour notre intérêt présent, permettez-moi de proposer la thèse que le *Traité de la Lumière* est une œuvre d'esprit cartésien, malgré de notables différences avec l'optique de Descartes. Huygens dépasse ici Descartes, tout en le continuant.

Sans entrer, bien sûr, dans la structure complexe de l'optique cartésienne, signalons que la lumière s'y détermine géométriquement en faisant appel à la représentation du rayon, représentation unidimensionnelle, longitudinale. Cependant, on donne à la lumière un soutien physique en la considérant comme une action ou inclinaison au mouvement. Ceci exige de donner de l'importance à la nature du milieu et de se poser la question de sa structure, pour expliquer la diffusion - plutôt distribution - de la lumière dans les corps transparents. Le grand géomètre Descartes ne trouve pas de représentation géométrique dont la structure serait suffisamment riche pour expliquer les faits optiques connus et justifier ou déduire la loi des sinus. Pour démontrer cette dernière loi, il doit employer une construction dans laquelle le caractère longitudinal des rayons est accompagné de deux « déterminations à se mouvoir », qui sont perpendiculaires entre elles et donnent aux rayons un aspect bi-dimensionnel.

D'un autre côté, il explique les changements de direction au moyen de l'analogie avec le mouvement par une simple substitution des variations de la vitesse par les variations dans la force de pénétration dans le milieu. Dans l'ensemble, le système représentatif construit par Descartes est incongru et inconsistant. Malgré cela, il a un grand intérêt historique pour la perspective adoptée dans cette communication, car ce système révèle, presque comme une nécessité interne, la vitesse finie de la lumière.

En hommage à Descartes, il faut rappeler la réponse qu'il donna à Morin quand celui-ci lui reprocha que ses raisonnements étaient seulement fondés sur des comparaisons ou des suppositions, méthode qui peut s'admettre en astronomie, mais pas en physique. Descartes réplique que tout ce qu'il a dit sur la nature de la lumière doit être accepté comme on accepte les hypothèses astronomiques afin que la force des démonstrations mathématiques ne dépende d'aucune opinion physique. Et Descartes déclare que si l'on peut imaginer la lumière d'une autre façon par laquelle s'expliqueraient toutes ses propriétés connues, on verrait que tout ce qu'il a démontré peut s'obtenir comme il l'a proposé. C'est ce que fera précisément Huygens.

Pour y arriver, il a dû construire un système représentatif capable d'expliquer les faits qui préoccupaient les physiciens. Fondamentalement, la propagation rectiligne de la lumière, la réflexion à angles égaux et la réfraction selon la loi des sinus. La construction de ce nouveau système disposait des représentations que la tradition avait recueillies. Leur épuration, traduction, articulation, c'est-à-dire leur intégration, seraient autant d'opérations pour arriver à une synthèse qui serait satisfaite pour la science à ce moment historique.

Le *Traité de la lumière* est une synthèse historique à plusieurs points de vue. C'est une synthèse des déterminations géométriques. Le temps apparaît comme facteur des déterminations spatiales. Des aspects géométrico-temporels se synthétisent avec des aspects physiques ; tout cela, j'insiste, de façon cohérente.

La représentation « onde » était déjà en circulation mais elle manquait de structure fine. D'un autre côté, depuis Alhazen, ou plutôt, depuis Alkindi, la représentation radiale avait conféré à l'espace optique une structure ponctuelle. Huygens réalisera le même transit à l'infinitésimal dans le cadre de la représentation ondulatoire. Ainsi, de même que dans la représentation longitudinale le point engendre des rayons dans la représentation ondulatoire, le point engendre des ondes. Mais dans ce système, Huygens va pouvoir introduire une loi de composition, impossible dans le système longitudinal. Celle-ci lui permettra de résoudre les objections aux explications de la réfraction basée sur la vitesse finie de la lumière. Objections acceptées par des auteurs qui, comme Grimaldi, ne croyaient pas à la propagation instantanée. Je me réfère à la composition d'un ensemble d'ondes dont leurs centres seraient des points différents, de telle sorte qu'il se forme en une onde comme front commun. Cette onde résultante, tangente à une infinité d'ondes élémentaires, se différencie optiquement, car sa quantité de mouvement est supérieure à celle de toute onde élémentaire.

Donc, ce n'est pas une simple construction géométrique, mais elle a une authentique consistance physique. Cette dernière note affaiblit ou annule le caractère conventionnel de la construction géométrique, qui était notoire dans des explications ondulatoires telles que celle de Ango. Si l'on compare Huygens avec cet auteur et avec Kepler, en relation avec l'explication de la loi des sinus, on comprend le progrès, par voie de synthèse, réalisé par le physicien hollandais. Kepler ne trouva pas la loi de la réfraction, pour avoir subordonné excessivement l'analyse mathématique à l'établissement préalable des conditions physiques du phénomène, c'est-à-dire, de ses causes. Ango, une fois la loi connue, fait une construction géométrique qui la satisfait, mais qui la laisse inexpliquée physiquement. Seul Huygens trouvera une construction qui réunisse parfaitement les aspects géométriques et physiques. En accord avec la valeur ou sens physique de la construction géométrique, on trouve le rôle important que le temps joue dans celle-ci : une géométrie du réel doit être une géométrie dans laquelle le temps serait une variable significative, et en liaison avec des variables spatiales. Cette condition se trouve dans le *Traité de la Lumière*. Par exemple, les ondes résultantes s'expliquent par la concurrence simultanée sur une ligne - ou une surface - d'ondes élémentaires. La structure de l'espace ondulatoire, la structure de l'espace optique reflète un ordre temporel. Ce n'est pas un hasard de ne pas trouver d'espace optique structuré chez Kepler, qui attribue à la lumière une propagation instantanée. D'autre part, l'optique newtonienne manque vraiment d'un espace optique, et corrélativement, les déterminations temporelles de la lumière, telles que l'alternance des accès de facile transmission et de facile réflexion, sont sans fondement.

Une autre réussite du système ondulatoire de Huygens est de donner raison pour la réfraction à la propriété du temps minimum. Fermat prenait cette propriété pour un principe naturel et en déduisait la loi des sinus. Pour sa part, de la Chambre, maintenait aussi le principe selon lequel la nature emprunte toujours les chemins les plus courts et en déduisait l'égalité des angles de réflexion et d'incidence. Fermat avait réfuté obstinément la démonstration cartésienne de la loi des sinus et, pendant longtemps, il avait cru que l'expression correcte était :

$$n = \frac{\sin (i - r)}{\sin r}$$

. Mais quand il résout le problème du trajet minimum, il retrouve avec surprise et joie la relation : $n = \frac{\sin i}{\sin r}$, et réclame au cartésien Clerselier le droit d'être compté parmi ceux qui ont essayé de prouver la loi. La gloire de Descartes serait d'avoir su la trouver sans l'aide de démonstration. Mais Clerselier, même en reconnaissant le génie mathématique de Fermat, ne peut omettre de faire quelques objections à sa démonstration. La plus fondamentale consiste à dénoncer le caractère « moral » et non physique du principe de Fermat.

Il est intéressant, pour notre estimation de l'œuvre de Huygens, de comparer sa solution au problème de la réfraction avec celles de Descartes et de Fermat. Ces deux chercheurs ont trouvé quelque chose d'important pour le savoir scientifique : l'un, la loi des sinus, l'autre, une explication possible de la loi. Séparément, chaque chose semble insuffisante. Descartes, ne convainc pas avec son explication, bien que la loi se confirme toujours empiriquement. Fermat fait dépendre la loi d'un principe qui est métaphysique. En réalité, il manque, aussi bien à Descartes qu'à Fermat, la construction d'un système représentatif cohérent et consistant. Le premier doit décomposer le mouvement réel en deux mouvements virtuels, et le second introduit quelque chose de très semblable à un projet. Même en supposant que le principe de temps minimum soit considéré comme base du déterminisme naturel, comme explication de la nécessité naturelle, le physicien devrait trouver pour chaque processus concret la façon concrète de satisfaire ce principe. De fait, le système représentatif de Huygens remplit cette condition. Il s'y révèle qu'aussi bien la loi des sinus que le parcours optique du temps minimum sont deux aspects, deux conséquences d'un ensemble de relations géométrico-cinématiques.

Pour terminer, je voudrais attirer l'attention sur un autre point du système représentatif de Huygens, où, une fois de plus, il semble avoir atteint un moment de spéciale valeur synthétique, et qui fait du *Traité de la Lumière* un témoignage exemplaire de l'esprit qui a animé la naissance de la science moderne.

C'est un fait que, en général, les théories sur la nature de la lumière sont accompagnées de théories sur la nature de la matière, sur sa structure. Mais j'oserais dire que cette relation est plus étroite dans les théories ondulatoires que dans les corpusculaires, car dans celles-là, la lumière est un état de la matière. Nous nous trouvons devant un thème dont la recherche jusqu'à nos jours pourrait démontrer des aspects très intéressants sur la marche évolutive de la pensée scientifique. Si la lumière est un état de la matière, les variations des propriétés géométriques et cinématiques que possèdent les phénomènes lumineux et, de même, leurs explications dans les théories ondulatoires, conduisent, en logique représentationnelle, à supposer aussi dans la matière une structure géométrique et cinématique. Alors, les principes représentatifs pour comprendre la lumière et la matière sont les mêmes. Il en résulte qu'un phénomène nouveau dans le comportement géométrico-cinématique de la lumière doit s'expliquer par la structure géométrico-cinématique de la matière. C'est ainsi qu'a agi Huygens pour expliquer l'« étrange réfraction » du cristal d'Islande. La grande puissance explicative du système se manifeste dans le fait qu'il n'a pas besoin de se rapporter à de nouvelles propriétés, mais, purement et simplement, à une diversification structurale qui est cohérente dans le cadre établi des représentations. Celui-ci, d'ailleurs, reste sous le regard de l'esprit sans zone d'ombre, sans variables cachées. On peut même parler de causes sans avoir besoin de pénétrer dans les domaines métaphysiques. Le *Traité de la Lumière* est le premier fruit de l'épistémologie scientifique moderne dans un champ aussi complexe et difficile que l'optique. D'autre part, on a dépassé définitivement la détermination de la lumière en tant qu'acte du corps transparent.

En fait, Huygens n'épuise pas son système. Par exemple, il ne sait pas y insérer les couleurs, car il n'arrive pas à voir toutes les possibilités de structuration que possède le temps. Les représentations ondulatoires n'ont pas terminé leur vie historique, de nouvelles synthèses, encore plus complexes, se découvriront au cours des années ultérieures.

## BIBLIOGRAPHIE

ALHAZEN (Ibn al-Haytham), *Opticae thesaurus Alhazeni Arabis, libri septem, nunc primum editi, eiusdem liber de Crepusculis atque Nubium ascensionibus...* Basileae, 1572 ; Livre I, propositions 1, 14, 15, 16, 17, 18, 19, 23, 26, 29 ; Livre II, proposition 21 ; Livre IV, propositions 2, 3.

P. ANGO, *L'optique...*, Paris, 1682, p. 63-66.

DESCARTES, *La Dioptrique, Discours* 2. Correspondance DESCARTES - MORIN (3 lettres de Morin, 2 lettres de Descartes) - févr. 1638 à oct. 1638 dans *Descartes* (A.T.), 2e éd., t. I, 1974, p. 536-557 ; t. II, 1969, p. 196-221, 288-305, 362-373, 408-419.

P. de FERMAT, *Oeuvres de Fermat*, publ. par Paul Tannery et Charles Henry, t. II, Paris, 1894 : lettre de Fermat à Mersenne (sept. 1637), p. 106-112 ; lettre de Fermat à Mersenne (déc. 1637), p. 116-125 ; lettre de Fermat à De La Chambre (août 1657), p. 354-359 ; lettre de Fermat à Clerselier (mars 1658), p. 367-374 ; lettre de Fermat à Clerselier (juin 1658), p. 397-402 ; lettre de Fermat à De La Chambre (janv. 1662), p. 457-463 ; lettre de Clerselier à Fermat (mai 1662), p. 464-472.

F. M. GRIMALDI, *Physico-mathesis de lumine, coloribus et iride...*, Bononiae, 1665 ; Livre I, propositions 13, 14, 15, 19, 20, 21.

Ch. HUYGENS, *Traité de la Lumière*, Leyde, 1690 ; Préface ; chap. 2, 3, 5.

J. KEPLER, *Ad Vitellionem Paralipomena...*, Francofurti, 1604 ; chap. I, proposition 8 ; chap. IV.

Huygens et la France
(Paris, Vrin, 1981, p. 165-176)

# LE MODÈLE DE L'ÉTHER LUMINEUX DANS LE « TRAITÉ DE LA LUMIÈRE » DE HUYGENS

par Jean ROSMORDUC
(Université de Bretagne occidentale, Brest)

Le grand classique de Huygens relatif à l'optique, son *Traité de la Lumière*, a été présenté dans ses grandes lignes - lui-même le dit dans sa préface - à l'Académie des sciences de Paris en 1678. Huygens est donc, à cette époque, en possession des découvertes récentes dont l'interprétation rénove la science de la lumière : couleurs des lames minces (Hooke, 1665) ; diffraction (Grimaldi, 1665) ; double-réfraction du spath d'Islande (Bartholin, 1669) ; mesure de la vitesse de la lumière (Römer, 1676). Il connaît, par ailleurs, les opinions de Hooke et de Pardies favorables à l'hypothèse ondulatoire[1], de même que les expériences entreprises au XVII$^{e}$ siècle sur le son, notamment celles qui permettent à Boyle de démontrer que l'onde acoustique ne se propage pas dans l'air[2]. Quand Huygens publie son ouvrage - en 1690 -, il précède Newton dont l'*Opticks* - écrite en 1675 - n'est éditée pour la première fois qu'en 1704. Les idées de Newton sont toutefois connues, ne serait-ce que parce qu'elles ont fait l'objet d'un article : « New theory of Lights and colours », publié dans les *Philosophical Transactions* en 1672, et de passages des *Principia mathematica philosophiae naturalis* publiés en 1687. A noter tout de même que le choix de Newton dans ces deux derniers écrits est, de façon très nette, favorable à l'hypothèse corpusculaire.

Les nuances, les interrogations, qui apparaîtront ensuite dans le *Traité d'Optique*, n'y figurent pas. Huygens, rappelons-le, a également à son actif des travaux sur le mouvement du pendule, sur les lois du choc... etc.

D'entrée, une fois les buts de l'ouvrage définis, Huygens indique le choix fait par lui de l'hypothèse ondulatoire :

> « *L'on ne saurait douter que la lumière ne consiste pas dans le mouvement de certaine matière**. Car, soit qu'on regarde sa production, on trouve qu'ici sur la Terre, c'est principalement le feu et la flamme qui

> l'engendrent, lesquels contiennent sans doute des corps qui sont dans un mouvement rapide, puisqu'ils dissolvent et fondent plusieurs autres corps des plus solides ; soit qu'on regarde ses effets, on voit quand la lumière est ramassée, comme par des miroirs concaves, elle a la vertu de brûler comme le feu, c'est-à-dire qu'elle désunit les parties des corps ; ce qui marque assurément du mouvement, au moins dans *la vraie Philosophie, dans laquelle on conçoit la cause de tous les effets naturels par des raisons de mécanique. Ce qu'il faut faire à mon avis, ou bien renoncer à toute espérance de ne jamais rien comprendre dans la Physique**[3]. »

L'argument invoqué par Huygens, notons-le, est exactement celui que développait Galilée[4]. Pour le conforter, le physicien affirme :

> « l'on tient pour certain que la sensation de la vue n'est excitée que par l'impression de quelque mouvement d'une matière qui agit sur les nerfs au fond de nos yeux, c'est encore une raison de croire que la lumière consiste dans un mouvement de la matière qui se trouve entre nous et le corps lumineux[5]. »

Il ajoute, prenant en partie en compte le résultat de Römer :

> « De plus, quand on considère l'extrême vitesse dont la lumière s'étend de toutes parts et que, quand il en vient de différents endroits, même de tout opposés, elles se traversent l'une l'autre sans s'empêcher ; on comprend bien que, quand nous voyons un objet lumineux, ce ne saurait être par le transport d'une matière, qui depuis cet objet s'en vient jusqu'à nous ainsi qu'une balle ou une flèche traverse l'air : car assurément cela répugne trop à ces deux qualités de la lumière et surtout à la dernière. C'est donc d'une autre manière qu'elle s'étend, et ce qui nous peut conduire à la comprendre, c'est la connaissance que nous avons de l'extension du son dans l'air[6]. »

Il reste donc chez Huygens, plus apparemment que chez Newton, des traces de la démarche aristotélicienne. Par ailleurs il entend - et cela est conforme à l'esprit qui a dominé la physique du XVII$^{e}$ au XIX$^{e}$ siècle - traiter de la question comme d'un problème de mécanique. Il raisonne, ainsi que le fit Aristote, par analogie avec le son. Il sait, de plus, par les expériences de Boyle déjà citées, que le son ne se propage pas dans le vide, que le support d'un milieu pondérable lui est nécessaire. Il retrouve donc le problème qui fut celui de tous les tenants de l'analogie sonore depuis le Stagirite : quel milieu serait susceptible, par son mouvement de provoquer la propagation du phénomène lumineux ?

*Du « diaphane » à « l'éther »*

Aristote baptise ce milieu : « diaphane »[7]. Par son intermédiaire les corps lumineux agissent[8] sur l'œil. Dans le cadre des concepts aristotéliciens, c'est une espèce de « puissance » qui se trouve dans les corps transparents (l'air, l'eau...) :

> « ...la lumière est la couleur du diaphane par accident : quand en effet quelque corps igné se trouve dans le diaphane, sa présence, c'est la lumière ; son absence, c'est l'obscurité. Mais ce que nous appelons diaphane n'appartient pas en propre à l'air ou à l'eau ni à un autre corps ainsi dénommés, mais il est une certaine nature, une certaine force commune, qui n'existe pas séparément mais qui est dans ces corps, et qui réside dans les autres, plus dans ceux-ci, moins dans ceux-là[9]. »

Sous l'action de l'objet lumineux, le diaphane « en puissance » devient diaphane « en acte », c'est-à-dire lumière. Et l'ébranlement de ce diaphane ébranle à son tour l'œil, causant la vision[10].

Aucun des continuateurs d'Aristote, du XIII$^{e}$ au XVI$^{e}$ siècle inclus, ne semble être revenu sur ce diaphane et en avoir précisé plus avant la définition. Descartes, dans sa *Dioptrique*, compare la lumière à une pression[11]. Plus loin il évoque « ... quelque matière fort subtile et fort fluide, qui s'étende sans interruption depuis les astres jusques à nous »[12]. Par ailleurs, dans *Le Monde ou Traité de la Lumière*, après avoir identifié la lumière à une émanation du feu, il imagine un espace transparent peuplé de particules de matière subtile se touchant, la lumière étant alors la propagation d'un mouvement par l'intermédiaire de ces particules supposées être de forme sphérique[13].

La seule connaissance que nous ayons des idées de Pardies à ce propos, lui-même étant mort avant de les avoir publiées comme l'indique Huygens [14], est leur transcription dans un ouvrage de Pierre Ango, jésuite comme Pardies, et comme lui professeur au collège de La Flèche. Le manuscrit de Pardies - repris par Ango selon les dires mêmes de ce dernier - serait de 1673[15] et donc antérieur à la rédaction de la majeure partie du *Traité de la Lumière*. Par contre le livre d'Ango n'est publié qu'en 1682, le privilège en ayant été accordé par le Roi en 1679[16]. Si l'on peut penser, suivant d'ailleurs en cela l'indication donnée par Huygens, que les idées de Pardies ont pu influer sur la formation de celles du physicien hollandais, l'écrit d'Ango lui-même ne peut guère y avoir contribué. C'est toutefois chez lui que se rencontre, à ma connaissance, la première utilisation publique écrite du terme « éther » pour désigner le milieu lumineux :

> « Je conçois qu'il y a dans tout cet Univers une autre substance, qu'Aristote appelle du nom d'Ether, qui est infiniment plus subtile que l'air, parce qu'elle est liquide en toutes ses parties, et qu'elle est, pour cette raison, très propre à remplir tous les vides qui sont entre les parties des autres corps naturels[17]. »

L'auteur distingue le « mouvement d'ondulation » de celui de « vibration »[18], prend modèle de la flamme d'une bougie et des muscles du corps humain[19], remarque bien que le dit-mouvement « n'est point un transport », tant en ce qui concerne le son[20] que les ondes à la surface de l'eau[21]. A partir de ces considérations, il développe plus avant la théorie du son et en arrive par analogie à la lumière, ayant d'ailleurs auparavant comparé le Soleil à une chandelle animée d'un mouvement de compression et de dilatation, lequel se communiquerait à l'« éther » :

> « ...On s'imaginera aisément que ce grand corps (le Soleil) qui est au moins 36 000 fois plus grand que la Terre, pour ainsi parler, et qu'étant réciproquement comprimé et dilaté à peu près comme la flamme d'un flambeau, il communique ensuite ce mouvement à toute la substance éthérée qui l'environne, comme nous voyons que la flamme d'une chandelle qui s'enfle[22] ... »

Mais cet « éther » n'en est pas pour autant physiquement défini.

*« L'éther » de Huygens*

C'est le *Traité de la Lumière* qui tente, à cet égard, d'apporter quelques précisions. Huygens raisonne, comme il a déjà été dit, lui aussi en se référant à ce qu'il connaît de l'acoustique :

> « Nous savons que par le moyen de l'air, qui est un corps invisible et impalpable, le son s'étend tout à l'entour du lieu où il a été produit, par un mouvement qui passe successivement d'une partie de l'air à l'autre, et que l'extension de ce mouvement se faisant également vite de tous côtés, il se doit former comme des surfaces sphériques qui s'élargissent toujours et qui viennent frapper notre oreille. Or il n'y a point de doute que la lumière ne parvienne aussi depuis le corps lumineux jusqu'à nous par quelque mouvement imprimé à la matière qui est entre deux, puisque nous avons déjà vu que ce ne peut être par le transport d'un corps qui passerait de l'un à l'autre. Que si avec cela la lumière emploie du temps à son passage, ce que nous allons examiner maintenant, il s'ensuivra que ce mouvement imprimé à la matière est successif et que par conséquent il s'étend, ainsi que celui du son, par des surfaces et des ondes sphériques : car je les appelle ondes, à la ressemblance de celles que l'on voit se former dans l'eau quand on y jette une pierre, qui représentent une telle extension successive en rond, quoique provenant d'une autre cause et seulement dans une surface plane[23]. »

Etudiant la manière dont la lumière se propage du Soleil à la Terre, les conditions dans lesquelles se produisent les éclipses de Lune, il en conclut à l'impossibilité d'en déduire quoique ce soit quant à la vitesse de la lumière.

> « Il est vrai que c'est supposer une étrange vitesse qui serait cent mille fois plus grande que celle du son. Car le son, selon ce que j'ai observé, fait environ 180 toises dans le temps d'une seconde ou d'un battement d'artère. Mais cette supposition ne doit pas sembler avoir rien d'impossible, parce qu'il ne s'agit point du transport d'un corps avec tant de vitesse, mais d'un mouvement successif qui passe des uns aux autres[24]. »

Décrivant ensuite la mesure de Römer, il en conclut :

> « Or le mouvement successif de la lumière étant confirmé de cette manière, il s'ensuit, comme j'ai déjà dit, qu'il s'étend par des ondes sphériques, ainsi que le mouvement du son[25]. »

Huygens examine les différences existant, selon lui, entre la propagation du son et celle de la lumière. Sur leur émission d'abord :

> « ...pour ce qui est de la production du son, on sait que c'est par l'ébranlement subit d'un corps entier, ou d'une partie considérable, qui agite tout l'air contigu. Mais le mouvement de la lumière doit naître comme de chaque point de l'objet lumineux, pour pouvoir faire apercevoir toutes les parties différentes de cet objet, comme il se verra mieux dans la suite. Et je ne crois pas que ce mouvement se puisse mieux expliquer, qu'en supposant ceux d'entre les corps lumineux qui sont liquides, comme la flamme et apparemment *le Soleil et les étoiles, composés de particules qui nagent dans une matière beaucoup plus subtile, qui les agite avec une grande rapidité, et les fait frapper contre les particules de l'éther, qui les environnent et qui sont beaucoup moindres qu'elles**. Mais que dans les milieux solides comme du charbon, ou du métal rougi au feu, ce même mouvement est causé par l'ébranlement violent des particules du métal ou du bois, dont celles qui sont à la surface frappent de même la matière éthérée. *L'agitation au reste des particules qui engendrent la lumière doit être bien plus prompte et plus rapide que*

*n'est celle des corps qui cause le son**, puisque nous ne voyons pas que le frémissement d'un corps qui sonne est capable de produire du son[26]. »

L'expérience de Boyle, si elle démontre l'impossibilité de la propagation du son dans le vide, montre également que la lumière, elle, s'y propage :

> « ...aussi ce n'est point le même air, mais une autre matière dans laquelle s'étend la lumière, puisque l'air étant ôté de ce vaisseau, la lumière ne laisse pas de le traverser comme auparavant »[27].

Huygens ajoute :

> « Quant aux différentes manières dont j'ai dit que se communiquent successivement les mouvements du son et de la lumière, on peut assez comprendre comment ceci se passe en ce qui est du son, quand on considère que l'air est de telle nature qu'il peut être comprimé et réduit à un espace beaucoup moindre qu'il n'occupe d'ordinaire, et qu'à mesure qu'il est comprimé il fait effort à se remettre au large, car cela joint à sa pénétrabilité qui lui demeure nonobstant sa compression, semble prouver qu'il est fait de petits corps qui nagent et qui sont agités fort vite dans la matière éthérée, composée de particules bien plus petites. De sorte que la cause de l'extension des ondes du son, c'est l'effort que font ces petits corps, qui s'entrechoquent, à se remettre au large, lorsqu'ils sont un peu plus serrés dans le circuit de ces ondes qu'ailleurs.
>
> *Mais l'extrême vitesse de la lumière, et d'autres propriétés qu'elle a, ne sauraient admettre une telle propagation de mouvement*, et je vais montrer ici de quelle manière je conçois qu'elle doit être. Il faut expliquer pour cela la propriété que gardent les corps durs à transmettre le mouvement les uns aux autres[28]. »

Compte tenu de ces différences, le physicien s'emploie alors à imaginer comment pourrait être constitué cet « éther » :

> « Lorsqu'on prend un nombre de boules d'égale grosseur, faites de quelque matière fort dure, et lorsqu'on les range en ligne droite en sorte qu'elles se touchent, l'on trouve, en frappant avec une boule pareille contre la première de ces boules, que le mouvement passe dans un instant jusqu'à la dernière qui se sépare de la rangée, sans qu'on s'aperçoive que les autres se soient remuées. Et même celle qui a frappé demeure immobile avec elles. Où l'on voit un passage de mouvement d'une extrême vitesse et qui est d'autant plus grande que la matière des boules est d'une plus grande dureté.
>
> Mais il est encore constant que ce progrès de mouvement n'est pas momentané, mais successif, et qu'ainsi il y faut du temps. Car, si le mouvement ou, si l'on veut, l'inclination au mouvement ne passait pas successivement par toutes ces boules, elles l'acquerraient toutes en en même temps, et partant, elles avanceraient toutes ensemble, ce qui n'arrive point : mais la dernière quitte toute la rangée et acquiert la vitesse de celle qu'on a poussée. Outre qu'il y a des expériences qui font voir que tous ces corps que nous comptons au rang des plus durs, comme l'acier trempé, le verre et l'agate, font ressort et plient en quelque façon, non seulement quand ils sont étendus en verges, mais aussi quand ils sont en forme de boules ou autrement. C'est-à-dire qu'ils

rentrent quelque peu en eux-mêmes à l'endroit où ils sont frappés, et qu'ils se remettent aussitôt dans leur première figure. Car j'ai trouvé qu'en frappant avec une boule de verre, ou d'agate, contre un gros morceau et bien épais de même matière qui avait la surface plate et tant soit peu ternie avec l'haleine ou autrement, il y restait des marques rondes, plus ou moins grandes selon que le coup avait été fort ou faible. Ce qui fait voir que ces matières obéissent à leur rencontre et se restituent, à quoi il faut qu'elles emploient du temps.

Or pour appliquer cette sorte de mouvement à celui qui produit de la lumière, rien n'empêche que nous n'estimions les particules de l'éther être d'une matière si approchante de la dureté parfaite et d'un ressort si prompt que nous voulons. Il n'est pas nécessaire pour cela d'examiner ici la cause de cette dureté, ni de celle du ressort dont la considération nous mènerait trop loin de notre sujet. Je dirai pourtant en passant qu'on peut concevoir que ces particules de l'éther, nonobstant leur petitesse, sont encore composées d'autres parties, et que leur ressort consiste dans le mouvement très rapide d'une matière très subtile, qui les traverse de tous côtés et contraint leur tissu à se disposer en sorte, qu'il donne un passage à cette matière fluide le plus ouvert et le plus facile qui se puisse. Ce qui s'accorde avec la raison que M. Descartes donne du ressort, sinon que je ne suppose pas des pores en forme de canaux ronds et creux, comme lui. Et il ne faut pas s'imaginer qu'il n'y ait rien eu d'absurde en ceci, ni d'impossible, étant au contraire fort croyable que c'est ce progrès infini de différentes grosseurs de corpuscules et les différents degrés de leur vitesse dont la Nature se sert à opérer tant de merveilleux effets[29]. »

Voici donc « l'éther » conçu par Huygens. Il est composé de particules extrêmement petites, très serrées, à la fois d'une grande dureté et d'une importante élasticité.

« Et il faut savoir que quoique les particules de l'éther ne soient pas rangées ainsi en lignes droites comme dans notre rangée de boules, mais confusément, en sorte qu'une en touche plusieurs autres, cela n'empêche pas qu'elles ne transportent leur mouvement et qu'elles ne l'étendent pas toujours en avant[30]. »

Le mouvement se propage d'une particule à une autre « suivant les règles de la percussion »[31]. Les dites-particules ne sont pas, précise Huygens, de forme sphérique « ...car je ne vois pas d'ailleurs qu'il soit besoin de les supposer telles... »[32].

Dans un tel milieu, la lumière peut parfaitement se propager par ondes sphériques, chaque particule étant alors animée

d'un « ...petit ébranlement, qu'elles ne peuvent s'empêcher de communiquer à celles qui les environnent, nonobstant tout le mouvement qui les agite et fait changer de places entre elles »[33].

Chaque « petit endroit d'un corps lumineux » - que ce soit le Soleil ou toute autre source - émet ainsi une très grande quantité d'ondes, toutes ces ondes se composant pour n'en plus former qu'une seule, ce qui explique la très grande distance à laquelle se propage la lumière.

« Outre que de chaque point lumineux, il peut venir plusieurs milliers d'ondes dans le moindre temps imaginable, par la fréquente percussion des corpuscules qui frappent l'éther en ces points, ce qui contribue encore à rendre leur action plus sensible[34]. »

Ces conceptions permettent alors à Huygens, à la fois de justifier la propagation rectiligne de la lumière et d'esquisser ce qui deviendra le principe d'« Huygens-Fresnel » et permettra au dernier nommé d'établir la théorie des phénomènes de diffraction :

> « Il y a encore à considérer dans l'émanation de ces ondes, que chaque particule de la matière, dans laquelle une onde s'étend, ne doit pas communiquer son mouvement seulement à la particule prochaine, qui est dans la ligne droite tirée du point lumineux ; mais qu'elle en donne aussi nécessairement à toutes les autres qui la touchent et qui s'opposent à son mouvement. De sorte qu'il faut qu'autour de chaque particule il se fasse une onde dont cette particule soit le centre. Ainsi, si DCF (fig. 1, p. 172) est une onde émanée du point lumineux A, qui est son centre, la particule B, une de celles qui sont comprises dans la sphère DCF, comme bb, dd, etc., auront fait chacune son onde. Mais chacune de ces ondes ne peut être qu'infiniment faible comparée à l'onde DCF, à la composition de laquelle toutes les autres contribuent par la partie de leur surface qui est la plus éloignée du centre A...
>
> ...Pour en venir aux propriétés de la Lumière, remarquons premièrement que chaque partie d'onde doit s'étendre en sorte, que les extrémités soient toujours comprises entre les mêmes lignes droites tirées du point lumineux. Ainsi, la partie d'onde B.G., ayant le point lumineux A pour centre, s'étendra en l'arc CE, terminé par les droites ABC, AGE. Car, bien que les ondes particulières, produites par les particules que comprend l'espace CAE, se répandent aussi hors de cet espace, toutefois elles ne concourent point en même instant à composer ensemble une onde qui termine le mouvement, que précisément dans la circonférence CE qui est leur tangente commune.
>
> Et d'ici l'on voit la raison pourquoi la lumière, à moins que ses rayons ne soient réfléchis ou rompus, ne se répand que par des lignes droites, en sorte qu'elle n'éclaire aucun objet que quand le chemin depuis sa source jusqu'à cet objet est ouvert suivant de telles lignes. Car si, par exemple, il y avait une ouverture BG, bornée par des corps opaques BH, GI, l'onde de lumière qui sort du point A sera toujours terminée par les droites AC, AE, comme il vient d'être démontré : les parties des ondes particulières, qui s'étendent hors de l'espace ACE étant trop faibles pour y produire de la lumière[35]. »

Le mécanisme de la propagation des ondes lumineuses étant ainsi défini, Huygens l'applique à l'interprétation de la réflexion et de la réfraction.

> L'explication de la transparence, « qui lui paraît la plus vraisemblable », revient à supposer « ...que les ondes de lumière se continuent dans la matière éthérée, qui occupe continuellement les interstices ou pores des corps transparents... »[36] ou « ...que le mouvement des ondes de lumière se transmet indifféremment et dans les particules qui les composent, en sorte que ce mouvement passe des unes aux autres »[37].

Le problème se complique quand le physicien aborde ce qu'il intitule « l'étrange réfraction du cristal d'Islande ». Un tel cristal dédouble en effet, comme chacun sait, dans le cas général un rayon incident unique en deux rayons émergents : le rayon

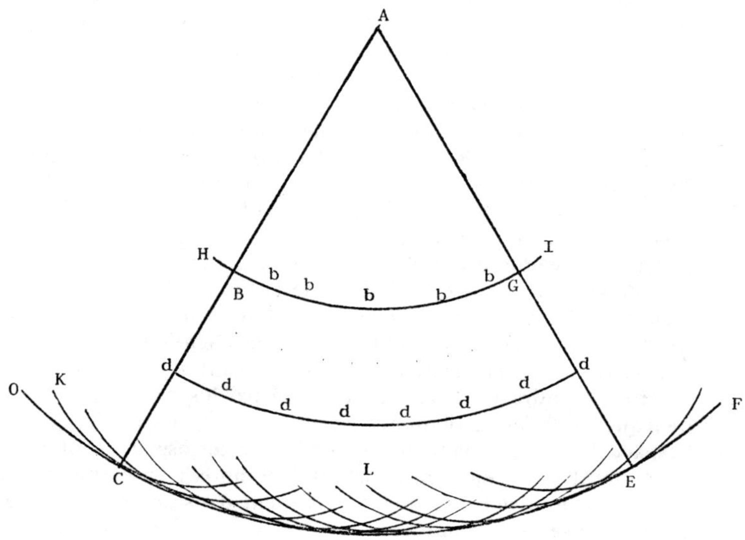


Fig. 1 : Figure du *Traité de la lumière* (*Œuvres*, t. XIX, p. 475).

baptisé « ordinaire »; par Bartholin et qui suit la loi de Descartes relative à la réfraction, et le rayon « extraordinaire » qui ne la respecte pas. Huygens explique le phénomène en posant l'existence, dans le cristal, de deux ondes lumineuses : la première, dont la surface d'onde est une sphère, correspond au rayon « ordinaire » ; la seconde, dont la surface d'onde est une ellipsoïde, correspond au rayon « extraordinaire ». Il reste à définir en cela le rôle de l'éther. Huygens suppose que la réfraction ordinaire est due à la « matière éthérée » seule, la réfraction extraordinaire provenant d'une propagation

> « ...tant dans la matière éthérée répandue dans le cristal, que dans les particules dont il est composé... Il me semblait que la disposition, ou arrangement régulier de ces particules, pouvait contribuer à former les ondes sphéroïdes (n'étant requis pour cela sinon que le mouvement successif de la lumière s'étendit un peu plus vite en un sens qu'en l'autre) , et je ne doutai presque point qu'il n'y eut dans ce cristal un tel arrangement de particules égales et semblables, à cause de sa figure et de ses angles d'une mesure certaine et invariable [38] . »

*Des réserves de Newton à « l'obstacle » de la longitudinalité de la vibration*

Tel qu'il est défini par Huygens, le « modèle » de l'éther reste ensuite inchangé chez les tenants de l'hypothèse ondulatoire jusqu'à l'échec des tentatives, faites par Fresnel, de réaliser des interférences à partir des faisceaux ordinaire et extraordinaire issus d'un cristal bi-réfringent. L'éther existe également chez Newton. Mais chez lui comme chez Ango, le milieu nommé « éther » est une synthèse du « diaphane » et de « l'éther » d'Aristote ; c'est-à-dire qu'il intervient dans les phénomènes lumineux comme dans la gravitation, attractions électriques, et même dans certaines réactions physiologiques. Il est mentionné dans les *Principia*[39] et à divers moments dans le *Traité d'optique*. Cause de la réfraction et support de la propagation de la chaleur dans le vide, cet éther est supposé par Newton « excessivement plus rare et plus subtil que l'air, et excessivement plus élastique et plus actif », et, du fait de sa subtilité et de son élasticité, il pénètre tous les corps et se répand « dans tous les cieux. »[40] Sa différence de densité suivant les endroits provoque la réfraction ;

> « et sa densité n'est-elle pas plus grande dans les espaces libres et vides d'air, et d'autres corps plus grossiers, que dans les pores de l'eau, du verre, du cristal, des pierres précieuses et d'autres corps compacts[41] . »
>
> « Ce milieu n'est-il pas plus rare dans les corps denses du Soleil, des étoiles, des planètes et des comètes, que dans les espaces célestes vides qui sont entre ces corps-là ? Et en passant de ces corps dans des espaces fort éloignés, ce milieu ne devient-il pas continuellement plus dense, et par là n'est-il pas cause de la gravitation réciproque de ces vastes corps, et de celle de leurs parties vers ces corps mêmes ; chaque corps faisant effort pour aller des parties les plus denses du Milieu vers les plus rares[42] . »

De la différence entre la vitesse de la lumière et celle du son, Newton déduit que

> « la force élastique de ce milieu doit être, à proportion de sa densité plus de 700 000 x 700 000 (c'est-à-dire, plus de 490 000 000 000) fois plus grande que n'est la force élastique de l'air, à proportion de sa densité[43] . »

Il s'agit donc, dans l'esprit de Newton, sinon de « plusieurs éthers » comme l'écrit L. Bloch[44], du moins d'un milieu très complexe, sorte d'agent universel remplissant diverses fonctions. Le physicien anglais est d'ailleurs, à son égard, assez dubitatif ; qu'est-ce en effet que ce fluide, assez peu résistant - Newton le suppose 60 000 000 de fois moins résistant que l'eau - pour que les planètes et les comètes s'y meuvent sans pratiquement rencontrer de résistance, extrêmement élastique (70 000 fois plus que l'air) et extrêmement rare (700 000 fois plus que l'air). Qui, de plus, transmet les attractions gravitationnelles comme magnétiques et électriques (ce qui résoud le problème de l'action à distance sans transport de matière pondérable)...[45]. La conception de Newton a néanmoins, au-delà de cette confusion, une énorme importance historique. Car certains de ses éléments, conjointement au modèle mécanique de l'éther de Huygens, influenceront la thèse de Fresnel.

Ce « modèle mécanique », tel que nous venons de le décrire, a, dans l'histoire de l'optique, joué pendant 138 ans un rôle incontestablement positif. Il a été le support de l'élaboration, par Huygens, de sa théorie, de la première véritable théorie des ondulations. Il a ensuite permis à Young de comprendre les interférences lumineuses, comme à Fresnel d'interpréter les différents phénomènes de diffraction. Mais, basé sur l'analogie sonore, il impliquait une conception déterminée de la vibration lumineuse. Considérée comme une branche de la mécanique des fluides, la théorie acoustique était, à la fin du XVII^e^ siècle, bien développée. La vibration sonore est longitudinale, c'est-à-dire parallèle à la direction de propagation de l'onde[46]. Imaginer le « milieu lumineux » - l'éther - sous la forme d'un fluide élastique, tel que ceux dont les vibrations permettent la propagation du son, impliquait obligatoirement - même si des différences étaient relevées entre les deux types de fluides, que la vibration lumineuse fut, elle aussi, longitudinale. Le fait n'est pas énoncé par Huygens. La théorie qu'il élabore ne nécessite pas cette précision. Le problème ne sera pas davantage posé, ni par Young à propos des interférences, ni par Fresnel à propos de la diffraction. Il ne se posera que relativement aux phénomènes de polarisation. Dès lors, le modèle bâti par Huygens, et constamment repris ensuite, modèle établi à partir d'un raisonnement par analogie deviendra aux progrès de l'optique un « obstacle épistémologique » au sens où l'entend G. Bachelard[47].

## NOTES

1. Huygens mentionne en effet « ...ceux qui ci-devant ont commencé à considérer les ondes de lumière, parmi lesquels sont M. Hooke dans sa Micrographie, et le Père Pardies qui, dans un Traité dont il me fit voir une partie et qu'il ne put achever, étant mort peu de temps après, avait entrepris de prouver par ces ondes les effets de la réflexion et de la réfraction » (C. Huygens, *Traité de la Lumière*, dans *Oeuvres*, t. XIX, p. 476).

2. *Ibid*, p. 471.

3. *Ibid*, p. 461. * Souligné par nous (J.R.).

4. Voir Galilée, *Discours concernant deux sciences nouvelles*, trad. M. Clavelin, Paris, 1970, p. 36-40 ; Marin Mersenne, *Les nouvelles pensées de Galilée*, éd. critique par P. Costabel et M.P. Lerner, Paris, 1973, t. I, p. 25, 26, 27, 28.

5. *Oeuvres*, t. XIX, p. 461.

6. *Ibid.*

7. « L'éther » existe également chez lui, mais il s'agit d'un cinquième « élément » (les quatre

autres étant, comme chacun sait, la terre, l'air, l'eau et le feu) dont seraient constitués les corps célestes. Aristote, *Du ciel*, texte établi et trad. par P. Moraux, Paris, 1965, p. 1-9.

8. Aristote écrit : « Pour quelle raison la couleur ne peut être vue que dans la lumière, nous l'avons dit. Le feu est visible dans l'un et l'autre cas, aussi bien dans l'obscurité que dans la lumière, et il ne peut en être autrement puisque c'est grâce à l'action du feu que le diaphane (en puissance) devient diaphane (en acte). Le même raisonnement vaut aussi du son et de l'odeur : ni l'un, ni l'autre, en effet, ne provoque la sensation par contact avec l'organe sensoriel, mais sous l'action de l'odeur et du son, c'est le milieu qui est ébranlé et celui-ci à son tour ébranle les organes correspondants... Le milieu sonore est l'air tandis que le milieu olfactif ne porte pas de nom particulier ; ce dernier est en effet une sorte de propriété commune à l'air et à l'eau, et ce que le diaphane est à la couleur, cette propriété de l'un et l'autre élément l'est à l'objet odoriférant » (*De l'âme*, texte établi par A. Jannone et trad. et annoté par E. Barbotin, Paris, 1966, p. 50).

9. Aristote, *Petits Traités d'histoire naturelle*, texte établi et trad. par R. Mugnier, Paris, 1953, p. 28.

10. « L'entéléchie du diaphane est à la lumière » (*De l'âme, Op. cit.*, p. 49). « L'entéléchie représente, chez Aristote, l'état de perfection, de parfait accomplissement de l'être, par opposition à l'être en puissance, inachevé et incomplet » (Dictionnaire Robert, article « entéléchie »). « La vision s'exerce par le mouvement » (Aristote, *De la génération des animaux*, texte établi et trad. par P. Louis, Paris, 1961, p. 184), etc.

11. R. Descartes, *Dioptrique*, dans *Descartes* (A.T.), t. VI, p. 83-84.

12. *Ibid.*, p. 86. Plus loin : « ...toutes les parties de la matière subtile, que touche le côté du Soleil qui nous regarde, tendent en ligne droite vers nos yeux au même instant qu'ils sont ouverts, sans s'empêcher les unes les autres, et même sans être empêchées par les parties grossières des corps transparents qui sont entre eux... » (*Ibid*, p. 87).

13. R. Descartes, *Le Monde ou Traité de la Lumière*, dans *Descartes* (A.T.), t. XI, p. 84-118.

14. Voir note 1.

15. Voir *Dictionnaire des Lettres Françaises*, Paris, 1954, notice « Pierre Ango ».

16. P. Ango, *L'Optique divisée en trois livres*, Paris, 1682.

17. *Ibid.*, p. 7. La référence à Aristote est inexacte (voir plus haut, note 7).

18. *Ibid.*, p. 10.

19. *Ibid.*, p. 9 et 14.

20. *Ibid.*, p. 17.

21. *Ibid.*, p. 17, 18, 19.

22. *Ibid.*, p. 9.

23. *Oeuvres*, t. XIX, p. 463.

24. *Ibid.*, p. 465.

25. *Ibid.*, p. 469.

26. *Ibid.*, p. 469.

27. *Ibid.*, p. 471.

28. *Ibid.*

29. *Ibid.*, p. 471-472.

30. *Ibid.*, p. 473.

31. *Ibid.*

32. *Ibid.*

33. *Ibid.*, p. 474.

34. *Ibid.*, p. 475.

35. *Ibid.*, p. 475-476.

36. *Ibid.*, p. 482.

37. *Ibid.*, p. 483.

38. *Ibid.*, p. 499-500.

39. « Ce serait ici le lieu d'ajouter quelque chose sur cette espèce d'esprit très subtil qui pénètre à travers tous les corps solides, et qui est caché dans leur substance ; c'est par la force, et l'attraction de cet esprit que les particules des corps s'attirent mutuellement aux plus petites distances, et qu'elles cohèrent lorsqu'elles sont contigües ; c'est par lui que les corps électriques agissent à de plus grandes distances, tant pour attirer que pour repousser les corpuscules voisins ; et c'est encore par le moyen de cet esprit que la lumière émane, se réfléchit, se réfracte, et échauffe les corps ; toutes les sensations sont excitées, et les membres des animaux sont mûs, quand leur volonté l'ordonne, par les vibrations de cette substance spiritueuse qui se propage des organes extérieures des sens, par les filets solides des nerfs, jusqu'au cerveau, et ensuite du cerveau dans les muscles. Mais ces choses ne peuvent s'expliquer en peu de mots ; et on n'a pas fait encore un nombre suffisant d'expériences pour pouvoir déterminer exactement les lois selon lesquelles agit cet esprit universel » [I. Newton], *Principes mathématiques de la philosophie naturelle* (trad. fr. de Mme de Chastellet (1759)), nouveau tirage, Paris, 1966, t. II, p. 179-180.

40. I. Newton, *Traité d'optique*, trad. fr. de P. Coste (1722), rééd., Paris, 1955, p. 417-418.

41. *Ibid.*, P. 418-419.

42. *Ibid.*, p. 420.

43. « Or que la force élastique de ce milieu soit excessivement grande, c'est ce qu'on peut inférer de la vitesse de ses vibrations. Le son parcourt environ 1140 pieds d'Angleterre dans le temps d'une seconde ; et environ cent milles d'Angleterre, en 7 ou 8 minutes. La lumière est transmise du Soleil jusqu'à nous environ dans 7 ou 8 minutes, c'est-à-dire qu'elle parcourt une distance d'environ 70 000 000 milles d'Angleterre, supposé que la Parallaxe horizontale du Soleil soit d'environ 12. Et afin que les vibrations de ce milieu puissent produire les accès alternatifs de facile transmission et de facile réflexion, elles doivent être plus promptes que le son. Donc, la force élastique de ce milieu doit être, à proportion de sa densité, plus de 700 000 x 700 000 (c'est-à-dire plus de 490 000 000 000) fois plus grande que ne l'est la force élastique de l'air, à proportion de sa densité. Car les vitesses des vibrations des milieux élastiques, sont en raison soudoublée des élasticités et des raretés des milieux prises ensemble.

Comme l'attraction est plus forte dans les petits aimants que dans les grands, à proportion de leurs masses ; que la gravité est plus grande dans les surfaces des petites planètes que dans les surfaces des grandes planètes, à proportion de leurs masses ; et que les petits corps sont beaucoup plus agités par l'attraction électrique, que les grands corps : de même la petitesse des rayons de lumière peut extrêmement contribuer à la puissance de l'agent par lequel ces rayons sont rompus. Ainsi, si l'on suppose que l'éther, comme notre air, soit composé de particules qui tâchent à s'écarter les unes des autres (car je ne sais pas ce que c'est que cet éther) et que ses particules soient excessivement plus petites que celles de l'air, ou même que celles de la lumière ; l'excessive petitesse de ses particules peut contribuer à la grandeur de la force par laquelle ces particules peuvent s'écarter les unes des autres ; et par là rendre ce milieu excessivement moins capable de résister au mouvement des corps jetés, et excessivement moins capable de résister au mouvement des corps jetés, et excessivement plus capables de presser les corps grossiers par l'effort qu'il fait pour se dilater » (*Ibid.*, p. 420-422).

44. L. Bloch, *Les origines de la théorie de l'éther et la physique de Newton*, Paris, 1908, p. 64. Voir aussi du même auteur *La philosophie de Newton*, Paris, 1908.

45. I. Newton, *Traité d'optique* (voir note 40), p. 422-425.

46. La première - à ma connaissance - affirmation nette de la longitudinalité de la vibration sonore se trouve dans un chapitre de Newton consacré aux mouvements dans les fluides (I. Newton, *Principia*, voir note 39, t. I, p. 394-412).

47. Voir notre article : « Le débat sur la transversalité de la vibration lumineuse au début du XIX^e siècle » (*Fundamenta Scientiae*, Univ. Louis Pasteur, Strasbourg, n°56, 1976).

Huygens et la France
(Paris, Vrin, 1981, p. 177-186)

# L'OCULAIRE DE HUYGENS, SON INVENTION ET SA PLACE DANS L'INSTRUMENTATION

par Paul ACLOQUE
(Centre Alexandre Koyré, Paris)

Comme le dit P. Costabel dans son article de l'*Encyclopedia Universalis*, Christiaan Huygens « estimait moins l'invention que la possibilité d'en rendre raison. D'où son absence de hâte à proclamer ses découvertes ». C'est pourquoi les perfectionnements très considérables qu'il a apportés aux instruments d'optique sont particulièrement difficiles à dater. Il en est ainsi de l'oculaire qui porte son nom, oculaire dont il est fait mention en plusieurs endroits de son œuvre telle qu'elle apparaît dans l'édition complète publiée par la Société Hollandaise des Sciences de La Haye à partir de 1888.

Dans cette édition, les travaux de Huygens en optique sont principalement rapportés dans les deux volumes du tome XIII, et l'oculaire est d'abord traité à la Proposition III du Livre III de la Première Partie, sous le titre : « Faire voir que les télescopes précédents [du type keplerien] peuvent être rendus meilleurs lorsqu'on remplace les deux lentilles convexes par trois lentilles... ». Comme ce livre porte en tête des pages la date 1653, on serait tenté de croire que l'invention remonte à cette époque. Mais une note quelque peu confuse des éditeurs nous signale qu'il s'agit en fait d'un texte conforme à la copie qu'en a faite Niquet en 1666, et que la date de la découverte ne saurait guère être antérieure à 1662 (*Oeuvres*, t. IV, p. 152 et 242). En tout cas, la lunette dont Huygens s'est servi en 1655-1656 pour ses observations de Saturne ne comportait pas encore l'oculaire en question sous la forme réellement inventive dont nous allons parler. Ses découvertes concernant l'anneau lui-même et le satellite Titan sont dues à d'autres perfectionnements et, en particulier, à l'emploi judicieux de diaphragmes.

Quelle que soit la date exacte de l'invention de l'oculaire composé de deux verres convergents, c'est généralement au texte contenu dans la Troisième Partie de la *Dioptrique* qu'il est convenable de se référer pour décrire les caractères de cette combinaison et ses avantages. C'est en effet la Proposition IV (les éditeurs la placent entre 1685 et 1692) que l'on peut, à juste titre, considérer comme « rendant raison » de l'invention. Mais si l'on veut se faire une idée du long cheminement de pensée qui a conduit à celle-ci, on ne peut se dispenser de tenir compte des textes antérieurs, et des allusions qu'on trouve dans sa correspondance. On constate alors que Huygens fut très tôt stimulé à perfectionner les lunettes par une première invention dont il attendait merveille, et qui fut celle de l'aplanétisme des lentilles sphériques pour certains points conjugués. Dès le mois de novembre 1652 il faisait part à Gutshoven de cette découverte et de son espoir de faire progresser grandement les télescopes (*Oeuvres*, t. I, p. 192) par l'usage de telles lentilles : « Eo invento telescopia multo quam antehac perfectiora efficere me posse existimo ». En fait il abandonna bientôt cet espoir, qui était mal fondé en ce qui concernait les télescopes ; mais les connaissances qu'il avait acquises à cette occasion sur la marche des rayons lumineux à travers les lentilles lui ont servi dès cette époque à distinguer les valeurs différentes de l'aberration sphérique selon le sens de la lumière quand ces lentilles ne sont pas symétriques, en particulier à travers les lentilles plan-convexes. Il ne fait pas de doute que l'orientation de ces dernières dans son oculaire composé ait bénéficié de ces travaux.

C'est essentiellement pour pallier les défauts des deux espèces de lunettes déjà en usage au début de sa carrière que Huygens se préoccupa d'étudier la marche de la lumière dans ces instruments, afin de trouver les raisons de leurs limitations : il s'agissait de la lunette hollandaise et de la lunette keplérienne, dont nous allons rappeler ci-après les schémas, dans la disposition que nous appellerions aujourd'hui *afocale*. On pourrait sans doute se contenter de reproduire ici certains des croquis de Huygens lui-même, auxquels on n'a rien à reprocher en ce qui concerne la correction du tracé des rayons ; mais ces dessins à main levée manquent un peu de netteté, et sont également assez déroutants du fait qu'ils n'utilisaient pas encore, pour construire l'image d'un point donné, les rayons caractéristiques auxquels nous sommes aujourd'hui accoutumés, et qui ont été mis en honneur par R. Smith en 1738 (*System of Optics*, Cambridge). Nous y substituerons le tracé plus moderne de la figure 1, (p. 181), qui présente en haut la marche de la lumière dans une lunette hollandaise, et au-dessous celle qui correspond à la lunette de Kepler. Dans l'un et l'autre cas, on voit qu'un faisceau incident parallèle venant de l'extrémité supérieure de l'objet à l'infini converge, après traversée de l'objectif PO, vers un point B' de son plan focal, c'est-à-dire à la distance F du centre L de cet objectif. Ce faisceau convergent traverse ensuite un oculaire formé d'une lentille unique, laquelle est divergente dans la lunette hollandaise, et convergente dans la keplérienne. Si f représente la distance focale de cet oculaire, on dispose celui-ci de façon que le faisceau émergent soit à nouveau un faisceau parallèle. Cela suppose que, dans chaque instrument, le point B' soit dans le plan focal-objet de l'oculaire, donc *au-delà de ce dernier dans le premier cas, en deçà dans le second*. Cette disposition est telle que le grossissement des deux instruments, qui est le rapport de l'angle $\alpha'$ sous lequel on voit l'objet à travers la lunette à l'angle $\alpha$ sous lequel on le verrait à l'œil nu, est le même, et qu'il est égal au rapport F/f des focales de l'objectif et de l'oculaire. Dans ces conditions, la figure montre clairement que la lunette hollandaise est plus courte, et que l'image y est droite alors qu'elle est renversée dans la keplérienne. Ces avantages apparents de la première sur la seconde sont de peu d'intérêt quand il s'agit d'observer les astres. Par contre il devient alors très important que l'étendue d'espace qu'on peut voir simultanément dans l'instrument soit grande, et c'est là que l'oculaire convergent l'emporte sur le divergent : on constate en effet que, à grossissement égal, et pour le même « angle visuel » $\alpha$, comme le montre la figure, le faisceau émergent est encore parfaitement saisi par la pupille de l'œil avec la keplérienne, alors que son inclinaison vers l'extérieur fait qu'il lui échappe complètement avec la hollandaise. Pourtant l'œil est placé dans les meilleures conditions devant l'un comme devant l'autre, c'est-à-dire respectivement le plus près possible de l'oculaire quand celui-ci est divergent et près de son foyer quand l'oculaire est convergent. Huygens était particulièrement attentif à ces positions optimales de l'œil ; il connaissait bien, en effet, ce que nous appelons aujourd'hui *l'anneau oculaire*, qui est l'image que l'oculaire donne de la monture de l'objectif, et savait que c'est au centre de cet anneau qu'il faut placer l'œil pour qu'il reçoive au mieux l'ensemble des rayons ayant traversé l'objectif. Pour les lunettes astronomiques, le grossissement est toujours assez grand pour que l'écart existant entre l'anneau oculaire et le foyer de l'oculaire soit négligeable : c'est ce qui explique que l'on se contente parfois d'assigner à l'œil une position « au voisinage » du foyer, comme le fait Huygens lui-même dans le cas de son oculaire composé.

Ainsi, la comparaison des deux types de lunettes existant à l'époque devait-elle conduire Huygens à apprécier l'avantage de champ que présentait l'oculaire convergent. Voici en effet ce qu'il disait :

> « Les considérations précédentes font voir aussi combien les télescopes composés de deux lentilles convexes surpassent ceux dont la lentille oculaire est concave, puisqu'ils embrassent d'un seul regard un champ beaucoup plus étendu. En effet, cette étroitesse du champ est désagréable et absolument incommode surtout lorsque les tubes ont une longueur supérieure à trois ou quatre pieds. C'est pourquoi, bien que ce télescope excellent, et célèbre à cause de tant de découvertes nouvelles, que possédait Galilée fût composé d'un verre convexe concave, aujourd'hui on n'emploie aucun télescope de ce genre ni pour observer les corps célestes ni pour regarder les objets terrestres : on se sert, en effet, uniquement de lunettes composées de verres convexes. Seules les lunettes fort courtes composées d'un verre convexe et d'un verre concave sont restées en usage ; c'est-à-dire celles qui ont une longueur de 4 ou 5 pouces ; pour des lunettes si courtes l'amplitude de l'angle visuel qu'on trouve est tolérable. Dans de telles lunettes le grossissement peut être exprimé environ par le nombre 4. Mais on se sert même avec avantage d'un grossissement qui n'est que double : dans ce cas on aperçoit tous les objets bien éclairés même à l'intérieur d'une maison » (*Oeuvres*, t. XIII, 2, p. 460).

Ce jugement un peu sévère est honnêtement nuancé par la remarque terminale reconnaissant à l'oculaire divergent un certain avantage quant à la clarté. Cet avantage provient surtout de ce que l'oculaire de la lunettte hollandaise est, à grossissement égal, placé plus près de l'objectif. Mais cet oculaire est divergent, et c'est ce qui fait que la pupille de l'œil ne peut saisir à la fois tous les faisceaux parallèles qui en émanent finalement. Ne pourrait-on pas concilier l'avantage particulier aux deux types de lunettes en conservant de chacune d'elles ce qui, apparemment, est à la base de son avantage, c'est-à-dire en rapprochant l'oculaire de l'objectif plus qu'il ne l'est dans la keplérienne, tout en conservant à cet oculaire son caractère convergent ? On va voir que c'est exactement ce que réalise l'oculaire composé de Huygens ; mais hâtons-nous de dire que rien dans les textes qui s'y rapportent ne laisse supposer une telle démarche de pensée chez son inventeur. On constate au contraire que l'une des premières modifications qu'il ait apportées aux oculaires de lunettes a consisté à *accoler* deux verres convergents (*Oeuvres*, t. II, p. 358, 362 ; t. III, p. 58), combinaison qui n'apportait rien d'autre que ce qu'aurait fait une lentille unique d'une puissance double de celle de l'une d'entre elles. Par contre, une préoccupation constante de l'époque, et de Huygens en particulier, était l'adaptation de la lunette keplérienne à l'usage terrestre, par le redressement de l'image renversée qu'elle donne avec son oculaire ordinaire : cette adaptation requiert l'emploi de lentilles supplémentaires, et la recherche d'une combinaison convenable n'a pu manquer d'éveiller l'attention d'un esprit aussi inventif que celui de Huygens sur certains autres avantages que l'on pourrait tirer de telles combinaisons. Les valeurs quelque peu différentes qu'il a proposées ici ou là pour les rapports entre la distance mutuelle des deux lentilles et leurs distances focales portent aussi à croire que l'expérience a eu la plus grande part dans son invention.

Quoi qu'il en soit, l'oculaire composé que décrit la Proposition IV de la *Dioptrique* (*Oeuvres*, t. XIII, 2, p. 460) est effectivement constitué et disposé de façon à augmenter à la fois le champ et la clarté, pour un grossissement donné. Les valeurs numériques adoptées par Huygens dans cette Proposition ont l'avantage d'être entières et en rapports simples les unes avec les autres, et c'est pourquoi nous les avons adoptées pour notre description ; mais elles pourraient être légèrement différentes sans que les principes soient changés.

La figure 2, (p. 181), tracée à la même échelle que la précédente, montre que Huygens a disposé la première lentille K de son oculaire composé dans la position même où serait placé l'oculaire divergent de la lunette hollandaise, c'est-à-dire à la distance f en deçà du foyer de l'objectif. Il s'impose en outre d'obtenir, pour une même focale LG = F de l'objectif PO, un grossissement final F/f égal à celui qu'on a considéré ci-dessus, f étant comme précédemment la distance focale de la lentille unique constituant l'oculaire de la lunette keplérienne de comparaison. Pour obtenir ce résultat, Huygens dispose une seconde lentille convergente S au-delà de G, et choisit la distance e qui sépare les deux lentilles, ainsi que leurs distances focales $f_1$ et $f_2$, de telle façon que l'on ait les relations simples :

$$f_1 = 4f_2 = 3f,$$
$$e = 2f_2.$$

Il démontre alors que, dans ces conditions, les rayons lumineux issus d'un point à l'infini devant l'objectif sortiront de la seconde lentille de son oculaire en un faisceau parallèle, et que le grossissement sera bien F/f, c'est-à-dire celui de la lunette de comparaison. Ces conclusions sont faciles à vérifier en appliquant aux lentilles supposées minces la formule classique donnant les abscisses de points conjugués. Mais il est plus instructif de le faire à la manière de Huygens.

Il se fonde sur sa Proposition XX (*Oeuvres*, t. XIII, 1, p. 98) de son *Traité de la Réfraction*, datant de 1653, qui s'exprime ainsi :

> « ...Si l'on construit une troisième proportionnelle à deux longueurs, dont la première est la distance du point considéré au point auquel correspondent les rayons réfractés provenant de rayons incidents parallèles venant de l'autre côté, et la seconde la distance du point donné à la lentille elle-même, alors l'extrémité de la troisième, portée sur l'axe à partir du point donné dans le même sens que la première longueur, sera le point de concours ou de dispersion des rayons qui proviennent du point donné ou se dirigent vers lui. »

On peut, sans aucun inconvénient, c'est-à-dire sans changer le sens du texte, le mettre en accord avec nos habitudes. On voit d'abord qu'il s'agit de trouver sur l'axe d'une lentille quelconque la position du conjugué d'un point donné de cet axe

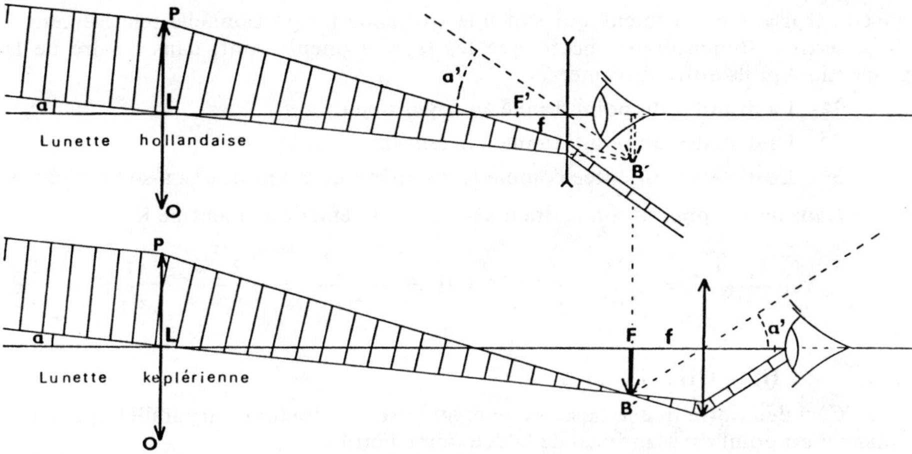
P
a
L
Lunette hollandaise
O
a'
F'
f
B'
P
a
L
Lunette keplérienne
O
F
f
a'
B'

Fig. 1.

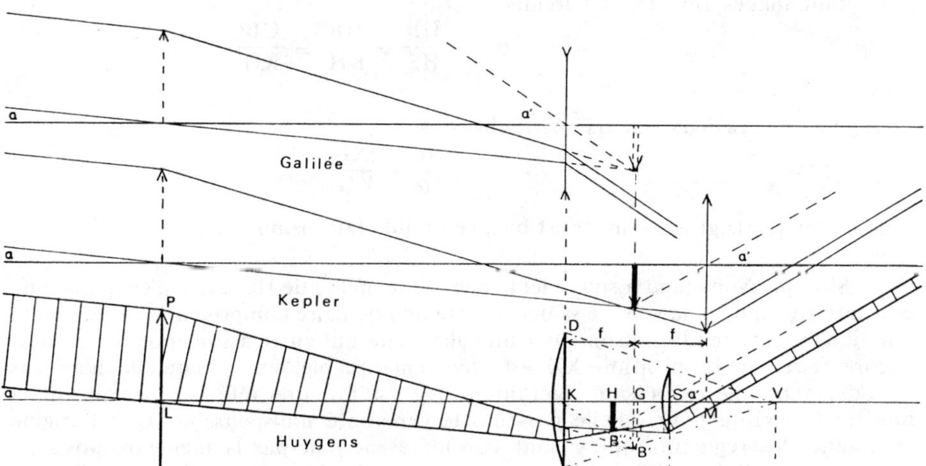
a
a'
Galilée
a
a'
Kepler
P
D
f
f
a
K
H
G
S
a'
M
V
L
Huygens
B'
B'
e = 2f₂
f₁ = 4f₂ = 3f
O

Fig. 2.

en construisant un segment qui soit une troisième proportionnelle relativement à deux autres. Remarquons encore que les trois segments sont, dans l'ordre de la proportion qu'ils doivent former :

1°- La distance du point donné au foyer-objet ;

2°- La distance du point donné à la lentille ;

3°- La distance, orientée comme la première, du point donné à son conjugué.

Dans les cas présent, on écrira d'abord, relativement à la lentille K :

$$\frac{f_1 + f}{GS} = \frac{GS}{GH}, \text{ soit } \quad GH = \frac{3GS^2}{4f_1} = \frac{3}{4} \cdot \frac{f_1^2}{9f_1} = \frac{f_1}{12},$$

d'où $\quad HS = GH + GS = f_2.$

Ceci démontre que le faisceau émergent est bien un faisceau parallèle, puisqu'il émane d'un point du plan focal de la deuxième lentille.

D'autre part, écrivons les valeurs des angles $\alpha$ et $\alpha'$, ou, plus exactement, celles de leurs tangentes, dont le rapport représente le grossissement. On a d'abord :

$$\alpha = \frac{GB'}{LG}.$$

Quant à $\alpha'$, remarquons que, le point H étant au milieu de KS, et les points K, B'', et B' étant alignés, on a immédiatement

$$\alpha = \frac{HB''}{HS} = \frac{HB''}{KH} = \frac{GB'}{KG}.$$

Le rapport de ces deux valeurs s'écrit ainsi :

$$\frac{\alpha'}{\alpha} = \frac{LG}{KG},$$

c'est-à-dire que le grossissement est bien celui qui était proposé, $\frac{F}{f}$.

Si nous avons tenu à suivre ici la démarche même de Huygens, c'est parce que cela montre que, si la voie de sa découverte de l'oculaire composé a été expérimentale, il a su en « rendre raison » par un calcul que nul autre à son époque ne savait encore faire. Sa Proposition XX est très remarquable, et, quoiqu'elle n'ait pas véritablement une expression algébrique, il y est fait une référence au sens de la lumière suffisante pour qu'elle présente la généralité indispensable. Que l'origine commune des segments qui y sont considérés ne soit pas la meilleure possible, comparée à celle que l'on place aujourd'hui au centre optique de la lentille, est certain ; mais il n'est pas évident que la méthode soit néanmoins inférieure à celle que Newton proposa bientôt après, et qui ne doit son apparente simplicité qu'au choix de deux origines distinctes. En tout cas, c'est grâce à sa maîtrise très complète des calculs relatifs aux lentilles que Huygens a pu non seulement définir sans ambiguïté les caractéristiques de son doublet oculaire, mais encore en reconnaître les qualités, et, éventuellement, les justifier.

Parmi ces qualités, la plus certaine, et celle qui est encore la plus appréciée aujourd'hui, c'est l'augmentation du champ par rapport à celui de la lunette keplérienne. Nous allons nous y attarder quelque peu. Mais rendons compte plus rapidement d'abord de quelques propriétés moins évidentes, dont l'importance n'était qu'occasionnelle, et parfois même illusoire. L'exemple typique de cette dernière est la diminution de « coloration » de certains rayons, que Huygens attendait de sa combinaison. Son argumentation à ce sujet est assez obscure, comme on le verra plus loin. Mais, de toute façon, la solution du problème était hors de sa portée : car, avant la publication de l'*Opticks* de Newton, alors qu'on ne pouvait pas encore penser à *corriger* l'aberration chromatique des objectifs, mais seulement à la minimiser par l'emploi de focales très longues, la propriété que peuvent posséder certains oculaires, de ne pas apporter eux-mêmes d'aberration chromatique, ne pouvait être d'aucune utilité. Car cette propriété, que l'on appelle *l'achromatisme apparent*, est de même origine que l'achromatisme d'une lame à faces parallèles : si un pinceau de lumière blanche tombe incliné sur la première face d'une telle lame, il est naturellement dispersé par la réfraction ; mais chaque rayon coloré sort de la seconde face parallèlement à sa direction dans le faisceau incident initial, de sorte que l'appareil récepteur, l'œil en particulier, recompose apparemment en lumière blanche la lumière émergente pourtant dispersée. Si, par contre, une lame à faces parallèles reçoit un faisceau déjà dispersé, celui-ci conserve sa dispersion à la sortie. Cette sorte d'achromatisme apparent, que l'on peut donner à un oculaire double, à condition que les focales de chacune de ses lentilles et leur distance mutuelle obéisse à la relation $f_1 + f_2 = 2e$, suppose aussi que la lumière incidente soit corrigée de tout chromatisme. Or, ceci ne pouvant être réalisé à l'époque, les efforts de Huygens ne pouvaient pas aboutir. Comme il n'était pas non plus en état d'établir la relation ci-dessus, il faut considérer que, si certaines de ses combinaisons satisfont à cette relation, il s'agit de pure coïncidence.

Une autre qualité revendiquée par Huygens pour son oculaire composé n'était pas illusoire, mais elle est sans intérêt aujourd'hui, étant donnée la perfection d'homogénéité avec laquelle on sait fabriquer les verres destinés aux usages de l'optique instrumentale. Par contre, en ce temps-là, les bulles et impuretés de toute espèce que renfermaient les lentilles étaient une gêne considérable, particulièrement dans les oculaires qui, par fonction même, sont placés au voisinage du point de convergence des faisceaux venant de l'objectif, et à une distance de l'œil qui est assez voisine de la distance minimum de vision distincte : ainsi les défauts éventuels sont bien illuminés, et bien en vue. Huygens savait cela, et c'est pourquoi il prétend que son oculaire est bien adapté à résoudre la difficulté : en effet, d'une part sa dernière lentille, celle qu'on appelle maintenant la lentille d'œil, est placée plus près de l'œil que ne le serait un oculaire simple de Kepler, puisque, pour un même grossissement, elle est de plus courte focale ; d'autre part, les défauts de la première lentille ne sont pas vus à travers la seconde, parce qu'ils ne sont pas « au point » par rapport à cette dernière.

Venons-en alors au point le plus important qui est l'augmentation du champ. On voit d'abord facilement que, la première lentille de l'oculaire composé étant plus proche de l'objectif que dans la lunette de Kepler, elle recevrait déjà à diamètre égal un cône de rayons plus ouvert que celle-ci. Mais en outre son diamètre pourrait, sans dommage pour la qualité de l'image, être augmenté, puisque sa focale est plus longue que celle de l'oculaire keplérien. C'est donc en fait à la position de cette première lentille que l'on doit de pouvoir « embrasser d'un seul regard un bien plus grand nombre d'Objets » (*Oeuvres*, t.XIII, 2, p. 462). C'est pourquoi, on donne aujourd'hui à cette lentille le nom de lentille collectrice ou de lentille de champ. Mais il faut toutefois que la lentille d'œil soit capable de recevoir tous les rayons qu'a « collectés » la lentille de champ. Et c'est sur ce point que Huygens s'étend particulièrement : il semble en effet gêné par la confusion qu'une inspection trop hâtive des figures pourrait suggérer entre le grossissement et le champ. Et il faut avouer que sa méfiance n'est pas injustifiée, car l'égalité des angles $\alpha$' de la figure 2 (p. 181) serait bien susceptible d'être interprétée comme une égalité de champs visuels si l'on ne prenait conscience qu'elle n'est que le résultat du choix arbitraire du diamètre de la lentille S. C'est pourquoi Huygens se hâte de dire :

> *mais la lentille S pourra avoir une ouverture supérieure à la moitié de celle de la lentille A, d'abord parce que la distance focale de la lentille S est $1/4f_1$, c'est-à-dire plus que la moitié de la distance focale de la lentille A qui est $1/3f_1$, en second lieu parce que le rayon DE qui converge sera moins coloré en traversant la lentille S que s'il était parallèle à l'axe. Il est vrai qu'il a déjà été coloré au point D, mais faiblement, parce que KV est la distance focale de la lentille K.*

Bien que ce texte en italique soit une citation, nous ne l'avons pas mis entre guillemets parce que nous avons dû en changer les notations, en vue de les adapter à notre figure 2 ; seule la première partie de la citation est importante pour montrer que le champ de l'oculaire de Huygens peut être grandement augmenté par rapport à celui de Kepler ; mais nous n'avons pas voulu tronquer la seconde partie, car elle illustre un raisonnement fort douteux concernant la diminution de l'aberration chromatique. Selon les éditeurs des *Oeuvres*, il semblerait que Huygens ait rédigé un peu inconsidérément cette remarque et qu'il ait « adapté trop hâtivement à l'aberration chromatique un raisonnement qu'on retrouvera dans l'Appendice VII, qui traite l'aberration sphérique des systèmes de lentilles en question » (*Oeuvres*, t. XIII, 2, p. 467, note 7). Ceci nous donne en tout cas l'occasion d'attirer l'attention sur cette conscience aiguë qu'avait Huygens de l'inévitable dépendance entre la grandeur du champ et le niveau des aberrations ; une phrase typique à cet égard est justement celle qu'il applique à son oculaire composé, au début de cet Appendice VII : « ...fert autem majorem campum quia minorem habet aberrationis angulum radiorum a diversis rei visae punctis venientium ». Ce souci de diminuer autant que possible l'aberration sphérique supplémentaire apportée par l'oculaire explique les quelques variations des groupes de valeurs successivement proposées pour son oculaire. Le tableau suivant présente, pour mémoire, ces groupes, ordonnés comme on le fait aujourd'hui pour tous les oculaires à deux lentilles, c'est-à-dire en prenant pour unité la focale $f_2$ de la deuxième lentille, et la faisant précéder des multiplicateurs qui représenteront avec cette unité la focale $f_1$ de la première lentille et la distance e qui les sépare.

| *Oeuvres* | RÉFÉRENCE | $f_1$ | e | $f_2$ | ACHROMATISME APPARENT |
|---|---|---|---|---|---|
| t. XIII, 1, p. 254 | Leçon primitive | 4 environ ou 5 | 2 | 1 | Non |
| *ibid* | « Leç. intermédiaire » | 3 ou un peu+ | 2 | 1 | Oui |
| t. XIII, 1, p. 252 | Proposition III | 4 ou un peu – | 2 | 1 | Non |
| t. XIII, 2, p. 462 | Proposition IV | 4 | 2 | 1 | Non |

On voit que les hésitations de Huygens n'ont pas été très larges. Elles reflètent simplement le souci d'un expérimentateur soigneux et averti, désirant ajuster aux différents objectifs dont il a pu disposer un oculaire dont les caractéristiques générales étaient déjà bien définies. Et cet ajustement se faisait en fonction de l'aberration et de la distorsion résiduelles d'une lunette complète. Il est remarquable que l'une des propositions de valeurs, la troisième du tableau, qui s'écrit dans une notation actuelle 3 : 2 : 1, soit encore effectivement en usage de nos jours, parce qu'elle se trouve réaliser cet achromatisme apparent indispensable avec nos objectifs achromatiques. Ce n'est pourtant pas cette qualité qui caractérise l'oculaire de Huygens : on peut dire sans exagération que le trait inventif réel de sa combinaison, se situe au niveau de la *lentille de champ*. C'est de sa position, plus proche de l'objectif, et de sa focale, allongée par rapport à celle d'un oculaire simple, que résulte le véritable progrès, révolutionnaire et définitif, que Huygens a apporté aux instruments d'optiques oculaires, qu'ils soient télescopes ou microscopes. Certes, on a connu, assez vite après cette invention, d'autres types d'oculaires composés, tels les oculaires de Ramsden par exemple (3 : 2 : 3, et 1 : 1 : 1), qui, eux aussi, sont encore utilisés de nos jours. Mais leur caractère « positif », c'est-à-dire le fait qu'ils sont combinés pour que le plan focal de l'objectif soit situé *devant* la lentille de champ au lieu de l'être *entre* celle-ci et le verre d'œil comme dans le type « négatif » de Huygens, ce caractère est assez accessoire : s'il permet plus commodément d'installer un diaphragme ou un réticule en position indépendante de la mise au point, l'avantage en est payé par une diminution de champ, et la combinaison requiert en outre une excellente pureté du verre de la collectrice, car la mise au point se fait en son voisinage immédiat. Quant aux qualités de l'image définitive, elles sont sensiblement les mêmes pour les deux types, à condition de choisir et de disposer les courbures des lentilles de façon convenable.

C'est une des belles originalités de Huygens d'avoir reconnu que, dans son oculaire négatif, la lentille de champ devait présenter un rapport de 1 à 6 entre les rayons de courbure de ses faces, la plus courbe étant tournée vers l'objectif, et que la lentille d'œil pouvait être plan-convexe, la face plane étant tournée vers l'œil (voir les indications manuscrites du croquis en bas à gauche de la figure 11, *Oeuvres*, t. XIII, 2, p. 462, qui précisent le rapport sextuple pour les courbures de la collectrice, le caractère plan-convexe pour le verre d'œil, et les sens respectifs à donner à ces deux lentilles). Ces choix ne pouvaient être faits que par un connaisseur averti des calculs concernant les aberrations dues à la sphéricité des lentilles : Huygens était le premier à avoir traité systématiquement ces calculs, dans sa Proposition IV, de 1666 (*Oeuvres*, t. XIII, 1, p. 281), portant le titre explicite :« Quomodo in lentibus aberrationes radiorum quae ex figura superficierum sphaerica oriuntur compendio inveniuntur ». Mais, dès 1653, il savait déjà que l'aberration sphérique principale d'une lentille sphérique plan convexe est moindre « lorsque la surface convexe est opposée aux rayons incidents [parallèles], que lorsque la surface plane leur est opposée » (*ibid.*, p. 83). Dès lors, on peut le considérer comme ayant établi tous les principes sur lesquels sont fondés les combinaisons qui ont constitué tous les oculaires de lunettes jusqu'à l'époque très récente où l'apparition de nouveaux verres d'optique a seule permis d'en augmenter encore le champ et la fidélité d'image. Il faut alors reconnaître qu'il est peu de domaines où un inventeur ait été assez habile et assez heureux pour proposer à un problème de son époque une solution qui n'ait eu à recevoir aucun perfectionnement pendant trois siècles ! Cela montre à quel point Huygens était un maître en ce domaine.

Huygens et la France
(Paris, Vrin, 1981, p. 187-196)

# HUYGENS ET LES THÉORIES DE LA MATIÈRE

par Robert HALLEUX
(Université de Liège)

En 1693, consignant ses remarques sur la *Vie de Descartes* de Baillet[1], Huygens écrivait

> « Mr Des Cartes avoit trouvé la maniere de faire prendre ses conjectures et fictions pour des veritez. Et il arrivoit à ceux qui lisoient ses Principes de Philosophie quelque chose de semblable qu'à ceux qui lisent des Romans qui plaisent et font la mesme impression que des histoires veritables. La nouveauté des figures de ses petites particules et des tourbillons y font un grand agrement. Il me sembloit lorsque je lus ce livre des Principes la premiere fois que tout alloit le mieux du monde, et je croiois, quand j'y trouvois quelque difficulté, que c'était ma faute de ne pas bien comprendre sa pensee. Je n'avais que 15 a 16 ans. Mais y ayant du depuis decouvert de temps en temps des choses visiblement fausses, et d'autres tres peu vraisemblables je suis fort revenu de la préoccupation ou j'avois esté, et a l'heure qu'il est je ne trouve presque rien que je puisse approuver comme vray dans toute la physique, ni metaphysique, ni meteores. »

Dans la suite de ce texte, il reconnaît que Descartes a rendu de grands services à la philosophie naturelle en la débarrassant des qualités occultes et en leur substituant « des causes qu'on peut comprendre ». Et il conclut

> « Il devoit nous proposer son système de physique comme un essay de ce qu'on pouvoit dire de vraisemblable dans cette science en n'admettant que les principes de mechanique et inviter les bons esprits à chercher de leur costé. »

Même si l'on fait la part, dans ce texte, au désenchantement des derniers jours, il n'en mesure pas moins le chemin parcouru par Huygens pour constituer son propre modèle de la matière. De sa lecture initiale des *Principia*, il retient la conception d'un univers fait de particules en perpétuel mouvement. C'est d'ailleurs une vision qu'il partage avec tout le milieu parisien. En 1679, rédigeant pour Pellisson un résumé des activités de l'Académie, il n'hésite pas à affirmer

> « il est receu presque par tous les philosophes d'aujourd'huy qu'il n'y a que le mouvement et la figure des corpuscules dont tout est composè qui produisent tous les effects admirables que nous voions dans la nature[2]. »

Cette inspiration mécaniste donne leur unité profonde aux différentes directions de recherches que Huygens ne cessera d'approfondir tout au long de sa vie. S'il consacre ses premiers travaux physiques au choc des corps, c'est que, dans un univers dont sont bannies actions à distance, sympathies et antipathies, tout doit s'expliquer par une action au contact de particules. Une annotation latine sur la première page du manuscrit de 1656 du *De motu corporum ex percussione* précise[3]

> « Car si toute la nature est constituée de certains corpuscules du mouvement desquels naît toute la diversité des choses, et par l'impulsion très rapide desquels la lumière se propage en un instant et se répand par les immenses espaces du Ciel, comme la plupart des philosophes l'ont estimé probable, cette contemplation ne sera pas peu aidée, semble-t-il, si on connaît les vraies lois du mouvement et la règle de son transfert de corps en corps. »

D'autre part, la méthode avec laquelle il aborde ces problèmes était bien faite pour le mettre en garde contre la généralisation trop rapide. De son père, il a hérité une admiration sans borne pour la méthode de Francis Bacon[4]. Dans les projets de recherche de l'Académie, il assigne à l'assemblée de physique

> la tâche de « travailler à l'Histoire Naturelle a peu pres suivant le dessein de Verulamius. Cette Histoire consiste en experiences et en remarques et est l'unique moijen pour parvenir à la connaissance des causes de tout ce que l'on voit dans la nature[5]. »

Il évite les questions qui lui paraissent d'un caractère trop spéculatif. Ainsi il n'aborde jamais directement la question des éléments constitutifs de la matière. Bien que « ce qu'on nomme les 4 éléments » soit au premier plan du programme de physique de l'Académie[6], ce n'est guère plus qu'un cadre commode. En avril 1662, Chapelain l'avait interrogé sur les 4 éléments, et Christiaan avait admis l'air et l'eau dans la mesure où son sujet en avait besoin[7]. C'est au fil de ses recherches, à l'occasion de problèmes particuliers de physique, qu'il est amené à retoucher peu à peu le modèle cartésien de la matière.

1. *L'hypothèse de la matière subtile*

La base même de toute intuition atomistique est double : les atomes et le milieu dans lequel ils se meuvent. L'image cartésienne des atomes est modifiée par Huygens dès ses travaux sur le choc des corps. Contre Descartes, qui niait l'indivisibilité et leur attribuait pour seule propriété l'étendue, Huygens leur assigne une dureté infinie, qui rend ainsi constante leur diversité de figure et de grandeur[8]. Sur ce point, une influence de Gassendi, qu'il rencontre à l'été 1655[9], est possible. Bien que Gassendi fût à ce moment très malade, cet entretien semble avoir marqué les deux interlocuteurs. On sait par Chapelain que Gassendi appréciait beaucoup Huygens[10], et Huygens lit des œuvres de Gassendi en 1658 et 1659[11].

Quant au milieu où se meuvent ces corpuscules, il connaissait par Mersenne le vide de Torricelli et les expériences de Pascal. En 1648, Mersenne lui avait soumis le problème de Roberval : pourquoi une vessie, à peu près vide d'air, placée dans le

vide, s'y enfle-t-elle[12] ? Christian avait répondu que « l'air qui est resté dans la vessie est contraint de se dilater pour estre egalement distribué par tout l'espace vuide . » Mais de quel vide s'agit-il ? Il semble qu'il admettait un vide absolu. Jusqu'à la fin de sa vie, il soutiendra que, quelle que soit la subtilité de la matière, son caractère discontinu nécessite l'existence de vide dans les intervalles. Ces recherches connaîtront un nouveau développement lorsqu'il verra en 1660-61 les expériences de Rohault à Paris et celles de Boyle en Angleterre. Surtout, il construit sa propre machine et refait des expériences du 29 novembre 1661 au 20 février 1662[13].
Deux problèmes se posent alors :
a) le phénomène de Huygens : l'eau contenue dans le tube renversé ne descend pas lorsqu'on évacue le récipient, dans le cas où cette eau a été bien purgée d'air[14]. En janvier 1665, Huygens avoue n'être pas encore arrivé à une explication satisfaisante[15].
b) la loi de Boyle : pourquoi le ressort de l'air s'affaiblit-il à mesure qu'il s'étend ? Pour Descartes, les particules de l'air étaient disjointes. Pour Huygens, l'air est fait de particules corporelles qui se touchent, entassées « comme des ressorts entortillez »[16].

C'est, semble-t-il, pour résoudre ce double problème qu'il introduit le concept de matière subtile, sur laquelle il écrit en 1667 les réflexions suivantes[17].

> « Qu'il y a une matiere tres subtile et deliée et qui est agitée d'un mouvement extremement viste.
>
> Sa subtilitè paroit par l'action de gravitè, car la matiere qui contraint les corps que nous appelons pesants de descendre vers la terre agit a travers du verre et de tout autre corps solide comme s'il n'y avoit rien (...)
>
> L'effect de la poudre à Canon semble requerir cette matiere tellement agitée, a fin qu'on puisse expliquer la cause de sa dilatation subite et violente (...)
>
> Item, l'attraction de la pierre d'aimant, qui semble alors se pouvoir expliquer par quelque biais semblable a celuy que nous avons trouvé pour la gravité.
>
> Item, la force des ressorts, et la vitesse de leur tremblement quand ils sont courts et forts, comme le tremblement des cloches et cordes d'acier. L'Extension grande de l'air quand on lui oste la pression. »

Il développe ce modèle au cours d'un certain nombre de recherches qui occupent l'Académie dans les années 1668-1669.
a) *La discussion sur le choc* en 1668[18], pose le problème du ressort. Chez Descartes, des atomes de matière fine causent le redressement des corps flexibles en s'introduisant dans les pores rétrécis par la flexion[19]. Huygens explique de la même façon le ressort des corps durs[20]. Quant au ressort de l'air, il modifie ses hypothèses antérieures. L'air est fait

> « de particules longuettes remuees en tous sens et circulairement à l'entour de leurs centres par le mouvement rapide de la matiere subtile, de sorte que quand on reduit quelque partie d'air dans un moindre espace qu'il n'occupoit auparavant, ces parties se rencontrent et se frappent (...) autrement si c'estoit comme des ressorts entortillez, ainsi que quelques uns l'ont voulu, l'air comprimè dans un tuyau n'auroit pas cette liquiditè qu'on y remarque[21]. »

Cette explication ne le satisfera jamais pleinement. Dans le *Traité de la Lumiere*, il ne désapprouvera pas ceux qui regardent la cause du ressort comme inconnue[22].

b) *Les nouvelles expériences du vide*, en avril-mai 1668, lui fournissent l'occasion d'expliquer par la matière subtile les phénomènes de l'eau purgée d'air[23]. Cette matière subtile est capable de passer à travers le verre, à moins que le liquide ne touche le verre exactement. Elle exerce une forte pression, tant sur les solides que sur les liquides.
c) *Le débat sur la coagulation*, amorcé en mars-avril 1669 par Du Clos, Mariotte et Cl. Perrault[24], l'amène à expliquer par sa matière subtile les problèmes de la cohésion, de l'état solide et de l'état liquide. Dans le mémoire qu'il lit le 3 août[25], il attribue l'état liquide au mouvement incessant des particules, et affirme[26]

> « Il faut qu'il y ait une autre matiere fortement agitée, et si subtile qu'elle penetre par tous les corps que nous estimons les plus solides, puisque l'eau enfermee dans un vaisseau de verre ou de quelque matiere que ce soit conserve sa liquidité, et qui plus est, quoyque comprimee avec autant que l'on veut de force. Il y a beaucoup d'effects naturels comme du ressort, de la pesanteur, de la poudre à canon qui ne se peuvent pas bien expliquer sans poser cette mesme matiere subtile mue avec une extreme vitesse. »

Quant à la consistance,

> elle « n'est autre chose que la privation de mouvement des parties, a raison de quelque attachement des unes aux autres. Cet attachement vient a mon avis de la figure des parties qui ont des accroches pour se prendre et lier ensemble, car je ne suis pas en cela de l'avis de Mr Des Cartes[27], qui veut que le repos seul des parties les unes aupres des autres suffise pour composer les corps les plus durs[28]. »

Lorsqu'il évoque les figures des particules, il songe certainement aux atomes crochus[29], mais c'est une idée qu'il abandonnera à la suite d'observations d'« atomes » de lait par Leeuwenhoeck[30].

La circulation intérieure de la matière subtile lui servira encore en 1679 pour expliquer la résistance de l'eau à la compression[31], et en 1692 pour la rondeur des gouttes d'eau[32]. Pour la consistance des corps, il invoque surtout la pression extérieure de la matière subtile[33], tandis qu'une lettre à Papin effleure les possibilités d'une matière qui occupe les intervalles entre des particules de cristal et qui sert à les tenir jointes ensemble[34].
d) *La gravité*. L'explication de la gravité par un tourbillon de matière subtile est, on le sait, d'origine cartésienne. Dans son *Systema Saturnium* de 1659[35] Huygens, fidèle à son maître, avait placé Saturne au milieu de son tourbillon et « ce qui là-bas est estimé avoir du poids tend par sa nature vers le centre de ce tourbillon ». Le vortex qui mène un anneau ou une lune est ainsi le même que celui qui cause la pesanteur. En décembre 1667, il écrit à son frère Constantijn qu'il a fait progresser la théorie de la gravité[36]. D'avril 1668 date son *De gravitate*, où il développe l'hypothèse des tourbillons multilatéraux[37] en se fondant sur des expériences[38]. Il la propose dans le grand débat académique qui se déroule du 7 août au 20 novembre 1669. Il y intervient le 28 août, puis le 23 octobre pour défendre ses tourbillons contre Roberval, Mariotte et Frenicle, tenants d'une certaine attraction[39].

2. *La matière magnétique, l'éther luminifère, la matière électrique*

La pièce de 1667 évoquait des travaux sur l'aimant. Il commença d'y travailler en octobre 1668[40]. Comme Descartes, il attribue l'action de l'aimant à un tourbillon d'une matière subtile dont il ne précise pas davantage la nature. En reprenant ces recherches en 1678-1679, il approfondit la nature des tourbillons magnétiques[41], qu'il compare à ceux qu'il observe au microscope dans l'urine ou le jus de raisin[42]. Quant au processus même d'attraction, il est amené à rejeter l'explication de Lucrèce[43], reprise par Descartes[44], selon qui les effluves de l'aimant écartent l'air, et le fer s'approche de l'aimant par la pression de l'air[45].

Dans son *Traité de l'aimant* qu'il lit à l'Académie le 25 mai et le 1er juin 1680[46], avec des expériences qui dureront jusqu'en août, il expose qu'une certaine matière coule à travers l'aimant, autour de lui et à travers le fer[47].

> « Elle s'amasse en plus grande quantité dans et autour de l' aiman à cause de certaine disposition qui se trouve dans les pores qui sont droits et dont je conçois le dedans revestu de particules oblongues, et couchées toutes d'un mesme costé, en sorte que les pores en sont comme herissez ; par ce moyen ils laissent facilement passer la matiere magnetique d'un sens et s'opposent a celle qui vient pour y passer en sens contraire. Ce qui fait que cette matiere forme un tourbillon a travers, et autour de l'aiman, et non par ailleurs, parce qu'elle trouve dans l'aiman une route ou elle n'est point recoignee par de la matiere semblable qui vient du costé opposé comme partout ailleurs. »

De même qu'un tourbillon de matière subtile contraint le mercure à se mettre en gouttelettes rondes[48], le tourbillon de matière magnétique fait effort pour rapprocher l'aimant et le fer. Si le fer est le seul corps soumis à cette attraction, c'est que lui seul possède des interstices laissant un plus libre passage à la matière magnétique[49].

Amené ainsi à définir les rapports de cette matière magnétique avec la matière subtile, il doit reconnaître dès le début qu'elle est moins subtile que la matière gravifique. En effet, dans le cas contraire, elle attirerait tous les corps, et d'autre part la pesanteur des corps situés dans le tourbillon de l'aimant est toujours la même[50]. En revanche, force lui est d'admettre, pour des raisons identiques, qu'elle est plus subtile que la matière éthérée qui sert à la propagation de la lumière. En effet, elle passe à travers les interstices de la matière éthérée, et peut-être aussi par ses pores, puisque les particules de matière éthérée se touchent[51].

Cet éther luminifère a fait l'objet de nombreuses études[52]. Qu'il nous suffise, pour l'heure, de souligner qu'en 1667 la lumière ne figure pas dans les phénomènes de matière subtile. L'idée d'une matière conductrice de la lumière s'impose progressivement, parallèlement à celle de la matière magnétique. C'est une matière faite de petits corps qu'il appelle ensuite éther[53]. Mais la place de cet éther dans l'échelle des diverses matières lui a posé plus d'une difficulté. Plus subtil que l'air, il est moins subtil que la matière magnétique, et donc que la matière gravifique. Mais alors, est-il soumis à la pesanteur ? Il finira par l'admettre, non sans perplexité[54].

Dans les dernières années de sa vie, il s'occupe de l'électricité[55], lit les *Nova experimenta magdeburgica* d'Otto de Guericke (1672), fait des expériences sur l'ambre[56] et sur la boule de soufre. Là encore le modèle du tourbillon s'impose[57]. Mais il ne se prononce pas sur la question de savoir si les matières qui constituaient les tourbillons magnétiques et électriques sont également subtiles.

On voit ainsi se dégager, au terme de l'évolution de la pensée physique de Christiaan, un modèle à cinq niveaux, comptant cinq milieux de subtilité croissante :

a) la matière ordinaire
b) l'air
c) l'éther luminifère

d) la matière magnétique
e) la matière subtile gravifique

La fragilité du modèle saute aux yeux. Tous les phénomènes physiques étant entendus comme des transports de particules, il est contraint de supposer un milieu différent pour chaque phénomène qu'il ne peut réduire. Comme il l'écrit dans le *Traité de l'Aimant* :

> « Or rien n'empesche de supposer ces différents degrez de grandeur vu la gradation possible a l'infini vers la petitesse[58]. »

Dans une lettre à Papin du 26 novembre 1690, il explique comment tout ce qu'il avance sur les matières fines, intervenant dans la composition du cristal et servant à la propagation de la lumière, est incertain à ses propres yeux. Son explication « paroit n'avoir rien d'impossible[59] ». La variété n'étant pas épuisée, il se peut qu'il y ait d'autres matières intermédiaires entre l'air et la matière subtile[60]. Il se peut aussi que les particules de l'éther, par exemple, soient composées de particules plus petites et qu'il y ait « un progrez infini de differentes grosseurs de corpuscules[61] ».

Pour aller plus avant dans la structure de la matière, c'est à la chimie qu'il eût fallu s'adresser. Bien qu'il ait lu le Fèvre[62] et le *Sceptical Chymist* de Boyle[63], Christiaan demeurera persuadé que les chimistes ne peuvent se fonder sur des principes certains[64]. En février 1692 encore, il écrit à Leibniz « Mr Boyle est mort. Il paroit assez estrange qu'il n'ait rien basti sur tant d'experiences dont ses livres sont pleins. Mais la chose est difficile[65]. » Il est vrai qu'en chimie aussi, les particules crochues, pointues, cannelées, d'acide et d'alkali que l'on trouve chez un Lemery ou un Hartsoeker n'étaient aussi que des transpositions figurées de l'expérience immédiate.

3. *La structure des solides et le problème des cristaux*

En revanche, il existe un domaine où le modèle mécaniste révèle avec Huygens toute sa richesse explicative. Ce sont les propriétés optiques de certains cristaux, et c'est à l'occasion de recherches optiques que Huygens poussera plus avant dans la structure des solides.

a) l'observation d'un halo en 1652 fut l'origine des recherches qui aboutirent au *De coronis et parheliis*, achevé en 1667[66]. Pour rendre compte de ces phénomènes, il imagine des cristaux de glace d'une forme cylindrique, mais sans grand résultat.

> « Je pris aussi la liberté d'imaginer arbitrairement quelques autres formes de grêlons, mais le tout en vain, tant il est difficile de se former une image adéquate d'une chose qu'on n'a jamais vue[67]. »

Comme il le reconnaît, sa théorie n'est qu'un faible progrès par rapport aux *Météores* de Descartes. Mais ce problème a pour principale conséquence de l'orienter vers la structure des cristaux. Il lit le *De figura nivis* d'Erasme Bartholin (1661) et la *Strena seu de nive sexangula* de Kepler (1610)[68]. Il observe de la neige sexangulaire en 1660 et 1663[69]. Il reçoit encore des observations de Fatio de Duillier en 1686[70]. Il en observera encore en janvier 1695[71].

b) on sait que la cause lointaine de ses recherches sur la lumière fut l'observation de la double réfraction du spath d'Islande, rapporté par Picard d'Uraniborg[72]. Huygens lit les *Experimenta* de Bartholin (1669)[73], fait des expériences à partir de septembre 1672 et s'imagine, fidèle à ses hypothèses de départ, qu'il y a deux matières dans le cristal et deux dans l'air ou éther[74]. C'est seulement le 6 août 1677 qu'il s'exclame « eurêka »[75]. Il a mis au point son hypothèse de deux ondes, l'une sphérique, responsable de la réfraction ordinaire, l'autre sphéroïdale, correspondant à la réfraction extraordinaire, causée par la structure des particules constitutives du cristal. Les notes qu'il prend alors le montrent très occupé de la forme et de la structure des cristaux. Il mesure la réfraction d'un cristal de montmartrite[76], lit sur la genèse des formes cristallines le *Mundus subterraneus* de Kircher[77] et la *Gemmarum et lapidum historia* d'Anselme Boèce de Boodt[78]. Ces lectures et observations seront exploitées dans le chapitre V du *Traité de la Lumière*[79]. Le même arrangement des particules est responsable des ondes sphéroïdes[80] et de la propriété qu'a le cristal de se fendre en trois sens différents, parallèlement à quelqu'une de ses surfaces[81]. Il esquisse ainsi le modèle d'un réseau cristallin. Il compare le cristal de roche, les sels congelés, la neige sexangulaire. Mais il s'arrête et observe :

> « Mais ce n'est pas maintenant mon dessein de traiter entierement cette matiere. Il semble qu'en general la regularitè, qui se trouve dans ces productions, vient de l'arrangement des petites particules invisibles et egales dont elles sont composees[82]. »

Et il s'interroge, sans donner de détails, sur la genèse de ces formes[83]. Ainsi, la philosophie corpusculaire, inefficace en physique théorique, esquisse les premiers linéaments d'un atomisme cristallographique, dont les deux siècles suivants révèleront la prodigieuse fécondité.

## NOTES

1. *Oeuvres*, t. X, p. 399-406. Sur les rapports de Huygens et Descartes, voir entre autres, R. Dugas, « Sur le Cartésianisme de Huygens », *Rev. Hist. Sci.*, t. VII, 1954, p. 22-33.

2. *Oeuvres*, t. VIII, p. 196 ; voir *id.*, t. XIX, p. 459 et 461 ; et t. XXII, p. 710.

3. *Id.*, t. XVI, p. 150 (je traduis).

4. *Id.*, t. X, p. 404 et t. XIX, p. 250-251.

5. *Id.*, t. VI, p. 95 et t. XIX, p. 268, 270 ; voir t. IX, p. 124.

6. *Id.*, t. XIX, p. 269-270.

7. *Id.*, t. IV, p. 146.

8. *Id.*, t. IX, p. 485 ; t. X, p. 286, 300, 386 ; t. XVI, p. 168, 185, 210, 221 ; t. XIX, p. 325 ; t. XXII, p. 315.

9. *Id.*, t. XXII, p. 472 ; *Brugmans*, p. 29.

10. *Oeuvres*, t. I, p. 483.

11. *Id.*, t. II, p. 225, 480, 499.

12. *Id.*, t. I, p. 21, 75, 84, 91 ; t. II, p. 567 ; voir *id.*, t. XVII, p. 262.

13. *Id.*, t. XVII, p. 307, 312-333 ; et t. XXII, p. 72, 76, 586.

14. *Id.*, t. IV, p. 23, 53, 85, 98, 111 ; voir *id.*, t. XVII, p. 262-263, 320-329.

15. *Id.*, t. V, p. 221.

16. *Id.*, t. XIV, p. 485 ; et t. XXII, p. 591 ; voir t. XVI, p. 185.

17. *Id.*, t. XIX, p. 553.

18. *Id.*, t. XVI, p. 182 sq.

19. Descartes, *Principia philosophiae*, IV, 132.

20. *Oeuvres*, t. XVI, p. 185, n° 18.

21. *Id.*, t. XVI, p. 185-186 ; voir t. XVI, p. 161.

22. *Id.*, t. XIX, p. 472.

23. *Id.*, t. VII, p. 201-206. Voir aussi sur le problème, t. XIX, p. 192 sq, 214-215, 242-246; t. XXII, p. 649, 685.

24. *Id.*, t. XIX, p. 330 ; et t. XXII, p. 652.

25. *Id.*, t. XIX, p. 327-329.

26. *Id.*, t. XIX, p. 328 ; voir t. XVI, p. 185-186.

27. Descartes, *Principia philosophiae*, II, 54.

28. *Oeuvres*, t. XIX, p. 328.

29. Voir *id.*, t. IX, p. 484 ; t. X, p. 179 ; sur la figure des atomes, t. X, p. 386 ; t. XIX, p. 326.

30. *Id.*, t. XIX, p. 330.

31. *Id.*, t. XIX, p. 334, 386.

32. *Id.*, t. X, p. 297 ; t. XIX, p. 481.

33. *Id.*, t. X, p. 302, 387 ; t. XIX, p. 481.

34. *Id.*, t. X, p. 177-178.

35. *Id.*, t. XV, p. 300.

36. *Id.*, t. VI, p. 164.

37. *Id.*, t. XIX, p. 625.

38. *Id.*, t. XVI, p. 328 ; et t. XXI, p. 432.

39. *Id.*, t. XIX, p. 634, 637, 638, 642. Pour l'évolution ultérieure de ce problème, voir t. XXI, p. 379 sq (1686).

40. *Id.*, t. XIX, p. 569.

41. *Id.*, t. XIX, p. 570-571.

42. *Id.*, t. XIX, p. 571.

43. Lucrèce, *De rerum natura*, VI, 1005 sq. 1024 sq.

44. Descartes, *Principia philosophiae*, IV, 133 sq.

45. *Oeuvres*, t. XIX, p. 571 ; t. XXII, p. 116-117.

46. *Id.*, t. XXII, p. 270, 713.

47. *Id.*, t. XIX, p. 574 sq.

48. *Id.*, t. XIX, p. 579.

49. *Id.*, t. XIX, p. 602.

50. *Id.*, t. XIX, p. 570, 575.

51. *Id.*, t. XIX, p. 572, 575.

52. Voir dans ce volume (p. 165-176) la communication de J. Rosmorduc et tous les commentaires du t. XIX des *Oeuvres*.

53. *Id.*, t. XVI, p. 184 ; voir t. XIX, p. 394.

54. *Id.*, t. XIX, p. 584-585.

55. *Id.*, t. XIX, p. 608-616.

56. *Id.*, t. IX, p. 539, 572.

57. *Id.*, t. XIX, p. 608.

58. *Id.*, t. XIX, p. 575.

59. *Id.*, t. X, p. 177.

60. *Id.*, t. XIX, p. 332, 563, 579.

61. *Id.*, t. XIX, p. 472 ; voir t. X, p. 431.

62. *Brugmans*, p. 126 et 132.

63. *Oeuvres*, t. III, p. 437.

64. *Id.*, t. I, p. 336 (1655) : Kinner de Löwenthurn lui propose de s'occuper de chimie. Il ne répond pas. *Id.*, t. XIX, p. 212, 270 (avant 1668) : il se demande si la vapeur d'eau devient de l'air.

65. *Id.*, t. X, p. 239.

66. *Id.*, t. XVII, p. 362.

67. *Id.*, t. XVII, p. 366.

68. *Id.*, t. XVII, p. 513 ; voir le catalogue de sa bibliothèque, p. 8, n°97.

69. *Id.*, t. XVII, p. 476-477.

70. *Id.*, t. IX, p. 118-120 ; voir t. XXII, p. 735.

71. *Id.*, t. XIX, p. 338.

72. *Id.*, t. XXII, p. 676.

73. Erasme Bartholin, *Experimenta crystalli Islandici disdiaclastici quibus mira et insolita refractio detegitur*, Copenhague, 1669. Voir *Oeuvres*, t. VIII, p. 41, 46, 193, 219 ; Catalogue de sa bibliothèque, p. 29, n°56.

74. *Id.*, t. XIX, p. 409 et 413.

75. *Id.*, t. XIX, p. 427 ; t. XXII, p. 699-700.

76. *Id.*, t. XIX, p. 348 ; voir t. XXII, p. 710.

77. *Id.*, t. XXII, p. 86.

78. Voir le catalogue de sa bibliothèque, p. 43, n°100 ; voir *Oeuvres*, t. XXII, p. 311.

79. *Id.*, t. XIX, p. 494-521.

80. *Id.*, t. XIX, p. 500.

81. *Id.*, t. XIX, p. 518.

82. *Id.*, t. XIX, p. 519.

83. *Id.*, t. XIX, p. 521 ; voir p. 546.

Huygens et la France
(Paris, Vrin, 1981, p. 197-208)

# HUYGENS ET PAPIN
# MOTEUR THERMIQUE ET MACHINE A VAPEUR
# AU XVII^e^ SIÈCLE

par Jacques PAYEN
(C.N.A.M.)

Les phénomènes physiques de base qui permettent la transformation de la chaleur en travail mécanique avaient été identifiés dès l'époque hellénistique au moins. On doit distinguer entre les effets de pression et ceux d'aspiration.

Pression de l'air : Héron d'Alexandrie a décrit de nombreux mécanismes dont les organes sont mis en mouvement par la dilatation de l'air échauffé.

Pression de la vapeur : c'est l'éolipyle du même Héron qui est à citer avant tout. On sait qu'il s'agit d'un moulinet à réaction fonctionnant par un échappement de vapeur.

Effets d'aspiration : dans l'Antiquité leur connaissance se borne à ceux produits lors du refroidissement de l'air échauffé. Le phénomène n'est pas inconnu à Héron ; cependant l'application la plus générale n'avait pas lieu dans la mécanique, mais bien dans la médecine. Ce sont les ventouses, dont l'emploi est largement répandu à l'époque gréco-romaine pour l'extraction du sang ou du pus. On en a conservé de nombreux exemplaires en métal, verre ou argile.

Nous ne croyons pas connaître pour l'Antiquité d'exemple de dépression obtenue par le refroidissement d'une cavité emplie de vapeur d'eau. Cet état de choses n'est guère surprenant. La notion de changement d'état physique entre liquide d'une part, gaz ou vapeur de l'autre, est restée longtemps latente - au moins autant, sinon plus, qu'une notion claire de l'état gazeux lui-même. Les histoires de la physique se bornent en général à ce sujet à un certain nombre d'indications éparses et c'est, nous semble-t-il, une question qui mériterait d'être reprise sur la base d'une étude serrée du vocabulaire employé par les textes anciens[1].

Cependant à la fin du XV^e^ siècle et au début du XVI^e^ nous voyons Léonard de Vinci, dans ses recherches sur le moteur thermique, passer de l'air chaud à la vapeur, puis revenir à l'air. Bertrand Gille a bien étudié cette démarche, mais il faut selon nous redresser ses conclusions, dans lesquelles il a suivi Ladislao Reti, au moyen des observations pertinentes de Gustave Goldbeck.

> « Le point de départ, écrit B. Gille, semble bien être une expérience connue depuis longtemps et dont l'explication est demeurée longtemps obscure. C'est le phénomène de l'eau qui monte dans un vase renversé sur un récipient plein d'eau quand on introduit dans ce dernier une chandelle ou un charbon allumé...
>
> Il est bien évident que la notion de vapeur est un mystère pour Léonard de Vinci. Il a à ce sujet les idées que Vitruve a exposées dans son livre premier où il compare les vents avec « l'air » qui sort de l'éolipyle. Léonard a cependant été plus loin et il a formé une théorie de la génération du vide par la condensation de la vapeur d'eau. Cette théorie est née de deux séries d'observations : les unes sont de nature expérimentale, les autres concernent des phénomènes de la nature. »

Disons d'emblée que cette seconde catégorie de « preuves » est tout à fait fantaisiste.

Dans le domaine expérimental en revanche Léonard connaît la manipulation qui consiste à plonger dans l'eau le col d'un matras plein de vapeur ; le refroidissement provoque une aspiration d'eau. A-t-il été le premier à pratiquer cette expérience ? Ou plutôt, ce qui est assez généralement le cas chez lui, a-t-il pris note de choses qui défrayaient couramment la conversation dans son entourage ?

En tout cas ses essais les plus décisifs concernent des dispositifs qu'on pourrait appeler à combustion interne - si on veut bien admettre que la ventouse médicale elle-même constitue un tel dispositif. Dès 1480-1482 Léonard propose de faire monter l'eau au moyen d'un feu allumé dans un pot et que l'on éteint en mettant un couvercle. Le pot est percé et muni d'un tuyau plongé dans l'eau ; le refroidissement aspire l'eau.

Le croquis décisif date de 1508. Il paraît sûr maintenant qu'il représente un cylindre vertical ouvert aux deux bouts, muni en haut d'un couvercle ouvert, et en bas d'un piston auquel est suspendu un poids. Du feu ou de la fumée s'élève du piston. Selon Goldbeck, un petit feu est allumé sur le piston et chauffe l'air du cylindre, comme on chauffe l'intérieur d'une ventouse. On ferme ensuite le couvercle, le feu s'éteint, le refroidissement provoque la montée du piston. Cette explication paraît convaincante, elle rend bien compte des particularités du dessin. Faut-il retirer à Huygens, vieillir de 165 ans et rendre à Léonard la paternité du moteur à combustion interne ? Nous ne le pensons pas. Quoiqu'il en soit de l'originalité réelle ou supposée de Léonard, ses recherches ne s'insèrent pas dans un courant sans cesse intensifié et aboutissent à des réalisations à grande échelle. Le contexte sera bien différent dans la seconde moitié du XVII^e^ siècle[2].

C'est du reste un siècle entier qu'il faut franchir avant d'enregistrer de nouvelles recherches. Les projets que nous rencontrons à l'aube du XVII^e^ siècle participent sans doute au grand mouvement d'idées qui conduira à la découverte de la pression atmosphérique. Or cette découverte nous fera passer dans une autre période en modifiant complètement les données de base pour la recherche d'une solution au problème qui nous occupe.

En 1606, G. Della Porta a décrit deux expériences distinctes. La première est la plus connue. Un foyer sert à la production de la vapeur dans un petit ballon contenant deux onces d'eau. Cette vapeur arrive au-dessus de la surface dans un récipient fermé contenant de l'eau. La vapeur chasse l'eau à l'extérieur par un tube qui s'élève quelque peu au-dessus du récipient. L'autre expérience utilise le phénomène d'aspiration. Un ballon analogue au précédent, étant rempli d'eau, est retourné, son col enfoncé dans l'eau contenue dans une terrine. Dans cet état la panse du ballon est chauffée avec un réchaud. Un bouillonnement a lieu, puis le refroidissement provoque une aspiration d'eau à l'intérieur du ballon. A vrai dire les conditions de cette expérience ne sont pas d'une clarté parfaite, en dépit des longues explications de l'auteur[3].

En 1615, Salomon de Caus se borne à décrire des dispositifs à pression. L'eau est mise en ébullition dans un récipient muni à sa partie supérieure d'un tube qui plonge presque jusqu'au fond. L'ébullition provoque un joli jet d'eau. Ce côté décoratif paraît être tout ce qui a retenu l'attention de Salomon de Caus qui était avant tout un jardinier paysagiste. Pour le chauffage l'auteur prévoit l'emploi de panneaux de lentilles convergentes destinés à concentrer la chaleur solaire[4].

En 1629 nous noterons le moulinet à vapeur de Branca. On doit le rattacher aux dispositifs à pression ; mais la vapeur est détendue à l'air libre et n'agit sur la roue à aubes que par sa vitesse. C'est donc un ancêtre de la turbine d'action ; cette dernière ne pourra être réalisée de façon convenable qu'en 1889 par de Laval, grâce aux progrès accomplis dans la mécanique des fluides, qui permettront alors le dessin rationnel des tuyères à convergent-divergent[5].

Pour être raisonnablement complet, on peut évoquer le brevet pris par l'Anglais Ramsay en 1631, bien que les procédés thermiques n'en soient pas spécifiés. On peut supposer avec vraisemblance qu'ils s'inscrivaient dans la lignée Della Porta-Salomon de Caus[6].

La question va changer de face au cours de la décennie 1640 qui voit la découverte de la pression atmosphérique. Ce n'est certes pas le lieu de raconter ici cet épisode en détail. Le nouveau phénomène rendait clairement compte des effets d'aspiration et surtout grâce à l'apparition du baromètre il en permettait une évaluation quantitative. C'est sur les effets d'aspiration que vont se concentrer les efforts qui conduiront au succès décisif de Newcomen en 1712.

A la même époque les effets de pression ont également retenu l'attention, mais l'état de la construction mécanique interdisait alors leur emploi, beaucoup plus sévèrement que les contemporains eux-mêmes ne pouvaient le penser. Aussi doit-on considérer comme à peu près perdus les efforts faits en ce sens, dont nous nous bornerons à évoquer brièvement les principaux.

On connaît les essais du marquis de Worcester surtout par un ouvrage publié en 1663 ; la même année il prit un brevet qui ne nous renseigne pas plus. Worcester connaît l'aspiration mais il en déconseille l'emploi car elle n'a lieu qu'à une hauteur limitée. Il recommande au contraire la pression, grâce à laquelle il était parvenu à faire éclater un canon. Selon lui un dispositif à pression lui avait permis d'élever à 40 pieds de haut 40 fois le poids de l'eau qu'il avait vaporisée. C'est là tout ce qu'on peut savoir de sûr. Worcester avait installé à Vauxhall une machine élévatoire qui a été vue par Samuel Sorbière avant 1664, puis par le grand-duc Côme III de Médicis en 1669. Il n'est nullement certain qu'il se soit agi d'une machine à feu[7].

Plus tard en 1682 un autre Anglais, Samuel Morland a proposé lui aussi une machine élévatoire à feu. Il paraît sûr qu'il s'agissait d'un dispositif à pression. Rien n'est sorti de tout cela et il nous faut revenir en arrière pour suivre la lignée plus féconde des dispositifs atmosphériques[8].

Ce sont les célèbres expériences effectuées à Magdebourg en 1654 par Otto de Guericke avec les premières machines pneumatiques que l'on peut considérer comme un point de départ décisif. Réalisées sur une assez grande échelle ces démonstrations firent toucher du doigt pour la première fois toute la puissance des actions atmosphériques. N'insistons pas sur les fameuses hémisphères. Mais à la même occasion Otto de Guericke démontra l'effet moteur d'un piston se déplaçant dans un cylindre vidé d'air. Le diamètre n'était que de 15 pouces et pourtant cinquante hommes ne purent retenir le piston. Le même piston put servir à élever un poids de 2 868 livres, au fur et à mesure qu'un enfant de 12 à 15 ans vidait sans effort le cylindre au moyen d'une machine pneumatique[9].

La question du moteur thermique se posait dès lors essentiellement en ces termes : comment réaliser au moyen de la chaleur le vide dans un cylindre ? Huygens, faisons lui confiance sur ce point[10], était à coup sûr parfaitement instruit de ce qui précède lorsque, très probablement en 1666, il rédigea le programme de recherches qu'on a retrouvé dans les papiers de Colbert. Il se borne cependant à noter : « Examiner la force de la poudre à canon en l'enfermant en petite quantité dans une boîte de fer ou de cuivre fort épaisse... Examiner de même façon de l'eau raréfiée par le feu. » Tout cela fut approuvé par Colbert qui a inscrit : « Bon » en tête de chaque paragraphe[11]. On ne sait si de tels essais de pression eurent lieu - le travail que Papin fera plus tard sur le digesteur tendrait à le suggérer, bien que cet appareil ne soit nullement destiné à produire des effets moteurs[12].

Quoi qu'il en soit c'est bien un dispositif atmosphérique que Huygens et Papin vont réaliser ensemble en 1673. La date est fixée sans ambiguïté par les deux lettres que Huygens écrivit à ce propos à son frère les 22 septembre et 27 octobre. Une certaine confusion a été longtemps entretenue par le fait qu'une description de l'appareil ne fut publiée que vingt ans exactement plus tard, en 1693, soit deux ans avant la mort de Huygens, dans un recueil de textes réalisé par l'Académie des Sciences vingt sept ans après sa fondation[13].

Les essais ont dû avoir lieu vers le milieu du mois de septembre, d'abord en présence de l'Académie, puis devant Colbert. Huygens et Papin ont essayé plusieurs prototypes. Il y a quelque imprécision dans les renseignements qui nous ont été transmis.

En 1673, Huygens écrivit :

> « Quand le tuyau était de 2 1/2 pouces de diamètre et de 2 pieds de haut, il se vidait avec le poids de 5 ou 6 grains de poudre, et il y restait environ 1/6 de l'air. Quand il est d'un pied de diamètre et de 4 pieds de hauteur, il se vide avec une drachme et demie de poudre, mais il y demeure près de la moitié de l'air, ce qui diminue de beaucoup l'effet. »

Dans le texte publié en 1693 on peut lire :

> « Dans un cylindre de 2 1/2 pouces de diamètre et de 20 pouces de long, avec le poids de 6 grains de poudre il s'est vidé les 5/6 parties de l'air. Dans le cylindre de la même grosseur, mais de la longueur de 44 pouces, il a fallu 36 grains de poudre pour chasser les 4/6 (*sic*) de l'air. Et dans un cylindre d'un pied de diamètre et de 3 1/2 pieds de haut une drachme et demie de poudre a chassé la moitié de l'air ; et en mettant deux fois autant de poudre, l'air ne s'est guère mieux vidé qu'auparavant. »

On voit qu'il y a eu des essais assez variés, mais avec des cylindres bornés à deux alésages : 2 pouces 1/2 et un pied.

L'air résiduel fut d'emblée la pierre d'achoppement. A aucun moment Huygens n'en a soupçonné la véritable origine : « Je crois que ce défaut vient en partie de ce que les ouvertures pour faire sortir l'air sont beaucoup trop petites, ce qui reste à être examiné par d'autres essais » (1673). Le diamètre de ces ouvertures était environ un quart de celui du cylindre (1693). En effet comme il l'a noté un peu plus haut en observant la déflagration : « Le feu prend alors à la poudre qui remplit le tuyau de flamme et en chasse l'air... Ce tuyau demeurant vide ou peu s'en faut par ce moyen... » (1673 ; très analogue 1693). Aussi ne voit-il qu'un seul remède : « Il faut essayer quelle proportion entre la grosseur et la hauteur du cylindre est la meilleure dans cette machine pour faire le plus de vide avec le moins de poudre » (1693 ; sans équivalent en 1673).

Néanmoins avec le tuyau d'un pied vide seulement à moitié Huygens avait pu enlever des charges d'un poids surprenant et même des hommes (1673). C'est Papin qui nous apprendra en 1688 que les cylindres de Huygens étaient réalisés avec des lames de fer soudées à l'étain et garnies intérieurement d'une couche de plâtre. Le même Papin avait été chargé par Huygens de la responsabilité entière de l'essai fait devant Colbert.

Huygens et Papin allaient se séparer deux ans plus tard sans que les recherches aient été poussées plus avant. D'origine blésoise comme on le sait, Papin avait à Paris un parent, l'horloger Gaudron qui l'avait sans doute incité à venir dans la capitale et présenté à Huygens. En 1675, au moment de l'affaire du spiral réglant, Huygens eut des difficultés avec Thuret, d'abord chargé de la construction des nouvelles montres et il se tourna alors vers Gaudron[14]. Y a-t-il une liaison entre cela et le fait qu'au début de l'été 1675 c'est Papin qui est envoyé en Angleterre par Huygens avec mission de s'occuper de ses affaires d'horlogerie dans le pays ? Les deux hommes ne devaient jamais se revoir, mais gardèrent toujours des relations épistolaires et scientifiques excellentes quoique fort espacées. On a une lettre écrite par Papin à Huygens depuis Londres le 10 août 1675 ; il n'y est pas dit un mot sur la machine à feu[15].

L'affaire va demeurer longtemps stagnante sans être tout à fait oubliée. En 1678, un touche-à-tout, qui s'est du reste également mêlé d'horlogerie, l'abbé Hautefeuille, publia quelques lignes sur la question. Son texte est bien décevant. L'auteur prétendait apporter une solution au problème des eaux de Versailles, et propose deux manières d'employer la poudre, qui ne sont autres que l'aspiration et le refoulement[16].

Dans le premier cas un vaisseau de un ou deux muids assez fort pour résister à la pression de l'air devait être placé à 30 pieds au-dessus de la surface. Il en sort un tuyau qui trempe dans l'eau. La combustion de la poudre aurait raréfié, dans le vaisseau, l'air qui serait sorti au moyen de soupapes. L'auteur est plus avancé que Huygens en ce qu'il prévoit une « coulisse en manière de bassin et pour mettre la poudre à canon » ; on sait que la chambre de combustion du Hollandais, fort primitive, devait être vissée et dévissée à chaque coup de piston. Mais Hautefeuille ne pose même pas la question de l'air résiduel.

Pour procéder par refoulement, on aurait simplement mis la poudre au bas d'un tuyau à soupape trempant dans l'eau. On l'aurait fait entrer

> « à peu près selon quelqu'une de ces manières si sûres et si simples dont se sert depuis quelques années un de nos amis pour charger par la culasse

les différentes armes à feu de son invention... La poudre ayant pris feu », enchaîne notre auteur, « il faudra, ou que l'eau sorte... dans le réservoir à quelque hauteur qu'il soit élevé, ou que les tuyaux crèvent ; ce qui ne peut arriver, puisqu'on les suppose de cuivre, de fer ou de fonte et si épais qu'il pourront résister à la force de la poudre à canon ».

L'auteur termine en indiquant qu'il n'a fait cette expérience qu'en petit. On s'en serait douté, et d'autre part cela est fort heureux pour lui. Au fond Hautefeuille appartient davantage à la lignée Worcester-Morland qu'à la lignée Huygens-Papin.

Il faut ensuite attendre mai 1687 pour voir la question relancée par un article des *Nouvelles de la République des Lettres*[17]. Cet article est anonyme et rédigé en latin ; mais dans la table du fascicule où il est publié on trouve son titre en français « Problème touchant un nouvel usage de la poudre à canon ». La partie intéressante de ce texte par ailleurs assez filandreux est du reste une lettre non signée du 24 mai 1686, intégralement citée en français, apparemment la langue dans laquelle elle a été rédigée. La machine à poudre dont il est question ici sans qu'elle soit expressément décrite ne peut être que celle de Huygens. Papin donnera du reste une confirmation formelle de ce fait en 1688. L'auteur anonyme de l'article déplore de n'avoir pas de dessin de la machine et par conséquent de ne pouvoir la faire connaître au public. Ces renseignements d'origine non précisée émanent donc à coup sûr de Huygens lui-même.

C'est néanmoins ce texte qui a ramené l'attention de Papin sur le moteur thermique. Il l'indique expressément dans une communication à la *Royal Society* le 29 août 1688 et dans son article sur la machine à poudre publié la même année dans les *Acta Eruditorum*[18]. La publication est citée avec le titre de « Nouvelle Bataves » dans le texte imprimé en latin, ce qui rend son identification difficile. Mais le titre correct des *Nouvelles de la République des Lettres* est cité en français dans le texte manuscrit anglais des archives de la *Royal Society*. Ce serait le landgrave de Hesse-Cassel lui-même qui, intéressé par la question, aurait pris l'initiative d'en parler à Papin. On décida de faire d'abord des essais en petit. Papin réalisa un cylindre de 5 doigts d'alésage sur 16 doigts de longueur. La charge de poudre était introduite par la partie inférieure au moyen d'un dispositif à verrouillage en net progrès sur la chambre de combustion à vis de 1673. Le piston avait deux doigts d'épaisseur et était percé d'un large trou devant servir à l'évacuation de l'air. Papin attendait beaucoup du dispositif compliqué qu'il avait créé dans ce but : le piston lui-même était surmonté d'un tube de 4 doigts de haut et d'un diamètre presque égal à celui du cylindre. La soupape fermant l'ouverture du piston était quant à elle surmontée d'un tube haut de 3 doigts. Tout cela entendait prévenir toute rentrée d'air. On employait une charge de 15 grains de poudre. Lors de la déflagration, tout était rempli de flamme, y compris le tube surmontant le piston. Mais la déception de Papin fut grande en constatant que malgré ses précautions il restait toujours 1/5 d'air dans le cylindre. Néanmoins l'effet obtenu était de 150 livres élevées à un pied.

Il n'y a dans le texte publié en 1688 pas un mot qui puisse indiquer que Papin était dès lors sur la voie de l'explication véritable de la présence obstinée d'un « air » résiduel - à savoir qu'il s'agissait des produits de combustion de la poudre, emplissant d'abord la totalité du cylindre à la température de la déflagration, puis diminuant de volume par le refroidissement.

En revanche une série de communications à la *Royal Society*, s'échelonnant sur toute l'année 1687, nous montrent Papin étudiant soigneusement la combustion de la poudre, en particulier dans le vide. L'expérience décisive est celle qui consiste à mesurer après refroidissement la pression résiduelle dans un vase vide d'air au départ, dans lequel une quantité donnée de poudre a été brûlée ; on peut ainsi déterminer le volume de gaz produit. Nous n'entrerons pas ici dans le détail souvent laborieux de ces essais ; il suffira d'en faire ressortir les conclusions, qu'on peut résumer à deux : 1) la poudre contient une certaine quantité d'air ; traduisons en langage moderne ; elle donne des produits de combustion gazeux ; 2) les essais ayant été variés de toutes les manières possibles, il est clair qu'en brûlant de la poudre dans un récipient on ne peut espérer obtenir un vide plus poussé que les 4/5[19].

C'est une fois en possession de ces résultats que Papin va franchir le pas décisif, à savoir le remplacement de la poudre par la vapeur. Dans quelles circonstances l'idée lui en est-elle venue, il faut se résoudre à l'ignorer absolument. Une première lettre à Huygens, de juin 1690, ne contient rien sur la machine à feu. Ne recevant pas de réponse, Papin écrit à nouveau au mois d'août ; entre temps il a envoyé son article sur le piston à vapeur aux *Acta Eruditorum*, c'est sans doute pourquoi cette fois-ci il se sent obligé de mettre Huygens au courant :

> « J'ai depuis peu envoyé à Leipzig une nouvelle manière de faire le vide que je trouve plus commode et de moins de dépense que ne serait la poudre à canon ; c'est par le moyen de l'eau qui se raréfie en vapeurs (*sic*) ; et outre la commodité et l'épargne, elle a encore un très grand avantage en ce qu'elle fait le vide parfait au lieu que la flamme de la poudre à canon laisse toujours quelque quantité d'air ; ainsi je ne fais pas de doute que cette force ne pût s'appliquer fort avantageusement à bien des usages. Pourvu que ma lettre n'ait point été perdue, je m'assure que cela paraîtra bientôt dans les *Acta* et j'espère, Monsieur, que vous aurez aussi la bonté de m'en dire votre pensée quand votre commodité le permettra[20]. »

Ce voeu ne fut jamais réalisé. On connaît encore un échange de correspondance entre Huygens et Papin constitué par six autres lettres de 1690-1691[21], mais il n'est pas question de la machine à feu.

La première de ces lettres est de septembre 1690 et Huygens qui venait de publier la même année son *Discours de la cause de la pesanteur*, y rabroue assez vertement Papin à propos de difficiles sujets de physique mécanique plus ou moins entremêlés de métaphysique. Que ce nous soit ici le lieu d'indiquer que le grand Hollandais semble avoir toujours considéré son assistant français comme un assez petit garçon. Il y a certes dans la personnalité de Papin bien des traits qui justifient ce léger dédain ; néanmoins on peut regretter que Huygens n'ait pas jugé à propos d'encourager Papin pour son prototype de 1690 ; il en résultera un retard d'une bonne vingtaine d'années dans la réalisation de machines à vapeur utilisables. Car Papin, comme l'a justement noté Dickinson, n'était pas capable de comprendre lui-même à quel point son piston de 1690 était génial. Après la mort de Huygens il se lancera de 1698 à 1707 dans une voie parallèle à celle de Savery, voie qui le conduira à un échec final et total sur le plan humain comme sur le plan technique.

Examinons maintenant ce texte de 1690 qui constitue pour nous le point culminant de l'activité de Papin[22].

Ce dernier justifie son innovation en rappelant l'inconvénient de la machine à poudre de 1688, soit 1/5 d'air résiduel. Cela conduit à la perte de la moitié de l'effet utile ; par exemple on élèvera 150 livres à un pied de haut, là où on aurait pu en élever 300 à la même hauteur. En outre, au fur et à mesure de la descente du piston la force qui le fait descendre diminue. Il faut donc prévoir un mécanisme pour diminuer la résistance à proportion. Papin rappelle à propos l'emploi de la fusée dans les horloges à ressort. Mais le mieux est d'avoir une force motrice qui reste constante.

Papin s'engage donc dans une autre voie en utilisant une propriété de la vapeur d'eau. Nous croyons nécessaire ici de citer les propres termes de l'auteur :

> « Quumque ea sit aquae proprietas, ut exigua ipsius quantitas vi caloris in vapores conversa vim habeat elasticam instar aeris, superveniente autem frigore in aquam iterum ita resolvatur, ut nullum dictae vis elasticae vestigium remaneat. »

On voit que le processus de changement d'état est décrit ici de façon raisonnablement explicite.

La vapeur peut donc servir à se procurer le vide grâce à une chaleur modérée - c'est-à-dire à une température bien inférieure à celle de la combustion de la poudre, traduisons-nous, - et pour un prix modique.

L'appareil décrit se réduit à un cylindre et à un piston muni d'une tige. Voici le déroulement des opérations. On met 3 ou 4 lignes d'eau dans le fond du cylindre . On descend le piston au contact de l'eau ; ce faisant l'air du cylindre est chassé et s'échappe par une ouverture spéciale pratiquée dans le piston. On chauffe : la force de la vapeur (aqua intus in vapores conversa) surmonte celle de l'air et fait s'élever le piston. Nous noterons qu'il y a ici un léger effet de pression, mais il est minime et ne produit aucun effort moteur. Le piston est muni d'un manche et se verrouille automatiquement en position élevée. On écarte alors le feu. Le cylindre étant fait d'un métal mince, la vapeur retourne rapidement à l'état liquide (vapores... frigore in aquam brevi resolvuntur). On déverrouille le piston qui descend aussitôt, poussé par toute la charge de l'atmosphère. Ce mouvement se produit avec d'autant plus d'effet que la largeur du tube est plus grande.

Papin a exécuté cette expérience en répétant le mouvement plusieurs fois de suite sans être nullement gêné par de l'air sous le piston. Il employait un tube d'un diamètre de 2 doigts 1/2 qui élevait facilement 60 livres en l'air. Le tube lui-même pesait à peine 5 onces. Il estime qu'un tube pesant 40 livres pourrait élever 2 000 livres à la hauteur de 4 pieds en une seule opération.

Dans le tube qu'il a essayé un feu médiocre suffit à élever le piston en une minute. L'opération ne serait pas plus longue pour de larges tubes puisque le feu serait à proportion. On voit donc qu'on peut ainsi se procurer de très grandes forces à bon marché. Une colonne d'air d'un pied de diamètre équilibre 2 000 livres. Si le diamètre est porté à 2 pieds la charge équilibrée atteint 8 000 livres. Un feu de 2 pieds de diamètre peut donc élever 8 000 livres par minute à 4 pieds de haut, avec un tube de cette longueur. En employant un fourneau léger on peut passer le feu d'un tube à un autre et obtenir ainsi un effet continu. Ce procédé est donc de loin préférable à l'emploi de la poudre à canon.

Papin envisage comme application les mines, soit pour extraire l'eau, soit pour remonter les produits minéraux ; le lancement des projectiles, et la propulsion des navires. L'auteur tient à détailler ce dernier point. Ses tubes seront beaucoup plus légers qu'un groupe de rameurs, peu encombrants et ne consommeront rien au repos. Il faudrait employer des rames rotatives telles que celles que le Prince Palatin a fait essayer à Londres en présence de Papin, et qui distançaient l'embarcation royale à 16 rameurs. Trois ou quatre tubes par axe seraient nécessaires pour obtenir un mouvement continu ; mais il suffirait d'un seul foyer que l'on passerait de l'un à l'autre. Les roues dentées devraient être montées sur les axes de façon à être folles dans le sens du mouvement ascendant du piston, « notissimum... apud automatopoeos artificium ».

Une difficulté sérieuse résidait à cette époque dans la fabrication de grands tubes. Papin demande qu'on se préoccupe de créer les machines nécessaires à les réaliser. Ce souci technologique est tout à son éloge.

Le piston à vapeur de 1690 ne semble avoir donné lieu à aucune réalisation pratique. Il ne s'y prêtait guère. Les dernières informations qu'on ait à son sujet sont de 1695, l'année de la mort de Huygens. A cette époque Papin fut consulté par un propriétaire bohémien, le comte de Sintzendorff, sur le moyen de vider ses mines envahies par les eaux. Papin refusa les offres avantageuses qu'on lui faisait pour le décider à venir s'établir sur place, prétextant ne pouvoir abandonner sa famille à cause des malheurs de la guerre. Il répondit au comte par une lettre dont l'essentiel est formé par la traduction en français de l'article de 1690. Quelques détails supplémentaires ont de l'intérêt. Papin s'était rendu compte qu'il valait mieux approcher les « tuyaux » (cylindres) du feu, plutôt que le contraire ; il avait combiné un nouveau fourneau économisant le combustible et qui lui permettait par un chauffage accéléré de vider un tuyau en 1/4 de minute au lieu d'une minute entière, c'est-à-dire que la vitesse de la machine était multipliée par quatre, avec une consommation de combustible plutôt inférieure. Papin termine par cette phrase : « Je sais à présent une fort bonne manière pour faire assez facilement les tuyaux gros, légers et égaux ». Malheureusement il n'a pas décrit son procédé[23].

Nous pouvons nous arrêter ici. Huygens comme nous l'avons vu ne s'est pas intéressé aux essais de 1690 ; sa correspondance avec Papin cesse dès 1691. Quant au texte publié par l'Académie des Sciences en 1693, le savant hollandais l'avait envoyé à Paris dès le milieu de 1687, sans se faire aucune illusion sur la longueur du délai qui s'écoulerait avant l'impression[24].

> « J'ai appris avec beaucoup de déplaisir la mort de l'illustre Monsieur Huygens, écrira Papin à Leibniz le 22 août 1695[25] ; mais il y avait si longtemps que je n'avais que peu de communication avec lui, qu'il m'est impossible de vous donner aucun éclaircissement sur ce que vous me demandez. »

On peut voir comme un symbole dans la date de 1695 qui coïncide à la fois avec la mort de Huygens et avec la dernière publication de Papin sur son piston atmosphérique à vapeur. La phase féconde des recherches du savant blésois prend fin au moment même où disparaît son grand protecteur. Simultanément avec Savery, mais sans contact avec ce dernier, Papin reprend à partir du printemps 1698 des recherches sur une machine employant surtout le refoulement de l'eau par la pression. Les deux chercheurs aboutiront chacun de leur côté à une impasse : la machine de Savery (brevet du 25 juillet 1698 ; *Miners's friend* 1702) ne connaîtra pas de diffusion réelle. Celle de Papin, péniblement construite et essayée au cours des années 1705 et 1706, sera définitivement démontée au printemps de 1707, au moment où elle est publiée. Cette circonstance provoquera le retour de Papin en Angleterre, où il mourra sans avoir plus rien fait d'utile, et cela probablement au moment même où les premières machines de Newcomen commencent à fonctionner[26].

## NOTES

1. Héron d'Alexandrie, (*Pneumatiques*), éd. grec-allemand par Wilhelm Schmidt. Leipzig, 1899 (les figures ont été redessinées d'après le manuscrit de base de l'édition : Venise, Marciana 516, XIII$^{e}$s.). - Pression d'air chaud : I 12, 38, 39, II 3 ; pression de vapeur : II 6, 11, 21, 34, 35 (II 21 est l'unique exemple de la pression de la vapeur employée pour refouler un liquide) ; aspiration par air se refroidissant : I 38 ; aspiration par condensation de vapeur : néant. - F. M. Feldhaus, *Die Technik*..., Leipzig-Berlin, 1914, col. 1005 (Schröpfköpfe). - E. Hoppe, *Histoire de la Physique*, trad. de l'allemand par H. Besson, Paris, 1928. L'auteur cite un texte de Platon (*Philèbe*, 25) paraissant indiquer une notion claire des changements d'état sous l'influence du feu. La régression aurait commencé avec Aristote. Les mécanismes à vapeur de Héron sont très surestimés ici. Sur Papin, indications franchement erronnées. Il faut attendre 1783 pour que Blagden, à la suite d'essais réussis de solidification du mercure, énonce formellement l'idée que tous les corps peuvent présenter les trois états d'agrégation (p. 213-217 et 329). - La date d'Héron d'Alexandrie pose un problème : « Pour une grande partie de ceux qui l'ont étudié, il appartiendrait à la fin du - II$^{e}$ siècle », écrit B. Gille (*Histoire des techniques*, Paris, 1978, p. 350). Pourtant, dès 1972, A. G. Drachmann le situait autour de 62 ap. J.-C. pour une raison qui paraît convaincante : une éclipse de cette année-là, d'un genre tel qu'il ne s'en est produit aucune autre analogue entre - 250 et + 250 environ, est citée dans le *Dioptre*, chap. 35 (D.S.B., vol. VI). Certes ce passage a pu être interpolé ; néanmoins le silence de Vitruve sur Héron demeure un fait troublant.

2. B. Gille, *Les ingénieurs de la Renaissance*, Paris, 1964, p. 178-180. - G. Goldbeck, « Die Feuermaschine von Leonardo da Vinci und ihre Deutungen », *Technikgeschichte* 39, 1972, n° 1, p. 1-10. - J. Matthesius, *Sarepta oder Berg-Postill*..., Nuremberg, 1571. - (Poggendorff indique des éditions antérieures à partir de 1562 ; celle de 1571 est la plus ancienne que possède la Bibliothèque Nationale). Cet auteur est souvent cité pour une mention très obscure : « Wie man jetzt auch, doch am Tag, Wasser mit fewer heben solle » (p. clxvj) ; cela ne saurait se référer à une pratique courante. Quant au soi-disant essai de bateau à vapeur de Blasco de Garay, il demeure tout à fait hypothétique. Hoppe (*loc. cit.*) n'est pas sûr pour tous ces points.

3. Giambattista Della Porta, *I tre libri de'Spiritali..., cioè d'inalzar acque per forza dell'aria*, Naples, 1606, p. 75-77, avec deux figures. Ce passage n'existe pas dans l'original latin de l'ouvrage (Naples, 1601). - G.B. Della Porta, *Magia naturalis sive de miraculis rerum naturalium libri IV*, Naples, 1558, p. 70 : « Vas inversum aquam hauriat. » Ce texte est beaucoup plus décisif : le matras est rempli d'eau bouillante, vidé et retourné sur l'eau froide pour provoquer l'aspiration.

4. Salomon de Caus, *Les raisons des forces mouvantes*, Francfort, 1615, p. 4, théorème V (sphère chauffée sur le feu) : 1. I, problème 12 (pendule perpétuelle grâce à un flotteur suivant le mouvement de l'eau qui se lève et baisse selon que l'air qui la presse est chaud le jour et froid la nuit) : problèmes 13, 14, 15 : machines élévatoires échauffées par le soleil ; certaines dispositions de lentilles convergentes proposées par l'auteur pouvaient parfaitement provoquer l'ébullition de l'eau. Il est donc difficile de distinguer entre l'action de l'air chaud et celle de la vapeur.

5. H.W. Dickinson, *A short History of the steam-engine*, Cambridge, 1939, p. 193 et 209.

6. L.T.C. Rolt ; J.S. Allen, *The Steam Engine of Thomas Newcomen*, Hartington - New York, 1977, p. 16.

7. *Ibid.*, p. 17.

8. *Ibid*, p. 18.

9. Dickinson, p. 6-9.

10. En 1660, les 5 et 13 décembre, Huygens rencontre Pascal ; ce dernier et le duc de Roannez s'entretiennent de la force de l'eau raréfiée et du vol dans l'air. (L'*oeuvre scientifique de Pascal*, Paris, Centre international de synthèse, 1964, p. 4).

11. Charles Cabanes, *Denys Papin, inventeur et philosophe cosmopolite*, Paris, 1935, p. 164.

12. Denis Papin, *Nouvelle manière d'amollir les os,* Paris, 1682. Au cours d'expériences sur la compression faites pour Boyle, l'auteur s'est avisé que le fer rouge provoquait des brûlures plus graves que le charbon ardent, donc « que les corps les plus compacts étant chauffés brûlent plus fort que ceux qui sont d'une consistance plus rare... Il n'y avait donc pas lieu de douter que si on chauffait de l'eau assez pour la faire bouillir et que pourtant on l'empêchât de se raréfier comme elle fait en bouillant, cette eau ainsi pressée ferait bien plus d'effet que quand elle a la liberté de se dilater ». Partant de là, Papin conçut son digesteur.

13. Lettres de Christiaan Huygens à Lodewijk Huygens, 22 septembre et 27 octobre 1673 ; *Oeuvres*, vol. VII, 1897, p. 356-358, et 358-359, croquis p. 357. Christiaan Huygens, « Nouvelle force mouvante par le moyen de la poudre à canon et de l'air », *Divers ouvrages de mathématique et de physique par Messieurs de l'Académie Royale des Sciences*, Paris, 1693, p. 320-321, croquis p. 320. Voir aussi 2 esquisses du moteur à poudre datées du 10. II. 1673 : *Le Temps en Question*, n° III-7 et III-8. - Le n° 7 est le manuscrit du texte publié en 1693 ; le n° 8 représente un piston à soupape qui fait pressentir celui que Papin emploiera en 1688 ; voir photo, *ibid.* (ms, Bibliothèque Universitaire de Leyde).

14. Cabanes, p. 68-69.

15. Ernest Gerland, *Leibnizens und Huygens' Briefwechsel mit Papin*, Berlin, 1881, p. 146.

16 Jean de Hautefeuille, *Pendule perpétuelle avec un nouveau balancier et la manière d'élever l'eau par le moyen de la poudre à canon*, s.l., 1678.

17. « CURIOSORUM considerationi exponitur vis activa pulveris pyrii... ». *Nouvelles de la République des Lettres*, mois de mai 1687, p. 516-523 ; titre français à la table du fascicule p. 576 : « Problème touchant un nouvel usage de la poudre à canon. » « Je fis voir à M. Colbert une machine que j'avais fait construire dans cette intention et qui fut enregistrée dans notre Académie. » - la totalité de la lettre en français a été reprise dans *Oeuvres*, t. IX, à la date du 24 mai 1686, p. 78-79 (aucun ms connu). Le début du texte latin est donné *ibid.*, p. 237-238, d'après une copie ms de Leyde, qui offre quelques variantes de peu de portée. Les éditeurs indiquent d'après Gerland que l'auteur du texte latin était « Stiftshauptmann » à Zoedtenburg. Ce personnage avait lui même un projet de machine à poudre ; on aurait jeté en l'air avec une charge de 1/2 once un poids de 15lb. à une hauteur de 6 ou 8 pieds. Saisi par un treuil ce poids aurait fait faire par sa chute 150 tours à deux petites pierres pesant 2 ou 3 livres. Ce détail permet d'identifier le fonctionnaire de Zoedtenburg avec le nommé Freydberg dont il est question dans deux lettres de Huygens à P.E. Vegelin Van Claerbergen, 19 avril 1685 et 25 octobre 1687 : *Oeuvres*, t. X, p. 735-737). Ce personnage était très désireux d'être informé sur la machine de Huygens et ce dernier en envoie un croquis à son correspondant.

18. Denis Papin, « Excerpta ex Viri Clarissimi, Dionysii Papini, Mathematum in Academia Marpurgensi Professoris Publici, litteris ad... de Novo Pulveris Pyrii usu », *Acta Eruditorum Lipsiae*, 1688, p. 497-501 et planche X (numéro de septembre).

19. *Royal Society*, archives : Série de communications en date des 5 et 26 janvier, 31 mars, 13 et 7 avril, 4 mai, 26 octobre ; plus deux textes non datés correspondant à : Journall Book 8, p. 163, 167 et 245, et Register Book 7, p. 22 (microfilms au Centre de Documentation d'Histoire des techniques ; collection constituée en 1947, à l'occasion de la célébration du tricentenaire de la naissance de Papin, au Conservatoire des Arts et Métiers).

20. Gerland, p. 154.

21. Pour l'ensemble de la correspondance échangée entre Papin et Huygens, voir : Gerland, p. 146, 148, 154, 156, 161, 168, 172, 180, 182 ; soit 9 lettres dont la première du 10 août 1675 (ci-dessus n. 15), et les 8 autres groupées entre juin 1690 et novembre 1691. Papin avait déjà écrit à Huygens le 4 juin 1679 pour essayer d'obtenir une pension de Colbert (*Oeuvres*, t. VIII, p. 172-174) ; en outre, les textes des p. 154 et 161 de Gerland sont repris dans les *Oeuvres*, t. IX, p. 465-466 et 559-565.

22. Denis Papin, « Dionysii PAPINI Nova Methodus ad Vires Motrices validissimas levi pretio comparandas », *Acta eruditorum Lipsiae*, 1690, p. 410-414 et planche X (numéro d'août).

23. *Id.*, *Recueil de diverses pièces touchant quelques nouvelles machines...*, Cassel 1695.

24. *Oeuvres*, t. X, p. 736-737 (lettre à P.E. Vegelin Van Claerbergen, 25 octobre 1687).

25. Gerland, p. 205. L'emploi de la chaleur pour la production d'effets mécaniques de l'antiquité au XVI$^{e}$ siècle n'a fait l'objet d'aucune étude historique approfondie. Même Conrad Matschoss, *Die Entwicklung der Dampfmaschine*, Berlin, 1908 (I, p. 281 sq.) ne traite les origines que très sommairement et de seconde main. De même Dickinson et Rolt-Allen. On peut consulter avec fruit, mais non sans précaution : Rouget de L'Isle, « Résumé historique des premières applications de la poudre à canon et de la vapeur comme puissance mécanique », *Bulletin de la Société d'Encouragement à l'Industrie Nationale*, 1847, p. 616-637 ; l'auteur recense à peu près tous les précurseurs (nous n'avons fait ici état que des plus importants) et donne des références précises. Un autre travail plus ancien garde aussi beaucoup d'intérêt : P.-M. de Montgery, « Traité historique et pratique des machines à feu », *Annales de l'industrie nationale et étrangère*, t. 9, 1823, p. 49-71, 181-206, 260-278 ; t. 10, 1823, p. 39-68 ; t. 15, 1824, p. 136-150 ; t. 16, 1824, p. 21-51 et 155-171 (avec planches).

26. Sur la question de rapports éventuels entre Newcomen, Savery et Papin, voir une utile mise au point par : L.T.C. Rolt et J.S. Allen, *op. cit.* in note 6, p. 36-43. Nous remercions ici M. Pierre Magot-Cuvrû, qui, dans le cadre du cours de thermodynamique du CNAM, avait effectué des recherches dans la correspondance de Huygens et nous a fait profiter de leurs résultats.

Huygens et la France
(Paris, Vrin, 1981, p. 209-222)

# LES THÉORIES COSMOLOGIQUES DE CHRISTIAAN HUYGENS

par Jean SEIDENGART
(Université de Paris X)

## *Le « Cosmotheoros » et l'idée de pluralité des mondes à l'âge classique*

La cosmologie de Huygens n'est parue, on le sait, qu'en 1698 à titre d'œuvre posthume. Toutefois, la rédaction du *Cosmotheoros* remonte à l'année 1694. Mais le contenu de l'ouvrage n'est que le développement de recherches et de réflexions rédigées dès 1686 et rassemblées dans l'édition des *Oeuvres complètes* de Huygens sous le titre de « Pensées Meslées »[1]. Aussi, on ne peut s'empêcher de rapprocher ces pensées de Huygens des célèbres *Entretiens sur la pluralité des Mondes* de Fontenelle, parus la même année, au point de se demander lequel d'entre eux a pris le premier l'initiative de tels propos. Mais, à y regarder de plus près, on s'aperçoit que la question est vaine ou plutôt mal posée.

En effet, depuis la dissolution du « Cosmos » aristotélicien, les écrits cosmologiques de remplacement ne manquent pas. Sans parler des considérations de Nicolas de Cues et de Giordano Bruno sur la pluralité des mondes, et que Huygens ne cesse de citer, il faut surtout remarquer que la publication du *Siderius Nuncius* (1610) de Galilée (ainsi que la publicité que lui valut son procès), du *Somnium* (1634) de Kepler et des *Principes*... (1647) de Descartes, va mettre au goût du jour les spéculations cosmologiques les plus diverses ; et ce, aussi bien approfondir la nouvelle représentation de l'Univers que pour la combrattre, ou que pour y puiser une inspiration poétique renouvelée.

Sans se perdre dans une érudition sourcilleuse, il est important de rappeler que Gassendi fait paraître en 1658 son célèbre *Sintne Coelum et sidera habitabilia*. Son ami, le conseiller royal Pierre Borel édite à Genève, la même année, son : *Discours nouveau prouvant la pluralité des mondes, que les astres sont habités*. De même, en 1655 paraît *Le Monde dans la Lune* de John Wilkins dans la traduction française de De La Montagne. Sans oublier *The Man in the Moon* de Godwin, traduit en français en 1648 et qui inspirera, l'année suivante, à Cyrano de Bergerac ses fameux : *Etats et Empires de la Lune et du Soleil*, parus seulement en 1657.

A l'opposé, le père jésuite Athanase Kircher, que Huygens fustige dans son *Cosmotheoros*, édite à Rome son *Iter extaticum coeleste* (1656) pour combattre l'idée de la pluralité des mondes habités.

La querelle va bon train et ne divise pas seulement les gens d'Eglise, mais les astronomes eux-mêmes. Entre autres, l'Anglais Robert Hooke publie, dans le *Journal des Sçavans* du 18 janvier 1666, une lettre reprochant crûment à Adrien Auzout de penser qu'il pourrait y avoir des animaux dans la Lune. Dès lors, il n'est pas surprenant de voir la dispute qui opposa Huygens aux astronomes Eustachio Divini et Honoré Fabri en 1660[2], au cours de laquelle il n'hésita pas à affirmer l'existence de Saturniens capables de faire de l'astronomie, en se réclamant des philosophes Nicolas de Cues et G. Bruno ! Il est donc clair que la pluralité des mondes est un problème d'actualité dans la seconde moitié du XVII^e^ siècle et que Christiaan Huygens n'a pas attendu Fontenelle pour s'occuper de cosmologie.

*

* *

*Des « Pensées meslées » au « Cosmotheoros »*

C'est depuis 1682 que Christiaan Huygens consacre ses efforts à représenter la nouvelle image du monde, date à laquelle il forme le projet de réaliser un planétaire, c'est-à-dire un modèle mécanique du système solaire. Quatre ans plus tard il nous confie que son usage est *didactique*, à savoir : gagner au nouveau système du monde les plus réticents des esprits cultivés, en en facilitant la compréhension : « C'est, dit-il, l'abrégé de l'astronomie, aisée maintenant à comprendre.[3] » Ce souci pédagogique n'est pourtant pas à séparer de préoccupations à caractère *téléologique* et *théologique* puisque, déclare-t-il :

> « la connaissance de ces choses (...) nous fait davantage concevoir la grandeur et la majesté de l'auteur du monde et l'ignorance est nécessairement accompagnée de beaucoup d'opinions absurdes[4]. »

Corrélativement, Huygens pense combattre les matérialistes sectateurs de l'atomisme (pour lesquels tout est fruit de combinaisons fortuites) et les aristotéliciens éternistes ; son propos est *polémique* lorsqu'il déclare :

> « (le lecteur) trouvera ici partout des marques de la Providence, à l'encontre des fausses opinions de ceux qui ont soutenu (...) que la Terre a été engendrée par un concours fortuit d'atomes, ou qu'elle n'a eu aucun commencement[5]. »

Les raisons d'écrire une cosmologie sont donc solides, mais alors pourquoi avoir tant tardé avant de mettre le projet à exécution ?

C'est précisément pour éviter de sombrer dans une représentation fantaisiste de l'Univers, comme celle de Fontenelle qui reconnaît que « le vray et le faux y sont meslés ». Huygens a attendu d'être en possession de mesures précises du système planétaire. A cet égard, il est instructif de relever les corrections successives qu'il a apportées à celles-ci depuis les « Pensées meslées ». Surtout, Huygens a attendu d'être fixé sur l'*ordre de grandeur* du monde sidéral, à l'aide d'estimations de la distance du Soleil à Sirius considérée comme l'étoile fixe la plus proche. Ce sérieux de Huygens conduira même Fontenelle à remanier les données numériques de ses « Entretiens... » à partir de 1702. C'est donc ce souci d'exactitude qui distingue au yeux de Huygens son *Cosmotheoros* des autres ouvrages sur la pluralité des mondes, comme il le fait lui-même observer :

> « Il est vrai que dès l'origine de l'astronomie (...) il s'est vu des gens osant dire qu'il y a d'autres mondes dans les étoiles, d'innombrables mondes même. Quant aux auteurs postérieurs tels le Cardinal de Cues, Bruno et Kepler, dont le dernier écrit que tel était aussi le sentiment de Tycho Brahé, ils ont sans doute attribué des habitants aux différentes planètes. (...) Mais ni les uns ni les autres n'ont apparemment fait une sérieuse recherche sur ces habitants, et la même remarque s'applique à l'auteur Français qui a récemment publié un ingénieux dialogue sur la pluralité des Mondes[6]. »

C'est donc en 1694 que Christiaan Huygens exécute son projet en commençant la rédaction du *Cosmotheoros*, dont la première feuille sera imprimée l'année suivante, mais que seul son frère Constantijn pourra mener à son terme en 1698 chez le libraire Adrien Moetjens à la Haye. Le titre de l'ouvrage semble être en partie un emprunt à la *Cosmotheoria* de l'astronome Jean Fernel parue au XVIe siècle. En outre, contrairement aux *Entretiens* de Fontenelle, écrits en français à l'usage de personnes « qui n'ont nulle teinture de science », le *Cosmotheoros* est entièrement rédigé en latin et destiné à un public restreint de gens cultivés, comme Huygens prend la peine de nous en avertir :

> « Je voudrais bien ne pas communiquer mes pensées à tout le monde, mais pouvoir choisir les lecteurs qui me conviendraient, savoir ceux qui ne sont étrangers ni à la science Astronomique ni à la Philosophie raisonnable[7]. »

Cependant, l'ouvrage sera très rapidement traduit en quatre langues et comportera douze éditions entre 1698 et 1767 ! Notamment, la traduction française de Dufour publiée en 1702, sera rééditée en 1718 et 1724 sous le titre équivoque mais certainement publicitaire de : *Nouveau traité sur la pluralité des Mondes composé par M. Huygens, célèbre mathématicien.*

Le *Cosmotheoros* comporte deux livres. Le premier de ceux-ci est consacré à la présentation du nouveau système du monde instauré par Copernic et aux conjectures sur l'existence probable de ses habitants. Le second livre, après avoir attaqué l'*Iter extaticum coeleste* d'Athanase Kircher, décrit avec précision les divers aspects du ciel vu de ces planètes par leurs habitants. Les derniers développements donnent une estimation de la distance des étoiles fixes paraissant les plus rapprochées du Soleil, ainsi que de leur nombre dans l'Univers.

*

* *

*Analyse du « Cosmotheoros »*

Le premier livre commence par établir le bien-fondé de l'héliocentrisme copernicien. Là, la démarche est originale et habile car elle montre la simplicité avec laquelle l'héliocentrisme peut rendre compte du mouvement de précession des équinoxes :

> « Il s'agit, dit-il, d'expliquer pourquoi l'étoile Polaire se meut aujourd'hui en une petite circonférence de cercle distante de 2° 20' du Pôle (...) tandis que dans 25 000 ans elle reviendra à la distance qu'elle a maintenant (...) Il faudrait donc, si l'on dit que le ciel tourne entier que cette

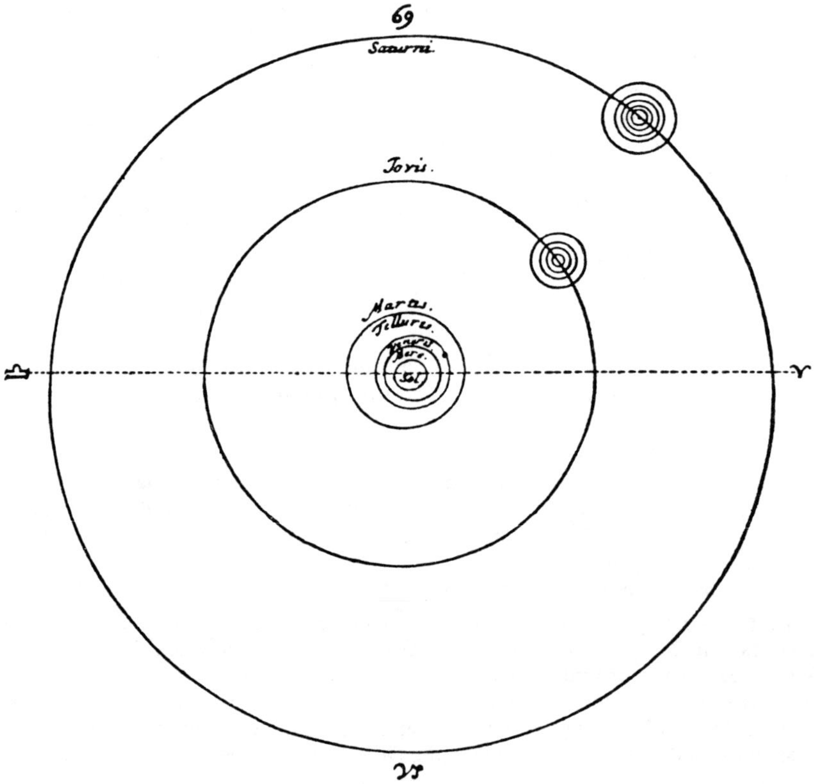


Fig. 1.

révolution eût lieu autour d'axes continuellement différents ce qui est très absurde, tandis que dans l'hypothèse de Copernic rien ne s'explique plus facilement[8]. »

Huygens semble tellement satisfait de l'argument, qu'il reprochera à Fontenelle de n'en avoir pas usé contre les anticoperniciens, en déclarant :

« Pluralité des mondes. Il ne parle pas de l'argument pour le mouvement de la Terre que l'on tire de l'étoile Polaire[9]. »

En outre, les études récentes sur les comètes ayant définitivement ruiné l'idée d'une sphère des fixes cristalline, Huygens en profite pour objecter que si les étoiles tournaient autour de la Terre, leur vitesse circulaire devrait être énorme, ce qui aurait pour effet de les disperser dans l'espace par force centrifuge :

« Comment, dit-il, en tournant avec cette terrible vitesse ne s'envoleraient-elles pas bien loin par la force du mouvement circulaire qu'on a tant objecté à Copernic, à l'égard seulement du mouvement journalier de la Terre[10] ? »

A cette défense du copernicianisme, succèdent des tableaux où sont comparés les diamètres planétaires les uns aux autres en fonction de celui du Soleil et dont suit, dans notre présente étude le fac-similé (voir fig. 1 et 2, p. 212, 214). Toutefois, les chiffres avancés, quoique relativement proches de la réalité ne font que reproduire les proportions envisagées par Huygens dans son livre sur les « Phénomènes de Saturne ». Ce qui est plus curieux, c'est que l'auteur préfère mesurer les diamètres planétaires à l'aide de « minces lamelles ou coins » de son invention plutôt que d'utiliser les micromètres (dont il pense être l'inventeur). Newton, dans son *De Mundi Systemate* de 1728 lui reprochera d'avoir donné des diamètres planétaires trop grands en y incluant la « lux erratica ». Seul le diamètre de Mercure est presque correct, Huygens ayant rectifié le chiffre proposé par Hevelius en 1661 dans son *Mercurius in Sole visus Gedani*.

A présent, Huygens aborde la question centrale du *Cosmotheoros*, à savoir si les planètes sont habitées. Il ne s'agit que de conjectures, mais il les considère comme très vraisemblables. Certes, ces développements célèbres n'ont pas couvert de gloire leur auteur, c'est le moins que l'on puisse dire ! Aussi, il convient de suivre de très près son argumentation afin de comprendre comment un si grand esprit a pu arriver à disserter sur le problème de la succession des quintes dans l'art musical des « planéticoles » ! Au préalable, Huygens fait des réserves sur ses propres conjectures qui ne sont que probables ou vraisemblables[11]. On sait la place éminente qu'occupe le probable dans les recherches de Huygens ; mais selon lui il y a des degrés dans la probabilité, comme il le signalait déjà à P. Perrault dans une lettre de 1673 :

« Il n'y a rien que nous sachions très certainement, mais tout vraisemblablement et qu'il y a des degrés de vraisemblance qui sont fort différents »

Huygens établit tout d'abord l'existence probable des planéticoles sur la grande similitude des surfaces planétaires avec notre globe, révélée par les récentes observations télescopiques :

« Nous pourrons faire, écrit-il, en nous basant sur notre connaissance d'une seule planète contemplée de près, d'excellentes conjectures sur les autres planètes de la même famille[12]. »

Cependant, l'argument décisif qui emporte la conviction de Huygens et qu'il appelle « principe et fondement »[13], est le principe de relativité et de décentration propre à la nouvelle cosmologie. Suivons-en la formulation :

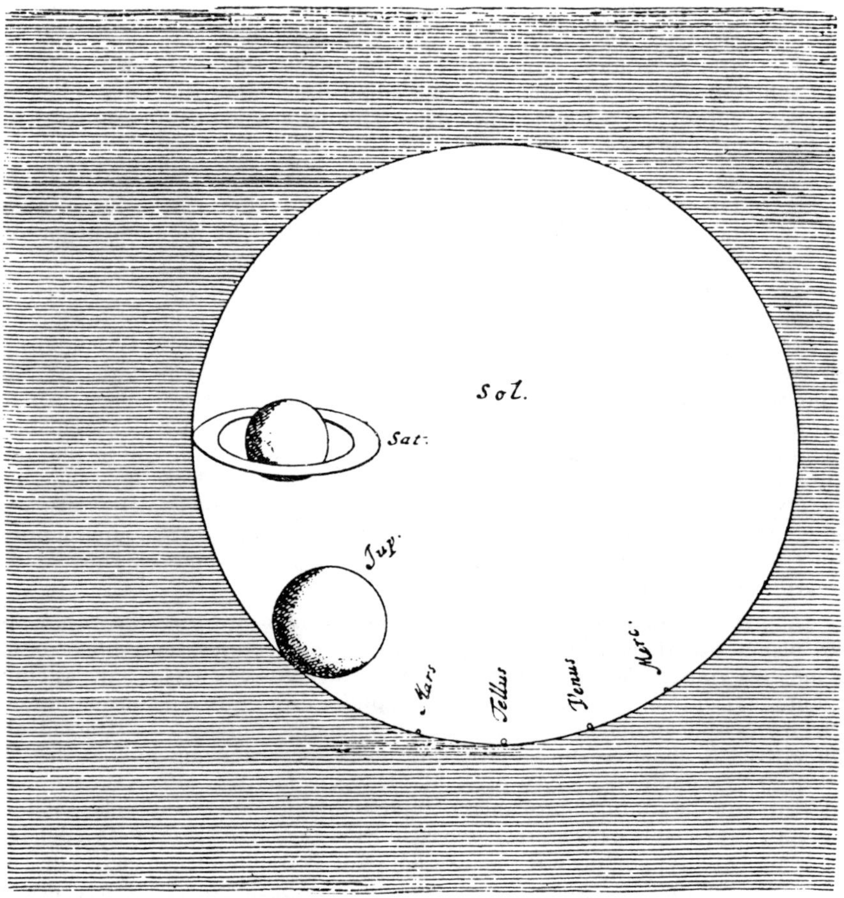


Fig. 2.

> «Ce qui me pousse surtout à croire à l'existence d'êtres planétaires raisonnables, c'est ceci : savoir que notre Terre aurait un trop grand avantage et une trop grande noblesse par rapport aux autres Planètes si elle possédait seule un animal qui surpasse de si loin tous les autres ; (...) animal dans lequel il y a quelque chose de divin[14]. »

L'originalité d'un tel argument vient de ce qu'il présente le pluralisme à l'intérieur d'une perspective hautement téléologique. C'est à la fois ce qui fait sa force et sa faiblesse, comme nous le verrons dans ses conséquences. Il faut préciser que traditionnellement, l'idée de pluralité des mondes a été le plus souvent invoquée pour combattre la croyance en la Providence divine : elle est à vocation (si l'on peut dire !) *anti-finaliste* comme en témoignent les atomistes anciens Leucippe, Démocrite, Epicure et Lucrèce. Du reste, c'est à ce titre que le Pape Léon XIII fait figurer, en 1900, sur la liste des livres prohibés les *Entretiens sur la pluralité des Mondes* de Fontenelle.

Le pluralisme de Huygens renverse cette tradition et *étend* la finalité et la Providence à l'Univers entier ! Loin de volatiliser la finalité, le pluralisme la redéploie comme s'il la multipliait par autant de mondes que l'univers peut compter. Dans ses « Pensées Meslées », Huygens reconnaît avoir emprunté l'argument au physicien anglais Henry Power in *Magnetical Experiments* (1664) qui contient la formule suivante :

> « The World was not made primarely, nor solely for the use of man, nor in subserviency unto Him and his faculties. »

Si l'on suit bien Huygens, priver les autres mondes d'habitants, c'est privilégier indûment la Terre et aller contre l'astronomie moderne et « contre la raison »[15]. La pluralité des mondes habités étant devenue nécessaire, il ne reste plus qu'à déduire de proche en proche le détail de tout ce qui rend possible et agrémente l'existence des planéticoles, comme le veut la pensée téléologique. Une fois la *fin* posée (les autres mondes doivent être habités par des êtres vivants et même raisonnables) elle détermine à sa suite les *moyens* nécessaires à sa propre réalisation (commodités, équipements, ornements, culture etc.). Chaque partie n'existe qu'en fonction du Tout. Plus rien n'arrêtera Huygens, car les conjectures sont précontenues dans l'édifice total de l'Architecte Souverain qui constitue la Raison des raisons. En attendant, la téléologie et l'analogie se prêtent un mutuel appui pour dresser le « portrait-robot », si l'on peut dire, des planéticoles :

- leur corps diffère du nôtre par la *matière* et non par la forme ;
- ils ont des pieds, des mains, des yeux, un visage et les cinq sens (tout sixième sens serait superflu) ;
- certains sont dotés de la Raison (nécessairement identique à la nôtre) et cultivent les sciences pour pouvoir mieux admirer l'Univers : astronomie, mécanique, géométrie, arithmétique, optique (sans oublier l'art d'écrire indispensable à celles-ci) ;
- ils vivent en société organisée et réglée par des institutions ;
- se protègent des intempéries par des constructions ;
- naviguent sur les eaux planétaires en utilisant la boussole pour s'orienter, tout en calculant les longitudes par rapport aux mouvements des satellites ;
- ils se divertissent avec leurs instruments de musique, et connaissent peut-être la même solution hugénienne au problème de la succession des quintes !
- ils utilisent les végétaux, les métaux, la poudre à canon, le vent et l'eau, l'imprimerie, la cuisson des verres optiques, et même les horloges automatiques telles que Huygens les a perfectionnées !

A la fin de ce tableau, Huygens considère que toutes les dernières découvertes les plus récentes doivent leur être inconnues, mais que des compensations les dédommagent de la privation de celles-ci. Tant de ressemblances avec notre globe nous confond et ne manque pas de décevoir des lecteurs avides d'expéditions interplanétaires et de dépaysement. Il est peut-être superflu d'ajouter que ce genre d'exercice littéraire ne sera pas accueilli favorablement par le « siècle des Lumières », comme nous le verrons à la fin de la présente étude.

*

* *

Le second livre se propose de déterminer de façon précise : « quel est l'aspect du ciel pour ceux qui habitent un quelconque de ces globes (...) enfin, poursuit l'auteur, nous parlerons de la mesure par une nouvelle méthode de l'incroyable distance des étoiles fixes[16]. »
Comme on le voit, de tout l'ouvrage, ce livre est le plus intéressant à tous points de vue. Mais avant d'aborder son propos, Huygens attaque directement l'*Iter extaticum coeleste* du physicien allemand Athanase Kircher, de la Compagnie de Jésus.

Dans son ouvrage, Kircher simule un voyage au cours duquel il visite les planètes sous la conduite d'un ange nommé Cosmiel. Le cadre cosmologique adopté par Kircher est celui de Tycho Brahé qui tente d'accorder la mécanique céleste au texte biblique sans toutefois y parvenir de manière satisfaisante. Huygens en relève les inconséquences avec perspicacité. En effet, si la Terre est au centre du monde, immobile, et si chaque étoile est un soleil doté de planètes, il s'ensuit que notre Terre est entourée d'une « infinité de systèmes coperniciens »[17]. En outre, le refus d'admettre des habitants sur ces mondes a pour conséquence qu'ils existent en vain, ce qui contredit le principe de finalité. Enfin, et là est l'argument décisif, puisque pour Kircher le « Ciel stellifère » tourne autour de la Terre en 24 heures, les étoiles décrivent des orbes immenses à des vitesses inouïes, si bien qu'elles devraient s'enfuir, comme dit Huygens :

> « chacune de leur côté avec une force énorme à cause de leur mouvement circulaire extrêmement rapide[18]. »

Kircher prétend éviter cette objection en arguant que des « intelligences ou anges les retiennent dans leur orbe », argument scolastique que le système de Copernic rend inutile. Comme dit Kircher :

> « Copernic délivre ces bienheureux Génies d'un si grand labeur par le mouvement donné à la Terre seule[19]. »

En fait, Huygens nous confie que Kircher ne tient ce genre de propos que par crainte ou par prudence et qu'à ce titre il aurait mieux fait de « s'abstenir entièrement de ce sujet ».

*

* *

Après la critique de Kircher, la voie redevient libre, et Huygens reprend son exposé sur l'astronomie planétaire dont le dessein est de nous arracher à notre Terre et de nous faire appliquer le principe de relativité. Par son contenu, le texte présente de grandes ressemblances avec les *Entretiens* de Fontenelle, mais il en diffère par le ton et le souci d'exactitude.

Huygens commence d'abord par examiner les planètes inférieures afin de s'écarter progressivement du Soleil, puis il reviendra à celui-ci ainsi qu'aux étoiles fixes après quelques considérations sur les satellites de Jupiter, de Saturne et de la Terre.

- Sur *Mercure* (dont Huygens ignore la durée de rotation axiale ainsi que l'inclinaison sur le plan orbital), le Soleil doit paraître 3 fois plus proche donc 3 fois plus gros et les Mercuriens doivent recevoir 9 fois plus de lumière et de chaleur que nous. Huygens reconnaît que l'état de l'eau doit y être particulier et que les corps des Mercuriens doivent être composés d'une matière aux propriétés spécifiques. Vénus doit servir de Lune aux Mercuriens étant donné qu'elle brille six fois plus lorsqu'elle est pleine et proche de Mercure.

- Les apparences du Ciel sur *Vénus* sont semblables à celles de Mercure quoique cette dernière soit invisible aux Vénusiens lorsqu'elle est en opposition, et bien que le Soleil paraisse une fois et demi plus grand que sur la Terre et deux fois plus chaud et plus lumineux.

Un trait intéressant ici est que Huygens s'interroge sur l'aspect lisse et lumineux de Vénus (après avoir enduit de suie ses oculaires) et finit par l'attribuer à son épaisse atmosphère qui nous empêche d'en apercevoir les mers, les montagnes et les cratères !

Ignorant la présence desdeux satellites de *Mars*, il conclut à propos des trois planètes telluriques (la Terre exceptée) qu'elles ont moins de dignité que la Terre en raison de leur privation de satellite.

- La partie la plus intéressante est consacrée à Jupiter et à Saturne, éminentes tant par leur taille gigantesque que par leurs nombreux satellites. Depuis *Jupiter* (dont Huygens estime le diamètre égal à 20 diamètres terrestres), les planètes telluriques doivent être invisibles, seule Saturne est visible. Les quatre lunes joviennes doivent produire de nombreuses éclipses et conjonctions. Enfin, les jours et les nuits sont très brefs (environ 5 heures chacun), mais les Joviens jouissent d'un perpétuel équinoxe en raison de la faible inclinaison de la planète.

- A propos de *Saturne*, Huygens revient avec émotion sur la découverte du satellite Titan qu'il observa le premier en 1655. Certes, Saturne était la plus éloignée des planètes connues du système solaire, mais Huygens semblait déjà soupçonner l'existence de planètes transsaturniennes en indiquant dans ses « Pensées Meslées » :

> « Planètes encore au-delà de Saturne peut-être. Observer pour cela les étoiles près de l'Ecliptique par les lunettes[20]. »

Depuis Saturne, les étoiles fixes présentent les mêmes figures que depuis la Terre à cause de leur immense distance, toutefois le pôle apparaît différent pour chaque planète. Seul le globe de Jupiter est visible depuis Saturne, mais il paraît ne s'écarter que de 37° du soleil. Enfin, de toutes les apparences, Huygens reconnaît que c'est celle que présente l'anneau aux latitudes boréales moyennes qui est la plus spectaculaire :

> « Ceux-ci, dit-il des Saturniens, en voient au milieu de la nuit (aussi longtemps que le Soleil illumine la face de l'anneau tournée vers eux) une partie ayant la forme d'un arc lucide surgissant du sol de part et d'autre, mais interrompu au milieu par l'ombre du globe de Saturne (...). Mais après minuit la même ombre se meut peu à peu vers la droite pour un spectateur vivant dans l'hémisphère boréal, vers la gauche s'il habite l'hémisphère opposé. Et cette ombre s'évanouit le matin, tandis

que l'apparence d'un arc se maintient, lequel ils peuvent voir toute la journée, mais plus faiblement lucide que ne nous apparaît la Lune de jour. (...) Le spectacle de l'anneau doit en outre être plus beau par le fait qu'ils peuvent le voir tourner dans son plan d'après le mouvement de certaines taches ou parties inégalement lumineuses[21]. »

La description de ce spectacle est accompagnée d'un shéma que nous reproduisons ici (fig. 3).

Fig. 3.

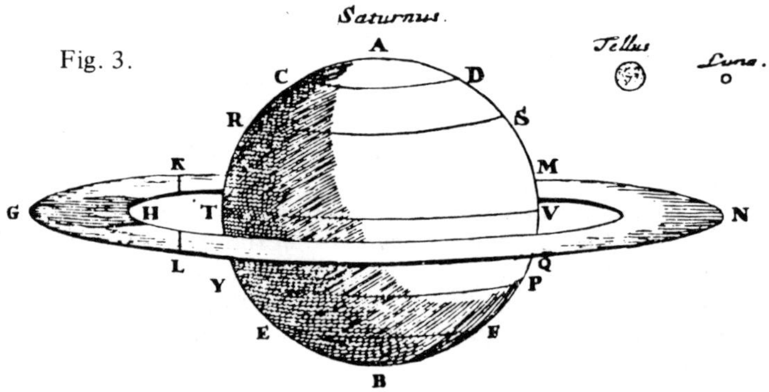


Huygens en vient ensuite à ce qu'il appelle « les planètes secondaires », c'est-à-dire aux satellites de Saturne, de Jupiter et à la Lune. Il affirme d'emblée qu'ils doivent être dépourvus d'habitants s'ils sont, comme la Lune, sans atmosphère. Faisant jouer l'analogie sans réserve, il les considère comme identiques à la Lune et synchrones à leur « planète primaire ».

Pour des raisons didactiques, Huygens feint qu'il y ait des habitants sur ces lunes afin de poursuivre sa description cosmographique. Au passage, il remarque avec pénétration que les étoiles fixes y doivent être visibles en plein jour et que leur position réelle y est plus facile à observer.

*

* *

Il reste enfin à traiter de la « Troisième sorte de corps célestes » : le Soleil et les étoiles fixes. Ce sera la partie la plus proprement cosmologique de l'ouvrage et de loin la plus intéressante. Après avoir écarté toute existence possible sur le Soleil, Huygens aborde une perspective résolument pluraliste présentant le Soleil comme une simple étoile destinée à éclairer et réchauffer son cortège de planètes. Surtout, il reproche à Kepler d'avoir, dans son *Epitome*, réservé au Soleil une place trop éminente par rapport aux fixes. Selon Kepler, la distance du Soleil à la surface concave de la « sphère des fixes » serait de 600.000 diamètres terrestres (soit 7 654 200 000 km) pour la raison suivante que le diamètre de l'orbite de Saturne serait au diamètre de la sphère des fixes comme le diamètre du Soleil au diamètre de l'orbite de Saturne (soit comme 1 à 2000) ! Huygens indigné de la légèreté des arguments de Kepler écrit : « Il est étonnant que de telles idées soient provenues d'un Homme si génial, qui fut le grand instaurateur de l'Astronomie[22]. »

Huygens affirme la nécessité de déterminer avec rigueur la distance du Soleil à l'étoile la plus proche, afin de prouver que les étoiles ne tirent pas leur éclat du Soleil, mais au contraire qu'elles produisent leur propre lumière d'elles-mêmes comme le Soleil : « D'où il résultera, précise-t-il, une conception du monde beaucoup plus grandiose que celle qui correspond aux vues antérieures plus ou moins traditionnelles[23]. »

A cet effet, Huygens expose la méthode qu'il a mise au point dès 1686. Toute l'estimation repose sur le postulat que l'étoile Sirius, dont la magnitude visuelle est la plus forte, doit son éclat particulier non à son diamètre réel, mais à sa grande proximité par rapport au système solaire. En outre, Huygens suppose le diamètre de Sirius égal à celui du Soleil. La méthode consiste à percer un petit trou dans une pièce de métal placée à l'intérieur d'un tube pointé sur le Soleil, puis à obturer ce trou presque totalement par un globule de verre afin de réduire le Soleil à peu près à l'aspect de Sirius, c'est-à-dire à sa 27 664e partie.

Huygens donne lui-même les éclaircissements suivants sur ses calculs :

> « Or, faisant un calcul d'après les lois de la Dioptrique je trouvai que le diamètre du Soleil était devenu $\frac{1}{152e}$ de cette particule $\frac{1}{182e}$ que j'avais vue la première fois par le petit trou. Le produit de $\frac{1}{152}$ et $\frac{1}{182}$ est est $\frac{1}{27\,664}$ (...) Par conséquent, si nous supposons Sirius égal au Soleil, il s'ensuit (...) que le rapport de sa distance à celle qui nous sépare du Soleil est de 27 664 à 1[24]. »

Le chiffre de Huygens (27 664 unités astronomiques) est environ 538 fois plus grand que celui de Kepler, ce qui est considérable. Surtout si l'on songe que la première détermination exacte d'une distance stellaire sera faite par Bessel à Kœnigsberg un siècle et demi plus tard !

Pour rendre plus tangibles les proportions du monde sidéral et du système solaire, Huygens utilise comme référence, depuis 1686, le temps que mettrait un boulet de canon à parcourir la distance Soleil/Sirius sachant que celui-ci a une vitesse moyenne de 100 toises parisiennes par seconde (194,9 m/s ; ou 701,64 km/h), soit : 691 000 années ! Alors qu'il ne lui faut pour aller du Soleil à la Terre que 25 ans, 125 ans pour Jupiter et 250 ans pour rallier Saturne.

Cette estimation de la distance des étoiles les plus proches demeurera la seule à laquelle se référeront les astronomes et cosmologues du XVIIIe siècle. Déjà Fontenelle, après avoir lu et paraphé le *Cosmotheoros*, rectifia ses propres chiffres pour adopter définitivement ceux de Huygens à partir de son édition de 1708 des *Entretiens sur la Pluralité des Mondes*. C'est d'ailleurs, ce qu'il nous confie dans son *Histoire de l'Académie des Sciences* pour 1706 où il écrit :

> « A l'énorme distance où les étoiles sont et que M. Huygens fait vingt sept mille six cent soixante quatre fois plus grande que celle de la Terre au Soleil[25]. »

Un demi siècle plus tard, c'est encore à Huygens que Kant se réfère dans sa célèbre *Théorie du Ciel* où il déclare : « La distance qu'aurait l'étoile la plus voisine de nous, d'après Huygens, est plus de 27 000 fois plus grande que celle de la Terre au Soleil[26]. »

Huygens ne s'en tient pas là pour autant, car il remarque que cette énorme distance Soleil/Sirius doit être reportée de Sirius à ses plus proches compagnes du monde sidéral et ainsi de suite... : « Combien grande sera encore l'immensité du reste ! s'exclame-t-il[27]. »

Est-ce à dire que la pluralité des mondes est *infinie* ? Huygens hésite à répondre de façon péremptoire. Certes, dans tous ses écrits cosmologiques, il affirme nettement l'*infinité de l'espace* : « Ce qui est certain, déclare-t-il, c'est que la nature universelle est de tous côtés infiniment étendue[28]. »

Mais il semble plus réservé quand il s'agit de se prononcer sur le nombre des étoiles et se veut plutôt partisan du *fini* :

> « Qui oserait dire que la multitude des étoiles n'est pas supérieure au nombre de grains de sable que peut contenir tout le volume de la Terre ? En vérité, on est allé beaucoup plus loin en disant que ce nombre est infiniment grand, comme l'on fait quelques Anciens et aussi G. Bruno qui pense avoir établi cette infinité par plusieurs arguments peu solides[29]. »

Ce revers de main contre l'infinitisme n'est pas non plus définitif, puisque Huygens revient aussitôt à sa possibilité : « Je suis pourtant d'avis que le contraire (le finitisme) ne peut pas non plus être démontré par des raisons évidentes[30]. »

Huygens est partisan, sans aucune réserve, du *fini* en ce qui concerne le *temps*, et cela pour des raisons théologiques, car il faut défendre le dogme de la Création contre les éternistes qu'ils soient aristotéliciens ou atomistes :

> « Que quand nous voyons dans le système du monde des choses qui sont d'une certaine façon, qui auraient pu être autrement ; il me semble que nous en pouvons tirer un argument certain qu'elles ne sont pas toute éternité. (...) Car toutes ces choses ont eu quelque cause, donc un commencement, donc elles ne sont pas éternelles[31]. »

Entre un espace infini, un temps fini, et une pluralité de mondes indéterminable, Huygens est pris dans une aporie où s'entrelacent des considérations scientifiques, philosophiques et religieuses. Toutefois, Huygens ne semble pas éprouver le souci d'approfondir ces questions, ni de les organiser dans une topique ; son attitude est plutôt celle d'un spectateur émerveillé, mais confiant, qui préfère contempler : « la magnificence incompréhensible de cet ouvrage immense[32]. »

L'ouvrage cosmologique de Huygens s'achève par une brève reprise de la théorie des tourbillons, qu'il avait déjà exposée dans son *Discours sur la cause de la pesanteur* en 1690, et au sujet de laquelle il n'avait pas manqué d'affirmer son désaccord profond avec la théorie de Descartes. Ainsi, écrit Huygens :

> « J'estime donc que chaque Soleil est entouré d'un certain tourbillon de matière en mouvement rapide, mais que ces tourbillons sont beaucoup différents des tourbillons cartésiens, tant par rapport à l'espace qu'ils occupent que par le mode du mouvement de leur matière[33]. »

La démarcation entre Huygens et Descartes n'est ici qu'une rectification ou qu'une correction, mais il ne s'agit nullement d'une rupture : d'ailleurs, Huygens le reconnaît volontiers[34]. La physique de Descartes est une physique du « plein », et par conséquent ses tourbillons astronomiques sont tous jointifs ou contigus au point de former les uns avec les autres des polyèdres : « ...comme il en est lorsque les enfants soufflent des grappes de bulles d'eau de savon[35]. »

Les tourbillons de Huygens ne sont pas jointifs et tournent selon une très grande diversité de plans dans des espaces immenses sans pour autant se diluer, puisqu'ils sont maintenus par l'éther environnant « en vase clos ». L'avantage de cette théorie de Huygens est de mieux rendre compte de la sphéricité des corps célestes, de la pesanteur, et surtout d'expliquer ce qui retient les planètes dans leur orbite en les empêchant de céder à la force centrifuge du mouvement circulaire :

> « Je fais les espaces occupés par ces tourbillons beaucoup plus restreints que lui (Descartes). Dans la vaste profondeur du ciel je les suppose disséminés comme le sont de petits tourbillons dans l'eau, apparaissant ça et là dans un lac ou marais étendu, nés par exemple de l'agitation d'un bâton dans l'eau et fort éloignés les uns des autres. De même que les mouvements de ces petits tourbillons n'ont aucune influence les uns sur les autres et ne se gênent donc pas, ainsi aussi en est-il, pensé-je, des mouvements tourbillonnaires célestes qui existent autour des astres ou Soleils[36]. »

A travers ces considérations cosmologiques, on sent le souci qu'a eu Huygens de faire passer l'esprit du cartésianisme d'une moindre cohérence à une plus grande cohérence, sans pour autant s'enfermer à l'intérieur d'un système strict du monde, comme ce fut le cas pour tant de prédécesseurs !

*
* *

Certes, la cosmologie de Huygens sera reçue fort diversement par la postérité. Cependant, si l'on excepte, dans ladite cosmologie, les conjectures sur l'état des « planéticoles » entachées d'un anthropomorphisme outré et que les jésuites et les Encyclopédistes ne manqueront pas de décrier[37], celle-ci demeure d'une portée décisive. En effet, d'une part, elle apporte des preuves claires et solides du copernicianisme, et d'autre part, elle présente le système du Monde sous différentes vues possibles tout en essayant de fixer un ordre de la grandeur de celui-ci par rapport aux étoiles fixes et à l'espace « assurément infini ». De tous les éloges qui furent faits de la cosmologie de Huygens, celui de Kant nous a paru de loin le plus flatteur et le plus pertinent :

> « La science de la constitution générale de l'Univers n'a fait aucun progrès remarquable depuis l'époque de Huygens[38]. »

## NOTES

1. Voir *Oeuvres*, t. XXI, p. 349-371.
2. Ibid., t. XV, p. 416-417.
3. *Ibid.*, t. XXI, p. 358, § 26.
4. *Ibid.*, t. XXI, p. 358, § 25.
5. *Ibid., Cosmotheoros*, p. 688.
6. *Ibid.*, p. 680-682.
7. *Ibid.*, p. 684.
8. *Ibid.*, p. 692-694.

9. *Ibid., Appendice VI au Cosmotheoros*, p. 829.
10. *Ibid., Appendice VI au Cosmotheoros,* p. 830.
11. *Ibid., Cosmotheoros*, p. 686.
12. *Ibid.*, p. 698.
13. *Ibid.*, p. 732.
14. *Ibid.*, p. 714.
15. *Ibid.*, p. 700.
16. *Ibid.*, p. 762.
17. *Ibid.*, p. 766.
18. *Ibid.*, p. 768.
19. *Ibid.*, p. 770.
20. *Ibid.*, « Pensées Meslées », p. 362, § 39.
21. *Ibid., Cosmotheoros*, p. 788.
22. *Ibid.*, p. 812.
23. *Ibid.*, p. 812.
24. *Ibid.*, p. 814.
25. *H.A.R.S. 1706* (1707), *Hist.*, p. 112.
26. Kant, *Allgemeine Naturgeschichte und Theorie des Himmels*, 1755, trad. franç. de C. Wolf, 1re partie, p. 137.
27. *Oeuvres*, t. XXI, *Cosmotheoros*, p. 816.
28. *Ibid.*
29. *Ibid.*
30. *Ibid.*
31. *Oeuvres*, t. XXI, « Pensées Meslées », p. 363, § 41.
32. *Ibid.*, « Pensées Meslées », p. 371, § 59.
33. *Ibid., Cosmotheoros*, p. 818.
34. *Ibid.*, « Pensées Meslées », p. 370, § 58 ; *Cosmotheoros*, p. 818.
35. *Ibid.*, p. 818.
36. *Ibid.*, p. 820.
37. Voir *Encyclopédie ou Dictionnaire raisonné des Arts* de Diderot, art. « Planète », vol. XII, p. 705 ; art. « Monde », vol. X, p. 640. Voir également le *Journal de Trévoux*, mai 1702, p. 67 : « C'est un ouvrage où l'imagination se donne carrière tant qu'il lui plaît (...) En effet, tandis que le nom de Mr. Huygens semble ne promettre rien que de solide, on trouve ici beaucoup de choses frivoles ; ce qui fait craindre que l'auteur ne soit un Huygens un peu supposé, du moins par rapport à divers endroits de l'ouvrage. »
38. Kant, *Allgemeine Naturgeschichte und Theorie des Himmels*, 1755, trad. franç. de C. Wolf, 1re partie, p. 133.

Huygens et la France
(Paris, Vrin, 1981, p. 223-240)

# HUYGENS ET MALEBRANCHE

par André ROBINET
(C.N.R.S., Université libre de Bruxelles)

Le but de cette communication est d'effectuer un premier bilan d'ensemble sur les relations personnelles et intellectuelles entre Huygens et Malebranche, entre les œuvres des deux auteurs. Une foule de questions s'impose aussitôt qu'il conviendra de détailler par autant d'exposés particuliers et approfondis.

Disons d'entrée que la question culturelle soulevée par l'étude de cette relation entre hommes et œuvres concerne très directement la seconde génération de l'Académie des Sciences. Si Huygens a eu un rôle d'organisateur fort important pour la mise en marche de la première Académie de 1666, sa mort va coïncider avec la nécessité du « renouvellement » entrepris par Fontenelle en 1699. Or, en 1699, Malebranche figure parmi les premiers appelés, en même temps que Leibniz qui est nommé au titre étranger. On passe d'une épistémologie des sciences dominées par Descartes et ses adversaires, à une épistémologie entraînée par les avances faites à Leibniz, dans le contexte et des relations internationales de l'heure, et de la querelle naissante contre Newton. Ce sont deux images contrastées de la science et de son organisation que donnent l'Académie originelle et l'Académie renouvelée , puisque les derniers défenseurs de l'orthodoxie cartésienne en mathématique et en physique cèdent le pas dans les premières années du siècle. Malebranche illustre parfaitement ce « renouvellement » par son propre exemple : il s'est entièrement recyclé durant les années 1690-1700, abandonnant la géométrie analytique et les anciennes lois du mouvement, ainsi que les principes des corps durs et de la conservation du mouvement. Nous avions rencontré le rôle de Huygens dans ce recyclage de Malebranche, tel que nous l'avions exposé dans *Malebranche, Académicien des Sciences*[1] .

*

La connaissance que Huygens a pu avoir de Malebranche et de son œuvre soulève les remarques suivantes.

1. Nous n'avons aucune trace de relations personnelles entre les deux auteurs, alors que, de 1655 à 1680, ils vivent dans le même quartier de Paris, fréquentent les

mêmes milieux, publient leurs écrits les plus retentissants.

2. Dans l'ensemble des *Oeuvres complètes de Huygens*, nous ne rencontrons que 3 ou 4 mentions explicites de Malebranche et de certains de ses écrits, venues sous la plume de correspondants, et jamais directement sous la plume de Huygens. Dans les œuvres proprement dites, rien n'est jamais donné en référence à Malebranche.

3. Pour ce qui est de l'implicite des références, rien ne paraît provenir d'une inspiration directe ou indirecte des œuvres de l'oratorien.

4. Par contre, la bibliothèque de Huygens comporte des ouvrages de Malebranche en nombre et en variété suffisants pour que l'on puisse admettre que, si lecture il y eût, Huygens avait eu une connaissance satisfaisante des écrits de Malebranche.

Cette bibliothèque, quatre fois plus riche que celle de l'oratorien comporte les mentions suivantes :

- dans les ouvrages de mathématiques in-4°, cote 10, « les Eléments de Mathématiques par Prestet, Paris, 1675 ». Huygens s'entendra rappeler par Leibniz en 1688 que c'était une œuvre de Malebranche présentée par son élève.
- dans les *Libri mathematici* in-8°, on remarque à la cote 39 : « Recherche de la vérité ». Cette référence brutale ne comporte aucune indication de date ni de nombre de volumes. Il peut s'agir d'un volume isolé de l'édition de 1674 (Livres I-III parus seuls), ou bien du tome II des premières éditions qui comporte les chapitres sur la méthode des mathématiques et sur la physique spéculative qui termine cette œuvre.
- dans les *Libri miscellanei* in-12°, la cote 687 relève plus complètement : « Recherche de la vérité. 3 vol. », sans indication de date. S'il s'agit là de trois tomes différents, il ne peut être question que des éditions in-12° qui comportent, à partir de 1678, les *Eclaircissements* (1677-78), édition (III) de Paris, ou Vetstein d'Amsterdam, ou édition (IV) Vetstein d'Amsterdam en 1688[2].
- en rapport avec la première édition de la *Recherche*, on trouve à la cote 227 de la même série « Critique de la Recherche de la vérité » qui ne peut désigner que l'ouvrage de Simon Foucher de 1675, en réponse à la première édition, à laquelle Malebranche réplique par une *Préface* de son tome II de 1675. Ceci prouve que Huygens a été au courant, et de la parution de la *Recherche*, qui fit grand bruit en 1674-1675, et de la première polémique soutenue publiquement par Malebranche contre Foucher et Desgabets dont les relations avec le cartésianisme sont fort complexes.
- Huygens dispose de plusieurs pièces de la polémique Arnauld-Malebranche qui prouvent qu'il n'a pas ignoré le déroulement de cette querelle qui s'est déployée de 1680 à 1690, avec de multiples publications effectuées en Hollande, et les comptes rendus que ne manque de faire Bayle dans les *Nouvelles de la République des Lettres*. A la cote 294 des *Libri miscellanei* in-8°, le « Traité de la Nature et de la Grâce par Malherbe » (sic, selon le tome XXII des *Oeuvres*) (l'origine de cette erreur exige que l'on remonte au fascicule publié en 1695 de la bibliothèque de Huygens, et à l'original même). Malherbe n'ayant jamais, à notre connaissance, fait paraître un tel titre, il ne peut s'agir que de Malebranche, d'autant que l'ouvrage est joint à ceux qui lui font pièce : cote 295 les « Réflexions philosophiques et théologiques sur le système de la nature et de la grâce, 3 vol. », publication d'Arnauld qui prolonge cette polémique dont Huygens possède un autre échantillon, cote 150, la « Défense de M. Arnauld ». A quoi l'on peut joindre, car il s'y rapporte directement, la cote 296 : « L'esprit d'Arnauld, 2 vol. », qui est le volume de Jurieu.

- on remarque enfin dans la bibliothèque, cote 347 des *Miscellanei* in-12°, les « Méditations sur la métaphysique » que l'on ne saurait confondre ni avec les *Méditations chrétiennes*, ni avec les *Entretiens sur la métaphysique*. Cet ouvrage, attribué en 1677 par Leibniz à Malebranche, a pour auteur Guillaume de Wander, qui est l'abbé de Lannion. D'ailleurs aucun des ouvrages possibles de Malebranche proche de ce titre n'est paru en in-12°.

Ajoutons que Huygens a eu certainement connaissance de deux autres écrits de Malebranche :

- le 12 novembre 1693, il répond à Steigerthal :

> « Malebranchii regulas posteriores de corporum impulsu, quamdiu est cum a D. Hartsoecker accepi examinavique sed nec in his omnia recte se habere memini. An autem huc spectant a D. Regis objecta in alio, docebis mecum non adveneris[3]. »

Ce qui équivaut à la condamnation du traité *Des lois du mouvement* paru en 1692, par lequel Malebranche répudiait les lois et le principe cartésien, ouvrage répudié à son tour en 1698 sous la pression de Leibniz qui obtiendra de Malebranche l'autocritique concernant ce « méchant petit traité ».

- le 16 juin 1694, Huygens mentionne dans une lettre à l'Hospital :

> « Notes marginales. Dispute de Regis et de Malebranche de la grandeur apparente de la lune. Une chose si aisée à décider, ils s'embrouillent[4]. »

Il s'agit là des articles échangés dans le *Journal des sçavans* en 1693-1694[5].

*

Si, du côté de Malebranche, nous n'avons pas plus d'indices concernant les relations personnelles des deux auteurs, les écrits de Malebranche et sa bibliothèque sont fort explicites sur Huygens et son œuvre.

La bibliothèque de Malebranche comporte trois ouvrages de Huygens :

- *De circuli magnitudine inventa*, Leyde, 1654, dans les in-4° (cote 110 de notre catalogue, *O.C. Malebranche*, t. XX).
- *Horologium oscillatorium sive de motu pendulorum*, Paris, 1673, dans les in-4° (cote 47). Cet exemplaire, retrouvé en Norvège, comporte de nombreuses annotations marginales de la main de Malebranche, effectuées entre 1690 et 1700, notamment sur la partie terminale consacrée à la force centrifuge qui devient un principe central lors du recyclage académicien de l'oratorien.
- *Opuscula posthuma*, Leyde, 1703, 10 vol. dans les in-4°, qui prouvent l'attention que Malebranche continue à porter à l'œuvre de Huygens après la mort de ce dernier, et entre les deux dernières éditions de la *Recherche* (1700 et 1712), qui verront tant d'additions scientifiques dues à cette lecture de Huygens.
- La bibliothèque recèle également les volumes publiés par l'Académie des Sciences (avant les séries régulières qui commencent en 1700) dans lesquels figurent les communications de Huygens.

Les citations explicites de ces ouvrages sont manifestes dans les deux dernières éditions de la *Recherche*, où elles servent de support à de nouvelles rédactions et à la réfection d'anciennes rédactions. On y trouve mention, en plus des volumes qui figuraient dans la bibliothèque de Malebranche au moment de son décès, du *Traité de la Lumière*, cité selon la pagination de 1690, du *Cosmotheoros*, cité selon la pagination de l'édition latine de 1698, de la *Dioptrique*, des *Nouvelles de la République des Lettres* de 1689 sur les lignes isochrones. Mentionnons également des brouillons portant sur les travaux de Huygens, recueillis dans les *Mathematica*[6].

Enfin la lecture approfondie des œuvres prouve que, dans les rédactions scientifiques, tout commentaire des écrits de Malebranche effectués après 1695 doit s'accompagner d'une lecture comparative des pages de Huygens qui en traitent.

On peut ainsi notifier la problématique d'ensemble de cette relation entre Huygens et Malebranche : jusqu'en 1695, date de la mort de Huygens, rien dans l'œuvre de Malebranche n'était susceptible de retenir l'attention de Huygens. Par contre, après son recyclage académicien qui s'amorce en 1690, Malebranche a composé nombre d'écrits scientifiques qui auraient retenu d'autant plus l'attention de Huygens qu'ils provenaient d'une réflexion sur son œuvre propre. Huygens n'a donc pas connu ce qui, des écrits mathématiques ou physiques de Malebranche, aurait mérité son intérêt, et si Malebranche a négligé l'œuvre de Huygens jusqu'en 1695, après, il y puise avec une vigueur qui favorise son invitation à l'Académie des Sciences lors du renouvellement. On peut donc dire que, par Malebranche, une part importante de l'œuvre de Huygens entre dans l'Académie de 1700, poursuivant l'impulsion donnée par Huygens lui-même dans l'Académie de 1666.

*

S'il est très facile de dépister les influences explicites de Huygens sur Malebranche après 1690, avec inscription dans l'œuvre de l'oratorien à partir de 1700, deux problèmes plus délicats doivent être soulevés. Le premier concerne la possibilité qu'une telle influence ait pu s'exercer avant 1690 ; la seconde concerne, à l'inverse, une influence possible de l'œuvre de Malebranche, telle qu'elle existait avant la mort de Huygens, et du point de vue de la philosophie générale, sur les conceptions métaphysiques qui soutendent le *Cosmotheoros* : si bien que, si Malebranche fit un tel usage de cette œuvre posthume de Huygens, c'est parce qu'il rencontrait des préoccupations auxquelles ses grands écrits métaphysiques n'étaient pas restés étrangers.

La première question prend son origine dans l'estime que l'on peut faire de l'écart qui sépare les premiers écrits de Malebranche de ceux de Descartes.

1. La première rectification des lois du mouvement que les *Principes de la Philosophie* avaient codifiées en 1644 intervient dès la première rédaction du Livre VI de la *Recherche*, paru dans le second tome en 1675. L'article que Huygens avait rendu public dans le *Journal des sçavans* du 18 mars 1669 a-t-il encouragé Malebranche à imposer des réserves aux lois et au principe cartésiens ? Il conviendrait d'examiner ici d'où provient l'abandon de la « force de repos », l'admission de la « pure privation » dont Malebranche fait dès lors découler la « réflexion sur les lois du mouvement » énoncées par Descartes. Le repos ne suppose point en Dieu de force positive, ni de différenciation entre différents types de repos. Ces rectifications vont partiellement dans le sens exprimé par Huygens en 1669 sur le mouvement de percussion. Si la Règle I de Descartes et de Malebranche sur l'échange réciproque des mouvements contraires de deux corps répond à la Règle 2 de Huygens, par contre, Malebranche se sépare de Descartes sur la Règle 4 pour rejoindre la Règle 3 de Huygens qui rompait avec l'inamovibilité de la force de repos. Quelque petit que soit le corps et quelque peu de vitesse qu'il ait, il donne toujours tout son mouvement à un plus grand corps en repos. Par contre, Malebranche modifie la Règle 6 de Descartes, mais

ne suit pas la Règle 1 de Huygens de deux corps égaux dont l'un, mobile, frappe l'autre, immobile. Descartes estimait que les deux corps rejaillissent en sens contraire, Malebranche qu'ils s'en vont du même côté, et Huygens que le corps choquant transmet tout son mouvement au corps choqué, puis demeure immobile après la rencontre.

Toutefois, Malebranche est loin de suivre Huygens dans l'énoncé de la « loi admirable » concernant le transfert de la même quantité de mouvement vers le même côté : il n'y viendra que pour le petit traité de 1692. Il est encore plus loin d'admettre la Règle 6 de Huygens concernant la somme des produits faits de la grandeur de chaque corps dur multiplié par le carré de la vitesse, qui est toujours la même avant et après la rencontre. Enfin, Malebranche ne voit pas le parti à tirer de la Règle 7 qui concerne la transmission du choc par corps immobiles interposés, remarque précieuse pour Huygens en de multiples domaines. Ce principe général ne sera admis par Malebranche qu'en 1700, et pas même en 1692, sous la pression conjointe des enseignements directs de Leibniz et de la lecture attentive des écrits de Huygens.

2. L'explication de la cohésion des corps par la force de pression doit-elle quelque chose aux écrits de Huygens que Malebranche pouvait connaître en 1675 ? Le rôle de la matière subtile dans l'union, fort bien repéré et enseigné par Malebranche en 1675, est la cause directe de cette compression. Cette explication reste « spéculative » et ne requiert aucune des données expérimentales, sauf celles de Guericke et de Rohault, que Malebranche avait alors à sa disposition.

3. Mais sur le rôle de la matière subtile, Huygens apportait des encouragements non négligeables. Les écrits de Malebranche qui mentionnent très tôt ce rôle primordial, au détriment des corps durs du second élément, peuvent s'inspirer des déclarations de Huygens du 3 août 1669 à l'Académie des Sciences :

> « Il y a beaucoup d'effets naturels comme du ressort, de la pesanteur, de la poudre à canon qui ne se peuvent pas bien expliquer sans poser cette mesme matière subtile mue avec une extrême vitesse[7]. »

Cet encouragement pour ses jeunes écrits, Malebranche le rencontrera à nouveau en dépouillant le *Traité de la Lumière* de 1690 :

> qu'« il est bien étrange comment [le corps de l'eau] résiste pourtant si fort à la compression... en conservant mesme toute la liquidité... Ce n'est pas ici une petite difficulté. Laquelle pourtant on peut résoudre en disant que le mouvement très violent et rapide de la matière subtile qui rend l'eau liquide, en ébranlant les particules dont elle est composée, maintient cette liquidité malgré la pression[8]. »

A part la comparaison externe, nous ne disposons d'aucun document qui puisse aider à préciser le rôle que les écrits de Huygens auraient pu jouer sur la formation scientifique du jeune Malebranche. Il semble certain qu'à cette époque, le jeune philosophe est encore très « spéculatif » et très confiant en son « moniteur » Descartes. On verra d'ailleurs se creuser l'écart entre son attachement originel aux œuvres cartésiennes et son détachement qui ne cessera de croître à partir de 1690.

*

La nouvelle formation mathématique de Malebranche comporte des rencontres effectives avec les écrits mathématiques de Huygens. Sur cette question, on peut jalonner la piste qu'il resterait à approfondir :

1. Malebranche a connaissance de la polémique *De Linea isochrona* déclenchée contre Catelan, où Huygens a partie liée avec Leibniz. C'est d'ailleurs à cette occasion que Leibniz, connaissant les appartenances malebranchistes de Catelan, estime que l'oratorien est mêlé à ces querelles. La solution de Huygens s'accorde avec celle de Leibniz et selon les dires de ce dernier :

> « Mon dessein avait été de tailler un peu de besogne à ces bons cartésiens qui pour avoir lu les *Eléments* de Bartholin ou du P. Malebranche, croient de pouvoir tout faire en analyse. Cependant M. l'abbé Catelan doit être bien aise d'être dégagé, il aurait peut-être souvent mordu les ongles inutilement (sic)[9]. »

2. Huygens est également au courant de la publication de la *Science générale des lignes courbes* du même Catelan, par l'intermédiaire de L'Hospital (par lettre du 21 octobre 1693[10]).

3. Comment Huygens et Malebranche s'ignoreraient-ils puisque, durant les années 1692-1695, la préparation de *l'Analyse des infiniment petits* entraîne une correspondance-fleuve entre L'Hospital et Huygens, avec en même temps des relations étroites avec Leibniz et Jacques Bernoulli.

La question importante qu'il faudrait résoudre avec précision concerne le degré d'avancement des mathématiques de Huygens, au moment où Malebranche pratique et surtout favorise l'éclosion du calcul différentiel et intégral. On sait les difficultés qu'éprouvait Huygens à ce sujet et comment il tentait de résoudre les problèmes d'intégration par les voies des proportionnelles et dans l'esprit de l'épistémologie mathématique cartésienne. Certes, Malebranche ne fut jamais un grand praticien des mathématiques nouvelles, mais il en imposa l'avènement et le règne en raturant dans son œuvre tout ce qui concernait ses anciennes attaches, que les *Eléments* de Prestet avaient effectivement condensées.

*

Ces nouvelles mathématiques donnent un nouvel essor aux études de physique et la résolution des courbes transcendantes permet d'étendre la régulation des mathématiques sur une nouvelle couche de phénomènes naturels. C'est en 1692 que Malebranche donne le premier signe de ses nouvelles occupations en revenant sur les lois du mouvement qu'il avait adoptées en 1675.

1. Malebranche fait un pas hors de la physique « spéculative » et s'intéresse à l'admission des lois « prouvées par l'expérience ».

2. Il se rallie également au principe algébrique de la conservation du mouvement en commençant à entrevoir la portée de la « loi admirable » de Huygens.

3. Il maintient toutefois encore une différence entre traitement des corps durs et des corps mous. Ce n'est que dans la nouvelle reprise de ses lois en 1700 qu'il trouve le moyen de généraliser le rôle de la matière subtile et d'unifier les effets des chocs en admettant pleinement, sous la pression directe de Leibniz, l'essentiel des résultats de la « dynamique ».

4. Les lois du mouvement seront travaillées par un autre élève de Malebranche,

Carré qui, en 1706, effectue la jonction entre les lois telles que les énonce la *Recherche* de 1700 et celles qu'avaient établies Huygens[11]. L'essentiel de cet article sera repris dans la dernière édition de la *Recherche* en 1712.

Si l'on désire comparer les lois du mouvement et le principe du mouvement entre les écrits de Huygens et de Malebranche, il faut bien établir le système de coordonnées auquel on a affaire. Si, après l'article de 1669, qu'il recommande encore dans ses œuvres tardives, Huygens en reste à une certaine constante, Malebranche par contre modifiera au total complètement ses lois et son principe. Cette progression demande à être estimée pour chaque nouvel écrit : petit traité de 1672, *Recherche* de 1700 et *Recherche* de 1712. C'est seulement en faisant ce dépouillement diachronique que l'on obtiendra une bonne réponse sur la manière dont Malebranche a admis les lois et le principe de Huygens, contre les lois et le principe cartésien.

*

Huygens n'a pu ignorer non plus la part que tenait Malebranche auprès de Renau d'Elisagaray avec lequel il est en polémique de 1689 à 1694 à propos de *La manœuvre des vaisseaux*. Répliques et réponses se succèdent et rebondissent encore très tard autour de l'oratorien[12]. Dans l'*Eloge* de Renau que compose Fontenelle, on peut lire :

> « Cependant M. Huygens condamna une des propositions fondamentales de ce livre qui est que si un vaisseau est poussé par deux forces dont les directions fassent un angle droit, et qui ayent chacune une vitesse déterminée, il décrit la diagonale du parallélogramme dont les deux côtés sont comme ces vitesses. Le défaut de cette proposition[13]... »

*

Deux vastes problèmes dominent ces escarmouches diverses : celui de la lumière et celui de la pesanteur.

Lors du colloque Roemer, nous avions expliqué comment Malebranche avait été partagé entre ses appartenances cartésiennes en faveur d'une transmission instantanée de la vitesse de la lumière et les observations qui militaient en faveur d'une vitesse finie. Au demeurant, Malebranche reste incertain sur la décision à prendre, les Cassini menant une campagne de retardement fort argumentée au sein de l'Académie contre les conclusions de Roemer.

Malebranche apprenait cependant par le *Traité de la Lumière* que Huygens se rangeait aux conclusions de Roemer. Sa théorie de la lumière comporte trois instances: 1° une extrême vitesse, mais comportant un certain temps pour son transport ; 2° une tension de toutes parts qui rend la lumière ondulatoire et sphérique ; 3° une capacité de traverser les corps sans aucun empêchement pour la suite du mouvement. Huygens précise qu'il ne s'agit nullement d'un « transport de matière ». La diffusion s'effectue « per undas sphericas », et « successive ». La lumière n'est pas un transport de particules, mais seulement un « petit ébranlement » (*levi concussione*) que les particules ne peuvent s'empêcher de communiquer à celles qui les environnent, nonobstant tout le mouvement qui les agite et les fait changer de place entre elles.

Quant à la différence avec la nature du son, Huygens la creuse en trois directions : la production du mouvement ne vient pas d'un ébranlement du corps, mais de chaque point de l'objet et affecte la matière subtile ; la matière où le son s'étend est l'air que nous sentons, et non le vide, alors que la lumière traverse le vide ; la manière dont le son se communique fait appel à l'air comprimé qui se remet au large, alors que pour la lumière : « il faut expliquer la propriété que gardent les corps durs à transmettre le mouvement les uns aux autres », ce qui appelle le choc sur une rangée de boules qui se touchent, le mouvement se transmettant « comme en un instant » de la première à la dernière. L'éther dans lequel se déplace la lumière est fait de « particules dures », « approchantes de la dureté parfaite et du ressort si prompt que nous voulons ». Dernier point qu'il sera impossible à Malebranche d'admettre, car Huygens conserve par là le rôle des corps durs cartésiens, Malebranche s'efforçant de mettre la matière subtile partout en expliquant le dur par la puissance concentrique des tourbillons.

L'*Eclaircissement XVI* sur la lumière[14], qui connaît quatre états paléographiques, ouvre, en 1699, les *Mémoires* de l'Académie renouvelée. Cet hommage rendu à Malebranche par Fontenelle et les autres académiciens rejaillit sur le *Traité de la Lumière* de « Monsieur Huygens » qui « conclut par les éclipses des satellites de Jupiter que la lumière se transmet environ six cent mille fois plus vite que le son » (référé à Huygens, *Oeuvres*, t. XIX, p. 469, qui ajoute : « Ce qui pourtant est tout autre chose que d'estre momentané puisqu'il y a la même différence que d'une chose finie à une infinie »). L'explication fournie par Malebranche est référée à l'autre hypothèse de Huygens concernant la compression de la matière céleste :

> « Aussi le poids, ou la compression de toute la matière céleste est sans comparaison plus grande que celle que produit sur la terre le poids de l'atmosphère. Je crois avoir bien prouvé ailleurs que la dureté des corps dépend de la compression de la matière subtile (ce que Malebranche avait fait dès l'édition de 1675 de la *Recherche* dans son dernier chapitre). Et si cela est, il faut qu'elle soit extrêmement grande, puisqu'il y a des corps si durs, qu'il faut employer une très grande force pour en séparer les moindres parties. »

Or, preuve des pressions subies, académiciennes celles-ci, si tel est le texte du manuscrit des comptes rendus de l'Académie des Sciences, le texte paru dans les *Mémoires* ajoute en contredisant Huygens :

> « Il me paraît que le rapport du poids de l'éther à celui de l'atmosphère est beaucoup plus grand que de six cent mille à un, et qu'on peut même le regarder comme infini[15]. »

Malebranche creuse donc la distance qui le sépare de Huygens, point de départ de sa réflexion. Mais ce n'est que dans le quatrième état de ce texte, dans la *Recherche* de 1712, que l'on aura l'explication : « Car Monsieur Cassini a observé des éclipses de Jupiter en différents éloignements de la terre, lesquelles ne s'accordent point avec la conclusion de M. Huygens. » Ainsi, les *Mémoires* de l'Académie, t. VIII, 1707, procurent à Malebranche l'article de Maraldi qui permet de revenir sur les observations consignées par Cassini dès 1684 dans *L'origine et le progrès de l'astronomie*[16].

Si les contemporains font le rapprochement entre Malebranche et Huygens sur la transmission de la lumière par vibrations[17], il est plus malaisé de confronter l'impossibilité reconnue par Huygens à toute particule dure de modifier en la transmettant la direction d'un *conatus*, et la possibilité accordée par Malebranche à tout corps dit dur de n'être effectivement qu'un tourbillon infiniment comprimé dont toutes les tangentes fournissent autant de lignes d'échappement. Car, de plus les deux auteurs se rapprochent sur la forme de ces particules qui ne sont pas « nécessairement sphériques » pour Huygens[18], pas « exactement sphériques » pour Malebranche[19].

Bien d'autres développements seraient nécessaires, indépendamment de cette confrontation centrale, sur les couleurs, la vision, le lieu de l'accommodation, les résultats de la lecture de la *Dioptrique*, effectuée par Malebranche dans l'édition posthume de 1703, sur les microscopes à trois lentilles, etc.

*

Nous avons mis en évidence, en étudiant *Malebranche, Académicien des Sciences* que « les secrets des forces centrifuges », qui, n'étant point encore connus du temps de Descartes, avaient transformé la physique et expliquaient pour Malebranche lui-même, son passage du cartésianisme orthodoxe au... malebranchisme inspiré de Huygens et de Leibniz.

Pour ce qui est de trouver une « cause intelligible à la pesanteur », Huygens partait d'expériences qu'il avait effectuées au début de son long séjour parisien, expériences que Rohault avait recueillies et commentées en 1672 dans son *Traité de physique*. Or ce *Traité* jouit de la plus haute considération près du jeune Malebranche et aux question soulevées plus haut à propos des premières influences de Huygens sur l'oratorien, il conviendrait de déterminer tout ce qui peut provenir de Huygens via le *Traité* de Rohault. Malebranche fréquente alors les milieux où Rohault expérimente et, si l'on en croit ce *Traité*, Rohault est assidu auprès de Huygens. Par ce biais, Malebranche connaît l'essentiel de ce que Huygens fera paraître lui-même en 1690 dans son *Discours sur la cause de la pesanteur*. L'*Eclaircissement XVI*, qui ne le mentionne pas expressément, le suit de très près dans tous les développements qui se rapportent au même sujet[20].

Or, dans ce *Discours*, Huygens fait une confidence que Malebranche reprendra pour lui-même et qui est très importante pour l'explication du saut épistémologique qui survient entre les Cartésiens et leurs successeurs :

> « Je n'avais pas pensé non plus à cette diminution réglée de la pesanteur, savoir qu'elle était en raison réciproque des carrés des distances du centre, qui est une nouvelle et fort remarquable propriété de la pesanteur, dont il vaut bien la peine de chercher la raison[21]. »

C'est dans les *Principia* de Newton que Huygens a rencontré cette idée directrice, dont Malebranche emboîte le pas. La pesanteur vers le soleil « contrebalance si bien les forces centrifuges des planètes et produit justement l'effet du mouvement elliptique, que Kepler avait deviné et vérifié par les observations ». De là peut venir une tout autre solution aux tourbillons de Descartes, car les excentricités des planètes restent les mêmes, les plans des orbes gardent leurs différentes inclinaisons à l'égard du plan de l'écliptique et les plans de tous les orbes passent nécessairement par le soleil. La difficulté qui reste dans Newton vient de ce que les *Principia* postulent « une matière fort rare » dans les espaces célestes et que cette rareté risque d'abolir l'explication de la lumière et de la pesanteur apportée par Huygens. Or n'y a-t-il pas, se demande Huygens, deux manières d'être « rare » ? On peut postuler des particules distinctes, avec du vide entre deux particules, mais il est impossible d'expliquer les propres observations de Huygens. Ou bien les particules se touchent dans un espace « contremêlé » de petits espaces vides : ce qui est « admissible » selon Huygens « parce que les particules s'y peuvent toucher », particules qui sont impénétrables, d'une dureté infinie, qui évince leur seule constitution par l'« étendue » cartésienne.

Huygens conserve donc des éléments durs à côté d'une conception de la matière subtile très avancée, pour laquelle Malebranche ne peut avoir que la plus haute considération. Dans le *Discours*, Huygens souligne « la liquidité de la matière céleste ». Cette « matière fluide consiste en des parties très petites, et qui est diversement agitée en tout sens avec beaucoup de rapidité ». Il souligne cette « extrême petitesse » et revient sur une comparaison citée plus haut en d'autres termes :

> « La raison pourtant nous dit que la même proportion qu'il y a d'une montagne à un grain de sable, ce grain la peut avoir à un autre petit corps, et celui-ci encore à un autre, et cela autant de fois que l'on voudra. »

S'il faut concevoir selon la raison cette petitesse, la rapidité de cette matière subtile est également l'objet d'appréciations que Malebranche adopte et commente : « Descartes, écrit Huygens, n'a pas considéré combien la vitesse de la matière fluide doit être grande », « grande vitesse qui ne répugne point à la raison ». Cette matière fluide tourne circulairement autour de la Terre en tous sens, pour s'éloigner de ce sens et pousser en sa place les corps qui ne suivent pas ce mouvement. La « cause de la pesanteur ainsi expliquée, il reste à en apprécier le degré : elle est égale à celle du corps qui ferait le tour de la Terre en 1h25'. Elle est 17 fois plus grande que celle d'un point placé à l'équateur qui fait le tour en 24h. Par là s'explique l'accélération des corps en chute libre, ce qui fournit « la raison du principe de Galilée qui est que la vitesse s'augmente également en des temps égaux ». La « raison » est ainsi explicitée :

> « Car les corps étant poussés successivement par les parties de la matière voisine, qui tâchent de monter en leur place, et dont le mouvement est toujours incomparablement plus vite que celui qu'ils peuvent avoir acquis par des chutes qui tombent sous notre expérience, cela fait que l'action de la matière qui les presse, peut toujours être considérée comme étant aussi forte que lorsqu'elle se trouve en repos, d'où l'on conclut assez aisément l'accroissement des vitesses proportionnel à celui des temps. »

Sur ces problèmes, Malebranche était en alerte depuis longtemps, et par Huygens lui-même, puisqu'il en avait rencontré les *Théorèmes sur la force centrifuge résultant du mouvement circulaire* » (à la fin de l'*Horologium* de 1673)[22]. »

L'hypothèse tourbillonnaire, interprétée en fonction d'une généralisation de la matière subtile et d'une dérivation des éléments durs à partir de l'extrême compression de ces tourbillons, engage Malebranche à rejoindre Huygens sur la subtilité de cette matière, sur sa vitesse « comme infinie », sur l'extrême compression qui est la sienne et son plein, face au vide newtonien, mais à s'en séparer sur le maintien des corps durs, sur l'origine et la transmission des « vibrations de pression ». Une élasticité en voie de généralisation envahit alors la physique, aussi bien sous l'effet des écrits de Leibniz que sous celle des expérimentateurs et des théoriciens. Etudiant en 1709, puis en 1718, les causes de la pesanteur, Joseph Saurin défendra l'hypothèse tourbillonnaire de Malebranche contre Huygens[23].

*

Nous voudrions surtout dans cet exposé relever ce qui tient à la physique spéculative plus qu'à l'expérimentale, à la *philosophia motus abstracti*, plus qu'à la *concreti*. Or il est manifeste dans les textes de Huygens qu'il ne renonce en rien à ce qui fait le cœur de la « spéculation » malebranchiste, après le « roman » cartésien. Donner « la raison » dépasse de très loin l'observation des faits et des mesures.

Les écrits de Huygens gardent ceci de profondément cartésien qu'ils ne se rangent en rien à l'*hypotheses non fingo*. Le *Traité de la Lumière* appelle « des raisons plus claires et plus vraisemblables », veut « chercher l'origine et la cause ». Par son titre même, « *La cause* » de la pesanteur outrepasse le champ des *principia mathematica*, et introduit « une hypothèse qui ne contient rien d'impossible ». Or nous avons fréquemment expliqué que si Malebranche tient un compte de plus en plus grand des données expérimentales, notamment de celles qu'il trouve tout élaborées dans Huygens, ce n'est pas au détriment de la recherche des « raisons physiques » ni de la « spéculation ».

La publication du *Cosmotheoros* apportait à cet égard à Malebranche, indépendamment des observations dont il se sert ouvertement, un renfort sur le plan de la nécessité spéculative en physique. Le contact avec l'œuvre posthume de Huygens est à dater de l'automne 1700, c'est-à-dire à une époque où Malebranche ne peut plus consulter Huygens directement. C'est dans les *Corrigenda et addenda* de sa cinquième édition de la *Recherche* que vient de se faire la révélation de cet ouvrage de Huygens. Pralard ayant cédé son privilège à David le 1^er^ août 1700, l'achevé d'imprimer étant daté du 20 novembre 1700, on peut conclure avec certitude que cette page ultime a été insérée à la fin du travail d'impression, sans doute en novembre.

Mais on n'en restera pas à des *Addenda* importants : cette rédaction de fortune rejoint le texte principal lors de la sixième édition de la *Recherche* en 1712, affectant profondément le texte de VI, II, IV, et l'*Eclaircissement XVI*. De plus, les pièces de lecture du *Cosmotheoros* qui nous sont restées s'intéressent au point évoqué dans les *Addenda* et à d'autres, en référant à l'édition latine de 1698[24].

L'impact entraîne la révision anti-cartésienne des chapitres touchés. Malebranche se désolidarise de Descartes et l'exposé passé qu'il prenait en charge est restitué à son promoteur. Il ne fait plus que répondre « au dessein de donner quelque idée du système de M. Descartes[25], « que de donner l'abrégé de la physique de M. Descartes »[26]. Ne pouvant pas, en 1700, refondre le chapitre visé par les *Addenda*, il insère cependant ces deux notes qui résument une série de ratures révélatrices.

Le changement d'intitulé du chapitre en provient. Selon le mouvement d'ensemble de la seconde partie du *Livre VI*, la recherche de la vérité exige un principe et une règle générale. Le principe est de conserver toujours l'évidence dans ses raisonnements pour découvrir la vérité sans crainte de se tromper (VI, II, I). La règle qui dépend de ce principe consiste à ne raisonner que sur des choses dont nous avons des idées claires, ce qui entraîne le chapitre VI, II, II contre la physique de l'Ecole, et le chapitre VI, II, III, sur la différence entre cause naturelle et cause occasionnelle. La suite de cette règle générale incite à « commencer par les choses les plus simples et les plus faciles avant d'entreprendre la recherche des plus composées et difficiles », qui fait l'objet de VI, II, IV. Le titre du chapitre de (I), 1675, à (V), 1700 compris, souligne que « les philosophes ne l'observent point (cette règle) et que M. Descartes l'a fort exactement observée ». Or l'édition (VI) résume le renversement indiqué plus haut dans le chapitre : « Que les philosophes ne l'observent presque jamais, et que M. Descartes a tâché de l'observer plus exactement dans sa physique, ce que l'on prouve par l'abrégé qu'on en donne ».

Certes Descartes n'avait pas tort de faire appel « aux lumières de la raison » (p. 331). Mais Malebranche, qui partait de l'intuition de la séparabilité des corps, conçue sans peine, pour engendrer le mouvement local, la figure, le mouvement le plus simple en ligne droite, le mouvement circulaire du corps qui prend la place quittée par l'autre, déduit maintenant cette séparabilité de l'impénétrabilité de l'étendue, provoquant une critique radicale des anciens corps durs par eux-mêmes qui ne possèdent aucune force propre dans l'idée qui les représente. Que la matière ne soit pas dure par elle-même évince les globules durs originaux et fonde la séparabilité sur la pression qui assaille de divers côtés le corps considéré. Le mouvement prend le pas sur l'étendue et la nécessité des tourbillons de Descartes, en nombre infini, de grandeur immense, justifie la nécessité de la généralisation de la matière subtile. Une nouvelle note (p. 327) restitue à Descartes l'hypothèse des petites boules dures, « mais ce sont plutôt des petits tourbillons d'une matière fluide, ainsi que je le dirai dans l'*Eclaircissement* sur la lumière et les couleurs ».

C'est « en suivant les lumières de la raison » que Malebranche procède au développement de l'hypothèse des tourbillons qui fournissent « la raison naturelle de l'équilibre de la matière céleste »[27]. « Nous sommes obligés d'arranger ainsi les parties qui composent le monde que nous imaginons se former par les voies les plus simples ». Le fondement en est l'idée de l'étendue et le mouvement le plus simple en ligne droite. « Et lorsque nous examinons par les effets, si nous ne nous sommes point trompés en voulant expliquer les choses par leurs causes, nous sommes comme surpris de voir que les phénomènes des corps célestes s'accommodent parfaitement [disaient les éditions (I) - (V), mais seulement « assez bien » corrige l'édition de 1712], avec ce qu'on vient de dire »[28]. Même restriction nuancée un peu plus loin : « s'accommode (parfaitement/assez bien) avec ce que l'on vient de dire de leur formation suivant les voies les plus simples »[29]. Autre correction abondant dans le même sens :

> « Enfin tout ce qu'on peut observer dans les étoiles par l'usage des sens et par l'expérience (n'est point différent, (I-V), *remplacé par* ne paraît pas fort différent) de ce qu'on vient de découvrir par l'esprit, en examinant les rapports les plus simples et les plus naturels qui se trouvent entre les parties et les mouvements de l'étendue[30]. »

Or nous sommes là au début et à la fin des passages qui concernent l'addition due à la consultation du *Cosmotheoros* : « Car nous voyons que toutes les planètes... » La séquence des conclusions déductives est tirée maintenant des résultats des observations de Huygens, non plus de la consultation directe de « l'esprit » ou de « la raison ». Ces rectifications dues aux travaux de Huygens concernent tout le tableau planétaire. Le nombre des satellites varie selon les éditions : il y en avait un pour Mars de (I) à (III), disparu par la suite ; il y en avait 6 de Jupiter de (I) à (III), dont il ne reste que 4 de (IV) à (VI) ; enfin Saturne qui en avait un si grand nombre de si petites qu'elles formaient un cercle continu, (I) à (III), en a 3 dans (IV) avec un grand nombre de petites, 5 dans (V), avec un grand nombre de petites, et 5 dans (VI). La grandeur des planètes est également l'objet de diverses variations : Saturne, la plus grande dans (V), ne l'est plus que « pour certains astronomes » dans (VI). Quant à la grandeur relative des diamètres, elle est accusée d'erronée dans l'énoncé de (V) par (VI) qui rectifie « selon M. Huygens, *Cosmotheoros*, p. 14 », avec retranscription en texte des anciens *Addenda* de (V). Suit une traduction complète des

p. 14-15 de Huygens qui relate ces divers diamètres, avec une addition due également à Huygens qui l'avait puisée d'après les observations d'Hevelius en 1661 sur la planète Mercure. La durée de la révolution des planètes autour du Soleil est également établie selon des critères généraux de (I) à (V), puis selon les chiffres précis des pages 12-13 du *Cosmotheoros* que Malebranche traduit pour en édifier le tableau selon Huygens. Concernant la révolution des planètes sur leur centre, ce sont encore les chiffres du *Cosmotheoros*, avec référence à la p. 105, qui forment le texte de Malebranche sur ce sujet. Enfin, sur les lois générales, la p. 105 du *Cosmotheoros* fournit également la formule sur laquelle Malebranche oriente toute sa réflexion physique académicienne. Les astronomes « après Kepler, prétendent aujourd'hui » : et c'est un renvoi à l'astronome d'aujourd'hui qui a écrit le *Cosmotheoros*, p. 105, où figure l'énoncé célèbre :

> « les cubes de la distance qui est entre chaque planète et le centre de sa révolution, sont entr'eux comme les carrés du temps de leurs révolutions, ce qui se remarque aussi dans les satellites de Jupiter et de Saturne. »

Cette « remarque » était aussitôt énoncée dans l'ouvrage de Huygens que Malebranche a sous les yeux :

> « At in annorum longitudine hoc est tempore circuitus circa solem, certam animo distantiarum, quibus ob illo planetae absunt, rationem habuit. Sunt enim ut harum cubi, ita quadrata temporum periodicum ut primus advertit Keplerus » (*Harmonices mundi*, 1619, 1.V, C.3).

C'est alors que Malebranche se retourne sur son passé cartésien :

> « Il faut remarquer qu'au temps de M. Descartes, on n'était point entré dans le secret des forces centrifuges... » Par contre, « les habiles astronomes conviennent aujourd'hui, savoir que les cubes des distances des corps célestes au centre de leur circulation sont entre eux comme les quarrés des temps de leur révolution : et les forces centrifuges sont entr'elles comme les quarrés des vitesses divisées par le diamètre de leur circulation »[31].

Toutefois, alors que Huygens abandonne l'hypothèse des tourbillons cartésiens, contre lesquels il dresse le violent réquisitoire du *Cosmotheoros*, Malebranche en conserve la théorie en l'étendant aux globules du second élément. Ceux qui regardent les tourbillons de Descartes comme de « pures chimères » (expression de Huygens) ont tort, car « rien n'est plus facile à démontrer en admettant des suppositions que Huygens lui-même partage : « tendance du corps à se mouvoir en ligne droite », mouvements circulaires des planètes, vérité maintenant « certaine par l'expérience », notamment les observations d'« habiles astronomes », avec cet appel majeur à Huygens.

Malebranche ne saurait donc être opposé, sur le plan des conceptions physiques, comme un physicien spéculatif à un physicien expérimental. Le rôle ancillaire de l'expérience laisse aujourd'hui place, pour Malebranche académicien, aux meilleures observations et c'est la théorie qui doit être refondue. Par contre Huygens ne cesse jamais, et son *Cosmotheoros* en est la preuve, d'émettre des hypothèses spéculatives qui restent dans la stricte lignée de la physique rationnelle. Le parcours des mondes, aussi bien que les observations terrestres de la lumière et de la pesanteur, résultent d'une cascade d'hypothèses que le physicien déduit rationellement, en s'appuyant certes sur l'expérience et en donnant une « raison » aux lois[32]. Rien de plus hostile que cet état d'esprit partagé par Malebranche et Huygens et les remontrances antihypothétiques de Newton. L'antinomie des épistémologies se trouve par là amplement soulignée, mais elle unit Huygens et Malebranche contre les newtoniens.

Les additions de l'édition de 1690 du *Discours*, dirigées contre les *Principia* récusent la thèse de Newton

> « que toutes les petites parties qu'on peut imaginer dans deux ou plusieurs différents corps tendent à s'approcher mutuellement. Ce que je ne saurais admettre, parce que je crois voir clairement, que la cause d'une telle attraction n'est pas explicable par aucun principe de mécanique, ni des règles du mouvement. Comme je ne suis pas persuadé non plus, ajoute Huygens, de la nécessité de l'attraction mutuelle des corps entiers, ayant fait voir que, quand il n'y aurait point de Terre, les corps ne laisseraient pas, par ce qu'on appelle pesanteur, de tendre vers un centre. Je n'ai donc rien contre la *Vis centripeta*, comme M. Newton l'appelle par laquelle il fait peser les planètes vers le Soleil et la Lune vers la Terre... »

Mais cette *vis* « s'explique par les lois du mouvement ». Là encore Huygens ajoute à la recherche de la « raison », l'explication par la « cause » : « La cause de cette *Vis centripeta*... est semblable à celle qui pousse les corps, qu'on appelle pesants, à descendre vers la Terre. » C'est pourquoi l'épistémologie de référence de Huygens reste anti-newtonienne et continue à rencontrer celle que Malebranche exige dans la « physique spéculative ».

*

*     *

Il resterait à évoquer une problématique d'ensemble qui serait entièrement neuve, une fois reconnue cette familiarité des deux auteurs sur leurs coordonnées épistémologiques. Qu'est-ce qui a poussé Huygens à disserter sur les causes sans s'en tenir aux lois, à invoquer des raisons physiques en refusant d'en rester au constat expérimental ? Il faut ici revenir sur la question soulevée au début : si l'œuvre scientifique de Malebranche tard venue en cette originalité académicienne qui eût pu retenir l'attention de Huygens, n'est pas parvenue à ce dernier, par contre, à la mort de Huygens, l'essentiel de l'œuvre philosophique de Malebranche est paru, représenté dans la bibliothèque de Huygens, et fort diffusé dans tous les milieux culturels. La problématique du rapport entre modèle mécaniste et modèle métaphysique est violemment remise en question par les philosophies combinatoires qui se développent à la fin du siècle et constituent l'œuvre mûre de Malebranche. Or, la cosmologie de Huygens repose sur des raisons métaphysiques nettement explicitées dans son *Cosmotheoros*.

L'*Appendice III*[33] met à nu les deux concepts directeurs de ce qu'il faut bien appeler le « système » de Huygens :

> « Vous avez vu cette beauté et simplicité du système de l'automate où j'ai représenté les orbes et le mouvement des planètes par un fort petit nombre de roues, lesquelles roues il aurait fallu multiplier si j'eusse voulu suivre Ptolémée ou même Tycho-Brahé. »

Suivre Copernic signifie en l'occurrence la capacité de fabriquer un automate tel que les mouvements célestes atteignent à une simulation parfaite.

1. Ce modèle mécaniste complexe ne quitte à aucun moment les préceptes de la raison spéculative cartésienne, même si les lois dans leur énoncé en sont profondément affectées. C'est par roues, ressorts, pendules, mouvements emboîtés, poussées et pressions que l'automate planétaire fonctionne.

2. Le rapport directeur beauté/simplicité se définit par la non-multiplication et par le petit nombre des rouages. Autrement dit un effet optimum dans le matériau (beauté) est obtenu par une causalité minimale dans le moyen qui effectue (simplicité). On peut dire qu'en gros un tel type de pensée ressortit à l'état d'esprit combinatoire, plus général que généralisé, de la fin du siècle. Rien n'empêche que, sur ce point, Huygens ne rejoigne l'inspiration des voies simples dont regorge l'œuvre philosophique et scientifique de Malebranche.

Toutefois Huygens tourne le dos au principe général de la variété auquel Malebranche reste fermement attaché pour rendre compte du *valde bona*. Il s'élève longuement dans le *Cosmotheoros* contre ceux qui, comme dans l'*Iter extaticum* de Kircher (1656), imaginent que « là-bas tout est autrement », et reprend à son compte le célèbre « tout est comme ici » que Leibniz illustre pour sa part en référant aux *Voyages de Cyrano*. On a tort d'estimer que la puissance du Créateur se manifeste par l'imposition de la variété à tout prix. Ce qui importe, c'est de fixer « le degré de la variété ». « Dieu n'a pas apporté dans les choses créées toute la variété qu'il était en son pouvoir d'y mettre. » Les organes des animaux, par exemple, auraient pu être « ordonnés autrement ».

Cela signifie que Huygens a peu de propension à faire déboucher la différence vers un rôle ontologique que ne manqueraient d'appeler ni Cyrano, ni le P. Daniel, ni le mythe de Sextus. On peut même dire qu'il finit par en évincer toute différence de nature et qu'il n'admet que de manière tempérée des différences de degrés, ce qu'il appelle exactement « une diversité de matière plutôt que de formes », diversité étroitement liée, et c'est le sens de ses démonstrations, aux distances qui séparent les planètes dans le système solaire.

Comment joue ce principe de ressemblance qui tempère et amortit les effets dispersants de la variété ? Ce que Huygens appelle « l'industrie suprême », « la merveilleuse industrie » de Dieu, s'y emploie. Ces ouvrages sont arrangés de manière « si admirable et si subtile que des intelligences humaines auraient été incapables d'en inventer la moindre partie, et qu'elles suffisent à peine pour comprendre cet agencement ». A l'aide d'une telle règle architectonico-physique, on peut émettre des conjectures vraisemblables, notamment « l'existence d'êtres planétaires raisonnables », les Planéticoles, dont les organes, les sens, les pensées, ne sont pas radicalement différentes des nôtres.

Cependant Huygens reste sur le porche des grandes combinatoires de la fin du siècle. Il n'étudie pas pour elle-même la règle de l'optimum, ni les principes de la loi d'harmonie entre beauté et simplicité, entre fin et moyen. Il se contente de la constater au niveau de l'exercice collectif de la loi physique, et fait jouer le terme d'ordre sans s'engager à l'étude du concept. Ce principe du meilleur, cette requête d'une industrie divine, ne débouchent pas sur cette interrogation qui suscite les rebondissements de l'œuvre mûre de Malebranche, ou qui s'épanouit dans l'harmonie leibnizienne à base combinatoire. Le concept d'ordre dont se sert Huygens reste plus au niveau des implications du discours qu'à celui de ses explicitations. Huygens affirme que ce monde ne peut avoir été « ordonné d'un grand nombre de façons », fermant ainsi tout déploiement sur le grand nombre des manières possibles d'agencer les éléments des univers par la combinatoire des perfections divines. Il est évident que les audaces utopistes de Cyrano, de la Jerusalem future de Malebranche, ou du mythe de Sextus de la Théodicée, lui restent volontairement étrangères.

De ces remarques découle une ultime incitation. S'il n'y a point de possible et si l'ordre répond à la nécessité linéaire de création d'un seul monde, s'ouvre une filière qu'il faudrait inspecter de près. Beaucoup plus significative est la présence dans la bibliothèque de Huygens de la cote 207 des *Libri miscellanei* in-4° « In Renati Descartes Principia Philos, Amst.1663 », et de la cote 336 de la même série « BDS opera posthuma 1677 » . On aura reconnu là deux ouvrages de Spinoza qu'il fallait souhaiter avoir pour se les procurer. C'est ouvrir un autre exposé soulevant à son tour la connaissance que les deux compatriotes ont pu avoir l'un de l'autre. Il n'est certainement pas exclu que Spinoza ait pris pour modèle de sa physique du repos et du mouvement les écrits de Huygens qu'il avait pu rencontrer. Il faudrait voir d'autre part comment cette épistémologie de la « raison physique » et de la « cause naturelle », avec éviction des possibles et sans intérêt et pour les combinatoires, peut se rapprocher de celle de Spinoza.

Il n'y avait donc aucune chance pour qu'un dialogue philosophique avec Malebranche parût souhaitable à Huygens. La jurisprudence universelle qui déclenche les relations d'harmonie et les tempère n'avait pu lui être inculquée, lors de l'achat de son titre de docteur en droit d'Angers, et ne pouvait lui venir de réflexions au demeurant fort distantes en ce qui concerne la relation de la théologie avec la physique spéculative aussi bien que de la religion avec son « système ».

## NOTES

1. Paris, Vrin, 1970.
2. Voir *O.C. Malebranche*, t. 1.
3. *Oeuvres,* t. X, p. 563 ; *O.C. Malebranche,* t. XIX, p. 608.
4. *Oeuvres*, t. X, p. 621 ; *O.C. Malebranche*, t. XIX, p. 613.
5. *O.C. Malebranche*, t. XVII, 1.
6. *O.C. Malebranche*, t. XVII, 2.
7. *Oeuvres*, t. XIX, p. 328.
8. *Oeuvres*, t. XIX, p. 482-483.
9. *Oeuvres*, t. IX, p. 258.
10. *Oeuvres*, t. X, p. 545.
11. *O.C. Malebranche*, t. XIX, p. 195.
12. Voir *O.C. Malebranche*, t. XIX, p. 713, 924.
13. *O.C. Malebranche*, t. XX, p. 167-168.
14. *O.C. Malebranche*, t. III, p. 261.
15. *Ibid.*
16. Voir notre article : « Malebranche et la vitesse de la lumière » dans *Roemer et la vitesse de la lumière*, Paris, Vrin, 1978, p. 195-205.
17. Par exemple Privat de Molières dans ses *Leçons de physique*, 1734; *O.C. Malebranche*, t. XX, p. 172.
18. *Oeuvres*, t. XIX, p. 473.

19. *O.C. Malebranche*, t. III, p. 263.
20. *O.C. Malebranche*, t. III, p. 276 sq.
21. *Discours*, p. 118.
22. *Oeuvres*, t. XVIII, p. 366.
23. *O.C. Malebranche*, t. XX, p. 165-166.
24. *O.C. Malebranche*, t. XVII, 2, p. 340-341.
25. Add. (V) en note, *O.C. Malebranche*, t. II, p. 327.
26. Add. (V) var. *e, O.C. Malebranche*, t. II, p. 337.
27. *O.C. Malebranche*, t. II, p. 339.
28. *O.C. Malebranche*, t. II, p. 331, var. *c*.
29. *O.C. Malebranche*, t. II, p. 333, var. *f*.
30. *O.C. Malebranche*, t. II, p. 334, var. *h*.
31. *O.C. Malebranche*, t. II, p. 339, var. *i* qui insère une longue addition en (VI).
32. *Oeuvres*, t. XXI, p. 818.
33. *Oeuvres*, t. XXI, p. 825.

Huygens et la France
(Paris, Vrin, 1981, p. 241-258)

# L'INFLUENCE DE HUYGENS AU XVIII$^{e}$ ET AU XIX$^{e}$ SIÈCLES

par Suzanne BACHELARD
(Université de Paris I)

Il m'a paru impossible, dans les limites imparties à une conférence, de procéder, même par prétérition, à un bilan des mentions de l'œuvre de Huygens au cours du XVIII$^{e}$ et du XIX$^{e}$ siècles, à travers la diversité des champs où s'est exercée son activité : géométrie, mécanique, hydrostatique, probabilités, mesure du temps, optique, expérimentale aussi bien que géométrique, astronomie, cosmologie... Me résignant à un choix résolument partial, j'ai retenu, en privilégiant certains domaines, des témoignages d'auteurs qui ont marqué de façon majeure le développement scientifique. En fait, j'ai cherché à aborder l'histoire de l'influence de Huygens plus par le biais d'une interrogation sur le négatif que par la recherche d'un inventaire du positif. Dans sa Notice si dense parue dans le D.S.B. et dans sa Conférence à l'Institut Néerlandais, H.J.M. Bos a souligné le relatif oubli dans lequel est tombée l'œuvre de Huygens au XVIII$^{e}$ siècle, la « disproportion » entre l'actuelle stature de Huygens comme « natural philosopher » et l'influence qu'il a effectivement exercée. C'est cette discordance et la revalorisation ultérieure, dans l'histoire ou dans la science active, que je prendrai comme thème central d'examen. L'étude de ce thème, dans une analyse plus fine que celle à laquelle je peux prétendre aujourd'hui, relèverait d'une histoire composée, d'une histoire qui compose, au sens de la composition des forces, des moments différents, faisant entrer au besoin en ligne de compte la science du XX$^{e}$ siècle, et cela non pas comme instrument pour une censure, mais à titre d'horizon permettant de prendre une vue plus complète du devenir historique.

Au XVIII$^{e}$ siècle, nombreuses sont les mentions du nom de Huygens dans les mémoires et traités scientifiques. Dans cette multiplicité de références une typologie descriptive se dessine clairement. Le nom de Huygens est unanimement cité avec révérence, Huygens est désigné par des périphrases louangeuses telles que « ce grand géomètre », « ce rare génie ». On invoque ses beaux théorèmes, ses belles inventions, ses admirables ouvrages, la sublimité de ses recherches. Même quand tel ou tel savant marque ses distances ou son refus par rapport à certaines théories de

Huygens, il s'empresse d'en souligner l'ingéniosité, hommage qu'une appréciation réservée consent au génie.

De l'œuvre vaste et variée de Huygens, quels sont les travaux et les découvertes fréquemment évoqués ? Citons, sans intention de mise en ordre, le traité sur les probabilités, la découverte du satellite Titan de Saturne, la détermination de la nature de l'anneau de Saturne, l'application du pendule aux horloges, la découverte du tautochronisme de la cycloïde et la théorie du pendule composé, l'invention du ressort spiral réglant, la théorie de la figure de la Terre, les règles du choc élastique, les considérations sur la force centrifuge pour le mouvement circulaire uniforme, les travaux d'optique, en particulier l'étude de la double réfraction.

Mais pénétrons plus avant dans l'examen du répertoire hugonien du XVIII^e^ et du XIX^e^ siècles. Essayons de saisir, de façon sommaire, les poids différents que l'on peut accorder aux hommages rendus à Huygens et essayons de déterminer son rôle dans la dynamique de l'activité scientifique. Prenons pour le moment comme guide le témoignage, consolidé par un plus large champ d'enquête, d'un savant dont les vues multiples et puissantes nous garantissent la force d'appréciation, je veux dire Laplace. Quand Laplace, dans l'Introduction à sa *Théorie analytique des probabilités* (1812), mentionne le Traité de Huygens :*De ratiociniis in ludo aleae*, c'est pour rappeler que Huygens appartient, sans en être le fondateur, à l'histoire des commencements de la science des probabilités :

> « Huygens réunit les divers problèmes que l'on avait déjà résolus et en ajouta d'autres dans un petit Traité, le premier qui ait paru sur cette matière et qui a pour titre : *De ratiociniis in ludo aleae.* »

Laplace mentionne ensuite Hudde, de Witt, Halley... et il poursuit son historique en rendant hommage à Jacques Bernoulli :

> « Vers ce même temps, J. Bernoulli proposa aux géomètres divers problèmes de probabilité dont il donna depuis des solutions. Enfin il composa son bel Ouvrage : *Ars conjectandi* qui ne parut que sept ans après sa mort, arrivée en 1706. La science des probabilités est beaucoup plus approfondie dans cet Ouvrage que dans celui de Huygens[1] ... »

Une priorité historique est certes désignée, priorité qui a été matérialisée du fait que l'*Ars conjectandi* reprend, dans sa première partie, en le commentant, le traité de Huygens. Mais cette priorité, au fur et à mesure du développement du calcul des probabilités au XVIII^e^ siècle, devient lointaine et nous voyons le jugement différentiel de Laplace séparer ce traité de la science actuelle.

En ce qui concerne l'anneau de Saturne, Huygens est reconnu comme celui qui a donné la première explication des apparences de Saturne. Mais la découverte et la théorie hugonienne ne sont pas séparées de la science actuelle et sont considérées par Laplace en 1775, plus d'un siècle après, comme la base de la science à venir :

> « Ces apparences (de Saturne) étaient d'autant moins explicables qu'aux inégalités qui tiennent à la nature du phénomène se joignaient encore les irrégularités qui venaient de l'imperfection des lunettes dont ces premiers observateurs (parmi lesquels Laplace mentionne Galilée) faisaient usage ; aussi voyons-nous qu'ils se tourmentèrent inutilement pendant plus de quarante ans pour en deviner la cause jusqu'au moment où le célèbre Huygens, ayant poussé l'art des télescopes à un degré de perfection inconnu avant lui, suivit ces apparences avec plus d'exactitude et démontra qu'elles étaient produites par un anneau fort mince dont

Saturne est environné. Le sentiments d'Huygens, d'abord combattu et depuis confirmé par toutes les observations, est aujourd'hui généralement adopté ; en sorte qu'il ne reste plus qu'à déterminer avec toute la précision possible, au moyen des phénomènes déjà observés, les éléments de cet anneau pour en conclure les phénomènes qui doivent avoir lieu dans les siècles à venir[2]. »

Nous n'avons rapporté ces jugements de Laplace qu'à titre d'*indicateurs*. Nous retrouverions, dans un inventaire de la littérature scientifique du XVIIIe siècle, cette coexistence entre une permanence des pensées de Huygens et le relatif effacement de son apport dans la sédimentation historique. Mais il n'y a pas simplement une répartition, selon les problèmes et les intérêts scientifiques en jeu, d'une présence effective et d'un rappel purement historique des conceptions de Huygens. En fait, l'invocation du nom de Huygens est lié, comme nous allons essayer de le montrer, à un jugement complexe et le plus souvent ambivalent.

Dans le cadre de cette conférence je me restreindrai aux domaines de la mécanique et de l'optique.

Considérons de façon globale l'histoire de la constitution au XVIIIe siècle de la mécanique, jalonnée par les noms les plus marquants de ceux qui, chacun à leur manière, ont contribué à cette constitution : Galilée - Descartes - Huygens - Leibniz - Newton. Galilée peut être désigné comme l'initiateur de la science moderne du mouvement, de la mathématisation de la nature, de la démarche rationnelle. Descartes et Leibniz, par la force de leur système philosophique, ont imposé respectivement le mécanisme et le dynamisme, avec une fortune scientifique assurément bien différente. Newton établit les fondements de la mécanique, étendue aux phénomènes célestes et constitua la théorie mécanique en un véritable système. Leibniz et Newton sont ceux qui ont créé un instrument mathématique nouveau et qui ont donné à la mathématique une forme et un pouvoir de généralité inconnus jusqu'alors. Huygens, quant à lui, n'est pas le premier à instaurer une mécanique rationnelle, il n'est pas l'homme d'un système, il n'est pas philosophe, il ne promeut pas une nouvelle *mathesis*. Et pourtant... il incarne la figure du savant par excellence, l'archétype du savant à l'état pur : préoccupé d'expérience, « ami de la vérité », comme disait Laplace, ne cessant de viser le perfectionnement théorique, mais répugnant aux entraînements d'une pensée systématique, atteignant la rigueur démonstrative et la perfection formelle et, dans la limitation des moyens, magnifiant le pouvoir de la mathématique. Huygens a eu le paradoxal destin historique d'être célébré pour une œuvre qui témoigne pour elle-même et cependant d'avoir toujours été comparé, comparé le plus souvent à une norme qui s'appelle Newton, comparé plus exactement à l'image de Newton façonnée dans la rétrospection historique.

L'œuvre de Huygens, dans la postérité, a souffert de sa position intermédiaire entre ce qu'on peut appeler, au moins dans une abréviation provisoire, deux « révolutions » scientifiques, la révolution galiléenne et la révolution newtonienne. Huygens lui-même reconnaissait, en en tirant légitimement avantage, qu'il avait sur des questions principales perfectionné ce que Galilée avait été le premier à entreprendre. Dans une lettre du 22 janvier 1660 à Boulliau, concernant l'application du pendule aux horloges, il écrit :

> « Vous m'avez fait un très grand plaisir en m'envoyant le dessin de l'horloge que Galilée avait commencé. Je vois que le pendule y est aussi bien qu'au mien ; mais non pas appliqué de la même façon... Quoique donc Galilée ait eu la même pensée que moi touchant l'usage

> du pendule cela est plutôt à mon avantage qu'autrement, parce que j'ai effectué ce dont il n'a pas su venir à bout, et que je n'aie pourtant eu ni de lui ni de personne au monde aucun indice ni acheminement à cette invention. Si jamais on trouve le contraire, que l'on me tienne pour plagiaire, larron et tout ce qu'on voudra. Vous verrez dans une deuxième édition du dit horloge, plus ample que la première, une belle invention que depuis peu j'y ai ajouté pour la dernière perfection. C'est le fruit principal que l'on pouvait espérer de la science *de motu accelerato*, que Galilée a l'honneur d'avoir traitée le premier ; et je m'assure que les Géomètres estimeront plus cette addition que tout le reste de cet automate[3]. »

La situation intermédiaire de l'œuvre de Huygens est nettement désignée dans l'historique sur les différents principes de la dynamique en tête de la Seconde Partie de la *Mécanique analytique* de Lagrange :

> « La Dynamique est la science des forces accélératrices ou retardatrices, et des mouvements qu'elles doivent produire. Cette science est due entièrement aux modernes, et Galilée est celui qui en a jeté les premiers fondements. Avant lui on n'avait considéré les forces qui agissent sur les corps que dans l'état d'équilibre ; et quoiqu'on ne pût attribuer l'accélération des corps pesants et le mouvement curviligne des projectiles qu'à l'action constante de la gravité, personne n'avait encore réussi à déterminer les lois de ces phénomènes journaliers d'après une cause si simple. Galilée a fait, le premier, ce pas important, et a ouvert par là une carrière nouvelle et immense à l'avancement de la Mécanique... Huygens, qui paraît avoir été destiné à perfectionner et compléter la plupart des découvertes de Galilée, ajouta à la théorie de l'accélération des graves celles du mouvement des pendules et des forces centrifuges, et prépara ainsi la route à la grande découverte de la gravitation universelle. La Mécanique devint une science nouvelle entre les mains de Newton, et ses *Principes mathématiques*, qui parurent pour la première fois en 1687, furent l'époque de cette révolution. »

Et Lagrange ajoute, invitant sans doute le lecteur à un constat négatif concernant les moyens mathématiques de Huygens :

> « Enfin l'invention du calcul infinitésimal mit les géomètres en état de réduire à des équations analytiques les lois du mouvement des corps ; et la recherche des forces et des mouvements qui en résultent est devenue, depuis, le principal objet de leurs travaux[4]. »

Le terme de *perfectionnement* ne peut être considéré comme l'indice d'une louange ambigüe sous la plume de Lagrange qui se propose précisément, dans son historique du développement de la dynamique, de « présenter la suite et la gradation des idées qui ont le plus contribué à étendre et à perfectionner cette science ». Mais ce que le lecteur est amené à retenir de la présentation de Lagrange c'est que, tout en perfectionnant les conceptions par lesquelles Galilée avait ouvert une carrière nouvelle à la mécanique, Huygens n'a pas réussi à promouvoir une science nouvelle, science nouvelle que l'on doit à Newton.

Certes des théories de Huygens sont évoquées et glorifiées en tant que théories inaugurales. Qu'on lise les Bernoulli, Euler, Laplace..., on retrouve comme une expression consacrée : « les développées de M. Huygens ». Les théorèmes sur la force centrifuge sont constamment *utilisés* dans la science en acte. Et l'on ne manque alors jamais de rappeler que ces théorèmes - devenus pour nous des théorèmes anonymes - sont de Huygens. Qu'on pense aux nombreuses mentions qu'en fait Laplace, par exemple au livre XVI de la *Mécanique céleste* quand il expose la théorie lunaire de Newton[5]. Mais ces théorèmes ne sont considérés que comme des *pièces* destinées à être utilisées dans un ensemble théorique plus vaste. Voici comment Lagrange présente ces théorèmes dans l'historique que nous venons de citer :

> « C'est ainsi qu'Huygens a trouvé que les forces centrifuges des corps mus dans des cercles avec des vitesses constantes sont comme les carrés de vitesses divisés par les rayons des cercles, et qu'il a pu comparer ces forces avec la force de la pesanteur à la surface de la terre, comme on le voit par les démonstrations qu'il a laissées des ses théorèmes sur la force centrifuge, publiés en 1673 à la fin du Traité intitulé *Horologium oscillatorium*. En combinant cette théorie des forces centrifuges avec celles des développées dont Huygens est aussi l'auteur et qui réduit à des arcs de cercle chaque portion infiniment petite d'une courbe quelconque, il lui était facile de l'étendre à toutes les courbes. Mais il était réservé à Newton de faire ce nouveau pas et de compléter la science des mouvements variés et des forces accélératrices qui peuvent les engendrer[6]. »

Et comme un écho, Laplace dira dans le livre III de l'*Exposition du système du Monde* :

> Ces beaux théorèmes, découverts par Huygens, ont conduit Newton à la théorie générale du mouvement dans les courbes et à la loi de la pesanteur universelle[7]. »

ou encore au livre IV :

> « Ainsi les théorèmes d'Huygens sur la force centrifuge suffisaient pour reconnaître la loi de la tendance des planètes vers le soleil ; car il est très vraisemblable qu'une loi, qui a lieu d'une planète à l'autre ; et qui se vérifie, pour chaque planète, au périhélie ou à l'aphélie, s'étend à tous les points des orbes planétaires et généralement à toutes les distances du soleil... Mais, pour l'établir d'une manière incontestable, il fallait avoir l'expression de la force qui, dirigée vers le foyer d'une ellipse, fait décrire cette courbe à un projectile[8]. »

Ainsi Huygens est-il vu rétrospectivement comme celui qui, à beaucoup d'égards, a préparé les découvertes de Newton. Mais on pense moins à comprendre cette relation Huygens-Newton sous la forme : qu'est-ce que Newton doit à Huygens ? que sous la forme d'un regret que Huygens n'ait pas été Newton. Ce regret, en marquant la déception, donne en même temps la mesure de la confiance que le lecteur de Huygens fait à ses capacités. Nul plus que Laplace n'a été sensible à la *connexité* des intérêts scientifiques multiples de Huygens. Mais cette connexité ne conduit pas à la systématicité. Pour Huygens la science est une tâche infinie. Mais le travail scientifique s'investit à chaque fois dans l'actualité de sa recherche et est constamment dirigé par l'exigence de la précision. On peut parler du système newtonien, mais non pas du système hugonien. Au livre V de l'*Exposition du système du Monde*, Laplace écrit :

> « Les travaux d'Huygens suivirent de près ceux de Kepler et de Galilée. Très peu d'hommes ont aussi bien mérité des sciences par l'importance

> et la sublimité de leurs recherches. L'application du pendule aux horloges est un des plus beaux présents que l'on ait faits à l'Astronomie et à la Géographie, qui sont redevables de leurs progrès rapides à cette heureuse invention et à celle du télescope, dont il perfectionna considérablement la pratique et la théorie. Il reconnut, au moyen des excellents objectifs qu'il parvint à construire, que les singulières apparences de Saturne sont produites par un anneau fort mince dont cette planète est entourée. Son assiduité à les observer lui fit découvrir un des satellites de Saturne » ;

et après avoir mentionné le jugement erroné de Huygens sur le nombre de satellites de Saturne, Laplace conclut l'hommage qu'il rend à l'œuvre de Huygens :

> « La Géométrie, la Mécanique et l'Optique doivent à Huygens un grand nombre de découvertes, et si ce rare génie eût l'idée de combiner ses théorèmes sur la force centrifuge avec ses belles recherches sur les développées et avec les lois de Képler, il eût enlevé à Newton sa théorie des mouvements curvilignes et celle de la pesanteur universelle. Mais c'est dans de semblables rapprochements que consistent les découvertes[9]. »

Il n'est pas surprenant qu'au fur et à mesure où, dans le courant de la première moitié du XVIII$^{e}$ siècle, s'imposera la notion d'attraction newtonienne contre les dernières résistances des Cartésiens, l'opposition de Huygens à cette notion d'attraction ait pu contribuer à mettre à l'arrière-plan certains aspects de ses conceptions mécaniques. Mais même quand restait active la controverse des Cartésiens, cette controverse a polarisé le regard rétrospectif des premières décennies du XVIII$^{e}$ siècle en détachant du complexe historique la physique cartésienne et la physique newtonienne. Dans la pièce intitulée : *Essai d'une nouvelle physique céleste* qui a reçu le prix de l'Académie pour 1734, prix qu'il a partagé avec son fils Daniel, Jean Bernoulli, en quelques lignes qui ne manquent pas d'ailleurs d'être distributives, résume ainsi l'histoire :

> « Il n'y a eu jusqu'ici que deux systèmes de Physique : l'un est le fameux système des *Tourbillons*, introduit par M. Descartes, l'autre est celui de M. Newton, qui se sert du *Vuide* et des *Attractions*, fondé d'ailleurs sur deux lois que la Nature suit dans le mouvement des Planètes et de leurs satellites. L'un et l'autre de ces deux systèmes est très bien imaginé, et chacun a ses beautés ; mais aussi faut-il convenir qu'il y a de part et d'autre de grands défauts, et des difficultés que personne n'a encore entièrement levées[10] ... »

Aussi Bernoulli envisage-t-il une voie moyenne qui aboutira à sa théorie du Torrent Central. Dans cette recherche du « juste milieu », Bernoulli considère la « rectification » hugonienne de l'idée cartésienne de tourbillon, d'autant plus que Bernoulli reste dans le cadre d'une théorie tourbillonnaire, mais c'est pour évincer rapidement les amendements de Huygens[11].

D'une manière générale les tentatives de conciliation entre les deux systèmes, cartésien et newtonien, n'ont pas emprunté la voie de la rectification hugonienne du cartésianisme. De toute façon les tentatives de conciliation étaient elles-mêmes vouées à l'échec, la science du XVIII$^{e}$ siècle ne cessant de consolider la théorie newtonienne.

Marquer l'ambivalence de nombreux jugements sur la portée de l'œuvre de Huygens n'est pas pour autant diminuer l'importance que la postérité a accordée aux travaux de Huygens, en particulier à l'*Horologium oscillatorium*. On pourrait constituer une anthologie des références pleinement approbatives à « cet admirable ouvrage », comme le disait Laplace, l'*Egregium opus* comme le disait Euler, à ce monument où viennent converger dans l'unité du travail concret les thèmes ramifiés de la recherche de ce grand mécanicien-géomètre que fut Huygens. Faute de temps, je me bornerai à évoquer brièvement la réflexion historique sur les principes hugoniens qui impliquent la conservation de ce que nous appelons aujourd'hui énergie cinétique.

La proposition XI du *De Motu corporum ex percussione* établit que « dans le cas de deux corps qui se rencontrent ce que l'on obtient en prenant la somme de leurs grandeurs multipliées par les carrés de leurs vitesses sera trouvé égal avant et après la rencontre », ce que nous pouvons reconnaître par une transcription modernisante comme théorème de conservation de l'énergie cinétique dans le cas du choc élastique. Et, dans la démonstration de la proposition VIII, Huygens avait affirmé qu'« en mécanique c'est un axiome très certain que par un mouvement des corps qui résulte de leur gravité le centre commun de leur gravité ne peut s'élever »[12]. D'autre part dans la II$^{e}$ Partie de l'*Horologium oscillatorium* sur la chute des graves, la proposition IV établit que lorsqu'un corps pesant aura commencé à tendre vers le haut avec la vitesse acquise à la fin de sa chute, il arrivera qu'il parcourra dans des temps égaux en remontant les espaces parcourus d'abord en descendant et qu'il s'élèvera de cette façon jusqu'à la hauteur dont il était tombé[13] et les propositions VI et VII reprennent des propositions galiléennes sur le plan incliné énoncées dans la Première Journée du *Dialogo* et dans la Troisième Journée des *Discorsi*. De son côté la IV$^{e}$ Partie de l'*Horologium* consacrée à la détermination des centres d'oscillation pose comme première hypothèse que « lorsqu'un nombre quelconque de poids commencent à se mouvoir par leur propre gravité, le centre commun de gravité ne peut s'élever à une hauteur supérieure à celle où il se trouvait au début du mouvement »[14].

L'historiographie de la mécanique, qu'elle rende ou non hommage à Galilée, fera honneur à Huygens d'avoir dégagé comme principe les premières formulations de ce qui deviendra le principe de conservation de l'énergie mécanique. A une époque encore sensibilisée à la « querelle » des forces vives, Daniel Bernoulli, dans son *Hydrodynamica*, composée pendant son séjour à St Petersbourg et publiée en 1738, reprend à son compte le principe de Huygens, en adoptant son vocabulaire. Sans vouloir ouvrir le dossier de la querelle des forces vives et sans préjuger la légitimité de la réduction de cette querelle à une affaire de mots, on peut noter la réactualisation par Daniel Bernoulli du principe originel de Huygens :

> « Il est temps enfin de rendre compte des principes dont nous avons fait mention tant de fois... Le premier de tous est la conservation des forces vives ou, selon mon énoncé personnel, l'égalité entre la descente réelle et l'élévation potentielle. J'userai de ce second énoncé parce qu'il signifie la même chose que le premier, parce qu'en outre il sera peut-être mieux reçu chez quelques philosophes qui entrent en transes au seul nom de forces vives... Après que Galilée eut enseigné qu'un corps

tombant soit selon la verticale soit sur un plan incliné de façon quelconque, acquiert la même vitesse, à condition que la hauteur de la chute reste la même, Huygens utilisa avec bonheur la même proposition, mais comme hypothèse de plus grande généralité pour découvrir les lois des mouvements des corps élastiques par percussion, comme aussi pour déterminer le centre d'oscillation du pendule composé. »

Et après avoir rappelé la première hypothèse de la IV$^{e}$ partie de l'*Horologium*, D. Bernoulli poursuit :

> « De cet axiome découle immédiatement le principe de conservation des *forces vives* qui a été également démontré par Huygens lui-même... On doit admirer à quel point cette hypothèse est utile en Philosophie mécanique et s'il est quelqu'un qui en ait été justement conscient c'est bien mon Père... C'est la même hypothèse que j'ai moi-même introduite pour l'étude des lois des mouvements engendrés dans les fluides par leur gravité propre... Toutefois j'ai préféré, pour la raison ci-dessus invoquée, accomoder mon hypothèse au vocabulaire de Huygens plutôt qu'à celui de mon Père et le désigner sous l'appellation d'*égalité entre la descente réelle et l'élévation potentielle*, plutôt que sous l'autre appellation de *conservation des forces vives* à laquelle maintenant encore certains, surtout en Angleterre, répugnent pour de mystérieuses raisons[15]. »

Comme l'avait fait d'Alembert dans le *Traité de Dynamique*, Lagrange, dans son examen rétrospectif des différents principes de la dynamique, désigne Huygens à plusieurs reprises comme l'« inventeur » du principe de conservation des forces vives :

> Le principe « de la conservation des forces vives a été trouvé par Huygens, mais sous une forme un peu différente de celle qu'on lui donne présentement ; et nous en avons déjà fait mention à l'occasion du problème des centres d'oscillation »[16].

En effet, en liaison avec ce problème dont il marque l'histoire avec les noms de Huygens, Jacques Bernoulli, Jean Bernoulli, Euler, Lagrange mentionne les énoncés de l'*Horologium* que nous avons cités et souligne le caractère indirect du principe de Huygens, caractère indirect qui précisément avait séduit Daniel Bernoulli dans la mesure où ce princpe permettait d'esquiver le langage des forces vives :

> Huygens fut le premier qui envisagea (le centre d'oscillation) sous son vrai point de vue ; aussi crut-il devoir regarder ce problème comme entièrement neuf et ne pouvant le résoudre il inventa un principe nouveau mais indirect, lequel est devenu célèbre depuis sous le nom de conservation des forces vives[17]. »

Mais la césure opérée dans le développement de la Mécanique par le principe de d'Alembert va faire basculer dans le passé le principe de Huygens, en tant que principe primordial, et le type de problèmes dans lesquels il était impliqué et qui, comme le rappelle Lagrange,

> « ont exercé la sagacité des géomètres, après celui du centre d'oscillation, et avant que l'art de les résoudre fut réduit à des règles fixes... Ces problèmes, que les Bernoulli, Clairaut, Euler se proposaient entre eux... consistent à déterminer les mouvements de plusieurs corps, pesants ou non, qui se poussent ou se tirent par des fils ou des leviers inflexibles où ils sont fixement attachés, ou le long desquels ils peuvent couler

librement, et qui, ayant reçu des impulsions quelconques, sont ensuite abandonnés à eux-mêmes ou contraints de se mouvoir sur des courbes ou sur des surfaces données. Le principe d'Huygens était presque toujours employé dans la solution de ces problèmes : mais comme ce principe ne donne qu'une seule équation, on cherchait les autres par la considération de forces inconnues avec lesquelles on concevait que les corps devaient se pousser ou se tirer, et qu'on regardait comme des forces élastiques pour démêler dans chaque problème toutes les forces auxquelles il était nécessaire d'avoir égard, ce qui rendait ces problèmes piquants et propres à exciter l'émulation. Le *Traité de Dynamique* de d'Alembert, qui parut en 1743, mit fin à ces espèces de défis, en offrant une méthode directe et générale pour résoudre, ou du moins pour mettre en équations, tous les problèmes de Dynamique que l'on peut imaginer[18] ».

Mais, pour parler comme Lagrange, on peut dire qu'il était « réservé » à Lagrange d'établir les équations générales de la dynamique des systèmes et d'*accomplir* le programme d'une Mécanique *analytique*. De ce point de vue[19] le *principe* de la conservation des forces vives deviendra un simple *corollaire* des équations de Lagrange. Ainsi de Huygens à Lagrange, un redoublement de la nouveauté s'est-il opéré. L'invention d'un instrument, l'innovation d'une méthode ont déclassé dans l'actualité de la science les moyens et les problèmes propres au mécanicien-géomètre. Mais sans les invalider.

Il est frappant en effet que tout en proclamant la prééminence des conceptions analytiques le XVIII$^e$ siècle ne se soit jamais prévalu d'une jugement de supériorité par rapport à l'œuvre de Huygens. Certes les mathématiciens, tel Laplace, ne manquent pas de rappeler le pouvoir de l'analyse qui « dans ses généralités embrasse tout ce qui peut résulter d'une loi donnée », le terme d'analyse renvoyant doublement, de façon plus ou moins claire, à la discipline et à la méthode, dans la mesure même où l'analyse est opposée à la synthèse *géométrique*. Mais ils laissent transparaître leur admiration pour les produits d'excellence de la synthèse géométrique, parmi lesquels l'*Horologium* de Huygens est si souvent cité au côté des *Principia* de Newton. Et l'on peut reprendre sans emphase l'éloge de Condorcet :

> « Le calcul intégral a rendu cette recherche (de la loi générale pour les pendules) bien facile ; mais cet instrument manquait à Huygens, et il ne fallait peut-être pas moins de génie pour s'en passer que pour le découvrir[20]. »

En 1883, dans sa *Mécanique*, Ernst Mach, comme si pour lui la formulation n'était que le vêtement de la chose même, confiant, à l'instar de tant d'hommes de science, en la légitimité de la transcription modernisante, présente ainsi l'œuvre de Huygens :

> « Dans la discussion des travaux de Huygens, nous devons procéder un peu autrement que nous ne l'avons fait pour Galilée dont les conceptions pouvaient être exposées presque sans modifications, grâce à leur simplicité classique. Cela n'est plus possible pour Huygens qui traite des problèmes bien plus compliqués. Sa méthode et ses notations mathématiques sont devenues insuffisantes et pénibles. Pour être bref, nous reproduirons ses conceptions sous une forme moderne, tout en respectant ses idées essentielles et caractéristiques[21]. »

Mais en même temps Mach célèbre le « génie de géomètre » de Huygens. Dans le long développement qu'il lui consacre, Mach, dans une valorisation de l'origine, redécouvrant ce que d'autres avaient mis en valeur avant lui, met au premier plan le principe conservatif de Huygens :

> « Quelques grands que soient les mérites de Huygens dans les théories physiques les plus différentes, dans l'art de l'horloger, dans la dioptrique pratique et surtout dans la mécanique, son *chef d'œuvre*, celui qui demanda la plus grande énergie intellectuelle et qui eut les conséquences les plus importantes, reste l'énoncé du principe par lequel il résolut le problème du centre d'oscillation. Ce fut justement ce principe qui ne fut pas apprécié à sa valeur par les vues peu perspicaces de ses contemporains et même encore longtemps après. Nous avons montré qu'il est équivalent au principe de la force vive et nous pensons l'avoir ainsi présenté sous son véritable jour[22]. »

Une réévaluation des apports mécaniques de Huygens ne devrait pas laisser au second plan son principe de relativité du mouvement. Mais il me semble impossible et même dénué de sens dans le temps qui m'est imparti de tracer ne serait-ce qu'une esquisse de son devenir historique, étant donnés les problèmes si *profondément* fondamentaux impliqués par l'idée de relativité et plus particulièrement étant donnée l'incidence qu'a eue sur la conception d'un *principe* de relativité la polémique engagée contre les « absolus » newtoniens.

Le principe de relativité de Huygens, sa « méthode » du bateau sont bien connus des historiens des sciences. Qui ne se souvient de l'image du bateau, du navigateur, et de son double de la terre ferme ! Je rappelle simplement pour mémoire l'énoncé relativiste qui figure à titre de troisième hypothèse en tête du *De Motu corporum ex percussione*, la première hypothèse correspondant dans une transcription moderne à notre principe d'inertie :

> « Le mouvement des corps, et les vitesses égales, ou inégales, doivent être entendus respectivement comme ayant égard à leur relation avec d'autres corps qui sont supposés comme étant en repos, quoique, peut-être, ceux-ci comme ceux-là sont sujets à quelque autre mouvement qui leur est commun. Par conséquent, lorsque deux corps se rencontrent, quoique les deux ensemble éprouvent quelque autre mouvement égal, ils n'agiront pas autrement l'un sur l'autre par rapport à celui qui est entraîné par le même mouvement commun, que si ce même mouvement accessoire fut absent dans tous[23]. »

Je me bornerai à deux remarques :

– Du fait même que l'énoncé relativiste de Huygens a fonctionné comme principe - contrairement à la déclaration relativiste d'un Descartes - ce principe a induit une méthode qu'on a pu juger à son efficacité. Et la mécanique de la fin du XVII^e^ siècle et du début du XVIII^e^ siècle a été plus attentive aux résultats atteints par cette méthode qu'au principe même sous-jacent. La fiction du bateau a permis de réduire à l'examen d'un cas type la richesse des cas possibles. Tout en marquant l'importance de la notion de vitesse relative - *respectiva celeritas* - les proches successeurs de Huygens ont principalement retenu la justesse des règles du « choc élastique » énoncées par Huygens.

– La notion de repère dit « galiléen » - et qu'on pourrait appeler plus justement repère hugonien - n'a reçu son plein sens qu'avec l'apparition des travaux de Poincaré,

Lorenz, Einstein. La notion de repère galiléen a subi une transmutation quand ont commencé à fonctionner des repères « non-galiléens ». Mais les commencements de la mécanique classique étaient alors trop lointains pour qu'ils puissent jouer un rôle explicite dans les réflexions menant à la Relativité restreinte.

Mais si la mécanique de Huygens, qui, de son vivant même, avait justement été reconnue, est tombée peu à peu dans l'anonymat historique, au contraire, dans une inversion historique remarquable, c'est la science du XIX$^{e}$ siècle qui rendra justice à Huygens pour ses conceptions optiques, dont l'importance novatrice avait jusque là été méconnue.

Dans l'Avertissement publié en tête des écrits sur la lumière dans le t. XIX des *Oeuvres*, on peut lire :

> « Après l'apparition du Traité, de la Hire nous apprend [en janvier 1691] que dans les conférences de 1679 à l'Académie Huygens n'avait pas parlé fort explicitement du mouvement de la lumière dans le cristal d'Islande et qu'il n'était donc pas persuadé en ce temps que Huygens pût réellement « expliquer ses apparences avec facilité ». Mais en 1690 il est si convaincu, que déjà en cette année il enseigne le système de Huygensdans ses « leçons publiques au Collège royal ». En 1693 ladoctrine de Huygens est expliquée à l'Université de Wittenberg. Mais malgré ce commencement de succès, la théorie de Huygens tomba bientôt dans l'oubli. En Hollande même ni s'Gravesande ni Musschenbroek ne l'adoptent. Dans son éloge historique de Fresnel Arago croit pouvoir dire que par suite de cet oubli « les principes de l'optique sont arrêtés pour plus d'un siècle »[24].

Je vais prendre initialement comme référence un texte de Malus, de 1810, représentant le type de critique qui avait été adressée pendant plus d'un siècle aux conceptions de Huygens, et marquant aussi sa limite chronologique.

Le mémoire célèbre de Malus : *La théorie de la double réfraction de la lumière dans les substances cristallisées* commence par une déclaration de possibilité de neutralité explicative :

> « Les phénomènes de l'optique ont l'avantage particulier de pouvoir être mesurés par un petit nombre de lois mathématiques. Ces lois sont indépendantes des hypothèses qu'on peut faire sur la nature de la lumière ; car, soit qu'on suppose avec Newton qu'elle consiste dans un fluide très rare lancé de toutes parts par les corps lumineux, soit qu'on suppose avec Huygens qu'elle est produite par les ondulations d'un fluide éthéré, la marche des rayons est toujours la même[25]. »

Un tel principe méthodologique de séparation de la loi et de l'hypothèse explicative est souvent l'instrument d'une stratégie d'indifférence. En fait Malus choisit :

> « L'hypothèse d'Huygens est sujette à de grandes difficultés... celle de l'émission est plus vraisemblable et s'accorde mieux avec nos connaissances physiques. J'adopte donc dans cet ouvrage l'opinion de Newton, non comme une vérité incontestable, mais comme un moyen de fixer les idées et d'interpréter les opérations de l'analyse. »

Et, en conclusion de son Mémoire, Malus fait un retour sur l'histoire de la théorie de la double réfraction : il rappelle qu'on doit à Erasmus Bartholin les premières observations publiées sur la double réfraction.

> « Huygens, quelques années plus tard, entreprit, dans son *Traité de la Lumière*, la théorie de la double réfraction, il examina cette matière dans tous ses détails et parvint à la véritable loi des phénomènes. Comme il expliquait la réfraction ordinaire par les ondulations sphériques d'un fluide éthéré, il attribua la réfraction extraordinaire à des ondulations elliptiques. Un grand nombre d'expériences le confirma dans son opinion et s'il les eût rapportées avec détail, on n'aurait pas douté pendant plus d'un siècle de la vérité de sa théorie... On a vu comment la loi à laquelle il est parvenu peut être dépouillée du système des ondulations qui répugne aux notions actuelles de la physique. Cette loi, considérée en elle-même et débarrassée de l'explication à laquelle Huygens l'avait attachée, est une des plus belles découvertes de ce célèbre géomètre[26]. »

Ce texte est un échantillon de la critique standard à l'égard de la théorie de Huygens que l'on rencontre généralement pendant tout le XVIII^e^ siècle et qui est formulée dans les mêmes termes. On célèbre la loi de Huygens de la double réfraction comme une découverte remarquable, à condition de la séparer et de la débarrasser des hypothèses ondulatoires qui vont à l'encontre des idées reçues, c'est-à-dire, dominées par l'autorité newtonienne. Une fois de plus les conceptions de Huygens trouvent sur leur chemin Newton. Il est bien connu que pour ses contemporains le prestige de Newton tenait avant tout à ses découvertes en optique et Laplace, en 1820, pouvait dire avec le recul historique :

> « Au reste la gravitation universelle n'avait pas, pour les contemporains de Newton et pour Newton lui-même, toute la certitude que le progrès des sciences mathématiques qui lui sont dus principalement et que les observations subséquentes lui ont donné[27]. »

Dans la pièce qui a reçu le prix pour 1736 sur la question : comment se fait la propagation de la lumière ?, Jean Bernoulli, pour qui précisément « l'admirable *Traité d'optique* » de Newton est l' «un de ses ouvrages dont (il) fait le plus de cas », indique la persistance de l'influence newtonienne dans l'affirmation, fréquente au XVIII^e^ siècle, que la vitesse de la lumière est plus grande dans les milieux plus denses :

> « On peut faire une remarque fort curieuse et paradoxe, c'est que la vitesse réelle de la propagation de la lumière qui est différente en passant par différents milieux, doit être plus grande quand le rayon s'approche de la perpendiculaire... ; d'où il suit que la lumière passe plus vite par l'eau que par l'air mais qu'elle court moins vite par l'éther pur ; au lieu que l'opinion générale était de croire, que les corps plus denses étaient ceux qui devaient le plus retarder le passage de la lumière. Il est vrai que le sentiment de M. Newton paraît contraire à ce préjugé, car c'est la démonstration qu'il donne à sa manière qui fait voir évidemment que la vitesse du rayon qui pénètre dans un milieu en s'éloignant de la perpendiculaire par le point d'incidence doit être retardé[28]. »

Laplace, dans l'*Exposition du système du Monde*, insiste sur la nécessité de *séparer* de ses hypothèses ondulatoires la loi de Huygens de la double réfraction pour pouvoir rendre à la loi l'hommage qui lui est dû :

> « Huygens supposait, dans les milieux diaphanes non cristallisés, la vitesse de ces ondulations plus petite que dans le vide et la même dans tous les sens. Mais dans le cristal d'Islande il imaginait deux espèces d'ondulations. Huygens n'assignait point la cause de cette variété d'ondulations et les phénomènes singuliers qu'offre la lumière en passant d'un cristal dans un autre sont inexplicables dans son hypothèse - cela joint aux difficultés que présente la théorie des ondes lumineuses est la cause pour laquelle Newton et la plupart des géomètres qui l'ont suivi n'ont pas justement apprécié la loi qu'Huygens y avait attachée. Ainsi cette loi a éprouvé le même sort que les belles lois de Kepler, qui furent longtemps méconnues, pour avoir été associées à des idées systématiques dont malheureusement ce grand homme a rempli tous ses ouvrages. »

Et, considérant le phénomène qui sera expliqué par Malus quelques années plus tard comme phénomène de polarisation, Laplace conclut :

> « Lorsqu'on eut fait remarquer à Huygens ce phénomène dans le cristal d'Islande, il convint, avec la candeur qui caractérise un ami sincère de la vérité, qu'il était inexplicable dans ses hypothèses, ce qui montre combien il est essentiel de les séparer de la loi de réfraction qu'il en avait déduite[29]. »

En suivant l'hypothèse newtonienne (adoptée par Jean Bernoulli, Maupertuis, Laplace...), selon laquelle la vitesse de la lumière est plus grande dans les milieux plus denses, la loi de Huygens satisfait au principe de la moindre action.

> Mais, fait remarquer Laplace, « suivant Huygens, la vitesse du rayon extraordinaire dans le cristal est exprimée par le rayon de l'ellipsoïde : son hypothèse ne satisfait donc point au principe de la moindre action. Mais il est remarquable qu'elle satisfasse au principe de Fermat, suivant lequel la lumière parvient, d'un point pris au dehors du cristal, à un autre point intérieur dans le moins de temps possible ; car il est visible que ce principe revient à celui de la moindre action, en y renversant l'expression de la vitesse »[30].

Comment ne pas penser, en lisant ces lignes, au rôle qu'a eu dans la formation de la mécanique ondulatoire la méditation de Louis de Broglie sur ce qu'il appelle l'« analogie » entre le principe de la moindre action et le principe de Fermat.

Il faut attendre les travaux de Young et de Fresnel pour que l'hypothèse ondulatoire reprenne consistance.

Young - dont les travaux datant des années 1800 n'ont d'ailleurs pas eu une influence immédiate - se réfère explicitement à Huygens, par exemple dans le mémoire de novembre 1801 : *On the Theory of Light and Colours*[31], en particulier en ce qui concerne la théorie de la propagation rectiligne. Mais le principal interlocuteur de Young reste Newton et cette primauté se manifeste dans le mode même d'exposition, Young reproduisant des textes de Newton et exerçant sur ces textes sa critique, à la fois négative et positive. Car s'il est vrai qu'une théorie de l'émission est inapte à rendre compte des phénomènes d'interférence, on doit reconnaître que peuvent être prises en considération des propositions de la troisième Partie du livre II de l'*Optique* de Newton ainsi que des questions telles que les questions XIII, XIV, XVII, XVIII, XXI, XXIX où sont introduites des hypothèses vibratoires. Et les exposés de Young ont contribué par la suite à donner de l'optique de Newton une caractérisation moins unilatérale que ne l'avait fait une simplification historique réduisant les conceptions newtoniennes à une doctrine pure et simple de l'émission.

Mais c'est vraiment le *Mémoire sur la diffraction de la lumière*, adressé par Fresnel le 15 octobre 1815 à l'Académie des Sciences, qui marque le renouvellement des conceptions optiques. La première et la dernière phrases de ce mémoire sont de bons indicateurs du cadre de la polémique :

> « Avant d'entrer dans le détail de mes expériences sur la diffraction et des conséquences que j'en ai tirées, j'exposerai sommairement les principales objections que je me suis faites sur la théorie newtonienne... Cette théorie des vibrations et de l'influence des rayons les uns sur les autres, qui lie déjà tant de phénomènes séparés dans celle de Newton, ne doit-elle pas conduire à la véritable explication de la polarisation[32]. »

Huygens n'est pas mentionné dans ce mémoire. Mais dans la *Note sur la théorie de la diffraction* qui est le pli cacheté déposé le 20 avril 1818, le « principe de Huygens » fait partie intégrante de l'exposé didactique des « vues théoriques » concernant les phénomènes de diffraction :

> ...« les phénomènes de diffraction sont tout à fait inexplicables dans le système de l'émission, lors même qu'il emprunterait à la théorie des ondulations le principe des interférences. La théorie des ondulations conduit au contraire, ce me semble, à une explication complète de ces phénomènes, au moyen du principe de Huygens qu'on peut énoncer ainsi : les vibrations d'une onde lumineuse dans chacun de ses points sont égales à la somme de tous les mouvements élémentaires qu'y enverrait au même instant, en agissant isolément, chaque partie de cette onde considérée dans une quelconque de ses positions antérieures[33]. »

Les mémoires de Fresnel sont le point de départ de l'utilisation par le savant du « principe de Huygens », à vrai dire d'un Huygens idéal séparé du Huygens historique. Quand Fresnel, dans le mémoire couronné de 1819 *Sur la diffraction de la lumière*, rappelle « les deux systèmes qui ont partagé jusqu'à présent les savants relativement à la nature de la lumière », il indique Newton comme représentant du premier système, système de l'émission et présente ainsi le deuxième système :

> « Descartes, Hooke, Huygens, Euler ont pensé que la lumière résultait des vibrations d'un fluide universel extrêmement subtil, agité par les mouvements rapides des particules des corps lumineux de la même façon que l'air est ébranlé par les vibrations des corps sonores[34]. »

Le rôle de Huygens n'est en aucune façon individualisé et la théorie de Huygens est désignée comme théorie *vibratoire*.

On retrouve chez Auguste Comte, dans la 33e leçon qui a été écrite peu avant 1835, a peu près la même énumération que chez Fresnel des représentants des doctrines ondulatoires. Je voudrais simplement citer, sans ajouter de commentaires, le jugement du spécialiste des généralités :

> « Après la discussion générale établie dans la 28e leçon sur la théorie fondamentale des hypothèses en philosophie naturelle, il serait entièrement superflu d'examiner ici, d'une manière spéciale, soit la fiction de Newton sur la lumière, soit celle, tout aussi nécessairement vaine, qu'on lui substitue maintenant, d'après Descartes, Huygens et Euler » ;

et Comte dénonce avec assurance

« la nullité radicale des conceptions anti-scientifiques, relativement à leur destination directe... Pour me borner à l'exemple le plus simple, a-t-on réellement concilié la propagation en tout sens, propre au mouvement vibratoire, avec le phénomène vulgaire de la nuit, c'est-à-dire de l'obscurité produite par la seule interposition d'un corps opaque ? L'objection fondamentale élevée à cet égard par les newtoniens contre le système de Descartes et de Huygens n'est-elle pas effectivement restée aussi vierge aujourd'hui qu'elle l'était plus d'un siècle auparavant, malgré tant d'inintelligibles subterfuges ? »

*
* *

Avec Fresnel une histoire de la revalorisation des conceptions ondulatoires de Huygens commence, elle se confond avec l'histoire du « principe de Huygens » qui va se développer jusqu'à nos jours, et dont nous ne ferons qu'indiquer les principaux acteurs au XIXe siècle : Fresnel, Poisson, Kirchhoff, Poincaré, Duhem, Volterra. En fait *le* principe de Huygens n'a pas l'identité déterminée que l'on peut reconnaître au théorème de Pythagore ou même au principe d'inertie. On trouve dans la littérature scientifique du XIXe siècle des énoncés divers du principe de Huygens dont la diversité a été, comme le dit Hadamard, source d'obscurité[35]. Le principe de Huygens n'est pas un simple acquis reproduit dans la science enseignée, mais il reste une *source de problèmes*, ce qui d'ailleurs conspire avec le style même de pensée de Huygens qui percevait les difficultés. Quand dans le *Traité de la Lumière* Huygens annonce le « phénomène merveilleux » qu'il a découvert et qui est un phénomène de polarisation, il le constitue comme problème : « Car bien que je n'en aie pas pu trouver jusqu'ici la cause, je ne veux laisser pour cela de l'indiquer, afin de donner occasion à d'autres de le chercher[36] ».

Après avoir, en 1898-99 et 1899-1900, consacré un cours à la « propagation des ondes », Jacques Hadamard, dans les années 1920, a pris pour thème de plusieurs articles et conférences le « principe de Huygens ». Il a clarifié les discussions qui s'étaient développées au XIXe siècle et a ouvert un nouvel avenir à ce principe, dans le cadre de la théorie des équations aux dérivées partielles du second ordre de type hyperbolique. Si l'on considère dans l'espace-temps l'équation usuelle des ondes, sa solution ne dépend que de la détermination des conditions initiales sur la surface (et non pas à l'intérieur) du cône de propagation. Le problème mathématique toujours présent (un problème des années 1970 qui suscite toujours de nombreuses publications) est de déterminer quelles sont, en dimension paire, les équations aux dérivées partielles du second ordre qui obéissent au principe de Huygens selon Hadamard.

Seul a échappé à la sédimentation historique ce qui était apparu à la science du XVIIIe siècle comme une conception aventureuse de Huygens. Dans l'ordre des commémorations on se réjouit d'avoir à rappeler une influence. Mais l'historien des sciences n'est-il pas plus heureux de pouvoir discerner dans le présent un passé porteur d'avenir ?

## NOTES

1. P.S. Laplace, *Oeuvres complètes*, t. VII, p. CXLVI.

2. Laplace, *op. cit.*, t. XIV, p. 334 (*Rapport sur l'ouvrage de Du Séjour intitulé « Essai sur les phénomènes relatifs aux disparitions périodiques de l'anneau de Saturne »*, extrait des registres de l'Académie Royale des sciences, 6 septembre 1775).

3. *Oeuvres*, t. III, p. 12-13.

4. J.L. Lagrange, *Mécanique Analytique*, 3e éd., Paris, 1853, t. I, p. 207-208.

5. Laplace, *op. cit.*, t. V, p. 410 sq.

6. Lagrange, *op. cit.*, p. 210.

7. Laplace, *op. cit.*, t. VI, p. 168.

8. *Ibid*, p. 204-205.

9. *Ibid.*, p. 447.

10. *Pièces qui ont remporté le prix double de l'Académie Royale des Sciences en 1734*, Paris, Imprimerie Royale, 1735, p. 7.

11. *Ibid.*, p. 23 (la critique de Bernoulli demanderait un long et précautionneux commentaire).

12. *Oeuvres*, t. XVI, p. 56.

13. *Oeuvres*, t. XVIII, p. 132.

14. *Ibid.*, p. 246.

15. Daniel Bernoulli, *Hydrodynamica sive de viribus et motibus fluidorum commentarii*, Paris, 1738, *Sectio Prima*, p. 11-12. Cette prudence de Bernoulli par rapport au langage des forces vives est passagère. Il ne faut pas oublier que c'est à Daniel Bernoulli que nous devons les *Remarques sur le Principe de la conservation des forces vives pris dans son sens général* - qui datent de 1748.

16. Lagrange, *op. cit.*, p. 225.

17. *Ibid.*, p. 417.

18. *Ibid.*, p. 223.

19. Nous n'entendons pas pour autant minimiser le rôle de ce principe. La conservation de l'énergie, puis de l'impulsion-énergie est fondamentale aux yeux du physicien du XXe siècle.

20. Condorcet, *Eloges des Académiciens de l'Académie Royale des Sciences morts depuis 1666 jusqu'en 1669*, Paris, 1773, p. 111.

21. Ernst Mach, *La Mécanique, exposé historique et critique de son développement*, trad. par E. Bertrand, avec une introduction d'E. Picard, 1904, p. 149-150.

22. *Op. cit..*, p. 178-179.

23. *Oeuvres*, t. XVI, p. 32. La deuxième hypothèse énonce : « Quelle que soit la cause que le corps durs rejaillissent de leur contact mutuel, quand ils sont poussés réciproquement l'un contre l'autre, nous supposons que deux corps durs, égaux entre eux, de même vitesse, lorsqu'ils se rencontrent directement, rejaillissent chacun avec la même vitesse avec laquelle il était venu » (Huygens reprend la terminologie cartésienne, le corps « dur » étant opposé au corps « mou »).

24. *Oeuvres*, t. XIX, p. 400-401.

25. E.L. Malus, *Théorie de la double réfraction de la lumière dans les substances cristallisées* (Mémoire couronné par l'Institut le 2 janvier 1810), Paris, 1810, p. 5. Voir également : « Tous les phénomènes ordinaires de l'optique peuvent s'expliquer soit dans l'hypothèse de Huygens, qui les suppose produits par les vibrations d'un fluide éthéré, soit d'après l'opinion de Newton qui les suppose produits par l'action des corps sur les molécules lumineuses considérées elles-mêmes comme appartenant à une substance soumise aux forces attractives et répulsives qui servent à expliquer les autres phénomènes de la physique » (« Sur une propriété des forces

répulsives qui agissent sur la lumière », *Mémoires de physique et de chimie de la Société d'Arcueil*, t. II, Paris, 1809, p. 260).

A. Chappert a justement souligné que Malus, en parlant de vibrations d'un fluide éthéré, prête à Huygens des conceptions qui ne sont pas les siennes (*Etienne-Louis Malus (1775-1812) et la théorie corpusculaire de la lumière*, Paris, Vrin, 1977, notamment p. 92-96).

26. Malus, *Théorie de la double réfraction de la lumière*..., p. 289-290.

27. Laplace, « Mémoire sur la densité moyenne de la Terre », in *op. cit.*, t. XIII, p. 220.

28. *Recherches physiques et géométriques sur la question : comment se fait la propagation de la lumière*, prix de l'année 1736, Paris, Imprimerie Royale, 1736, § LXXXV, p. 49-50.

Maupertuis, en 1744, s'exprimera dans les mêmes termes : « Pouvait-on croire, au premier aspect, que la lumière traverserait plus facilement et plus vite le cristal et l'eau que l'air et le vide. C'est cependant ce qui arrive... Tous les systèmes qui donnent quelque explication plausible des phénomènes de la réfraction supposent le paradoxe, ou le confirment » (« Accord des différentes lois de la nature qui avaient jusqu'ici paru incompatibles », dans Maupertuis, *Oeuvres*, 1e éd., Dresde, 1752, p. 51 ; 2e éd., Lyon, 1736, t. IV, p. 15).

29. Laplace, *op. cit.*, t. VI, p. 353-354.

30. *Op. cit.*, p. 356.

31. Thomas Young, *Miscellaneous Works*, ed. by G. Peacock, London, 1885, vol. I, p. 140 sq.

32. Augustin Fresnel, *Oeuvres complètes*, H. de Sénarmont, E. Verdet et L. Fresnel éd., Paris, 1866, t. I, p. 9 et 33.

33. *Op. cit.*, p. 173-174.

34. *Op. cit.*, p. 248. On retrouve à plusieurs reprises le même abrégé historique des conceptions ondulatoires : Descartes, Hooke, Huygens, Euler, abrégé sur lequel l'historien aurait beaucoup à dire. E. Verdet, dans son Introduction aux *Oeuvres complètes* de Fresnel est un des rares à avoir préservé le Huygens historique d'un jugement d'amalgame ; il distingue Huygens comme le fondateur de la théorie des ondes : « le véritable fondateur de la théorie des ondes n'est pas l'alchimiste ou le scholastique chez qui l'on parviendra à en découvrir le premier aperçu plus ou moins explicite ; ce titre devra toujours appartenir à celui qui, le premier, a su tirer un corps de doctrine scientifique de ce qui n'était avant lui qu'une vague hypothèse, et personne, à notre avis, ne pourra le disputer à Huygens. Descartes qu'on a l'habitude de citer comme le premier inventeur avant Huygens ne considère pas la lumière comme un mouvement propagé par ondes successives, mais comme une pression transmise instantanément par l'intermédiaire du second élément ; il ne peut d'ailleurs de cette étrange notion déduire l'explication d'aucun phénomène » (p. XV, note 1).

Une histoire des théories ondulatoires de la lumière devrait considérer les travaux d'Euler. Mais c'est un fait que les conceptions de Huygens ne jouent pas dans l'œuvre d'Euler le rôle auquel on pourrait s'attendre, comme l'indique justement J.O. Fleckenstein dans son introduction au premier volume des *Commentationes opticae* (L. Euler, *Opera omnia*, 3e s., t. 5) : « On pourrait penser qu' Euler ait été hugonien (Huygensianer) et que nous aurions à voir en lui au premier chef un adversaire de la doctrine newtonienne. Le fait qu'Euler cite souvent Newton uniquement pour le contredire et que l'optique corpusculaire est constamment rejetée de manière explicite, paraît confirmer cette façon de voir, façon de voir à laquelle il faut pourtant objecter qu'Euler a construit son optique sur un tout autre fondement que la doctrine de Huygens dont le principe ne joue aucun rôle dans ses recherches. Son point de départ est en fait l'idée de périodicité ». J.O. Fleckenstein conclut finalement que de ce point de vue « Euler est, non pas l'antagoniste, mais le disciple et le continuateur de Newton » (p. LIII).

35. Jacques Hadamard, *Oeuvres*, Paris, 1968, t. III, p. 1344, 1375.

36. *Oeuvres*, t. XIX, p. 517.

INDEX

TABLE DES MATIÈRES

Imprimerie de la Manutention à Mayenne – 18 janvier 1982 – N° 7703